김정희 기술사의 <뇌박힘 시리즈>가 만든 또 하나의 필수합격서

뇌박힘
소방시설관리사 점검실무행정

김정희
소방기술사 · 소방시설관리사

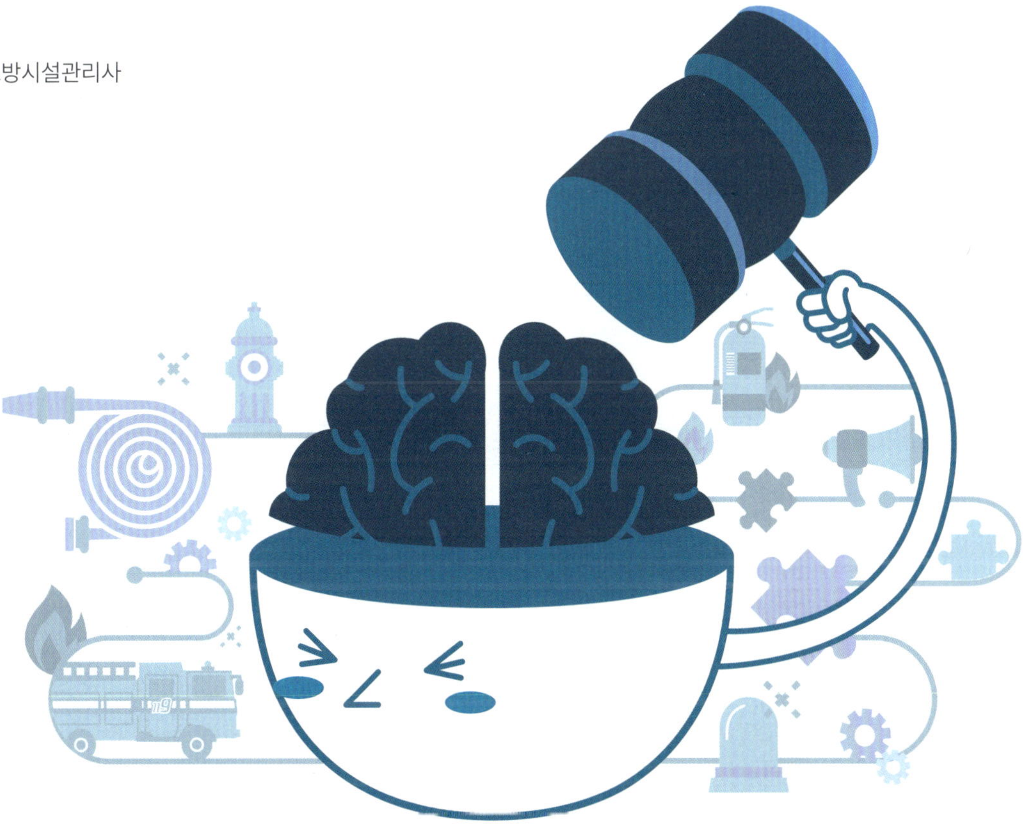

이 책의 특징

01 핵심만 압축하여 쉽고 빠르게

각 회차별 출제경향을 바탕으로 꼭 필요한 내용만을 정확하고 효과적으로 학습할 수 있도록 구성하였습니다.

02 시험 회차 및 과목 표기 포인트!

실제 시험에서 출제된 항목이나 내용에 시험 회차와 과목을 표기하여 꼭 챙겨볼 수 있도록 제시하였습니다.

일러두기 1.
7점 ◐ 7회 2차 점검실무
12설 ◐ 12회 2차 설계 및 시공

03 시각적 자료로 연상기억 효과까지

다양한 그림, 사진, 수식, 도표 등을 수록하여 시각적인 학습뿐만 아니라 연상기억의 효과도 부여하였습니다.

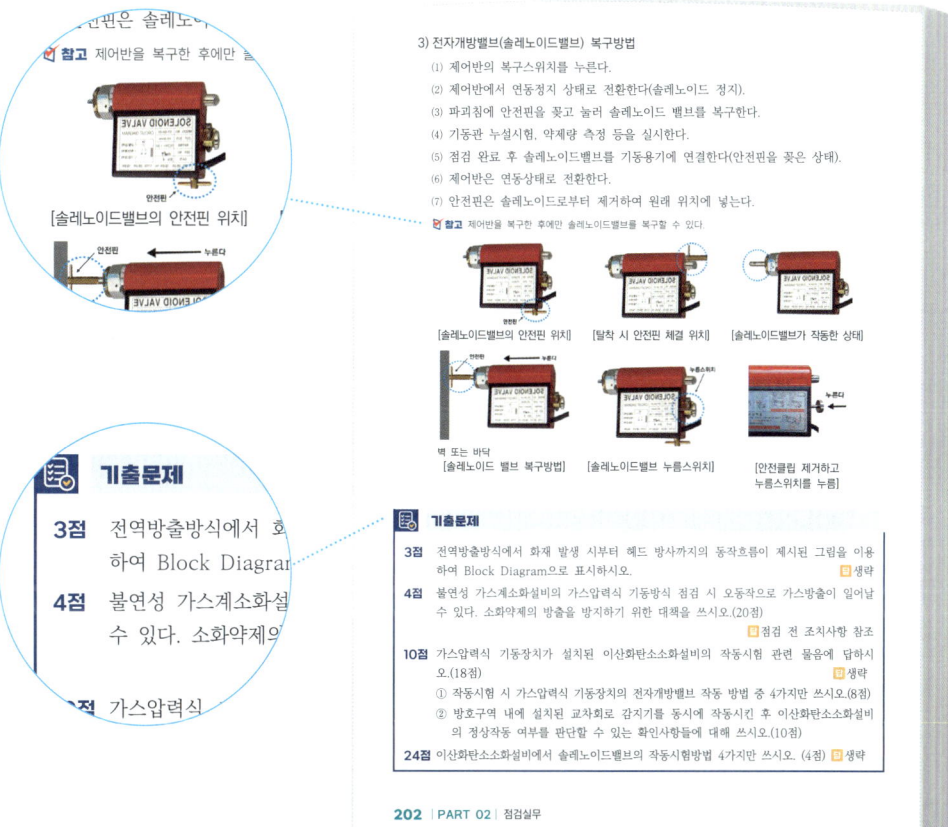

04 문제풀이를 통한 실전대비로 든든하게

이론과 연결된 기출문제를 실어 학습한 내용을
다시 한번 확인하고 실전에 대비할 수 있도록 하였습니다.

일러두기 2. 해설로 정답이 대체되거나 이론과 바로 연결되는
기출문제의 경우 정답을 생략하였습니다.

목차

☑ **기출문제 분석**

PART 01 자체점검 제도
CHAPTER 01	자체점검 제도	▶ 14
CHAPTER 02	점검업무 절차	▶ 44
CHAPTER 03	점검장비	▶ 52

PART 02 점검실무
CHAPTER 01	소화기구 및 자동소화장치	▶ 56
CHAPTER 02	수계소화설비 점검	▶ 65
CHAPTER 03	가스계소화설비 점검	▶ 197
CHAPTER 04	경보설비 점검	▶ 238
CHAPTER 05	피난구조설비 점검	▶ 320
CHAPTER 06	소화용수설비 점검	▶ 339
CHAPTER 07	소화활동설비 점검	▶ 343
CHAPTER 08	기타설비 점검	▶ 387
CHAPTER 09	용도별 소방시설 점검	▶ 397

PART 03 기타
| CHAPTER 01 | 도시기호 | ▶ 402 |
| CHAPTER 02 | 전기회로(가닥수 · 결선도 · 시퀀스) | ▶ 409 |

약칭
소방시설 설치 및 관리에 관한 법률 ◉ 소방시설법
화재의 예방 및 안전관리에 관한 법률 ◉ 화재예방법

기출문제 분석

☑ 분야별 출제비중과 합격자수

회차	화재안전기준 (%)	법령 및 점검항목 (%)	점검실무 및 기타 (%)	합격자수
1회	20	50	30	87
2회	0	20	80	22
3회	10	30	60	29
4회	0	20	80	9
5회	20	20	60	26
6회	30	10	60	18
7회	40	30	30	144
8회	28	60	12	100
9회	0	35	65	71
10회	22	40	38	105
11회	10	82	8	190
12회	40	60	0	216
13회	30	70	0	147
14회	54	46	0	44
15회	15	85	0	75
16회	7	49	44	122
17회	20	51	29	70
18회	29	36	35	67
19회	32	32	36	283
20회	21	79	0	65
21회	23	34	43	104
22회	17	83	0	172
23회	35	55	10	39
24회	19	77	4	403

기출문제 분석

구분 회차	점검실무행정 기출문제		
	화재안전기준	법령 및 점검항목	점검실무 및 기타
1회		도시기호 5개	
		법정 점검기구	
		위험물안전관리자 선임대상	
		연결살수헤드 점검항목과 내용	
		자체점검기록부 작성종목 8가지 작성요령	
	3선식 유도등이 점등되어야 할 때		유도등 3선식, 2선식 배선 설명
	누전경보기 수신기 설치 제외 장소		
			SP 말단시험밸브 작동 시 확인사항
	SP헤드 설치수-급수관 구경 도표		SP 헤드 종류별 점검착안 사항
			고정포소화설비 종합정밀점검 방법
2회		자체점검 요식 절차	
			SP 준비작동밸브 작동방법
			전류전압계 사용방법
			수신기 작동시험방법과 판정기준
			압력챔버 공기 교체방법
3회		점검기구 전체 작성(규격포함)	
	이산화탄소 분사헤드 제외 장소		CO_2전역방출방식 동작흐름 Block Diagram
			습식 유수검지장치 작동시험
			공기관식 감지기 작동시험, 주의사항
			펌프 성능시험방법
4회			건식밸브 작동시험방법
			건식밸브의 부속밸브 명칭, 기능, 개폐상태
			준비작동밸브 동작방법, 오동작원인
			가스계소화설비 소화약제 방출 방지대책
			열감지기 시험기 사용방법
		봉인과 검인의 정의, 표시위치	
5회		부속실 제연 설비의 종합정밀점검항목	
	피난기구 점검착안 사항		
			펌프 성능시험방법
			소화전 방수압력 측정방법과 계산
			CO_2 방출 시 농도별 인체영향
6회	소화용수시설의 수원기준과 종합정밀점검항목		
	CO_2설비 기동장치의 설치기준		
			가스용기 가스량 점검 및 산정방법
			SP준비작동밸브 작동 및 복구방법
			P형 1급 수신기 작동시험과 판정기준
7회	비상콘센트의 비상전원 종류, 공급용량, 전원회로수, 설치높이, 보호함설치기준		
		작동기능점검, 종합정밀점검 대상, 점검자의 자격, 점검횟수	
			SP준비작동식밸브 작동, 복구방법

1~24회 기출문제

구분 회차	점검실무행정 기출문제		
	화재안전기준	법령 및 점검항목	점검실무 및 기타
8회		방화구획 기준(층별, 면적별, 용도별 구획)	
		옥내소화전 수조의 점검항목 5개	
		스프링클러 가압송수장치 점검항목 5개	
		가스계소화설비 저장용기 점검항목 5개	
	유도등 평상시 점등상태와 3선식 유도등이 점등되는 경우		유도등의 예비전원 감시등이 점등된 원인
	우선경보방식의 경보되는 층		
9회		부속실 제연 설비의 종합정밀점검 항목 20개	
		다중이용업소의 안전시설등의 종류	
			공기관식 감지기 동작시험 및 이상원인
			펌프 계통도와 각 기기의 명칭 및 기능
			충압펌프 5분마다 기동·정지 반복원인
			방수시험 시 펌프 기동실패 원인 5가지
10회		다중이용업소 비상구 위치와 규격	
		종합정밀점검 대상인 공공기관	
		2 이상 특정소방대상물의 연결통로	
	CO_2저장용기 설치장소 기준		CO_2가스압력식 기동장치 작동방법 및 방호구역 내 감지기 작동 시 확인사항
	옥내소화전 감시제어반 기능		펌프 체절압력 확인방법 및 릴리프밸브 개방압력 조정방법
11회		자동화재탐지설비 시각경보장치 점검항목	
		가스계소화설비 수동식기동장치 점검항목	
		다중이용업소 안전시설등 세부점검표	
		영업정지 경감처분요건 중 경미한 위반사항	
		강화된 화재안전기준을 적용하는 소방시설	
		방화셔터의 정의와 구조기준	
		일체형방화셔터 출입구 설치기준	
			방화셔터 작동 시 확인사항
	감시제어반의 확인회로		
12회		도시기호 5개	
		반응시간지수(RTI) 계산식 및 설명	
		스프링클러헤드 표시사항(형식승인)	
		스프링클러헤드의 표시온도와 색상	
		종합정밀점검 시기와 면제조건	
		점검장비와 규격	
		숙박시설이 아닌 경우의 수용인원 산정방법	
	불꽃감지기 설치기준		
	피난유도선 설치기준(광원점등방식)		
	먼지 또는 미분 체류장소의 감지기		
	피난구유도등 설치 제외 조건		

구분 회차	점검실무행정 기출문제		
	화재안전기준	법령 및 점검항목	점검실무 및 기타
13회		제연 설비 제어반 종합정밀점검항목	
		종합정밀점검 점검인력 배치기준	
		초고층건축물의 정의, 피난안전구역대상	
		피난안전구역에 설치하는 피난설비 종류	
		피난안전구역 면적 산출기준	
		95층 건축물의 종합방재실 설치개수와 위치	
		위험물 세부기준의 CO$_2$설비 배관 기준	
		위험물 세부기준의 고정포방출구 정의	
	다수인 피난장비 설치기준		
	연소방지도료 도포장소		
	스프링클러 유수검지장치 설치기준		
14회		무선통신 분배기, 분파기, 혼합기 점검항목	
		무선통신 누설동축케이블 점검항목	
		제연 설비 배연기 점검항목, 점검내용	
		복합건축물에 해당하지 않는 경우	
		형식승인 소방용품(소화, 경보, 피난설비)	
	감지기 설치 환경상태 구분장소(별표2)		
	정온식감지선형감지기 설치기준		
	호스릴방식 CO$_2$설비 설치기준		
	옥외소화전설비의 표지 기준		
	소규모거실의 배출구 설치기준		
	비상전원수전설비의 인입선 및 인입구배선 시설기준		
	큐비클방식의 환기장치 설치기준		
15회		도시기호 4개	
		기존다중이용업소 비상구 설치 제외 경우	
		보일러 사용시 지켜야 하는 사항	
		임시소방시설을 설치한 것으로 보는 소방시설	
		밀폐구조의 영업장 정의, 요건(다중이용업소)	
		점검표 상 피난·방화시설 점검내용	
		수신기의 점검항목 및 점검내용	
		CO$_2$설비 제어반 및 화재표시등 점검항목	
		소방시설법 시행규칙 행정처분 일반기준	
	부식성가스 발생장소의 감지기 기준		
	피난기구 설치감소 기준		
16회		도시기호 5개를 그리고 기능을 쓰시오	
		제연 설비 설치대상 6가지 및 면제 기준	
	제연 배출구, 공기유입구등 제외 장소		
		다중이용업소 가스누설경보기 점검내용	
		개구부 자동폐쇄장치 점검항목	
		제연 설비 기동장치 점검항목	
		부속실 방연풍속과 배출량 측정방법(점검항목)	
	복도통로유도등과 계단통로유도등의 정의와 각 조도기준(형식승인)		
			압력챔버 공기 교체 방법
			소방펌프 에어락현상 판단과 대책
			발신기 동작 시 수신기 확인방법
			P형 1급 수신기 절연저항, 절연내력시험
			지구경종이 작동하지 않는 원인 5가지

구분 회차	점검실무행정 기출문제		
	화재안전기준	법령 및 점검항목	점검실무 및 기타
17회		도시기호와 기능	
		성능인증받아야 하는 소방용품의 품명	
		화재안전기준을 적용하기 어려운 특정소방대상물	
		연소할 우려가 있는 부분에 설치하는 설비	
		피난용승강기 전용 예비전원 설치기준	
		다중이용업소의 화재위험평가를 해야 하는 경우	
		방화구획을 완화하여 적용할 수 있는 경우	
		미분무소화설비의 압력수조 점검항목	
		승강식피난기 · 피난사다리 점검항목	
		특수가연물 저장 및 취급기준	
		소방시설 폐쇄 · 차단시 벌칙과 사람이 상해를 입은 경우의 벌칙	
	물방울 발생 장소의 감지기 설치기준		수원의 용량(저수조 및 옥상수조)계산
	부식성가스 발생 장소 감지기 설치기준		펌프 성능시험방법과 성능곡선 작성
	무선통신보조설비 설치 제외		출입문개방에 필요한 힘 계산 및 비교
	가스압력식 기동장치 설치기준		방수압력으로 방수량 계산
	천장과 반자사이 SP헤드 설치기준		포소화약제 저장탱크에 약제 보충방법
	화재조기진압용SP 설치금지장소		가스계설비 방출지연스위치 위치와 기능
	고층건축물 통신,신호배선 기준		
18회		도시기호(관부속의 상당직관장 작은 것 순서)	
		소방시설외관점검표 점검내용	
		고시원업 간이SP의 점검항목	
		제5류 위험물 대형 · 소형소화기의 종류(위험물)	
		공기호흡기를 설치해야 할 특정소방대상물과 설치기준	
	R형 수신기 화재표시, 제어기능 확인사항		1계통 전체 중계기 통신이상 원인
	제연 설비의 시험, 측정 및 조정 기준		펌프가 자동기동되지 않는 동력제어반 원인
	(피난안전구역) 소방시설 설치기준		Y결선과 △결선의 피상전력이 동일함 증명
	방화벽의 용어 정의와 설치기준		아날로그 감지기 동작특성, 시공방법
	연소방지도료, 난연테이프 용어 정의		중계기가 신호입력 못받을 때 확인절차
			LCX 케이블(LCX-FR-SS-42D-146)의 표시사항
19회		소화전 방수압시험 점검내용, 판정기준	
		CO_2설비 전원 및 배선 종합점검항목	
		수신기 작동점검 항목과 점검내용	
		단독경보형감지기 설치대상	
		시각경보기 설치대상	
		시각경보기 점검에 필요한 점검장비	
		도시기호의 명칭 및 기능	
		소방시설관리사시험의 응시자격	
	제연구역 설치장소 구획기준		수신기 예비전원 이상원인과 점검방법
	제연구획의 설치기준		SP 준비작동밸브 작동방법, 복구절차
	공기관식 감지기 설치기준		공기관식감지기 작동계속시험, 이상원인
	펌프성능시험배관의 설치기준		펌프 성능시험 순서
	CO_2분사헤드 오리피스 설치기준		CO_2비상스위치 작동점검 순서
	중계기 설치기준		중계기 입력 및 출력 회로수
	광전식분리형감지기 설치기준		
	취침 · 숙박 · 입원 등의 연기감지기 설치대상		
	연소방지설비의 방수헤드 설치기준		
	간이헤드의 공칭작동온도 기준		

점검실무행정 기출문제

구분 회차	화재안전기준	법령 및 점검항목	점검실무 및 기타
20회		주어진 건축물에 설치하는 소방시설의 종류	
		용도변경시 추가로 설치해야 하는 소방시설	
		용접, 용단하는 작업장에서 지켜야 하는 사항	
		다중이용업소 비상구 추락방지 시설	
		다중이용업소 안전시설등 세부점검표	
		다중이용업소의 비상구 구조, 문의 기준	
		성능시험조사표 상 송풍기풍량 측정점 및 풍속·풍량계산	
		수신기 기록장치에 저장해야 하는 데이터(형식승인)	
		점검인력 배치기준(가감계수, 지하구 및 터널점검면적계산	
		통합감시시설의 주·보조수신기 점검항목	
		거실제연 설비 송풍기 점검사항	
		내진설비 성능시험조사표의 점검항목	
		미분무설비 성능시험조사표 설계도서 항목	
	연결송수관 방수구 제외 층과 기준		
	부속실 제연 방연풍속 측정, 조치방법		
	미분무 정의와 압력범위		
	건조실·살균실 등의 적응 열 감지기		
	감지기회로의 종단저항 설치기준		
	전선의 내화성능, 내열성능		
21회		소방시설외관점검표상 소화기 점검내용	
		소방시설외관점검표상 SP설비 점검내용	
		제연 설비 배출기의 점검항목	
		분말소화설비 가압용 가스용기 점검항목	
		건축물의 바깥쪽에 설치하는 피난계단구조	
		하향식 피난구 구조기준	
		상업용주방자동소화장치 점검항목	
		부속실 제연 "차압등" 점검항목(성능시험조사표)	
			부속실 제연의 과압원인과 방연풍속 부족원인
	비상경보설비 발신기 설치기준		소화전 방수시험 시 방수량, 유속 계산
	소방용 합성수지배관 설치 가능한 경우		아날로그감지기 단선표시 원인과 조치
	비상조명등 설치기준		충압펌프 잦은 기동, 정지의 원인과 조치
	3선식 유도등 점등돼야 하는 때		가스저장용기 액위측정법 설명
	가스용 주방자동소화장치 탐지부 위치		액화가스레벨메터 부품 명칭, 주의사항
			준비작동식밸브 SVP 배선수와 명칭
22회		누전경보기의 수신부, 전원 점검항목	
		무선통신보조설비 설치 대상	
		누설동축케이블, 증폭기 및 무선이동중계기 점검항목	
		소방시설외관점검표 점검항목	
		CO_2설비 수동식 기동장치, 안전시설 등 점검항목	
		종합점검 대상인 특정소방대상물 5개	
		주어진 대상물의 점검면적과 점검일수 계산	
		점검기록표 기재사항 3가지	
		자체점검 횟수, 시기, 점검결과보고서 제출기한	
		소방시설관리사 자격 취소 또는 정지 사유	
		점검 장비	
		비상조명등 및 휴대용비상조명등 점검항목	
		비상경보설비의 점검항목	
	누전경보기 설치기준		
	압력수조에 설치하여야 하는 것		
	가스누설경보기 탐지부 제외 장소		

구분 회차	점검실무행정 기출문제		
	화재안전기준	법령 및 점검항목	점검실무 및 기타
23회		소방시설 폐쇄·차단 시 행동요령	
		배치신고 부적합시 오기 수정가능 사항	
		소방서장 등이 표본조사하는 대상	
		작동, 종합점검 점검표 작성 및 유의사항	
		연결살수설비 송수구, 배관점검항목	
		성능시험조사표 SP설비 수압시험 점검항목	
		성능시험조사표 SP설비 수압시험방법	
		성능시험조사표 도로터널 제연 설비 점검항목	
		성능시험조사표 SP설비 감시제어반 전용실 점검항목	
		자체점검 결과중 중대위반사항 4가지	
		자체점검결과 공개 기준	
		분말 저장용기 점검항목중 종합점검만 해당	
	자동확산소화기 종류 3가지 정의		공기관식감지기 화재작동시험 이상원인
	유도등, 유도표지 설치 제외 경우 성능기준		화재조기진압용 SP설비 수원양 계산
	전기저장장치의 설치장소 기준		
	전기저장장치 배출설비 설치기준		
	지하구의 방화벽 설치기준 성능기준		
	포혼합방식 용어의 정의		
	피난안전구역의 인명구조기구 기준		
	부속실 제연 설비 시험기준 성능기준		
24회		SP펌프 주변배관의 소방시설 도시기호	
		스프링클러설비 점검표 3-F 배관 점검항목	
		옥내소화전설비 점검표 중 가압송수장치의 펌프방식에만 있는 점검항목 4가지	
		기타사항 점검표의 31-A 피난·방화시설 점검항목 2가지	
		이산화탄소소화설비 점검표 9-N 안전시설등의 점검항목 3가지	
		소화용수설비 점검표 중 채수구의 점검항목 4가지	
		주어진 조건의 특정소방대상물의 소방시설	
		소방시설법의 증축특례	
		소방시설법의 화재안전기준 강화 특례	
		소방시설법의 자체점검 보고기준	
		소방시설법의 배치기준	
		소방시설법의 자체점검 배치일수 계산	
		소방시설법의 수용인원 계산	
		소방시설법의 소방시설 면제 기준	
		다중이용업소법상 간이SP설비 설치 대상	
	SP감지기회로 교차회로방식 제외		CO2소화설비 작동시험방법
	부속실 제연 수동기동장치, 차압 기준 성능기준		
	SP펌프 주변배관 설치기준		

모아바 www.moa-ba.com
모아소방전기학원 www.moate.co.kr

PART 01
자체점검 제도

CHAPTER 01 　자체점검 제도
CHAPTER 02 　점검업무 절차
CHAPTER 03 　점검장비

CHAPTER 01 자체점검 제도

▶ 소방시설관리사 점검실무행정

01 자체점검의 구분, 점검대상, 점검시기 등 [소방시설법 시행규칙 별표3]

1 자체점검 구분

1) 작동점검

　소방시설등을 인위적으로 조작하여 소방시설이 정상적으로 작동하는지를 소방청장이 정하여 고시하는 소방시설등 작동점검표에 따라 점검하는 것을 말한다.

2) 종합점검

　소방시설등의 작동점검을 포함하여 소방시설등의 설비별 주요 구성 부품의 구조기준이 화재안전기준과 「건축법」 등 관련 법령에서 정하는 기준에 적합한지 여부를 소방청장이 정하여 고시하는 소방시설등 종합점검표에 따라 점검하는 것을 말하며, 다음과 같이 구분한다.

　(1) **최초점검** : 소방시설이 신설된 경우 건축물을 사용할 수 있게 된 날부터 60일 이내 점검하는 것을 말한다. **24점**

　(2) 그 밖의 종합점검 : 최초점검을 제외한 종합점검을 말한다.

　☑ 참고　최초점검은 소방안전관리자를 선임하여야 하는 모든 소방안전관리대상물에 적용된다. 따라서 작동점검만 하는 특정소방대상물이라고 하더라도 소방시설이 새로이 설치되면 종합점검인 최초점검을 실시한다.

2 작동점검

1) 작동점검 대상 **7점**

　(1) 영 제5조에 따른 특정소방대상물

　(2) 제외

　　　① 소방안전관리자를 선임하지 않는 특정소방대상물

　　　② 제조소등

　　　③ 특급소방안전관리대상물

2) 작동점검 기술인력(점검자격) 7점

(1) 간이스프링클러설비(주택전용 간이스프링클러설비는 제외) 또는 자동화재탐지설비가 설치된 특정소방대상물

① 관계인

② 관리업에 등록된 기술인력 중 소방시설관리사

③ 특급점검자

④ 소방안전관리자로 선임된 소방시설관리사 및 소방기술사

 참고 관계인이란 특정소방대상물의 소유자, 관리자 또는 점유자를 말한다.

(2) (1)에 해당하지 않는 특정소방대상물

① 관리업에 등록된 소방시설관리사

② 소방안전관리자로 선임된 소방시설관리사 및 소방기술사

3) 작동점검의 점검횟수 : 연 1회 이상 7점

4) 작동점검의 점검시기

(1) 종합점검 대상은 **종합점검(최초점검 제외)을 받은 달부터 6개월이 되는 달**에 실시한다.

(2) (1)에 해당하지 않는 특정소방대상물은 특정소방대상물의 **사용승인일이 속하는 달의 말일**까지 실시한다. 다만, 건축물관리대장 또는 건물 등기사항증명서 등에 기입된 날이 서로 다른 경우에는 건축물관리대장에 기재되어 있는 날을 기준으로 점검한다.

예시

▶ 작동점검 점검시기

(1) 종합점검을 실시하는 경우

사용승인을 받은 해 ─── 3월 5일(사용승인일) · 5월 4일까지(최초점검)

다음 해부터 매년 ─── 3월 말일까지(종합점검) 9월 말일까지(작동점검)

(2) 종합점검 대상이 아닌 경우

사용승인을 받은 해 ─── 3월 5일(사용승인일) 5월 4일까지(최초점검)

다음 해부터 매년 ─── 3월 말일까지(작동점검)

3 종합점검

1) 종합점검 대상 7점

(1) 소방시설등이 신설된 특정소방대상물

(2) 스프링클러설비가 설치된 특정소방대상물

(3) 물분무등소화설비[호스릴(Hose Reel) 방식만을 설치한 경우는 제외]가 설치된 연면적 5,000m^2 이상인 특정소방대상물(제조소등은 제외)

(4) 다음의 다중이용업의 영업장이 설치된 특정소방대상물로서 연면적 2,000m^2 이상인 것

　① 단란주점영업과 유흥주점영업

　② 영화상영관, 비디오물감상실업, 복합영상물제공업

　③ 노래연습장업

　④ 산후조리업

　⑤ 고시원업

　⑥ 안마시술소

(5) 제연설비가 설치된 터널

(6) 공공기관 중 연면적(터널·지하구의 경우 그 길이와 평균 폭을 곱하여 계산된 값)이 1,000m^2 이상인 것으로서 옥내소화전설비 또는 자동화재탐지설비가 설치된 것. 다만, 「소방기본법」 제2조 제5호에 따른 소방대가 근무하는 공공기관은 제외한다.

2) 종합점검의 기술인력(점검자격) 7점

(1) 관리업에 등록된 소방시설관리사

(2) 소방안전관리자로 선임된 소방시설관리사 및 소방기술사

3) 종합점검의 점검횟수 7점

(1) 연 1회 이상(특급 소방안전관리대상물은 반기에 1회 이상) 실시한다.

(2) (1)에도 불구하고 소방본부장 또는 소방서장은 소방청장이 소방안전관리가 우수하다고 인정한 특정소방대상물에 대해서는 3년의 범위에서 소방청장이 고시하거나 정한 기간 동안 종합점검을 면제할 수 있다. 다만, 면제기간 중 화재가 발생한 경우는 제외한다.

4) 종합점검의 점검시기

(1) 소방시설등이 신설된 특정소방대상물은 건축물을 사용할 수 있게 된 날부터 60일 이내 실시한다.

(2) (1)을 제외한 특정소방대상물은 건축물의 사용승인일이 속하는 달에 실시한다. 다만, 학교의 경우에는 해당 건축물의 사용승인일이 1월에서 6월 사이에 있는 경우에는 6월 30일까지 실시할 수 있다.

⑶ 건축물 사용승인일 이후 종합점검 대상에 해당하게 된 경우에는 그 다음 해부터 실시한다.
⑷ 하나의 대지경계선 안에 2개 이상의 자체점검 대상 건축물 등이 있는 경우에는 그 건축물 중 사용승인일이 가장 빠른 연도의 건축물의 사용승인일을 기준으로 점검할 수 있다.

예시

▶ 종합점검 점검시기

(1) 종합점검

| 사용승인을 받은 해 | 3월 2일 (사용승인일) ──── 5월 1일까지 (최초점검) |
| 다음 해부터 매년 | 3월 말일까지 (종합점검) ──── 9월 말일까지 (작동점검) |

(2) 학교

| 사용승인을 받은 해 | 3월 2일 (사용승인일) ──── 5월 1일까지 (최초점검) |
| 다음 해부터 매년 | 6월 30일까지 (1~6월 중 종합점검 실시) ──── 종합점검일부터 6개월 후 (작동점검) |

(3) 기존건축물이 용도변경 등으로 종합점검 대상이 된 경우

기존건물 사용승인	3월 2일 (사용승인일) ──── 5월 1일까지 (최초점검)
다음 해부터 매년	3월 말일까지 (작동점검)
기존건물 사용 중 용도변경을 한 해	3월 말일까지 (작동점검) ──── 8월 3일(SP설비 설치) (용도변경 사용승인일) ──── 10월 2일까지 (최초점검)
다음 해부터 매년	3월 말일까지 (종합점검) ──── 9월 말일까지 (작동점검)

 참고 신축·증축·개축·재축·이전·용도변경 또는 대수선 등으로 소방시설이 새로 설치된 경우에는 해당 특정소방대상물의 소방시설 전체에 대하여 최초점검을 실시하며 이로 인해 사용승인일이 달라지는 경우 사용승인일이 빠른 날을 기준으로 자체점검을 실시한다.

4 공공기관의 외관점검 등

1) 공공기관
   (1) 국가 및 지방자치단체
   (2) 국공립학교
   (3) 「공공기관의 운영에 관한 법률」 제4조에 따른 공공기관
   (4) 「지방공기업법」 제49조에 따라 설립된 지방공사 또는 같은 법 제76조에 따라 설립된 지방공단
   (5) 「사립학교법」 제2조 제1항에 따른 사립학교

2) 공공기관의 외관점검
   (1) **외관점검** : 소방시설등의 유지·관리상태를 맨눈 또는 신체감각을 이용하여 점검
   (2) **점검횟수 및 결과보관** : 월 1회 이상 실시(작동점검 또는 종합점검을 실시한 달에는 실시하지 않을 수 있다)하고, 그 점검 결과를 2년간 자체 보관해야 한다.
   (3) **외관점검의 점검자** : 관계인, 소방안전관리자 또는 관리업자(소방시설관리사를 포함하여 등록된 기술인력을 말한다)

3) 공공기관의 기타점검 또는 검사
   (1) **전기시설물의 경우** : 「전기사업법」 제63조에 따른 사용 전 검사
   (2) **가스시설의 경우** : 「도시가스사업법」 제17조에 따른 검사, 「고압가스 안전관리법」 제16조의2 및 제20조 제4항에 따른 검사 또는 「액화석유가스의 안전관리 및 사업법」 제37조 및 제44조 제2항·제4항에 따른 검사

   ☑ **참고** 공공기관은 일반 대상물과 같이 종합점검, 작동점검을 실시하는 것 외에 추가적으로 매월 외관점검을 실시하고 [소방시설 자체점검 기록부]와 [소방시설등 외관점검표]를 작성·보관(2년)하여야 한다.

5 기타사항

1) 신축·증축·개축·재축·이전·용도변경 또는 대수선 등으로 소방시설이 새로 설치된 경우에는 해당 특정소방대상물의 소방시설 전체에 대하여 실시한다.
2) 작동점검 및 종합점검(최초점검은 제외한다)은 건축물 사용승인 후 그 다음 해부터 실시한다.
3) 특정소방대상물이 증축·용도변경 또는 대수선 등으로 사용승인일이 달라지는 경우 사용승인일이 빠른 날을 기준으로 자체점검을 실시한다.

6 아파트등 세대별 점검방법

1) 관리자(관리소장, 입주자대표회의 및 소방안전관리자를 포함한다. 이하 같다) 및 입주민(세대 거주자를 말한다)은 **2년 주기로** 모든 세대에 대하여 점검해야 한다.

2) 1)에도 불구하고 아날로그감지기 등 특수감지기가 설치되어 있는 경우에는 수신기에서 원격 점검할 수 있으며, 점검할 때마다 모든 세대를 점검해야 한다. 다만, 자동화재탐지설비의 선로 단선이 확인되는 때에는 단선이 난 세대 또는 그 경계구역에 대하여 현장 점검을 해야 한다.

3) 관리자는 수신기에서 원격 점검이 불가능한 경우 매년 작동점검만 실시하는 공동주택은 1회 점검 시마다 전체 세대수의 50퍼센트 이상, 종합점검을 실시하는 공동주택은 1회 점검 시마다 전체 세대수의 30퍼센트 이상 점검하도록 자체점검 계획을 수립·시행해야 한다.

4) 관리자 또는 해당 공동주택을 점검하는 관리업자는 입주민이 세대 내에 설치된 소방시설등을 스스로 점검할 수 있도록 소방청 또는 사단법인 한국소방시설관리협회의 홈페이지에 게시되어 있는 공동주택 세대별 점검 동영상을 입주민이 시청할 수 있도록 안내하고, 점검서식(별지 제36호 서식 소방시설외관점검표를 말한다)을 사전에 배부해야 한다.

5) 입주민은 점검서식에 따라 스스로 점검하거나 관리자 또는 관리업자로 하여금 대신 점검하게 할 수 있다. 입주민이 스스로 점검한 경우에는 그 점검 결과를 관리자에게 제출하고 관리자는 그 결과를 관리업자에게 알려주어야 한다.

6) 관리자는 관리업자로 하여금 세대별 점검을 하고자 하는 경우에는 사전에 점검일정을 입주민에게 사전에 공지하고 세대별 점검일자를 파악하여 관리업자에게 알려주어야 한다. 관리업자는 사전 파악된 일정에 따라 세대별 점검을 한 후 관리자에게 점검 현황을 제출해야 한다.

7) 관리자는 관리업자가 점검하기로 한 세대에 대하여 입주민의 사정으로 점검을 하지 못한 경우 입주민이 스스로 점검할 수 있도록 다시 안내해야 한다. 이 경우 입주민이 관리업자로 하여금 다시 점검받기를 원하는 경우 관리업자로 하여금 추가로 점검하게 할 수 있다.

8) 관리자는 세대별 점검현황(입주민 부재 등 불가피한 사유로 점검을 하지 못한 세대 현황을 포함한다)을 작성하여 자체점검이 끝난 날부터 2년간 자체보관해야 한다.

7 아파트등 자체점검 흐름도

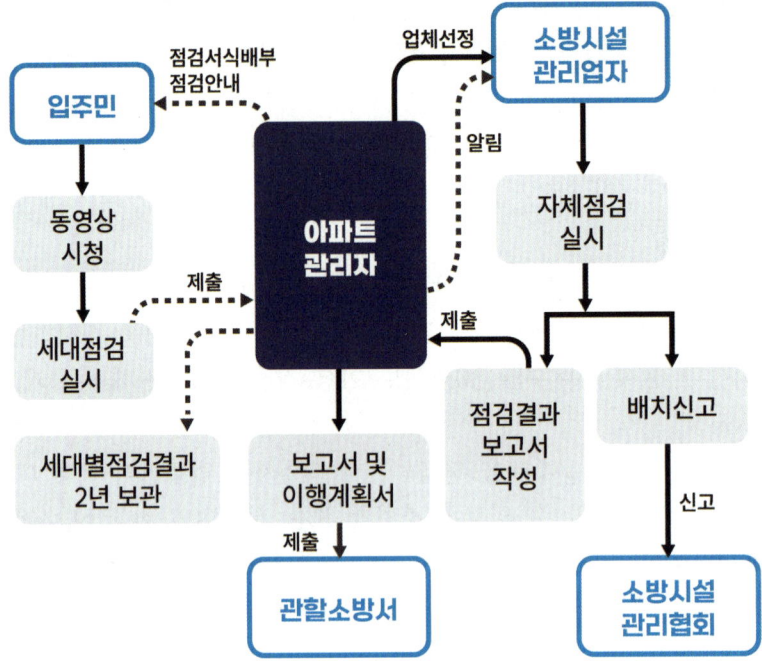

[아파트등 자체점검 흐름도]

소방시설 설치 및 관리에 관한 법률 시행규칙[별지 제36호 서식]

소방시설 외관점검표(세대점검용)

※ [ ]에는 해당되는 곳에 √표를 합니다.

대상명	○○아파트	점검자	☐입주자　☐소방안전관리자
동호수	동　　　호		(인)
점검일	년　월　일	전화번호	

점검 항목			점검 내용	
소화설비	소화기	손쉽게 사용할 수 있는 장소에 설치 여부	☐ 정　상	☐ 불　량
		용기 변형·손상·부식 여부	☐ 정　상	☐ 불　량
		안전핀 체결 여부	☐ 정　상	☐ 불　량
		지시압력계의 정상 여부	☐ 정　상	☐ 불　량
		수동식 분말소화기 내용연수(10년) 적정 여부	☐ 정　상	☐ 불　량
	자동확산소화기	설치상태 및 외형의 변형·손상·부식 여부	☐ 정　상	☐ 불　량
		지시압력계의 정상 여부	☐ 정　상	☐ 불　량
	주거용 주방자동소화장치	소화약제용기 지시압력계의 정상 여부	☐ 정　상	☐ 불　량
		수신부의 전원표시등 정상 점등 여부	☐ 정　상	☐ 불　량
	스프링클러	헤드 변형·손상·부식 유무	☐ 정　상	☐ 불　량
경보설비	자동화재탐지설비	감지기 변형·손상·탈락 여부	☐ 정　상	☐ 불　량
	가스누설경보기	전원표시등 정상 점등 여부	☐ 정　상	☐ 불　량
피난설비	완강기	피난기구 위치 적정성 여부	☐ 정　상	☐ 불　량
		완강기 외형의 변형·손상·부식 여부	☐ 정　상	☐ 불　량
		설치 여부 및 장애물로 인한 피난 지장 여부	☐ 정　상	☐ 불　량
	피난구용 내림식 사다리	피난기구 위치 표지 및 사용방법 표지 유무	☐ 정　상	☐ 불　량
		설치 여부 및 장애물로 인한 피난 지장 여부	☐ 정　상	☐ 불　량
기타설비	대피공간	방화문(방화구획)의 적정 여부	☐ 정　상	☐ 불　량
		적치물(쌓아놓은 물건)로 인한 피난 장애 여부	☐ 정　상	☐ 불　량
	경량칸막이	정보를 포함한 표지 부착 여부	☐ 정　상	☐ 불　량
		적치물(쌓아놓은 물건)로 인한 피난 장애 여부	☐ 정　상	☐ 불　량
비　고		비고란에는 특정소방대상물의 위치·구조·용도 및 소방시설의 상황 등이 이 표의 항목대로 기재하기 곤란하거나 이 표에서 누락된 사항을 기재합니다.		

210mm×297mm[백상지(80g/㎡) 또는 중질지(80g/㎡)]

8 자체점검 방법

자체점검은 다음의 점검 장비를 이용하여 점검해야 한다. **1, 3, 12, 19, 22점**

소방시설	점검장비	규격
모든 소방시설	방수압력측정계, 절연저항계(절연저항측정기), 전류전압측정계	
소화기구	저울	
옥내소화전설비 옥외소화전설비	소화전밸브압력계	
스프링클러설비 포소화설비	헤드결합렌치(볼트, 너트, 나사 등을 죄거나 푸는 공구)	
이산화탄소, 분말할론, 할로겐화합물 및 불활성기체 소화설비	검량계, 기동관누설시험기, 그 밖에 소화약제의 저장량을 측정할 수 있는 점검기구	
자동화재탐지설비 시각경보기	열감지기시험기, 연감지기시험기, 공기주입시험기, 감지기시험기연결막대, 음량계	
누전경보기	누전계	누전전류 측정용
무선통신보조설비	무선기	통화시험용
제연설비	풍속풍압계, 폐쇄력측정기, 차압계(압력차 측정기)	
통로유도등 비상조명등	조도계(밝기 측정기)	최소눈금이 0.1럭스 이하인 것

기출문제

7점 소방시설등의 자체점검에 있어서 작동기능점검과 종합정밀점검의 대상, 점검자의 자격, 점검횟수를 기술하시오.(30점) **답**생략

10점 종합정밀점검을 받아야 하는 공공기관의 대상에 대하여 쓰시오.(5점) **답**생략

12점 특정소방대상물에서 일반대상물과 공공기관대상물의 종합정밀 점검시기 및 면제조건을 각각 쓰시오(10점) **답**생략

22점 화재예방, 소방시설 설치·유지 및 안전관리에 관한 법령상 종합정밀점검의 대상인 특정소방대상물을 나열한 것이다. ( )에 들어갈 내용을 쓰시오.(5점) **답**생략

1) (ㄱ)가 설치된 특정소방대상물
2) (ㄴ)[호스릴(Hose Reel)방식의 (ㄴ)만을 설치한 경우는 제외한다]가 설치된 연면적 5,000m² 이상인 특정소방대상물(위험물 제조소등은 제외한다)

3) 「다중이용업소의 안전관리에 관한 특별법 시행령」 제2조 제1호 나목, 같은 조 제2호(비디오물소극장업은 제외한다)·제6호·제7호·제7호의2 및 제7호의5의 다중이용업의 영업장이 설치된 특정소방대상물로서 연면적이 2,000m² 이상인 것

4) (ㄷ)가 설치된 터널

5) 「공공기관의 소방안전관리에 관한 규정」 제2조에 따른 공공기관 중 연면적(터널·지하구의 경우 그 길이와 평균폭을 곱하여 계산된 값을 말한다)이 1,000m² 이상인 것으로서 (ㄹ) 또는 (ㅁ)가 설치된 것. 다만, 「소방기본법」 제2조 제5호에 따른 소방대가 근무하는 공공기관은 제외한다.

22점 화재예방, 소방시설 설치유지 및 안전관리에 관한 법령상 소방시설등의 자체점검의 횟수 및 시기, 점검결과보고서의 제출기한 등에 관한 내용이다. ( )에 들어갈 내용을 쓰시오.(7점)

1) 본 문항의 특정소방대상물은 연면적 1,500m²의 종합정밀점검 대상이며, 공공기관, 특급소방안전관리대상물, 종합정밀점검 면제 대상물이 아니다.

2) 위 특정소방대상물의 관계인은 종합정밀점검과 작동기능점검을 각각 연(ㄱ) 이상 실시해야 하고, 관계인이 종합정밀점검 및 작동기능점검을 실시한 경우 (ㄴ) 이내에 소방본부장 또는 소방서장에게 점검결과보고서를 제출해야 하며, 그 점검결과를 (ㄷ)간 자체 보관해야 한다.

3) 소방시설관리업자가 점검을 실시한 경우, 점검이 끝난 날부터 (ㄹ) 이내에 점검인력 배치 상황을 포함한 소방시설등에 대한 자체점검실적을 평가기관에 통보하여야 한다.

4) 소방본부장 또는 소방서장은 소방시설이 화재안전기준에 따라 설치 또는 유지·관리되어 있지 아니할 때에는 조치명령을 내릴 수 있다. 조치명령을 받은 관계인이 조치명령의 연기를 신청하려면 조치명령의 이행기간 만료 (ㅁ)전까지 연기신청서를 소방본부장 또는 소방서장에게 제출하여야 한다.

5) 위 특정소방대상물의 사용승인일이 2014년 5월 27일인 경우 특별한 사정이 없는 한 2022년에는 종합정밀점검을 (ㅂ)까지 실시해야 하고, 작동기능점검을 (ㅅ)까지 실시해야 한다.

답 ㄱ. 1회 ㄴ. 15일 ㄷ. 2년 ㄹ. 5일 ㅁ. 5일 ㅂ. 5월 31일 ㅅ. 11월 30일
(소방시설관리사 2차 시험이 실시되는 25년 9월을 기준으로 답을 수정하였습니다)

1점 옥외소화전설비의 법정 점검기구를 기술하시오.(10점) **답** 생략

3점 소방시설의 자체점검에서 사용하는 소방시설별 점검기구를 다음과 같이 칸을 그리고 10개의 항목으로 작성하시오. (단, 절연저항계의 규격은 비고에 기술하시오)(30점)

답 생략

구 분	설비별	점검 기구명	규 격
①			
②			
…			
⑧			
⑨			
⑩			

12점 소방시설별 점검장비 및 규격을 나타내는 표이다. 표가 완성되도록 번호에 맞는 답을 쓰시오.(10점)

답 생략

구 분	장 비	규 격
소화기구	①	-
스프링클러설비 포소화설비	②	③
이산화탄소소화설비 분말소화설비 할로겐화합물소화설비 청정소화약제소화설비	④	⑤

19점 자동화재탐지설비와 시각경보기 점검에 필요한 점검장비에 관하여 쓰시오.(3점) **답** 생략

22점 화재예방, 소방시설 설치·유지 및 안전관리에 관한 법령상 소방시설별 점검 장비이다. ( )에 들어갈 내용을 쓰시오. (단, 종합정밀점검의 경우임)(5점) **답** 생략

소방시설	규 격
스프링클러설비 포소화설비	• (ㄱ)
이산화탄소소화설비 분말소화설비 할론소화설비 할로겐화합물 및 불활성기체(다른 원소가 화학반응을 일으키기 어려운 기체) 소화설비	• (ㄴ) • (ㄷ) • 그 밖에 소화약제의 저장량을 측정할 수 있는 점검기구
자동화재탐지설비 시각경보기	• 열감지기시험기 • 연(煙)감지기시험기 • (ㄹ) • (ㅁ) • 음량계

02 점검인력 배치기준 [소방시설법 시행규칙 별표4] (시행 2024.12.1.) **22점**

1 점검인력 1단위

1) 관리업자가 점검하는 경우

주된 점검인력인 특급점검자 1명과 보조 점검인력인 영 별표 9에 따른 주된 기술인력 또는 보조 기술인력 2명을 점검인력 1단위로 하되, 점검 인력 1단위에 보조 점검인력으로 2명(같은 건축물을 점검할 때는 4명) 이내의 주된 기술인력 또는 보조 기술인력을 추가할 수 있다.

> 특급점검자 1명 + 보조 점검인력 2명[추가 2명 또는 4명(같은 건축물)]

☑ **참고** 특급점검자(「소방시설공사업법 시행규칙」 별표4의2)
- 소방시설관리사, 소방기술사
- 소방설비기사 자격을 취득한 후 8년 이상 소방 관련 업무를 수행한 사람
- 소방설비산업기사 자격을 취득한 후 소방시설관리업체에서 10년 이상 점검업무를 수행한 사람

2) 소방안전관리자로 선임된 소방시설관리사 및 소방기술사가 점검하는 경우

주된 점검인력인 소방시설관리사 또는 소방기술사 중 1명과 보조 점검인력 2명을 점검 인력 1단위로 하되, 점검인력 1단위에 2명 이내의 보조 점검인력을 추가할 수 있다. 이 경우 보조 점검인력은 **해당 특정소방대상물의 관계인, 소방안전관리보조자 또는 관리업자 소속의 소방기술인력**으로 할 수 있다. .

> 소방시설관리사 또는 소방기술사 1명 + 보조 점검인력 2명(추가 2명 가능)

3) 관계인이 점검하는 경우

관계인이 점검하는 경우에는 주된 점검인력인 관계인 1명과 보조 점검인력 2명을 점검 인력 1단위로 한다. 이 경우 보조 점검인력은 **해당 특정소방대상물의 관계인, 소방안전 관리자, 소방안전관리보조자 또는 관리업자 소속의 소방기술인력**으로 할 수 있다.

> 관계인 1명 + 보조 점검인력 2명

2 관리업자가 점검하는 경우 특정소방대상물의 규모와 점검인력

구 분	주된 점검인력	보조 점검인력
가. 50층 이상 또는 성능위주설계를 한 특정소방대상물	소방시설관리사 경력 5년 이상인 특급점검자 1명 이상	고급점검자 이상의 기술인력 1명 이상 및 중급점검자 이상의 기술인력 1명 이상
나. 특급 소방안전관리대상물 (가목의 특정소방대상물은 제외한다)	소방시설관리사 경력 3년 이상인 특급점검자 1명 이상	고급점검자 이상의 기술인력 1명 이상 및 초급점검자 이상의 기술인력 1명 이상
다. 1급 또는 2급 소방안전관리대상물	소방시설관리사 경력 1년 이상인 특급점검자 1명 이상	중급점검자 이상의 기술인력 1명 이상 및 초급점검자 이상의 기술인력 1명 이상
라. 3급 소방안전관리대상물	특급점검자 1명 이상	초급점검자 이상의 기술인력 2명 이상

비고

1. "주된 점검인력"이란 해당 점검 업무 전반을 총괄하는 사람을 말한다.
2. "보조 점검인력"이란 주된 점검인력을 보조하고, 주된 점검인력의 지시를 받아 점검 업무를 수행하는 사람을 말한다.
3. 점검인력의 등급구분(특급점검자, 고급점검자, 중급점검자, 초급점검자)은 「소방시설공사업법 시행규칙」 별표 4의2에서 정하는 기준에 따른다.

참고 성능위주설계를 하여야 하는 특정소방대상물의 범위(소방시설법 시행령 제9조)

1. 연면적 20만제곱미터 이상인 특정소방대상물. 다만, 아파트등은 제외한다.
2. 50층 이상(지하층 제외)이거나 지상으로부터 높이가 200m 이상인 아파트등
3. 30층 이상(지하층 포함)이거나 지상으로부터 높이가 120m 이상인 특정소방대상물(아파트등 제외)
4. 연면적 3만제곱미터 이상인 특정소방대상물로서 다음 각 목의 어느 하나에 해당하는 특정소방대상물
   가. 철도 및 도시철도 시설
   나. 공항시설
5. 창고시설 중 연면적 10만제곱미터 이상인 것 또는 지하층의 층수가 2개 층 이상이고 지하층의 바닥면적의 합계가 3만제곱미터 이상인 것
6. 하나의 건축물에 영화상영관이 10개 이상인 특정소방대상물
7. 지하연계 복합건축물에 해당하는 특정소방대상물
8. 터널 중 수저(水底)터널 또는 길이가 5천미터 이상인 것
※ 신축하는 것만 해당한다.

3 점검일수(아파트 제외)

1) 점검일수 계산식

$$점검일수 = 점검면적 \div 점검한도면적$$

2) 점검면적

⑴ 하루에 하나의 특정소방대상물을 점검하는 경우(아파트 제외)

점검면적 = (실제점검면적 × 가감계수) - (실제점검면적 × 가감계수 × 설비별 감소계수 합)
= (실제점검면적 × 가감계수) × (1 - 설비별 감소계수의 합)

여기서, x : 스프링클러설비가 설치되지 않은 경우 0.1
　　　　y : 물분무등소화설비가 설치되지 않은 경우 0.1
　　　　z : 제연설비가 설치되지 않은 경우 0.1
※ 계산된 값은 소수점 이하 둘째자리에서 반올림한다.

⑶ 실제점검면적 **20점**

① 특정소방대상물의 연면적 또는 해당 시설의 바닥면적 합계
② 지하구 : 길이 × 1.8m
③ 터널
- 3차로 이하인 경우 : 길이 × 3.5m
- 4차로 이상인 터널(한쪽 측벽에만 소방시설이 설치된 경우) : 길이 × 3.5m
- 4차로 이상인 터널 : 길이 × 7m

⑷ 가감계수

구 분	대상용도	가감계수
1류	문화 및 집회시설, 종교시설, 판매시설, 의료시설, 노유자시설, 수련시설, 숙박시설, 위락시설, 창고시설, 교정시설, 발전시설, 지하가, 복합건축물	1.1
2류	공동주택, 근린생활시설, 운수시설, 교육연구시설, 운동시설, 업무시설, 방송통신시설, 공장, 항공기 및 자동차 관련 시설, 군사시설, 관광휴게시설, 장례시설, 지하구	1.0
3류	위험물 저장 및 처리시설, 문화재, 동물 및 식물 관련 시설, 자원순환 관련 시설, 묘지 관련 시설	0.9

참고 암기법

- 1류 : **숙**종이 (**교정**)복을 입고 지나가다 (**지하가**) 창문 옆 **노수위**에게 **발판**을 던져 **의료시설**로 실려 갔다.
- 2류 : **공항**의 **공군**(**업무**)는 (**운동**)을 하여 근(**지구**)력을 기르는 것이다. **교장**은 **방관**하며 (**운수**)만 보고 있다.
- 3류 : 산(3)에 있는 **동자묘** (**문화재**)는 (**위험**)하다.

3) 점검한도 면적(점검인력 1단위가 하루 동안 점검할 수 있는 특정소방대상물의 연면적)
   (1) **종합점검** : 8,000m² + (추가되는 보조 점검인력 1명당 2,000m²)
   (2) **작동점검** : 10,000m² + (추가되는 보조 점검인력 1명당 2,500m²)
   > ☑ **참고** 점검인력 1단위에 2명(같은 건축물은 4명) 이하의 보조인력을 추가할 수 있다.
   (3) 하루에 2개 이상의 특정소방대상물을 배치할 경우 1일 점검 한도면적은 특정소방대상물별로 투입된 점검인력에 따른 점검 한도면적의 평균값으로 적용하여 계산한다.
   (4) 2 이상의 특정소방대상물을 하루에 점검하는 경우 점검한도면적 감산

   $$점검한도면적 - \{점검한도면적 \times (\frac{좌표 최단거리}{5}) \times 0.02\}$$

   ※ 계산된 값은 소수점 이하 둘째자리에서 반올림한다.

   > ☑ **참고** 좌표 최단거리를 5로 나누어 얻은 수의 소수점 이하는 올림한 다음 0.02를 곱한다. 좌표 최단거리가 5km 이하인 경우 1을 적용하고 같은 대지경계선 내에 있어 거리가 0km인 경우는 0을 적용한다.

4) 하루에 점검할 수 있는 특정소방대상물의 수

   점검인력은 **하루에 5개의 특정소방대상물**에 한하여 배치할 수 있다. 다만, 2개 이상의 특정소방대상물을 2일 이상 연속하여 점검하는 경우에는 배치기한을 초과해서는 안 된다.

   > ☑ **참고** 한국소방시설관리협회 안내문
   >
   > - 배치신고 기한 5일 초과 시 과태료가 부과되오니 주의바랍니다!
   > - 특히 2개 이상 대상처 배치신고 시 먼저 점검한 대상처가 배치신고 제출기한 5일이 초과되지 않도록 주의하시길 바랍니다!

12월						
일	월	화	수	목	금	토
4	5	6	7 A대상물점검일	8 1일차 B대상물 점검일	9 2일차	10
11	12 3일차 1일차	13 4일차 2일차	14 ★ 배치신고 기한 만료일 5일차 3일차	15 4일차	16 5일차	17

   ★ B대상물 점검일이 8일 이상 소요되는 경우도 A대상물 배치신고 기한 5일 초과됨

4 아파트의 점검일수

1) 점검일수 계산식

$$점검일수 = 점검세대수 \div 점검한도\ 세대수$$

2) 점검세대수

(1) 하루에 하나의 아파트를 점검하는 경우

$$점검세대수 = 실제점검세대수 - 실제점검세대수 \times 설비별\ 감소계수의\ 합$$
$$= (실제점검세대수) \times (1 - 설비별\ 감소계수의\ 합)$$

여기서, x : 스프링클러설비가 설치되지 않은 경우 0.1
         y : 물분무등소화설비가 설치되지 않은 경우 0.1
         z : 제연설비가 설치되지 않은 경우 0.1

※ 계산된 값은 소수점 이하 둘째자리에서 반올림한다.

☑ **참고** 실제점검 세대수란 건축물대장 등에 표기된 아파트의 전체 세대수를 말한다.

3) 점검한도 세대수(종합점검, 작동점검 관계없이 동일)

(1) 250세대 + (추가되는 보조 점검인력 1명당 60세대)

☑ **참고** 아파트등(공용시설, 부대시설 또는 복리시설은 포함하고, 아파트등이 포함된 복합건축물의 아파트등 외의 부분은 제외한다. 이때 건축물대장 등에 표기된 사항을 기준으로 한다)

(2) 2 이상의 아파트를 하루에 점검하는 경우 점검한도 세대수 감산

$$점검한도\ 세대수 - \{점검한도\ 세대수 \times (\frac{좌표\ 최단거리}{5}) \times 0.02\}$$

※ 좌표 최단거리를 5로 나누어 얻은 수에서 소수점 이하는 올림한다.
※ 계산된 값은 소수점 이하 둘째자리에서 반올림한다.

5 아파트와 아파트 외 용도의 건축물을 하루에 점검할 경우

1) 종합점검

   ⑴ 점검한도 세대수를 점검한도 면적으로 환산

   $$점검한도\ 면적 = 250세대 \times 32m^2 = 8,000m^2$$

   ⑵ 점검일수

   $$점검일수 = \frac{A건물\ 점검면적 + B아파트\ 점검세대수 \times 32}{종합점검한도면적(1 - \frac{좌표최단거리}{5} \times 0.02)}$$

2) 작동점검

   ⑴ 점검한도 세대수를 점검한도 면적으로 환산

   $$점검한도\ 면적 = 250세대 \times 40m^2 = 10,000m^2$$

   ⑵ 점검일수

   $$점검일수 = \frac{A건물\ 점검면적 + B아파트\ 점검세대수 \times 40}{작동점검한도면적(1 - \frac{좌표최단거리}{5} \times 0.02)}$$

6 종합점검과 작동점검을 하루에 점검할 경우

종합정밀점검과 작동기능점검을 하루에 점검하는 경우에는 작동기능점검의 점검면적 또는 점검세대수에 0.8을 곱한 값을 종합정밀점검 점검면적 또는 점검세대수로 본다.

$$종합점검면적 = 작동점검면적\ 또는\ 세대수 \times 0.8$$

점검일수 산정 예시 1

▶ **하나의 아파트만 점검한 경우**

⑴ 다음 대상물의 작동점검일수와 종합점검일수 계산하시오.

〈조건〉
① 대상물 현황 : 아파트(390세대)
② 건축물의 규모 : 지하 1층 / 지상 20층, 연면적 25,320.5m²
③ 아파트 부속주차장 및 부속실 : 6,520m²
④ SP설비 있음, 제연설비 있음, 물분무 등소화설비 없음
⑤ 점검인력은 1단위를 기준으로 점검일수 산정

해설

1) 점검 세대수의 산정
   ㉠ 실제 점검 세대수 : 390세대
   ㉡ 점검 세대수(물분무등소화설비 없음) = 390세대 × (1 - 0.1) = 351세대

2) 작동점검 점검일수
   점검일수(1단위 기준) = 점검세대수 ÷ 점검한도세대수
   = 351세대 ÷ 250세대 = 1.404 ≒ 1.4 ⇒ 2일

3) 종합점검 점검일수
   점검일수(1단위 기준) = 점검세대수 ÷ 점검한도세대수
   = 351세대 ÷ 250세대 = 1.404 ≒ 1.4 ⇒ 2일

답 작동점검 2일, 종합점검 2일

참고 아파트의 부속주차장은 독립된 동인지 세대동과 연결된 동인지에 따라 달리 적용된다. 부속주차장이 세대와 연결되어 있어 하나의 동으로 이루어진 경우 예시 1과 같이 계산된다. 그러나 부속주차장이 독립된 동인 경우 세대 동에 스프링클러설비가 설치되어 있지 않아 작동점검만 해당되는 경우에는 세대 동과 부속주차장 동(스프링클러설비 설치)을 별개로 보아 부속주차장의 면적에 대해 종합점검, 작동점검을 적용한다.

점검일수 산정 예시 2

▶ **하나의 특정소방대상물(아파트제외)만 점검한 경우**

(1) 다음 대상물의 작동점검일수와 종합점검일수 계산하시오.

> ⟨조건⟩
> ① 대상물 현황 : 업무시설
> ② 건축물의 규모 : 지하 3층 / 지상 20층, 연면적 $24,300m^2$
> ③ SP설비 있음, 제연설비 있음, 물분무등소화설비 없음
> ④ 점검인력은 1단위를 기준으로 점검일수 산정

해설

1) 점검 면적의 산정
   ㉠ 실제점검면적 : $24,300m^2$
   ㉡ 점검면적(물분무등소화설비 없음)
      = 실제점검면적 × 가감계수 × (1 - 설비계수)
      = $24,300 × 1.0 × (1 - 0.1) = 21,870m^2$

2) 작동점검 점검일수
   점검일수(1단위 기준) = 점검면적 ÷ 점검한도면적
                     = $21,870m^2 ÷ 10,000 = 2.187 ≒ 2.2 ⇒ 3일$

3) 종합점검 점검일수
   점검일수(1단위 기준) = 점검면적 ÷ 점검한도면적
                     = $21,870m^2 ÷ 8,000 = 2.73375 ≒ 2.7 ⇒ 3일$

답 작동점검 3일, 종합점검 3일

점검일수 산정 예시 3

▶ **하나의 건축물에 아파트와 아파트 외의 용도가 있는 경우**

(1) 다음 조건의 대상물을 종합점검할 경우 점검일수를 계산하시오.

〈조건〉
① 대상물 현황 : 업무시설(오피스텔), 판매시설(백화점), 아파트(396세대)
② 건축물의 규모 : 지하 6층/지상 69층, 연면적 385,951.25m^2
③ 업무, 판매, 상업용 주차장 및 부속시설 : 246,912.37m^2
④ 아파트, 부속주차장 및 부속실 : 139,038.88m^2
⑤ SP설비 있음, 제연설비 있음, 물분무등소화설비 있음
⑥ 점검인력은 1단위를 기준으로 점검일수 산정

해설

1) 점검면적의 산정
   ① 아파트 점검세대수 = 396세대 × 1 = 396세대(소방시설 모두 있음)
      아파트 환산 점검면적 = 396 × 32 = 12,672m^2
   ② 아파트 외의 용도 실제점검면적 = 246,912.37m^2
      아파트외 점검면적 = 실제점검면적 × 가감계수(복합건축물 : 1.1) × (1 − 설비계수)
      = 246,912.37m^2 × 1.1 × 1 = 271,603.607m^2
      (설비가 모두 있어 감소면적 없음)
   ③ 총 점검면적 = 아파트 점검면적 + 아파트 외 점검면적
      = 12,672 + 271,603.607 = 284,275.607 ≒ 284,275.6

2) 점검일수
   점검일수 = 점검면적 ÷ 점검한도면적
   = 284,275.6m^2 ÷ 8,000m^2 = 35.53445 ≒ 35.5 ⇒ 36일

답 점검일수 36일

☑ **참고** 주상복합건축물에 있어서 아파트의 부속주차장 및 부속용도의 면적은 아파트의 세대수에 포함된 것으로 보고 따로 계산하지 않는다. 다만, 건축물대장상에 주차장등 부속용도가 아파트용도라고 명시되어 있는 부분만 세대수에 포함된 것으로 본다.

점검일수 산정 예시 4

▶ 2 이상의 대상물을 점검하는 경우

(1) 조건과 같이 종합점검과 작동점검을 동시에 하는 경우 점검일수 계산

⟨조건⟩

① 대상물 현황

구 분	대상물1	대상물2
점검	종합정밀점검	작동기능점검
용도	아파트 700세대	일반건물 업무시설
층수	지하 1층 / 지상 25층	지하 1층 / 지상 3층
연면적	100,231.51㎡	1,743.89㎡
설비현황	SP 설비 있음, 제연설비 있음, 물분무등소화설비 없음	SP 설비 없음, 제연설비 없음, 물분무등소화설비 없음

② 1대상에서 2대상 건물의 좌표 최단거리 : 16km
③ 점검인력은 1단위를 기준으로 점검일수 산정

해설

1) 대상물1 점검면적
 ① 점검세대수 = 실제점검세대수 × (1 - 0.1)
   = 700 × (1-0.1) = 630세대
 ② 환산 점검면적 = 630 × 32 = 20,160 ㎡

2) 대상물2 점검면적
 ① 작동점검 점검면적 = 1,743.89 × 1.0(업무시설 가감계수) × (1 - 0.3)
   = 1,220.723㎡
 ② 종합점검 환산면적 = 1,220.723 × 0.8 = 976.5784 ≒ 976.6 ㎡

3) 총 점검면적 = 20,160 + 976.6 = 21,136.6 ㎡

4) 점검한도 면적
 좌표최단거리 16km ÷ 5km = 3.2 ⇒ 4이므로
 점검한도면적 = 8000 - 8000×4×0.02 = 7,360 ㎡

5) 점검일수
 점검일수 = 점검면적 ÷ 점검한도면적
   = 21,136.6 ÷ 7,360 = 2.8718... ≒ 2.9 ⇒ 3일

답 점검일수 3일

기출문제

20점 소방시설 설치 및 관리에 관한 법령상 소방시설의 자체점검 시 인력배치기준에 따라 지하구의 길이가 800m, 4차로인 터널의 길이가 1,000m일 때 다음에 답하시오.(6점)
① 지하구의 실제점검면적(m^2)을 구하시오.
② 한쪽 측벽에 소방시설이 설치되어 있는 터널의 실제점검면적(m^2)을 구하시오.
③ 한쪽 측벽에 소방시설의 설치되어 있지 않는 터널의 실제점검면적(m^2)을 구하시오.

[해설]
① 지하구의 실제점검면적 = 길이 × 1.8m = 800m × 1.8m = 1,440m^2
② 터널의 실제점검면적(한쪽 측벽설치) = 길이 × 3.5m = 1,000m × 3.5m = 3,500m^2
③ 터널의 실제점검면적(4차로) = 길이 × 7m = 1,000m × 7m = 7,000m^2

22점 아래 조건을 참고하여 다음 물음에 답하시오.(11점)

> **참고** 25년 9월 소방시설관리사 2차시험일 현재 적용되는 개정 기준으로 계산하였습니다.

〈조건〉

1) 용도 : 복합건축물(1류 가감계수 : 1.2)
2) 연면적 : 450,000m^2 (아파트, 의료시설, 판매시설, 업무시설)
   ① 아파트 400세대(아파트용 주차장 및 부속용도 면적 합계 : 180,000m^2)
   ② 의료시설, 판매시설, 업무시설 및 부속용도 면적 : 270,000m^2
3) 스프링클러설비, 이산화탄소 소화설비, 제연설비 설치됨
4) 점검인력 1단위 + 보조인력 2인

(1) 소방시설 설치 및 관리에 관한 법령상 위 특정소방대상물에 대해 소방시설관리업자가 종합점검을 실시할 경우 점검면적과 적정한 최소 점검일수를 계산하시오.(8점)

[해설]
1) 복합건축물 점검면적 = 아파트의 환산 점검면적 + 기타 용도 점검면적
2) 아파트 환산 점검면적(종합점검) = 점검세대수 × 32m^2
   400 × (1 - 0) × 32m^2 = 12,800 m^2
3) 기타용도 점검면적 = 실제점검면적 × 가감계수 × (1 - 설비별 감소계수 합)
   = 270,000 × 1.1 × (1 - 0)
   = 297,000m^2
4) 총 점검면적 = 12,800 + 297,000 = 309,800m^2
   점검한도면적(추가보조인력 2명) = 8,000 + 2,000 × 2 = 12,000m^2
   최소점검일수 = 총 점검면적 ÷ 점검한도면적 = 309,800 ÷ 12,000 = 25.8166…
   ≒ 25.8 ⇒ 26일

답 최소점검일수 26일

(2) 소방시설 설치 및 관리에 관한 법령상 소방시설관리업자가 위 특정소방대상물의 종합점검을 실시한 후 부착해야 하는 점검기록표의 기재사항 5가지 중 3가지(대상명은 제외)만 쓰시오.(3점)

> **답** 주소, 점검구분, 점검자, 점검기간, 불량사항, 정비기간 중 3가지
> (소방시설관리사 2차 시험이 실시되는 25년 9월 현재 기준으로 관계인이 게시해야 하는 소방시설등 자체점검기록표의 내용을 답으로 작성하였습니다)

24점 소방시설 설치 및 관리에 관한 법령에 관한 다음 물음에 답하시오. (12점)

> **참고** 25년 9월 소방시설관리사 2차시험일 현재 적용되는 개정 기준으로 문제 수정 및 계산하였습니다.

(1) 다음 아파트에 대한 종합점검을 실시할 경우, 소방시설 설치 및 관리에 관한 법령상 점검세대수와 종합점검에 필요한 최소한의 일수를 계산 과정과 함께 답하시오.(6점)

─── 〈다음〉 ───
○ 세대수는 총 2,700세대이다.
○ 스프링클러설비와 제연설비가 설치되어 있고, 물분무등소화설비는 없다.
○ 점검인력 1단위에 보조(점검)인력 2명을 추가하여 종합점검을 실시한다.
○ 다른 조건은 고려하지 않는다.

해설

1) 점검세대수
   2,700 - 2,700 × 0.1 = 2,430 세대
2) 종합점검에 필요한 최소한의 일수 계산
   점검일수 = 점검세대수 ÷ 1일 점검한도세대수
   1일 점검한도세대수 = 250 + (2 × 60) = 370세대
   점검일수 = 2,430 ÷ 370 = 6.5675… ≒ 6.57 ⇒ 7일

   답 점검세대수 2,430세대, 최소한의 종합점검 일수 7일

(2) 다음 공장에 대한 작동점검을 실시할 경우, 소방시설 설치 및 관리에 관한 법령상 점검면적과 작동점검에 필요한 최소한의 일수를 계산과정과 함께 답하시오.(6점)

─── 〈다음〉 ───
○ 연면적은 50,000 m^2
○ 스프링클러설비, 물분무등소화설비, 제연설비는 없다.
○ 점검인력 1단위에 보조(점검)인력 1명을 추가하여 작동점검을 실시한다.
○ 다른 조건은 고려하지 않는다.

해설

1) 점검면적 = 실제점검면적 × 가감계수 × (1 - 설비계수 합계)
   = 50,000 × 1.0 × [1 - (0.1 + 0.1 + 0.1)] = 35,000 m^2
2) 작동점검에 필요한 최소한의 일수 계산
   점검일수 = 점검면적 ÷ 1일 점검한도면적
   = 35,000 ÷ (10,000 + 2,500) = 2.8 ⇒ 3일

답 점검면적 35,000m^2, 최소한의 작동점검 일수 3일

03 소방안전관리대상물 [화재예방법 시행령 별표4]

1 소방안전관리대상물

특정소방대상물 중 전문적인 안전관리가 요구되어 소방안전관리자를 선임하여야 하는 특정소방대상물을 소방안전관리대상물이라 한다. 소방안전관리대상물은 층수, 높이, 연면적 등을 기준으로 특급, 1급, 2급, 3급 소방안전관리대상물로 구분한다. 각 소방안전관리대상물에는 등급에 맞는 자격을 갖춘 소방안전관리자를 선임하여야 하며 소방안전관리보조자를 추가로 두어야 하는 경우도 있다.

자체점검에 있어서는 소방안전관리자를 두어야 하는 대상에 한하여(3급 이상) 자체점검을 실시하도록 의무화하고 있으며, 특급 소방안전관리대상물의 경우 종합점검만 연 2회 실시한다.

2 소방안전관리대상물의 구분

1) 특급 소방안전관리대상물

   (1) 50층 이상(지하층 제외)이거나 지상으로부터 높이가 200m 이상인 아파트
   (2) 30층 이상(지하층 포함)이거나 지상으로부터 높이가 120m 이상인 특정소방대상물(아파트는 제외한다)
   (3) (2)에 해당하지 않는 특정소방대상물로서 연면적이 10만m^2 이상인 특정소방대상물(아파트는 제외한다)

2) 1급 소방안전관리대상물

   (1) 30층 이상(지하층은 제외한다)이거나 지상으로부터 높이가 120m 이상인 아파트
   (2) 연면적 1만 5천m^2 이상인 특정소방대상물(아파트 및 연립주택은 제외한다)
   (3) (2)에 해당하지 않는 특정소방대상물로서 지상층의 층수가 11층 이상인 특정소방대상물(아파트는 제외한다)
   (4) 가연성 가스를 1천 톤 이상 저장·취급하는 시설

참고 동·식물원, 철강 등 불연성 물품을 저장·취급하는 창고, 위험물 저장 및 처리 시설 중 제조소등과 지하구는 특급 소방안전관리대상물 및 1급 소방안전관리대상물에서 제외한다.

3) 2급 소방안전관리대상물

⑴ 옥내소화전설비를 설치해야 하는 특정소방대상물, 스프링클러설비를 설치해야 하는 특정소방대상물 또는 물분무등소화설비[호스릴(Hose Reel) 방식 제외]를 설치해야 하는 특정소방대상물

⑵ 가스 제조설비를 갖추고 도시가스사업의 허가를 받아야 하는 시설 또는 가연성 가스를 100톤 이상 1천 톤 미만 저장·취급하는 시설

⑶ 지하구

⑷ 의무관리대상 공동주택으로서 옥내소화전설비 또는 스프링클러설비가 설치된 공동주택

⑸ 보물 또는 국보로 지정된 목조건축물

4) 3급 소방안전관리대상물

⑴ 간이스프링클러설비(주택전용 간이스프링클러설비는 제외한다)를 설치해야 하는 특정소방대상물

⑵ 자동화재탐지설비를 설치해야 하는 특정소방대상물

04 소방안전관리업무 대행인력 배치기준 [화재예방법 시행규칙 별표1]

1 소방안전관리업무 대행인력의 배치기준

1) 소방안전관리대상물의 등급 및 소방시설의 종류에 따른 대행인력의 배치기준

[표 1] 소방안전관리대상물의 등급 및 소방시설의 종류에 따른 대행인력의 배치기준

소방안전관리 대상물의 등급	설치된 소방시설의 종류	대행인력의 기술등급
1급 또는 2급	스프링클러설비, 물분무등소화설비 또는 제연설비	중급점검자 이상 1명 이상
	옥내소화전설비 또는 옥외소화전설비	초급점검자 이상 1명 이상
3급	자동화재탐지설비 또는 간이스프링클러설비	초급점검자 이상 1명 이상

> [비고]
> 1. 소방안전관리대상물의 등급은 영 별표 4에 따른 소방안전관리대상물의 등급을 말한다.
> 2. 대행인력의 기술등급은 「소방시설공사업법 시행규칙」 별표 4의2에 따른 소방기술자의 자격 등급에 따른다.
> 3. 연면적 5천제곱미터 미만으로서 스프링클러설비가 설치된 1급 또는 2급 소방안전관리대상물의 경우에는 초급점검자를 배치할 수 있다. 다만, 스프링클러설비 외에 제연설비 또는 물분무등소화설비가 설치된 경우에는 그렇지 않다
> 4. 스프링클러설비에는 화재조기진압용 스프링클러설비를 포함하고, 물분무등소화설비에는 호스릴(Hose Reel)방식은 제외한다.

2) 1일 소방안전관리업무 대행 업무량

(1) 대행인력 1명의 1일 한도점수 : 8점

(2) 대행인력 1명의 1일 소방안전관리업무 대행 업무량은 [표2] 및 [표3]에 따라 산정한 배점을 합산하여 산정하며, 이 합산점수는 8점(이하 "1일 한도점수"라 한다)을 초과할 수 없다.

[표 2] 하나의 소방안전관리대상물의 면적별 배점기준표(아파트는 제외한다)

소방안전관리 대상물의 등급	연면적	대행인력 등급별 배점		
		초급점검자	중급점검자	고급점검자 이상
3급	전체		0.7	
1급 또는 2급	1,500m² 미만	0.8	0.7	0.6
	1,500m² 이상 3,000m² 미만	1.0	0.8	0.7
	3,000m² 이상 5,000m² 미만	1.2	1.0	0.8
	5,000m² 이상 10,000m² 이하	1.9	1.3	1.1
	10,000m² 초과 15,000m² 이하	-	1.6	1.4

> [비고]
> 주상복합아파트의 경우 세대부를 제외한 연면적과 세대수에 「소방시설 설치 및 관리에 관한 법률 시행규칙」 별표 3의 종합점검 대상의 경우 32, 작동점검 대상의 경우 40을 곱하여 계산된 값을 더하여 연면적을 산정한다. 다만, 환산한 연면적이 1만 5천제곱미터를 초과한 경우에는 1만5천제곱미터로 본다.

[표 3] 하나의 소방안전관리대상물 중 아파트 배점기준표

소방안전관리 대상물의 등급	세대구분	대행인력 등급별 배점		
		초급점검자	중급점검자	고급점검자 이상
3급	전체		0.7	
1급 또는 2급	30세대 미만	0.8	0.7	0.6
	30세대 이상 50세대 미만	1.0	0.8	0.7
	50세대 이상 150세대 미만	1.2	1.0	0.8
	150세대 이상 300세대 미만	1.9	1.3	1.1
	300세대 이상 500세대 미만	-	1.6	1.4
	500세대 이상 1,000세대 미만	-	2.0	1.8
	1,000세대 초과	-	2.3	2.1

(3) 하루에 2개 이상의 대행 업무를 수행하는 경우에는 소방안전관리대상물 간의 이동거리(좌표거리를 말한다) 5킬로미터마다 1일 한도점수에 0.01를 곱하여 계산된 값을 1일 한도점수에서 뺀다. 다만, 육지와 도서지역 간에 차량 출입이 가능한 교량으로 연결되지 않은 지역 또는 소방시설관리업자가 없는 시·군 지역은 제외한다.

(4) 2명 이상의 대행인력이 함께 대행업무를 수행하는 경우 [표 2] 및 [표 3]의 배점을 인원수로 나누어 적용하되, 소수점 둘째자리에서 절사한다.

(5) 영 별표 4 제2호 가목 3)에 해당하는 1급 소방안전관리대상물은 [표 2]의 배점에 10%를 할증하여 적용한다.

[표 2] 하나의 소방안전관리대상물의 면적별 배점기준표(아파트는 제외한다)[할증적용]

소방안전관리 대상물의 등급	연면적	대행인력 등급별 배점(10%할증 적용)		
		초급점검자	중급점검자	고급점검자 이상
1급	1,500m² 미만	0.88	0.77	0.66
	1,500m² 이상 3,000m² 미만	1.1	0.88	0.77
	3,000m² 이상 5,000m² 미만	1.32	1.1	0.88
	5,000m² 이상 10,000m² 이하	2.09	1.43	1.21
	10,000m² 초과 15,000m² 이하	-	1.76	1.54

2 대행인력의 자격기준 및 점검표

1) 대행인력의 자격기준

   (1) 대행인력은 「소방시설 설치 및 관리에 관한 법률」 제29조에 따라 소방시설관리업에 등록된 기술인력을 말한다.

   (2) 대행인력의 기술등급은 「소방시설공사업법 시행규칙」 별표 4의2 제3호다목의 소방시설 자체점검 점검자의 기술등급 자격에 따른다.

2) 소방안전관리업무 대행점검표

대행인력은 소방안전관리업무 대행 시 [표 4]에 따른 소방안전관리업무 대행 점검표를 작성하고 관계인에게 제출해야 한다.

[표 4] 소방안전관리업무 대행 점검표

건물명		점검일	년 월 일(요일)	
주 소				
점검업체명		건물등급		급
설비명	점검결과 세부 내용			
소방시설				
피난시설				
방화시설				
방화구획				
기타				

확인자	관계인 (서명)
기술인력	대행인력의 기술등급: 대행인력: (서명)

비고

1. 소방시설 점검 시 공용부 점검을 원칙으로 한다. 다만, 단독경보형 감지기 등이 동작(오동작)한 경우에는 단독경보형 감지기 등이 동작한 장소도 점검을 실시한다.

2. 방문 시 리모델링 또는 내부 구획변경 등이 있는 경우에는 해당 부분을 점검하여 점검표에 그 결과를 기재한다.

3. 계단, 통로 등 피난통로 상에 피난에 장애가 되는 물건 등이 쌓여 있는 경우에는 즉시 이동조치 하도록 관계인에게 설명한다.

4. 방화문은 항시 닫힘 상태를 유지하거나 정상 작동될 수 있도록 관계인에게 설명한다.

5. 점검 완료 시 해당 소방안전관리자(또는 관계인)에게 점검결과를 설명하고 점검표에 기재한다.

05 점검자의 기술등급 [소방시설공사업법 시행규칙 별표 4의2]

1 소방시설 자체점검 점검자의 기술등급

2024년 12월 1일부터 관리업의 기술인력은 한국소방안전관리협회에 등록하여 자격과 경력에 따라 기술등급이 인정된 "점검자경력수첩"을 발급 받아야 자체점검 또는 소방안전관리대행 업무에 배치될 수 있다. 기술등급에 따라 소방안전관리업무 대행의 대상 및 배점이 달리 적용되며 자체점검(종합점검, 작동점검)에서도 배치될 수 있는 주 점검인력과 보조 점검인력이 구분된다.

2 기술자격에 따른 기술등급

구 분	기술자격
특급점검자	• 소방시설관리사, 소방기술사 • 소방설비기사 자격을 취득한 후 8년 이상 소방 관련 업무를 수행한 사람 • 소방설비산업기사 자격을 취득한 후 소방시설관리업체에서 10년 이상 점검업무를 수행한 사람
고급점검자	• 소방설비기사 자격을 취득한 후 5년 이상 소방 관련 업무를 수행한 사람 • 소방설비산업기사 자격을 취득한 후 8년 이상 소방 관련 업무를 수행한 사람 • 건축설비기사, 건축기사, 공조냉동기계기사, 일반기계기사, 위험물기능장 자격을 취득한 후 15년 이상 소방 관련 업무를 수행한 사람
중급점검자	• 소방설비기사 자격을 취득한 사람 • 소방설비산업기사 자격을 취득한 후 3년 이상 소방 관련 업무를 수행한 사람 • 건축설비기사, 건축기사, 공조냉동기계기사, 일반기계기사, 위험물기능장, 전기기사, 전기공사기사, 전파전자통신기사, 정보통신기사 자격을 취득한 후 10년 이상 소방 관련 업무를 수행한 사람
초급점검자	• 소방설비산업기사 자격을 취득한 사람 • 가스기능장, 전기기능장, 위험물기능장 자격을 취득한 사람 • 건축기사, 건축설비기사, 건설기계설비기사, 일반기계기사, 공조냉동기계기사, 화공기사, 가스기사, 전기기사, 전기공사기사, 산업안전기사, 위험물산업기사 자격을 취득한 사람 • 건축산업기사, 건축설비산업기사, 건설기계설비산업기사, 공조냉동기계산업기사, 화공산업기사, 가스산업기사, 전기산업기사, 전기공사산업기사, 산업안전산업기사, 위험물기능사 자격을 취득한 사람

3 학력·경력 등에 따른 기술등급

구 분	학력·경력자	경력자
고급 점검자	• 학사 이상의 학위를 취득한 후 9년 이상 소방 관련 업무를 수행한 사람 • 전문학사학위를 취득한 후 12년 이상 소방 관련 업무를 수행한 사람	• 학사 이상의 학위를 취득한 후 12년 이상 소방 관련 업무를 수행한 사람 • 전문학사학위를 취득한 후 15년 이상 소방 관련 업무를 수행한 사람 • 22년 이상 소방 관련 업무를 수행한 사람
중급 점검자	• 학사 이상의 학위를 취득한 후 6년 이상 소방 관련 업무를 수행한 사람 • 전문학사학위를 취득한 후 9년 이상 소방 관련 업무를 수행한 사람 • 고등학교를 졸업한 후 12년 이상 소방 관련 업무를 수행한 사람	• 학사 이상의 학위를 취득한 후 9년 이상 소방 관련 업무를 수행한 사람 • 전문학사학위를 취득한 후 12년 이상 소방 관련 업무를 수행한 사람 • 고등학교를 졸업한 후 15년 이상 소방관련 업무를 수행한 사람 • 18년 이상 소방 관련 업무를 수행한 사람
초급 점검자	• 「고등교육법」 제2조 제1호부터 제6호까지에 해당하는 학교에서 제1호 나목에 해당하는 학과 또는 고등학교 소방학과를 졸업한 사람	• 4년제 대학 이상 또는 이와 같은 수준 이상의 교육기관을 졸업한 후 1년 이상 소방 관련 업무를 수행한 사람 • 전문대학 또는 이와 같은 수준 이상의 교육기관을 졸업한 후 3년 이상 소방 관련 업무를 수행한 사람 • 5년 이상 소방 관련 업무를 수행한 사람 • 3년 이상 제1호 다목 2)에 해당하는 경력이 있는 사람

비고

1. 동일한 기간에 수행한 경력이 두 가지 이상의 자격 기준에 해당하는 경우에는 하나의 자격 기준에 대해서만 그 기간을 인정하고 기간이 중복되지 않는 경우에는 각각의 기간을 경력으로 인정한다. 이 경우 동일기술등급의 자격 기준별 경력기간을 해당 경력기준기간으로 나누어 합한 값이 1 이상이면 해당 기술등급의 자격 기준을 갖춘 것으로 본다.
2. 위 표에서 "학력·경력자"란 고등학교·대학 또는 이와 같은 수준 이상의 교육기관에서 제1호 나목에 해당하는 학과의 정해진 교육과정을 이수하고 졸업하거나 그 밖의 관계 법령에 따라 국내 또는 외국에서 이와 같은 수준 이상의 학력이 있다고 인정되는 사람을 말한다.
3. 위 표에서 "경력자"란 제1호 나목의 학과 외의 학과를 졸업하고 소방 관련 업무를 수행한 사람을 말한다.
4. 소방시설 자체점검 점검자의 경력 산정 시에는 소방시설관리업에서 소방시설의 점검 및 유지·관리 업무를 수행한 경력에 1.2를 곱하여 계산된 값을 소방 관련 업무 경력에 산입한다.

CHAPTER 02 점검업무 절차

01 점검업무 절차(종합점검, 작동점검)

1 점검 전 검토사항

1) 점검대상물 관련 문서 검토
   (1) 건축물대장(용도, 사용승인일, 연면적, 증축, 용도변경 등)
   (2) 관련 도서(건축도면, 소방도면, 각종 계산서, 소방완공필증, 방염필증 등)
   (3) 입점한 다중이용업소 현황 및 완비증명서
   (4) 이전 점검결과보고서 및 이행완료보고서
   (5) 유지관리지침서
   (6) 소방안전관리계획서, 소방훈련일지, 보험가입증명서 등

2) 관계인과 협의
   (1) 점검일수, 점검시간, 점검인원 협의
   (2) 소방안전관리자 입회 요청
   (3) 점검 시 주의사항 및 안전대책 협의
   (4) 건축물 사용자에게 사전고지 요청

3) 점검계획 및 점검장비 준비
   (1) 소방시설 종류, 위치에 따른 점검순서 및 인원배치 계획
   (2) 설치된 소방시설에 적합한 점검장비 준비

2 점검실시

1) 점검 전 준비 및 안전조치
   (1) 건축물 사용자, 보안업체에게 점검안내
   (2) 수신기 및 감시제어반 연동정지 등 안전조치
   (3) 소화펌프 및 가스계소화설비 등 안전조치

2) 점검실시
    (1) 소방안전관리자가 확인한 이상 부분 확인
    (2) 화재안전기준에 적합하게 설치·관리되는지 점검
    (3) 소방시설 등을 임의 조작하여 정상 작동 여부 점검
    (4) 점검 시 임의 차단·폐쇄한 것을 기록하여 빠짐없이 복구할 수 있도록 조치

3) 점검 후 복구 및 보고
    (1) 소방시설 정상 작동에 지장이 없도록 정상 상태로 복구
    (2) 관계인에게 중대위반사항 및 이상상태 보고(중대위반사항은 즉시 수리하도록 안내)
    (3) 관계인에게 행정절차 및 주의사항 안내

> **중요**
>
> ▶ **중대위반사항**
> 1. **소**화펌프(가압송수장치를 포함한다. 이하 같다), 동력·감시 **제**어반 또는 소방시설용 **전**원(비상전원을 포함한다)의 고장으로 소방시설이 작동되지 않는 경우
> 2. 화재**수**신기의 고장으로 화재경보음이 자동으로 울리지 않거나 화재수신기와 연동된 소방시설의 작동이 불가능한 경우
> 3. 소화**배**관 등이 폐쇄·차단되어 소화수 또는 소화약제가 자동 방출되지 않는 경우
> 4. 방화**문** 또는 자동방화셔터가 훼손되거나 철거되어 본래의 기능을 못하는 경우

☑ **참고** 암기 : 소제전 수배문

3 점검 후 절차(관리업자) 2점

1) 배치신고(5일 이내)
    (1) [소방시설 점검인력 배치확인신청서] 작성
    (2) 점검인력 배치상황을 한국소방시설관리협회에 신고 후 [점검인력배치확인서] 출력
    (3) 기간 : 자체점검이 끝난 날부터 5일 이내

2) 점검결과를 관계인에게 제출(10일 이내) 24점
    (1) 소방시설등 자체점검 실시결과 보고서[소방시설법 시행규칙 별지 제9호 서식]
    (2) 소방시설등(작동점검, 종합점검(최초점검, 그 밖의 점검)점검표[소방시설 자체점검사항 등에 관한 고시 별지 제4호 서식]
    (3) 점검인력배치확인서[소방시설 자체점검사항 등에 관한 고시 별지 제3호 서식]
    (4) 기간 : 자체점검이 끝난 날부터 10일 이내

    ☑ **참고** 기간에는 초일, 공휴일 및 토요일은 산입하지 않는다.

4 점검 후 절차(관계인)

1) 소방본부장 또는 소방서장에게 자체점검 결과 보고(15일 이내) **24점**
   (1) 소방시설등 자체점검 실시결과 보고서
   (2) 점검인력배치확인서
   (3) 소방시설등의 자체점검 결과 이행 계획서[소방시설법 시행규칙 별지 제10호 서식]
   (4) 기간 : 자체점검이 끝난 날부터 15일 이내

2) 자체점검 결과의 게시(보고일로부터 10일 이내)
   (1) 소방시설등 자체점검기록표 작성
   (2) 관할 소방서에 보고 후 보고일로부터 10일 이내 게시하여 30일 이상 게시

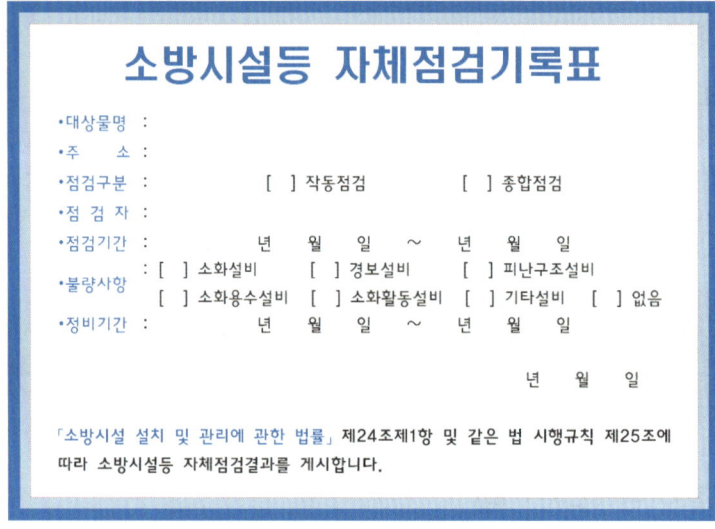

소방시설등 자체점검기록표(용지크기 : A4)

3) 보고서 보관
   (1) 소방시설등 자체점검 실시결과 보고서(소방시설등점검표 포함)
   (2) 점검이 끝난 날부터 2년간 자체보관

4) 이행완료 보고(이행완료한 날부터 10일 이내)
   (1) 소방시설 등의 자체점검 결과 이행완료 보고서[소방시설법 시행규칙 별지 제11호 서식]
   (2) 이행계획 건별 전-후 사진 증명자료
   (3) 소방시설공사 계약서

5) 이행계획 완료의 연기신청
   (1) 이행을 완료하기 곤란한 사유
      ① 「재난 및 안전관리 기본법」 제3조 제1호에 해당하는 재난이 발생한 경우
      ② 경매 등의 사유로 소유권이 변동 중이거나 변동된 경우

③ 관계인의 질병, 사고, 장기출장 등의 경우

④ 그 밖에 관계인이 운영하는 사업에 부도 또는 도산 등 중대한 위기가 발생하여 이행계획을 완료하기 곤란한 경우

> **참고** 이행을 완료하기 곤란한 사유는 소방시설 자체점검 면제 또는 연기를 신청할 수 있는 사유와 같다.

(2) 이행계획 완료의 연기신청 절차

① 관계인은 완료기간 만료일 3일 전까지 소방시설등의 자체점검 결과 이행계획 완료 연기신청서(전자문서로 된 신청서 포함)에 기간 내에 이행계획을 완료하기 곤란함을 증명할 수 있는 서류(전자문서 포함)를 첨부하여 소방본부장 또는 소방서장에게 제출해야 한다.

② 이행계획 완료의 연기 신청서를 제출받은 소방본부장 또는 소방서장은 연기신청을 받은 날부터 3일 이내에 완료기간의 연기 여부를 결정하여 소방시설등의 자체점검 결과 이행계획 완료 연기신청 결과 통지서를 연기신청을 한 자에게 통보해야 한다.

6) 자체점검결과의 조치

(1) 관계인이 지체없이 수리 등의 조치를 해야 하는 중대위반사항 **23점**

① 소화펌프(가압송수장치를 포함한다. 이하 같다), 동력·감시 제어반 또는 소방시설용 전원(비상전원을 포함한다)의 고장으로 소방시설이 작동되지 않는 경우

② 화재수신기의 고장으로 화재경보음이 자동으로 울리지 않거나 화재수신기와 연동된 소방시설의 작동이 불가능한 경우

③ 소화배관 등이 폐쇄·차단되어 소화수 또는 소화약제가 자동 방출되지 않는 경우

④ 방화문 또는 자동방화셔터가 훼손되거나 철거되어 본래의 기능을 못하는 경우

(2) 관계인이 소방시설의 점검·정비를 위하여 소방시설이 폐쇄·차단된 이후 수신기 등으로 화재신호가 수신되거나 화재상황을 인지한 경우 행동 기준(「소방시설 폐쇄·차단 시 행동요령 등에 관한 고시」) **23점**

① 폐쇄·차단되어 있는 모든 소방시설(수신기, 스프링클러 밸브 등)을 정상상태로 복구한다.

② 즉시 소방관서(119)에 신고하고, 재실자를 대피시키는 등 적절한 조치를 취한다.

③ 화재신호가 발신된 장소로 이동하여 화재 여부를 확인한다.

④ 화재로 확인된 경우에는 초기소화, 상황전파 등의 조치를 취한다.

⑤ 화재가 아닌 것으로 확인된 경우에는 재실자에게 관련 사실을 안내하고, 수신기에서 화재경보 복구 후 비화재보 방지를 위해 적절한 조치를 취한다.

5 점검 후 절차(소방본부장 또는 소방서장)

1) 이행계획의 완료기간 통보(10일 또는 20일) **24점**

보고받은 소방본부장 또는 소방서장은 이행계획의 완료 기간을 정하여 관계인에게 통보해야 한다. 다만, 소방시설 등에 대한 수리·교체·정비의 규모 또는 절차가 복잡하여 다음 각 호의 기간 내에 이행을 완료하기가 어려운 경우에는 그 기간을 달리 정할 수 있다.

⑴ 소방시설등을 구성하고 있는 기계·기구를 수리하거나 정비하는 경우 : 보고일부터 10일 이내
⑵ 소방시설등의 전부 또는 일부를 철거하고 새로 교체하는 경우 : 보고일부터 20일 이내
⑶ **통보방법** : 문서, 구술, SNS, 전자우편 가능(단, 소방서장이 기간을 달리 정하여 통보하는 경우는 문서 통보)

2) 점검인력 배치상황 확인

소방본부장 또는 소방서장은 소방시설등 자체점검 실시결과 보고서를 접수한 때에는 다음 각 호의 사항을 확인하여야 한다. 이 경우 전산망을 이용하여 확인할 수 있다.

⑴ 해당 자체점검을 위한 점검인력 배치가 점검인력의 배치기준에 적합한지 여부
⑵ 점검인력 배치 수정사항이 적합한지 여부

3) 자체점검대상 등 표본조사 **23점**

소방청장, 소방본부장 또는 소방서장은 부실점검을 방지하고 점검품질을 향상시키기 위하여 다음의 어느 하나에 해당하는 특정소방대상물에 대해 표본조사를 실시하여야 한다.

⑴ 점검인력 배치상황 확인 결과 점검인력 배치기준 등을 부적정하게 신고한 대상
⑵ 표준자체점검비 대비 현저하게 낮은 가격으로 용역계약을 체결하고 자체점검을 실시하여 부실점검이 의심되는 대상
⑶ 특정소방대상물 관계인이 자체점검한 대상
⑷ 그 밖에 소방청장, 소방본부장 또는 소방서장이 필요하다고 인정한 대상

4) 자체점검흐름도

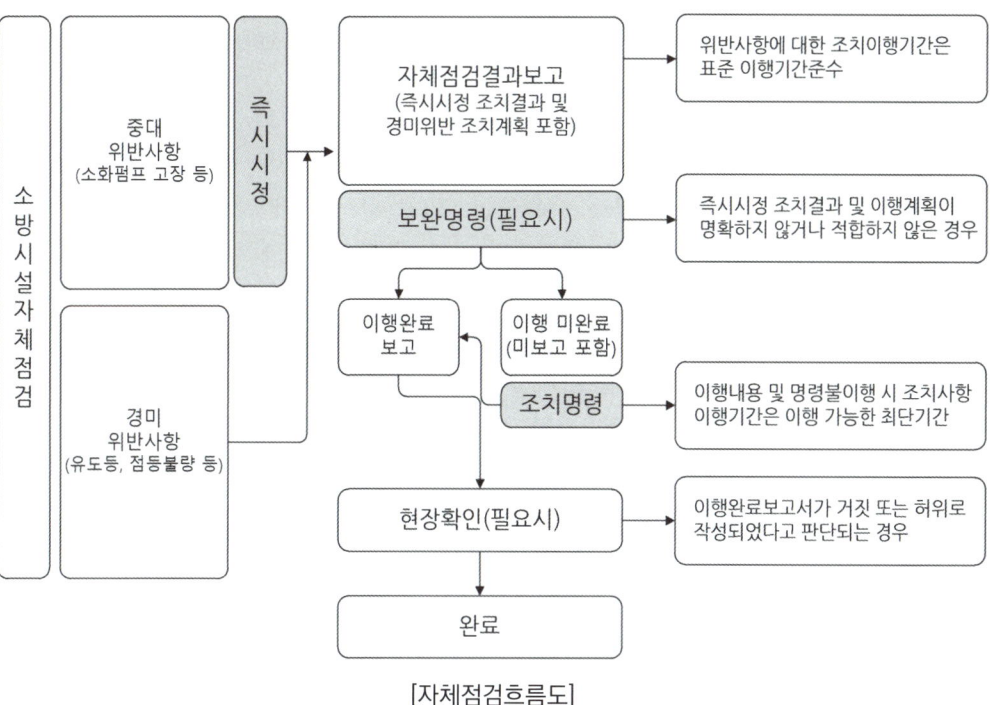

[자체점검흐름도]

 **기출문제**

23점 소방시설 폐쇄·차단 시 행동요령 등에 관한 고시상 소방시설의 점검·정비를 위하여 소방시설이 폐쇄·차단된 이후 수신기 등으로 화재신호가 수신되거나 화재상황을 인지한 경우 특정소방대상물의 관계인의 행동요령 5가지를 쓰시오.(5점)   **답** 생략

23점 소방청장, 소방본부장 또는 소방서장이 부실점검을 방지하고 점검품질을 향상시키기 위하여 표본조사를 실시하여야 하는 특정소방대상물 대상 4가지를 쓰시오.(4점)   **답** 생략

23점 소방시설 설치 및 관리에 관한 법령상 소방시설 자체점검 결과의 조치 등에 대하여 다음 물음에 답하시오.(6점)

(1) 자체점검 결과의 조치 중 중대위반사항에 해당하는 경우 4가지를 쓰시오.(4점)

   답 생략

(2) 다음은 자체점검 결과 공개에 관한 내용이다. ( )에 들어갈 내용을 쓰시오.(2점)

> ○ 소방본부장 또는 소방서장은 법 제24조 제2항에 따라 자체점검 결과를 공개하는 경우 (ㄱ)일 이상 법 제48조에 따른 전산시스템 또는 인터넷 홈페이지 등을 통해 공개해야 한다.
>
> ○ 소방본부장 또는 소방서장은 이의신청을 받은 날부터 (ㄴ)일 이내에 심사·결정하여 그 결과를 지체없이 신청인에게 알려야 한다.

   답 ㄱ. 30 ㄴ. 10

기출문제

24점 소방시설 설치 및 관리에 관한 법령 상 소방시설등의 자체점검에 관한 내용이다. ( )에 들어갈 내용을 쓰시오(6점)

○ '최초점검'이란 해당 특정소방대상물의 소방시설등이 신설된 경우 「건축법」 제22조에 따라 건축물을 사용할 수 있게 된 날부터 (ㄱ)일 이내 점검하는 것을 말하며, 이는 자체점검의 구분 중 (ㄴ)에 해당한다.

○ 관리업자 또는 소방안전관리자로 선임된 소방시설관리사 및 소방기술자(이하 "관리업자등"이라 한다)는 자체점검을 실시한 경우에는 그 점검이 끝난 날부터 (ㄷ)일 이내에 소방시설등 자체점검 실시결과보고서(전자문서로 된 보고서를 포함한다)에 소방청장이 정하여 고시하는 소방시설등 점검표를 첨부하여 관계인에게 제출해야 한다.

○ 관리업자등으로부터 자체점검 실시결과보고서를 제출받거나 스스로 자체점검을 실시한 관계인은 자체점검이 끝난 날부터 (ㄹ)일 이내에 소방시설등 자체점검 실시결과 보고서(전자문서로 된 보고서를 포함한다)에 다음 각 호의 서류를 첨부하여 소방본부장 또는 소방서장에게 서면이나 소방청장이 지정하는 전산망을 통하여 보고해야 한다.
  1. 점검인력 배치확인서(관리업자가 점검한 경우만 해당한다)
  2. 별지 제10호 서식의 소방시설등의 자체점검 결과 이행계획서

○ 소방시설등의 자체점검 결과 이행계획서를 보고받은 소방본부장 또는 소방서장은 다음 각 호의 구분에 따라 이행계획의 완료 기간을 정하여 관계인에게 통보해야 한다. 다만, 소방시설등에 대한 수리·교체·정비의 규모 또는 절차가 복잡하여 다음 각 호의 기간 내에 이행을 완료하기가 어려운 경우에는 그 기간을 달리 정할 수 있다.
  1. 소방시설등을 구성하고 있는 기계·기구를 수리하거나 정비하는 경우 : 보고일로부터 (ㅁ)일 이내
  2. 소방시설등의 전부 또는 일부를 철거하고 새로 교체하는 경우 : 보고일로부터 (ㅂ)일 이내

답 ㄱ. 60   ㄴ. 종합점검   ㄷ. 10   ㄹ. 15   ㅁ. 10   ㅂ. 20

02 배치신고 수정

1 배치신고 기간 내(점검 종료일로부터 5일 이내)

배치신고 기간 내에는 관리업자가 직접 수정하여야 한다. 다만, 평가기관이 배치기준 적합 여부 확인 결과 부적합인 경우와 배치신고 기간을 초과한 경우 **2**에 따라 수정한다.

2 배치신고가 기준에 부적합하거나 배치기간을 초과한 경우 **23점**

1) 관할 소방서의 담당자 승인 후에 평가기관이 수정할 수 있는 사항

   (1) 소방시설의 설비 유무
   (2) 점검인력, 점검일자
   (3) 점검 대상물의 추가·삭제
   (4) 건축물대장에 기재된 내용으로 확인할 수 없는 사항
      ① 점검 대상물의 주소, 동수
      ② 점검 대상물의 주용도, 아파트(세대수를 포함한다) 여부, 연면적 수정
      ③ 점검 대상물의 점검 구분

2) 관할 소방서의 승인 없이 평가기관이 수정할 수 있는 사항

   평가기관은 1)에도 불구하고 건축물대장 또는 제출된 서류 등에 기재된 내용으로 확인이 가능한 경우에는 수정할 수 있다.

   > **참고** 평가기관이란 "한국소방시설관리협회"를 말한다.

기출문제

23점 평가기관은 배치신고 시 오기로 인한 수정사항이 발생한 경우 점검인력 배치상황 신고사항을 수정해야 한다. 다만, 평가기관이 배치기준 적합 여부 확인 결과 부적합인 경우에 관한 소방서의 담당자 승인 후에 평가기관이 수정할 수 있는 사항을 모두 쓰시오.(8점)   **답** 생략

CHAPTER 03 점검장비

1 법정 점검장비

소방시설	점검장비	용도
모든 소방시설	방수압력측정계	노즐에서 물이 방수될 때 방수압력(동압)을 측정하는 기구
	절연저항측정계	전기시설, 전선로 등의 절연저항 측정하는 기구
	전류전압측정계	전원회로 및 부속회로의 전류, 전압, 저항을 측정하는 기구
소화기구	저울	소화기의 중량을 측정하는 기구
옥내소화전설비 옥외소화전설비	소화전밸브압력계	옥내소화전, 옥외소화전의 방수시험이 곤란한 경우 방수구에서 정압을 측정하는 기구
스프링클러설비 포소화설비	헤드결합렌치	스프링클러헤드를 배관에 설치하거나 분리할 때 사용하는 공구

소방시설	점검장비		용도
이산화탄소, 분말 할론, 할로겐화합물 및 불활성기체 소화설비		검량계	소화약제 저장용기의 약제량 측정을 위해 저장용기의 중량을 측정하는 기구
		기동관누설시험기	기동용 동관의 누설을 시험하기 위해 질소가스를 주입하는 시험기기
	그 밖에 소화약제의 저장량을 측정할 수 있는 점검기구		액화가스레벨메터, LSI(Level Strip Indicator)액면표시 등
자동화재탐지설비 시각경보기		열감지기시험기, 연감지기시험기,	감지기에 열 또는 연기를 가하여 감지기의 정상작동 여부를 시험하는 기구
		감지기시험기 연결막대	높은 곳에 설치된 감지기를 시험하기 위해 감지기 시험기에 연결하는 막대
		공기주입시험기	차동식 분포형 공기관식 감지기의 정상작동 상태를 시험하는 기구
		음량계	음향장치의 음량을 측정하는 기구
누전경보기		누전계 (규격 : 누전전류 측정용)	전기선로의 누설전류 및 일반전류를 측정하는 기구

소방시설	점검장비		용도
무선통신보조설비		무선기 (규격 : 통화시험용)	무선통신보조설비의 원활한 통신상태를 확인하기 위한 무선통신장비
제연설비		풍속풍압계	제연설비의 풍속과 정압을 측정하는 기구
		폐쇄력측정기	출입문의 폐쇄력 및 개방력을 측정하는 기구
		차압계 (압력차 측정기)	제연구역과 비제연구역의 차압을 측정하는 기구
통로유도등 비상조명등		조도계(밝기 측정기) (규격 : 최소눈금이 0.1럭스 이하인 것)	유도등 및 비상조명등의 조도(빛의 밝기)를 측정하는 기구

PART 02
점검실무

CHAPTER 01	소화기구 및 자동소화장치
CHAPTER 02	수계소화설비 점검
CHAPTER 03	가스계소화설비 섬섬
CHAPTER 04	경보설비 점검
CHAPTER 05	피난구조설비 점검
CHAPTER 06	소화용수설비 점검
CHAPTER 07	소화활동설비 점검
CHAPTER 08	기타설비 점검
CHAPTER 09	용도별 소방시설 점검

소화기구 및 자동소화장치

01 소화기구

1 소화기

[소형 소화기]

[자동확산소화기]

[대형 소화기]

2 소화기구 설치기준과 점검방법

구분	설치기준(NFPC 또는 NFTC101)	점검방법
적응성	제4조제1항제1호 특정소방대상물의 **설치장소에 따라** 화재 종류별 **적응성** 있는 소화약제의 것으로 할 것	설치 장소마다 적응성 있는 소화약제인지 확인한다. (A급, B급, C급, K급, D급)
소화기	2.1.1.4.1. 특정소방대상물의 **각 층마다** 설치하되, 각층이 2 이상의 **거실**로 구획된 경우에는 각층마다 설치하는 것 외에 바닥면적이 $33m^2$ 이상으로 구획된 각 거실에도 배치할 것	각 층마다 소화기가 설치되고, 구획된 거실(바닥면적 $33m^2$ 이상)마다 소화기가 추가 설치되어 있는지 확인한다.
	2.1.1.4.2. 특정소방대상물의 각 부분으로부터 1개의 소화기까지의 **보행**거리가 **소형소화기**의 경우에는 **20m** 이내, **대형소화기**의 경우에는 **30m** 이내가 되도록 배치할 것. 다만, 가연성물질이 없는 작업장의 경우에는 작업장의 실정에 맞게 보행거리를 완화하여 배치할 수 있다.	복도 및 거실 내 배치거리(보행거리 소형 20m 이내, 대형 30m 이내)에 적합하게 설치되었는지 확인한다.
간이소화용구	2.1.1.5 능력단위가 2단위 이상이 되도록 소화기를 설치해야 할 특정소방대상물 또는 그 부분에 있어서는 간이소화용구의 능력단위가 **전체 능력단위의 2분의 1**을 초과하지 않게 할 것. 다만, 노유자시설의 경우에는 그렇지 않다.	간이소화용구가 설치된 경우 간이소화용구의 능력 단위가 설치 기준에 적합한지 확인한다.

구분	설치기준(NFPC 또는 NFTC101)	점검방법
소화기구 공통기준	2.1.1.6 소화기구(자동확산소화기를 제외한다)는 **거주자 등이 손쉽게 사용할 수 있는 장소에 바닥으로부터 높이 1.5m 이하의 곳**에 비치하고, 소화기에 있어서는 "소화기", 투척용소화용구에 있어서는 "투척용소화용구", 마른모래에 있어서는 "소화용모래", 팽창질석 및 팽창진주암에 있어서는 "소화질석"이라고 표시한 **표지**를 보기 쉬운 곳에 부착할 것. 다만, 소화기 및 투척용소화용구의 표지는 「축광표지의 성능인증 및 제품검사의 기술기준」에 적합한 **축광식표지**로 설치하고, **주차장**의 경우 표지를 **바닥으로부터 1.5m 이상의 높이**에 설치할 것	설치 장소, 설치높이 및 표지 설치상태를 확인한다.
소화기구 수량	2.1.1.2) 특정소방대상물에 따른 소화기구의 능력단위는 [표 2.1.1.2]의 기준에 따를 것 ☑ **참고** $33m^2$ 이상의 거실 추가 기준 및 보행거리 기준에 맞추어 소화기를 배치하면 대부분 능력단위 기준을 충족한다.	설치된 소화기구의 능력단위의 합이 기준 이상인지 확인한다.
	제3조 제1항 제3호 능력단위 외에 **부속용도별**로 사용되는 부분에 대하여는 소화기구 및 자동소화장치를 **추가**하여 설치할 것	부속용도별로 기준에 맞게 소화기구 또는 자동소화장치가 추가 설치되었는지 확인한다.
자동확산 소화기	2.1.1.7.1 방호대상물에 소화약제가 유효하게 방출될 수 있도록 설치할 것 2.1.1.7.2 작동에 지장이 없도록 견고하게 고정할 것	자동확산소화기의 설치위치, 설치상태, 외관 변형 여부 및 지시압력계가 녹색 범위에 있는지 확인한다.
소화기구 외관	-	소화기 및 자동확산소화기의 외관이 부식·손상 되었는지 확인한다. 지시압력계가 있는 것은 정상범위에 있는지 확인한다.
분말 소화기 내용연수	「소방시설 설치 및 관리에 관한 법률」에 따라 내용연수 적용 대상은 **분말소화기**이며, 그 내용연수는 **10년**이다.	수동식 분말소화기가 제조일로부터 10년이 경과하였는지 확인한다.
소화기 설치제한	2.1.3 **이산화탄소** 또는 **할로겐화합물**을 방출하는 소화기구(자동확산소화기를 제외한다)는 **지하층**이나 **무창층** 또는 **밀폐된 거실**로서 그 **바닥면적이 $20m^2$ 미만**의 장소에는 설치할 수 없다. 다만, 배기를 위한 유효한 개구부가 있는 장소인 경우에는 그렇지 않다.	이산화탄소 또는 할로겐화합물을 방출하는 소화기구가 $20m^2$ 미만의 밀폐된 장소 등에 설치되었는지 확인한다.
소화기 감소	2.2.1에 따라 2.1.1.2(능력단위) 및 2.1.1.3(부속용도별 추가)의 소형소화기 설치 감소 2.1.2에 따라 대형소화기 설치 면제	소형소화기 감소 또는 대형소화기 면제 기준을 적용하는 대상인지 확인한다.

3 소화기 도시기호

ABC 소화기	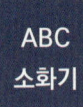	자동 확산 소화기		이산화 탄소 소화기		할로겐 화합물 소화기	

02 자동소화장치

1 주거용 주방자동소화장치

1) 구성

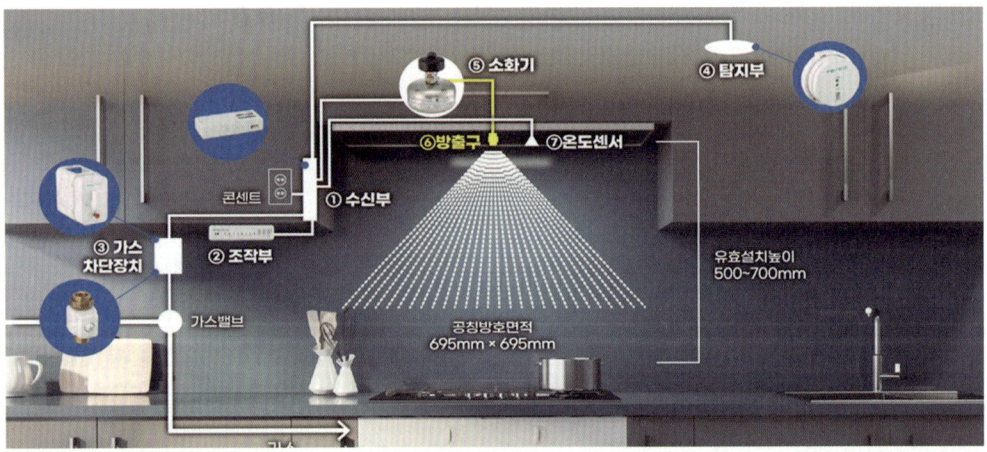

2) 설치대상

　아파트 등 및 오피스텔의 모든 층

3) 화재 시 작동순서

　(1) 화재가 발생하면 1차 감지센서 작동에 의해 수신부 표시 및 음향경보 작동
　(2) 가스 차단장치 자동 폐쇄
　(3) 화재가 계속되면 2차 감지센서 작동에 의해 수신부 표시 및 약제방출 신호 출력
　(4) 소화약제 방출

4) 주거용 주방자동소화장치 설치기준 및 점검방법

구분	설치기준(NFTC101)	점검방법
설치상태 점검	2.1.2.1.1 **소화약제 방출구**는 환기구(주방에서 발생하는 열기류 등을 밖으로 배출하는 장치를 말한다. 이하 같다)의 청소부분과 분리되어 있어야 하며, 형식승인 받은 유효설치 높이 및 방호면적에 따라 설치할 것 2.1.2.1.2 **감지부**는 형식승인 받은 유효한 높이 및 위치에 설치할 것 2.1.2.1.3 **차단장치(전기 또는 가스)**는 상시 확인 및 점검이 가능하도록 설치할 것 2.1.2.1.4 **가스용** 주방자동소화장치를 사용하는 경우 **탐지부**는 수신부와 분리하여 설치하되, 공기보다 가벼운 가스를 사용하는 경우에는 천장 면으로부터 30cm 이하의 위치에 설치하고, 공기보다 무거운 가스를 사용하는 장소에는 바닥 면으로부터 30cm 이하의 위치에 설치할 것 2.1.2.1.5 **수신부**는 주위의 열기류 또는 습기 등과 주위온도에 영향을 받지 않고 사용자가 상시 볼 수 있는 장소에 설치할 것	소화약제 방출구, 감지부, 차단장치, 탐지부, 수신부가 설치기준에 맞게 설치되었는지 확인한다. 수신부의 표시등이 정상상태를 표시하는지 확인한다.
	-	축압식 소화약제 저장용기의 지시압력계가 정상인지, 외관에 이상이 없는지 확인한다.

☑ **참고** 수신부에 전원이 정상 공급되면 전원등이 점등되며, 수신부의 자동점검 기능에 의해 이상이 있을 경우 화재등, 가스누출등, 예비전원등 점멸되고, 약제 저장용기의 압력저하 시 경보하는 기능이 있다.

5) 차단장치 작동방법

(1) 수신부에 수동작동버튼이 있는 경우 이를 눌러 가스차단밸브가 작동하는지 확인한다.
(2) 감지부에 가열시험을 하여 1차 감지온도에서 가스 차단밸브가 작동하는지 점검한다.
(3) 가스탐지부에 점검용 가스를 분사하여 차단밸브가 자동으로 닫히는지 점검한다.

2 상업용 주방자동소화장치

1) 구성

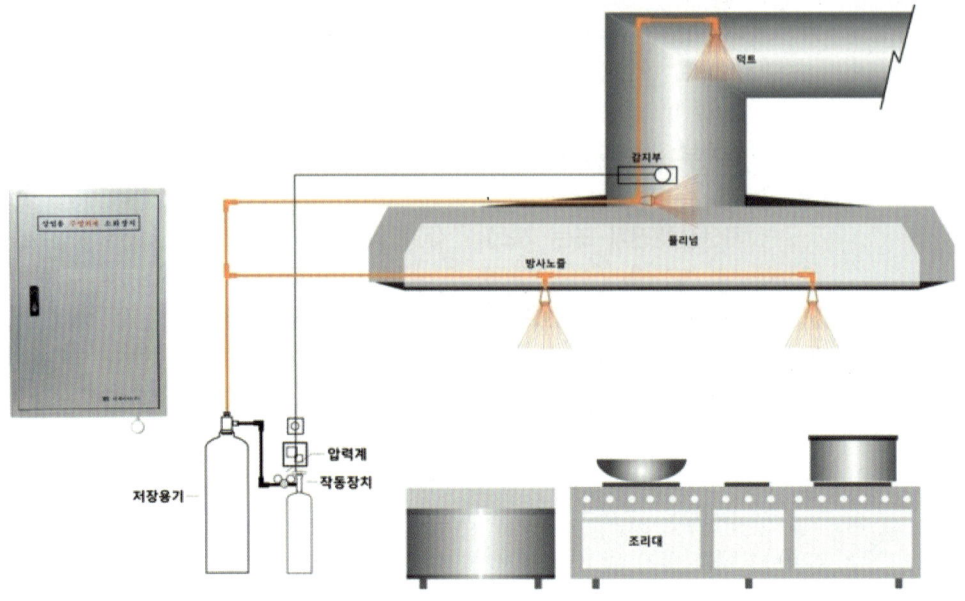

[상업용 주방자동소화장치의 구성]

※ 출처 : (주)엠케이솔루텍 "키친119"

2) 설치대상

(1) 판매시설 중 대규모점포에 입점해 있는 일반음식점
(2) 집단급식소

> **참고** 설치대상은 판매시설 중 「유통산업발전법」 제2조 제3호에 해당하는 대규모점포(매장면적의 합계 3천m² 이상)에 입점한 일반음식점과 「식품위생법」 제2조 제12호에 따른 집단급식소(1회 50인상 급식)이다.

2) 화재 시 작동순서

(1) 화재 발생 시 감지부가 작동하여 음성경보가 작동되고 가스 잠금장치가 작동하여 가스를 자동으로 차단하며 노즐에서 소화약제가 방출된다.
(2) 사람이 직접 화재를 발견한 경우에는 수동작동(레버를 당김)으로 화재 진압할 수 있다.

3) 상업용 주방자동소화장치 설치기준 및 점검방법

구분	설치기준(NFTC101)	점검방법
설치상태 점검	2.1.2.2.1 **소화장치**는 조리기구의 종류별로 성능인증을 받은 설계 매뉴얼에 적합하게 설치할 것 2.1.2.2.2 **감지부**는 성능인증을 받은 유효높이 및 위치에 설치할 것 2.1.2.2.3 **차단장치**(전기 또는 가스)는 상시 확인 및 점검이 가능하도록 설치할 것 2.1.2.2.4 **후드**에 설치되는 **분사헤드**는 후드의 가장 긴 변의 길이까지 방출될 수 있도록 소화약제의 방출 방향 및 거리를 고려하여 설치할 것 2.1.2.2.5 **덕트**에 설치되는 **분사헤드**는 성능인증을 받은 길이 이내로 설치할 것	조리기구 종류별로 성능인증 받은 소화장치가 설치되고, 감지부, 차단장치, 분사헤드가 기준에 맞게 설치되었는지 확인한다.
		소화약제 저장용기의 지시압력계가 정상인지, 외관에 이상이 없는지 확인한다. 수동기동장치가 적정하게 설치되었는지 확인한다.

3 캐비닛형 자동소화장치

1) 구성

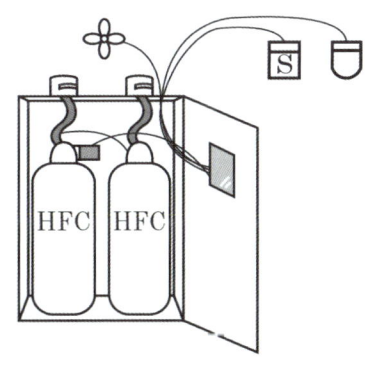

[캐비닛형 자동소화장치 외관]　　　　　　　[구성]

2) 화재 시 작동순서

(1) 화재 발생 시 연기감지기가 먼저 작동하여 경보를 발하며 환기장치 등이 정지한다.
(2) 화재로 구획실의 온도가 상승하면 열감지기가 작동하여 타이머(30초)가 작동한다.
(3) 타이머가 완료되면 솔레노이드밸브가 작동하여 소화약제가 방출된다.

3) 캐비닛형 자동소화장치 설치기준 및 점검방법

구분	설치기준(NFTC101)	점검방법
설치상태 점검	2.1.2.3.1 **분사헤드(방출구)**의 설치 높이는 방호구역의 바닥으로부터 형식승인을 받은 범위 내에서 유효하게 소화약제를 방출시킬 수 있는 높이에 설치할 것 2.1.2.3.2 **화재감지기**는 방호구역 내의 천장 또는 옥내에 면하는 부분에 설치하되「자동화재탐지설비 및 시각경보장치의 화재안전기술기준(NFTC 203)」 2.4(감지기)에 적합하도록 설치할 것 2.1.2.3.3 방호구역 내의 화재감지기의 감지에 따라 **작동**되도록 할 것 2.1.2.3.4 화재감지기의 회로는 **교차회로방식**으로 설치할 것. 다만, 화재감지기를「자동화재탐지설비 및 시각경보장치의 화재안전기술기준(NFTC 203)」 2.4.1 단서의 각 감지기로 설치하는 경우에는 그렇지 않다. 2.1.2.3.5 교차회로 내의 각 화재감지기회로별로 설치된 화재감지기 1개가 담당하는 **바닥면적**은「자동화재탐지설비 및 시각경보장치의 화재안전기술기준(NFTC 203)」 2.4.3.5, 2.4.3.8 및 2.4.3.10에 따른 바닥면적으로 할 것 2.1.2.3.6 **개구부 및 통기구**(환기장치를 포함한다. 이하 같다)를 설치한 것에 있어서는 소화약제가 방출되기 전에 해당 개구부 및 통기구를 자동으로 폐쇄할 수 있도록 할 것. 다만, 가스압에 의하여 폐쇄되는 것은 소화약제 방출과 동시에 폐쇄할 수 있다. 2.1.2.3.7 작동에 지장이 없도록 견고하게 고정할 것 2.1.2.3.8 구획된 장소의 **방호체적** 이상을 방호할 수 있는 소화성능이 있을 것	분사헤드 및 화재감지기의 설치상태를 확인한다. 개구부 및 통기구에 자동폐쇄장치가 설치되어 있는지 확인한다. 설치된 장소의 체적과 설치된 캐비닛형자동소화장치의 방호체적을 비교하여 방호성능이 있는지 확인한다.
	-	약제저장량이 적정한지 지시압력계 또는 약제 액위측정 등으로 확인한다.

4) 작동점검 순서

  (1) 수신부의 전원, 스위치, 표시등 상태가 정상인지 확인한다.
  (2) 수신부의 연동스위치를 연동정지로 설정한다.
  (3) 저장용기에 부착된 솔레노이드밸브를 안전핀을 꽂고 분리한 후 안전핀을 제거한다.
  (4) 수신부의 연동스위치를 연동상태로 설정한다.
  (5) 연기감지기를 작동하여 경보음과 환기장치 정지를 확인한다.
  (6) 열감지기를 작동하여 타이머 정상작동과 작동시간을 확인한다.
  (7) 타이머의 시간이 완료되면 솔레노이드밸브 작동을 확인한다.

⑻ 수신부에서 복구버튼을 눌러 정상상태로 복구한다.
⑼ 수신부를 연동스위치를 연동정지로 놓는다.
⑽ 솔레노이드를 복구한 후 안전핀을 꽂고 저장용기에 결합한 후 안전핀을 제거한다.
⑾ 수신부의 연동스위치를 연동상태로 설정한다.

> **참고** 캐비닛형·가스·분말·고체에어로졸 자동소화장치의 설치대상은 "화재안전기준에서 정하는 장소"이다.

4 가스·분말·고체에어로졸 자동소화장치

1) 구성

[자동소화장치 예]

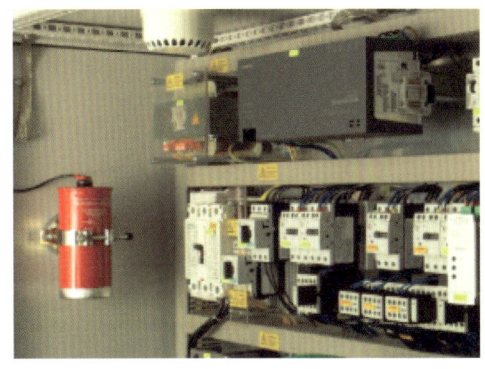

[고체에어로졸 자동소화장치 설치예]

2) 화재 시 작동순서

⑴ 화재 발생 시 감지기 또는 감열부 작동
⑵ 방출구를 통한 소화약제 자동 방출

3) 가스·분말·고체에어로졸 자동소화장치 설치기준 및 점검방법

구분	성능기준(NFPC101)	점검방법
설치상태 점검	2.1.2.4.1 소화약제 **방출구**는 형식승인을 받은 유효설치범위 내에 설치할 것 2.1.2.4.2 자동소화장치는 방호구역 내에 형식승인이 된 **1개**의 제품을 설치할 것. 이 경우 연동방식으로서 하나의 형식으로 형식승인을 받은 경우에는 1개의 제품으로 본다. 2.1.2.4.3 **감지부**는 형식승인 된 유효설치범위 내에 설치해야 하며 설치장소의 평상시 최고주위온도에 따라 다음 표 2.1.2.4.3에 따른 표시온도의 것으로 설치할 것. 다만, 열감지선의 감지부는 형식승인 받은 최고주위온도범위 내에 설치해야 한다.	자동소화장치가 방호구역 내에 1개 제품으로 적정하게 설치되었는지 확인한다. 방출구, 감지부(또는 화재감지기)가 적합하게 설치되었는지 확인한다.

외관점검	[표 2.1.2.4.3] 설치장소의 평상시 최고주위온도에 따른 감지부의 표시온도	
	설치장소의 최고주위온도	표시온도
	39℃ 미만	79℃ 미만
	39℃ 이상 64℃ 미만	79℃ 이상 121℃ 미만
	64℃ 이상 106℃ 미만	121℃ 이상 162℃ 미만
	106℃ 이상	162℃ 이상
	2.1.2.4.4 2.1.2.4.3에도 불구하고 **화재감지기**를 감지부로 사용하는 경우에는 2.1.2.3의 2.1.2.3.2부터 2.1.2.3.5까지의 설치방법에 따를 것	
	－	수신부가 설치된 경우 표시등이 정상상태인지 확인한다. 소화약제 저장용기의 지시압력계가 정상인지, 외관에 이상이 없는지 확인한다.

5 도시기호

CHAPTER 02 수계소화설비 점검

▶ 소방시설관리사 점검실무행정

01 펌프와 주위 배관 점검(수계 공통)

1 펌프 주위 계통도 9점 24점

1) 수원의 수위가 펌프보다 아래에 있는 경우(부압흡입방식)

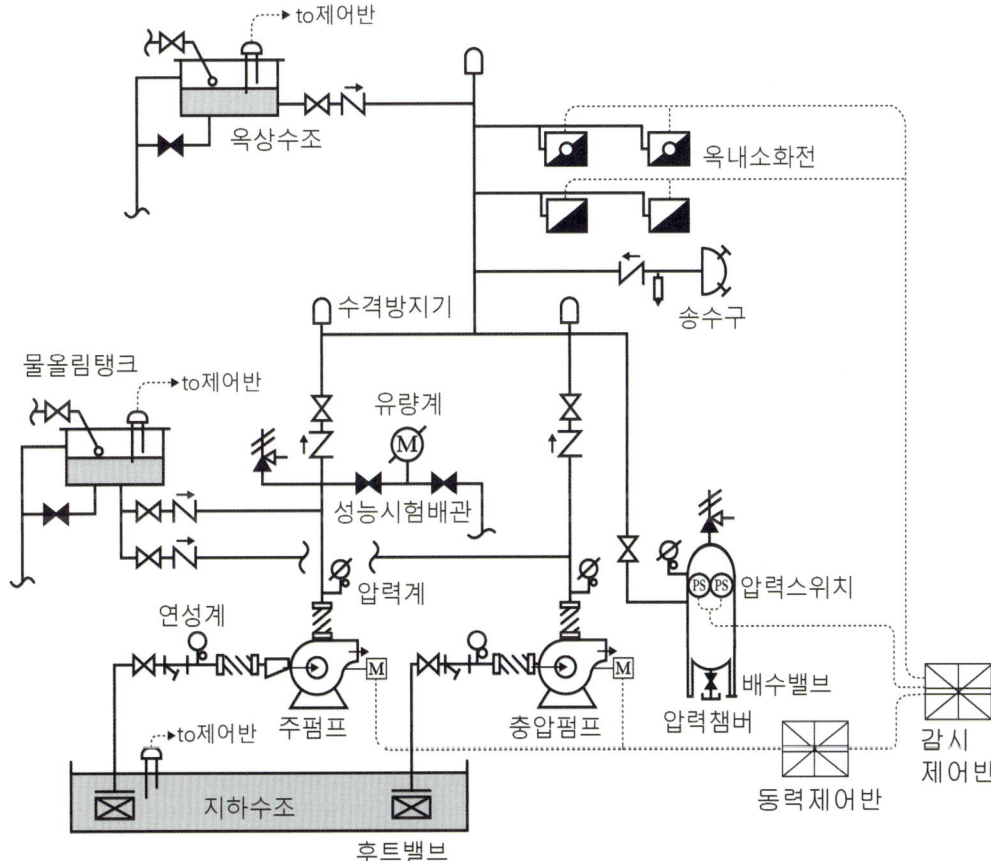

2) 수원의 수위가 펌프보다 위에 있는 경우(정압흡입방식)

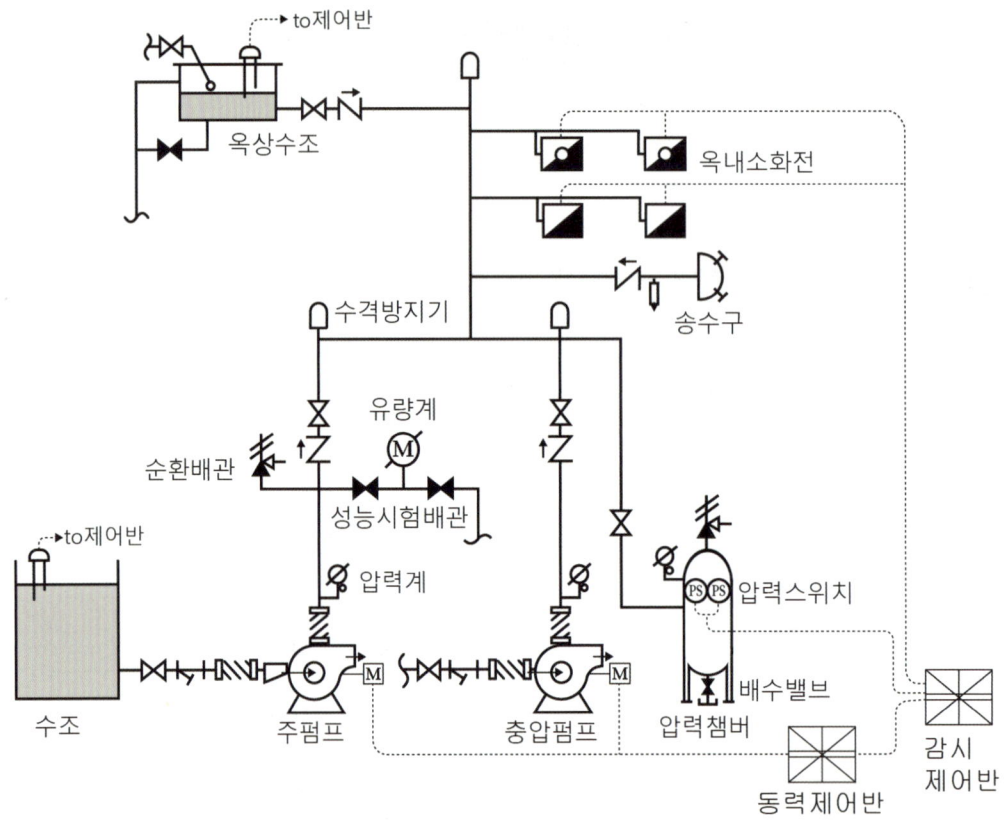

3) 펌프실 관련 도시기호

분류	명칭	도시기호	분류	명칭	도시기호
밸브류	체크밸브 **18, 19점**		펌프류	일반펌프	
	게이트밸브 (상시개방) **18, 24점**			펌프모터 (수직)	
	게이트밸브 (상시폐쇄) **24점**			펌프모터 (수평)	
	플렉시블조인트 **24점**		저장탱크류	고가수조 (물올림장치)	
	릴리프밸브 (일반) **15, 19, 24점**			압력챔버 **24점**	
	앵글밸브 **16, 18점**		레듀셔	편심레듀셔	
	FOOT밸브 **16, 24점**			원심레듀셔	

분류	명칭	기호	분류	명칭	기호
밸브류	볼밸브 **18점**		소화전	옥내소화전함	
	배수밸브 **24점**			옥내소화전 방수용기구병설	
	감압밸브 **16점**	ⓇⓇ		송수구	
	자동밸브	Ⓖ	계기류	압력계 **24점**	
	공기조절밸브			연성계	
	여과망			유량계 **24점**	Ⓜ
	자동배수밸브 **16점**			제어반	
스트레이너	Y형 **24점**			압력스위치 **24점**	㎰
	U형			템퍼스위치	TS

기출문제

8설 옥외소화전에 대하여 물음에 답하시오.

〈조건〉
① 정압흡입방식, 기동장치는 기동용 수압개폐장치를 이용
② 지상식 옥외소화전 2개를 설치

(1) 펌프의 흡입 측과 토출 측의 주위배관을 도시하고 밸브 및 기구 등의 이름을 쓰시오.

답 생략

9점 다음 물음에 답하시오.

〈조건〉
① 수조의 수위보다 펌프가 높게 설치되어 있다.
② 물올림장치 부분의 부속류를 도시한다.
③ 펌프 흡입 측 배관의 밸브 및 부속류를 도시한다.
④ 펌프 토출 측 배관의 밸브 및 부속류를 도시한다.
⑤ 성능시험배관의 밸브 및 부속류를 도시한다.

(1) 펌프 주변의 계통도를 그리고 각 기기의 명칭을 표시하고, 기능을 설명하시오.(20점)

답 생략

24점 스프링클러설비 펌프 주변의 배관을 소방시설 도시기호를 이용하여 올바르게 그리시오.

(1) 펌프 흡입 측 배관(단, 수원의 수위가 펌프보다 낮고, 연성계(진공계)는 제외) (5점)

(2) 성능시험배관(유량계 사용) (3점)

(3) 기동용 수압개폐장치(압력챔버 방식 적용, 인입측 차단밸브는 제외) (5점)

〈답안 작성예시〉

○ 순환배관 :

답 생략

2 펌프 점검

1) 펌프 종류

[주펌프(전동기에 의한 펌프)]

[예비펌프(내연기관에 의한 펌프)]

[충압펌프(웨스코펌프)]

2) 펌프 토출량과 양정 확인

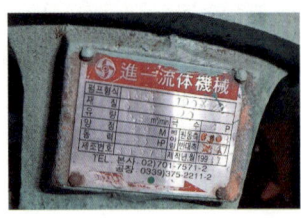

[펌프 명판]

(1) 펌프의 사양은 펌프의 윗면에 부착된 명판에 각인되어 있다.

(2) 명판의 내용 : 펌프의 형식, 재질, 유량, 양정, 동력, 제조번호, 극수, 베아링정보, 제작년월일 등

(3) 명판의 내용이 설계된 펌프 사양과 일치하는지 확인한다.

참고 펌프의 양정이란 펌프의 토출압력을 수두(m)로 환산한 값이다.

3) 펌프 점검항목(수계소화설비 공통)
- ● 동결방지조치 상태 적정 여부
- ○ 성능시험배관을 통한 펌프 성능시험 적정 여부
- ● 다른 소화설비와 겸용인 경우 펌프 성능 확보 가능 여부
- ○ 펌프 흡입 측 연성계·진공계 및 토출 측 압력계 등 부속장치의 변형·손상 유무
- ● 기동장치 적정 설치 및 기동압력 설정 적정 여부
- ● 물올림장치 설치 적정(전용 여부, 유효수량, 배관구경, 자동급수) 여부
- ● 충압펌프 설치 적정(토출압력, 정격토출량) 여부
- ○ 내연기관 방식의 펌프 설치 적정(정상기동(기동장치 및 제어반) 여부, 축전지 상태, 연료량) 여부
- ○ 가압송수장치의 "△△펌프" 표지설치 여부 또는 다른 소화설비와 겸용 시 겸용설비 이름 표시 부착 여부

4) 충압펌프 기능
   (1) **기능** : 배관 내 미소한 압력 저하 시 압력을 보충하여 주펌프의 빈번한 기동을 방지
   (2) **특징** : 토출량은 적고 토출압은 큰 특징을 가지는 웨스코펌프를 주로 사용한다.

3 펌프 기동장치(기동용 수압개폐장치)

1) 기동용 수압개폐장치 종류

[압력챔버방식]   [전자식 기동용 압력스위치]   [브르동관식 기동용 압력스위치]

2) 기동용 수압개폐장치의 기능(역할)
   (1) 배관 내 압력 변동을 검지하여 자동적으로 펌프를 기동 및 정지시키는 역할
   (2) **완충작용(압력챔버의 경우)** : 압력챔버 상부의 공기가 완충작용을 하여 급격한 압력변화를 방지함으로써 배관 내 수격 방지 역할을 한다.

3) 압력챔버 공기 교체(물 교체)방법 **2, 16점**

(1) 동력제어반에서 주펌프, 충압펌프 정지 상태로 전환한다.
(2) ①번 개폐밸브(급수밸브)를 폐쇄한다.
(3) ②번 배수밸브와 ③번 안전밸브를 개방하여 배수한다.
(4) 배수가 완료되면 ②번 배수밸브, ③번 안전밸브를 폐쇄한다.
(5) ①번 개폐밸브 개방하여 급수한다.
(6) 동력제어반에서 주펌프, 충압펌프를 자동 상태로 전환한다.

> **참고** ②번 배수밸브로 배수 시 ③번 안전밸브를 개방하는 이유는 압력챔버 내에 공기가 들어갈 수 있도록 하여 빠르게 배수하기 위함이다. ③번 안전밸브를 개방하지 않고 ②번 배수밸브만 열어 배수할 수 있으나 압력챔버에 물만 차있는 경우 배수밸브를 열어도 물이 나오지 않는다.

안전밸브 폐쇄 상태

⇨
안전밸브 개방 상태

4) 압력챔버방식에서 압력챔버에 공기가 없는 경우 이상현상

배관 내 압력 감소로 펌프가 기동하면 기동과 정지를 연속적으로 반복하며 소음이 발생하는 헌팅현상이 발생한다. 이러한 현상이 계속되면 MCC의 전자접촉기가 손상될 수 있다.

5) 압력챔버에 공기가 있는지 확인하는 방법

(1) 동력제어반에서 모든 펌프의 운전을 수동으로 전환한다.
(2) 압력챔버의 ①번 급수밸브를 폐쇄한다.
(3) ②번 배수밸브를 열어 배수상태를 확인한다.
(4) **배수가 원활한 경우** : 압력챔버에 공기가 있으므로 다음과 같이 복구한다.
   가. ②번 배수밸브를 폐쇄하고 ①번 급수밸브를 개방한다.
   나. 모든 펌프의 운전을 자동으로 하여 배관 내 압력이 채워지도록 한다.
   다. 주펌프가 기동하였다면 압력이 채워진 후 수신기에서 압력스위치 확인등이 꺼진 것을 확인한 후 수신기에서 펌프를 복구(자기유지회로 복구)한다.
(5) **배수가 되지 않는 경우(물이 나오지 않는 경우)** : 압력챔버 내에 공기가 없는 상태이므로 압력챔버에 공기교체(물교체)를 실시하고 공기가 없는 원인을 찾아 제거한다.

(6) 공기가 없는 경우 예상 원인

　가. 압력챔버 상단의 안전밸브가 누기되거나 개방된 경우

　나. 압력챔버 공기교체를 오랫동안 하지 않은 경우

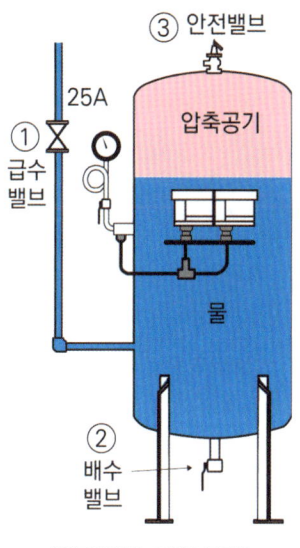
[압력챔버 정상상태]

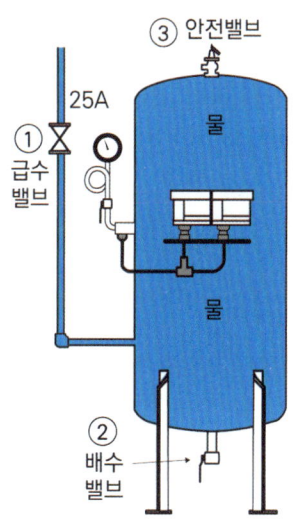
[압력챔버에 물만 채워진 경우]

[릴리프밸브 설치]

> **참고** 압력챔버와 기동용 압력스위치는 호칭압력 1MPa(사용압력 1MPa 이하)과 2MPa(사용압력 1~2MPa)로 형식승인을 받는다. 안전밸브의 사용압력은 1MPa이므로 호칭압력 2MPa의 압력챔버에는 안전밸브를 사용할 수 없고 릴리프밸브(2MPa)를 사용하고 있다.

기출문제

2점 옥내소화전설비의 기동용 수압개폐장치를 점검결과 압력챔버 내에 공기를 모두 배출하고 물만 가득 채워져 있다. 기동용 수압개폐장치 압력챔버를 재조정하는 방법을 기술하시오.(20점) **답** 생략

16점 펌프를 작동시키는 압력챔버방식에서 압력챔버 공기 교체방법을 쓰시오.(14점) **답** 생략

4 펌프의 기동점과 정지점

1) 배관 내 압력 범위

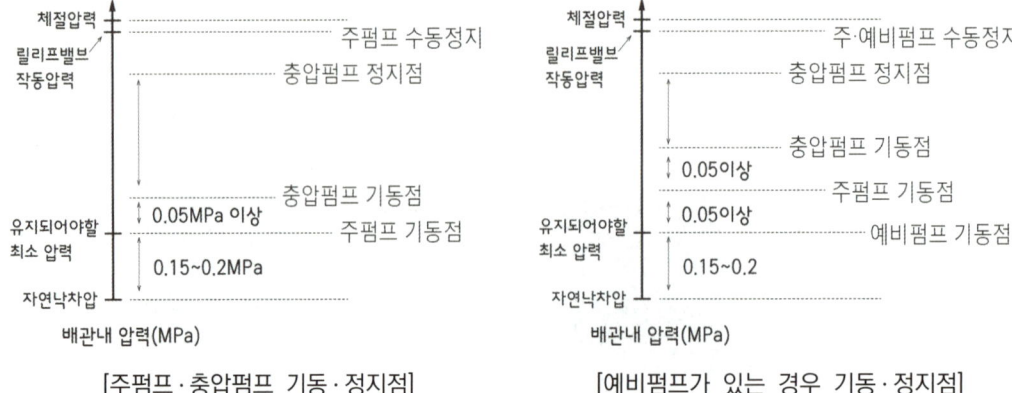

[주펌프·충압펌프 기동·정지점]   [예비펌프가 있는 경우 기동·정지점]

2) 관련 기준

(1) **충압펌프의 토출압력** : 펌프의 토출압력은 그 설비의 최고위 호스접결구의 자연압보다 적어도 0.2MPa 더 크도록 하거나 가압송수장치의 토출압력과 같게 할 것

(2) **주펌프·예비펌프의 수동정지** : 가압송수장치가 기동이 된 경우에는 자동으로 정지되지 않도록 할 것. 다만, 충압펌프의 경우에는 그렇지 않다.

3) 점검방법(펌프의 기동점, 정지점 확인방법)

(1) 동력제어반에서 확인하려는 펌프를 자동상태로 전환

(2) 압력챔버, 전자식압력스위치 또는 부르동관 압력스위치의 배수밸브 개방(배수)

(3) 압력계를 통해 압력 하강을 확인하면서 해당 펌프가 기동되는 압력(기동점) 확인

(4) (2)에서 개방한 배수밸브를 폐쇄하고 펌프 기동에 의한 압력상승 확인

(5) 충압펌프가 정지될 때 압력계를 통해 펌프 정지압력을 확인하고, 주·예비펌프의 경우 압력상승에도 불구하고 자동정지되지 않고 기동이 지속되는지 확인한다.

(6) 주·예비펌프가 자기유지회로에 의해 기동상태가 지속될 경우 동력제어반을 수동상태로 전환하고 감시제어반을 복구(자기유지 해제)한 후 동력제어반을 자동상태로 전환한다.

> **참고** 펌프의 자동정지 기준은 2006.12.30에 개정되었고, "다만, 충압펌프의 경우에는 그러하지 아니하다"는 단서 내용은 2008.12.15일에 추가되었다. 개정 기준의 적용은 건축물의 건축허가일을 기준으로 하므로 개정일 이후 건축허가를 받은 건축물은 소방펌프가 자동정지되지 않아야 한다. 펌프 자기유지회로의 감시제어반(복합형 수신기) 복구방법은 제조사마다 다르므로 제조사의 설명서를 참조한다.

기출문제

19설 국가화재안전기준 및 다음 조건에 따라 각 물음에 답하시오.(7점)

[스프링클러설비 펌프일람표]

장비명	수량	유량(ℓ/min)	양정(m)	비 고
주펌프	1	2,400	120	전자식 압력스위치 적용
예비펌프	1	2,400	120	
충압펌프	1	60	120	

(1) 기동용 수압개폐장치의 압력설정치(MPa)를 쓰시오. (단, 10m = 0.1MPa로 하고, 충압펌프의 자동정지는 정격치로 하되 기동~정지 압력차는 0.1MPa, 나머지 압력차는 0.05MPa로 설정하며, 압력강하 시 자동기동은 충압 - 주 - 예비펌프 순으로 한다)
  ① 주펌프의 기동점, 정지점
  ② 예비펌프의 기동점, 정지점
  ③ 충압펌프의 기동점, 정지점

(2) 주펌프 또는 예비펌프 성능시험 시 성능기준에 적합한 양정(m)을 쓰시오.
  ① 체절운전 시 양정
  ② 정격토출량의 150% 운전 시

(3) 펌프의 성능시험배관에 적합한 유량측정장치의 유량범위를 쓰시오.
  ① 최소유량(ℓ/min)
  ② 최대유량(ℓ/min)

해설

(1) 단위변환 $120m \times \dfrac{0.1MPa}{10m}$ = 1.2MPa
  ① 주펌프
    ㉠ 기동점 : 충압펌프 기동점 - 0.05 = 1.1 - 0.05 = 1.05MPa
    ㉡ 정지점 : 수동정지
  ② 예비펌프
    ㉠ 정지점 : 주펌프 정지점 - 0.05 = 1.05 - 0.05 = 1MPa
    ㉡ 기동점 : 수동정지
  ③ 충압펌프
    ㉠ 기동점 : 1.2 - 0.1 = 1.1MPa
    ㉡ 정지점 : 정격치 120m 이므로 1.2MPa

(2) ① 체절운전 시 양정 : 120 × 1.4 = 168m 이하
   ② 정격토출량의 150% 운전 시 양정 : 120 × 0.65 = 78m 이상

(3) ① 유량측정장치의 최소유량 : 2,400ℓ/min
   ② 유량측정장치의 최대유량 : 2,400 × 1.75 = 4,200ℓ/min

5 기동용 수압개폐장치 압력세팅(압력챔버 방식)

1) 기동용 압력스위치의 구조

[압력챔버에 부착된 압력스위치]

[압력스위치의 커버를 제거한 상태]

2) 압력스위치의 RANGE와 DIFF

  (1) RANGE : 펌프의 정지압력을 의미한다.
  (2) DIFF : 펌프의 정지압력과 기동압력의 차이를 의미한다(DIFF = 정지압력 - 기동압력).

3) RANGE와 DIFF 설정방법

  (1) RANGE : 드라이버로 RANGE의 조절나사를 돌려 지시침이 정지압력에 위치하게 한다.
  (2) DIFF : 드라이버로 DIFF의 조절나사를 돌려 지시침이 압력차이 값에 위치하게 한다.

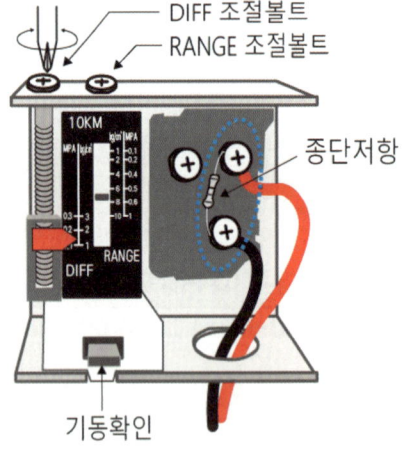
[압력스위치 구성]

[조절볼트 조정 모습]

6 기동용 수압개폐장치 압력세팅(전자식 압력스위치)

1) 전자식 압력스위치의 예

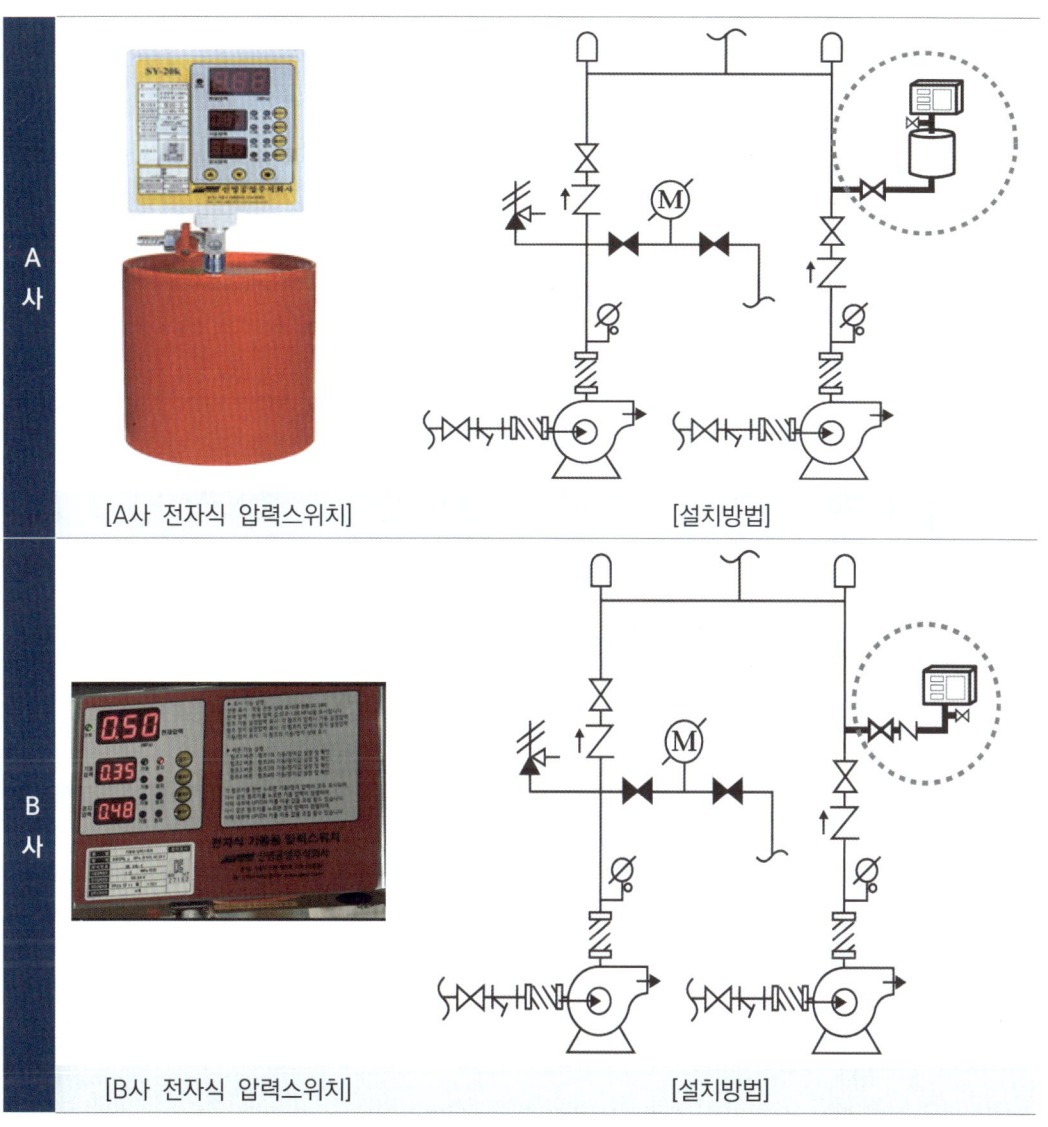

2) 압력세팅방법

　(1) 펌프의 기동압력과 정지압력을 버튼을 이용하여 입력한다.

　(2) 제조사마다 입력방법이 다르므로 제조사의 설명서를 참조한다.

　　참고 관계인 또는 점검자가 압력스위치 조작방법을 알 수 있도록 설명서를 비치한다.

> **참고** 예시 : A사 전자식압력스위치 세팅방법(하나의 압력스위치에 펌프 4개를 세팅할 수 있다)

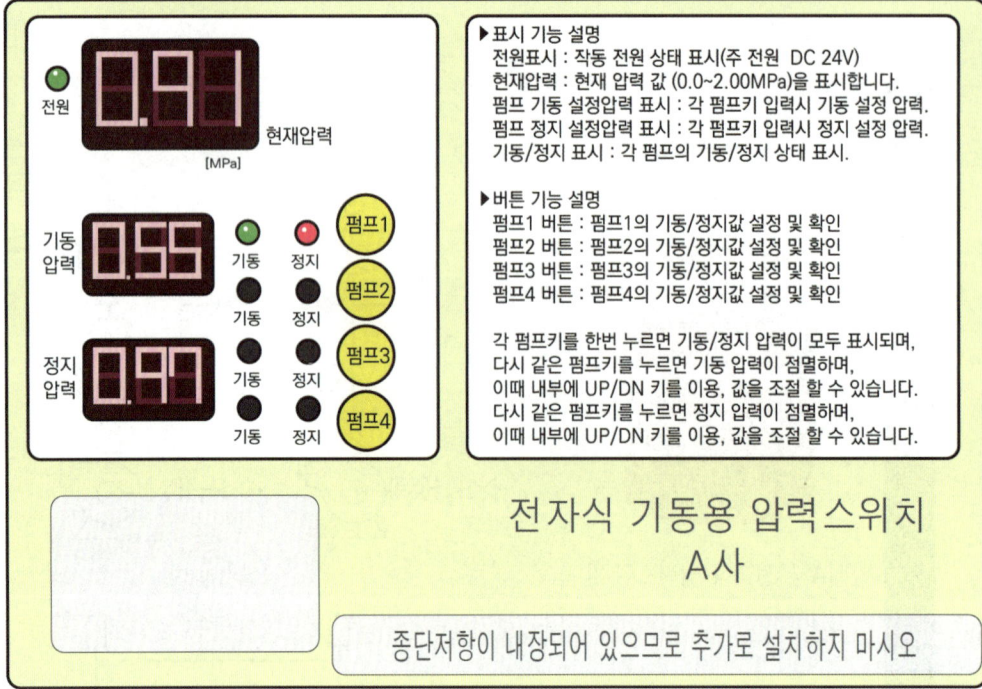

- 기동/정지압력 설정방법
① 펌프1 버튼을 한번 누르면 펌프1의 기동등, 정지등이 모두 점등되면서 기동압력, 정지압력이 표시된다.
② 펌프1 버튼을 한 번 더 누르면 펌프1의 기동등만 켜지고 기동압력 숫자가 점멸한다.
   이때 전면 커버를 열어 내부의 올림, 내림 버튼을 조작하여 기동압력을 변경할 수 있다.
③ 펌프1 버튼을 한 번 더 누르면 펌프1의 정지등만 켜지고 정지압력 숫자가 점멸한다.
   이때 전면 커버를 열어 내부의 올림, 내림 버튼을 조작하여 기동압력을 변경할 수 있다.
④ 펌프2 ~ 4도 같은 방법으로 설정할 수 있다.

- 현재압력 변화에 따른 표시부 상태
① 현재압력이 저하되어 기동압력(기동점)에 도달하면 전면부의 기동등(녹색등)이 점등되고 정지등(적색등)은 소등된다.
② 펌프 작동에 의해 현재압력이 상승하여 정지압력(정지점)에 도달하면 기동등(녹색등)이 소등되고 정지등(적색등)은 점등된다.

[전자식 압력스위치 전면 표시부와 사용설명서]

7 기동용 수압개폐장치 압력세팅(부르동관 압력스위치)

1) 부르동관 압력스위치

[설치사진]

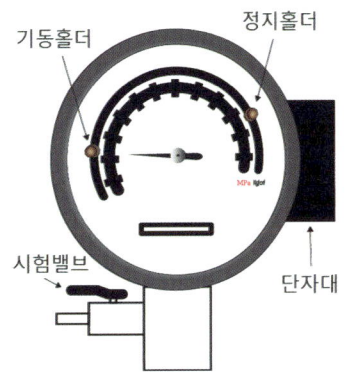

[부르동관 압력스위치]

2) 압력세팅방법

(1) 1대 펌프 제어용(홀더 2개)과 2대 펌프 제어용(홀더 3개)이 있다.

(2) 압력스위치의 커버를 열고 기동홀더, 정지홀더의 나사를 풀어 원하는 압력의 위치에 놓고 나사를 돌려 고정시킨다.

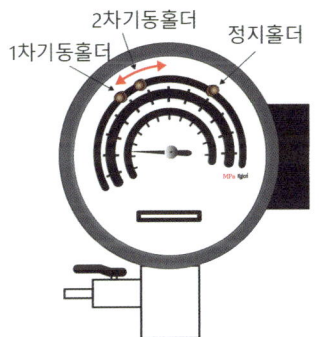

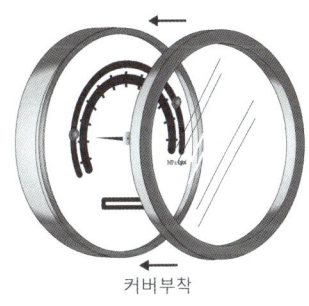

① 전면 유리부분의 커버를 돌리면서 앞으로 당기면 전면커버가 분리된다.
② 기동홀더와 정지홀더를 약간 돌려 풀어주고 원하는 위치로 이동시킨 후 홀더를 시계방향으로 돌려 고정시킨다.
③ 전면커버를 몸체에 끼우고 돌려 전면커버를 고정한다.

3) 설치 시 주의사항

부르동관 압력스위치의 급수배관상에 오리피스가 있는 체크밸브를 설치하여 펌프 기동 시 발생하는 급격한 압력상승이 그대로 압력스위치에 전달되지 않도록 고려하여야 한다. 그렇지 않으면 배관의 압력이 목표치에 도달할 때까지 펌프가 짧게 기동·정지를 반복하게 된다.

8 주펌프의 수동정지방법

1) 기계적인 방법(압력스위치의 압력세팅)

   (1) 압력스위치에서 기동, 정지점을 세팅할 때 주펌프 또는 예비펌프의 정지점을 체절압력보다 높게 설정한다.
   (2) 이 경우 펌프가 기동하여도 체절압력 이상의 압력에 도달하지 못하므로 펌프는 자동으로 정지되지 못한다.
   (3) **펌프 정지방법** : 펌프 기동 후 동력제어반 또는 감시제어반에서 수동으로 정지시킨다.
   (4) **수동정지 후 압력스위치 복구** : 수동정지 후 압력스위치의 펌프 정지점을 낮추었다가 올려 압력스위치의 기동신호가 해제되도록 재세팅하여야 한다.

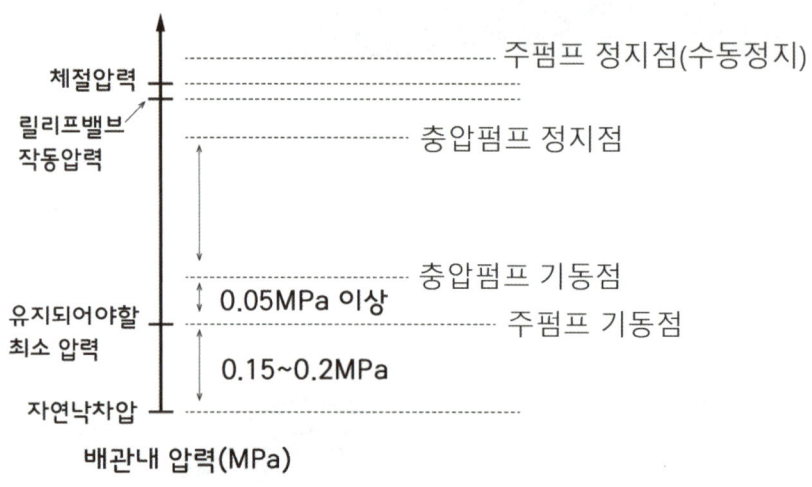

[압력스위치의 주펌프 정지압력세팅]

2) 전기적인 방법(자기유지회로 구성)

   (1) 압력스위치에서 주펌프 또는 예비펌프의 정지점을 체절압력 미만으로 한다.
   (2) 동력제어반 또는 감시제어반에서 펌프 기동 시 정지되지 않도록 자기유지회로를 구성한다.
   (3) **펌프 정지방법** : 펌프 기동 시 동력제어반 또는 감시제어반에서 수동으로 정지시킨다.
   (4) **복구방법** : 복합수신기의 메뉴얼에 따라 감시제어반을 복구(자기유지 해제)한 후 펌프를 자동기동상태로 전환한다.
   (5) **자기유지회로(Self-Hold Circuit)** : 주어진 작동조건에 의해 계전기(Relay) 또는 전자접촉기(Magnetic Contactor)가 작동된 후 작동조건이 소멸해도 자기의 접점을 더한 접점회로에 따라 계전기가 계속 작동할 수 있는 조건을 형성하는 계전기회로를 말한다.

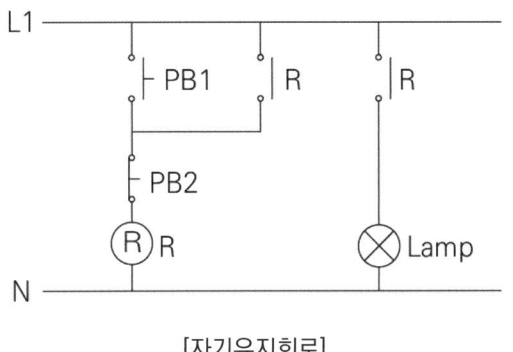

[자기유지회로]

(6) 자기유지회로의 구성

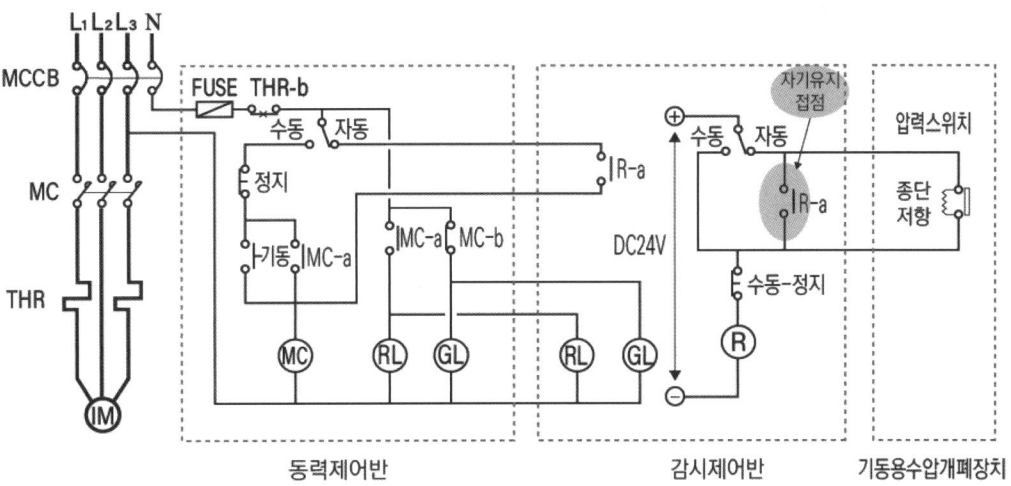

[자기유지회로 구성 예(감시제어반에 설치된 경우)]

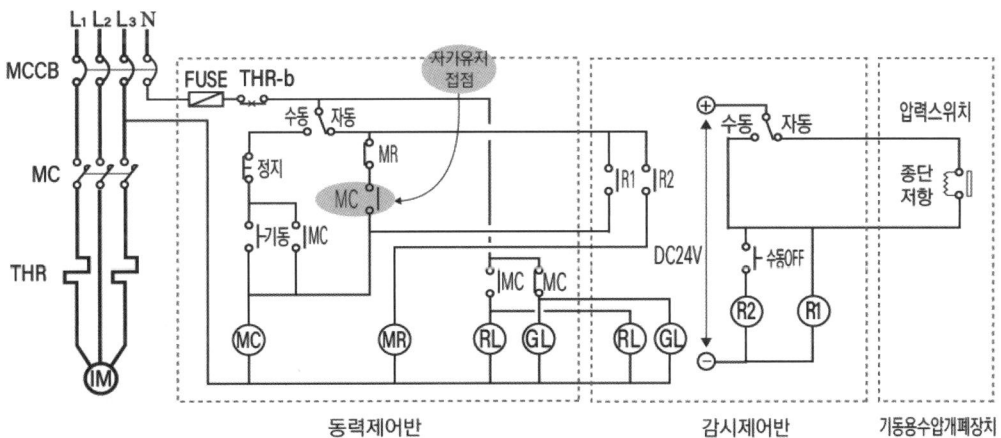

[자기유지회로 구성 예(동력제어반에 설치된 경우)]

9 성능시험배관

1) 성능시험배관의 구성 24점

[성능시험배관 설치사진(보온작업 전)]

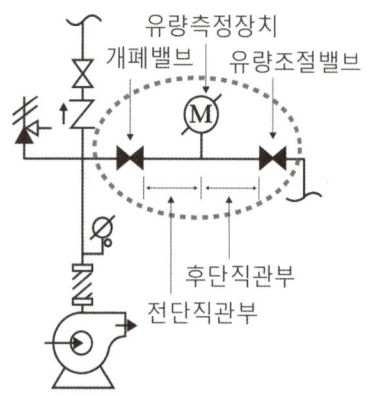

[성능시험배관 구성]

2) 성능시험배관의 목적

펌프의 성능을 확인하기 위한 방수시험 장치이다. 성능시험을 통해 펌프성능을 파악하여 성능곡선을 그려보고 펌프가 처음 설치된 때의 성능곡선과 비교하여 펌프의 성능이 어느 정도 떨어졌는지 파악하여 유지보수 자료로 활용한다.

3) 성능시험배관 설치기준 19점

(1) 성능시험배관은 펌프의 토출 측에 설치된 개폐밸브 이전에서 분기하여 직선으로 설치하고, 유량측정장치를 기준으로 전단 직관부에는 개폐밸브를 후단 직관부에는 유량조절밸브를 설치할 것. 이 경우 개폐밸브와 유량측정장치 사이의 직관부 거리 및 유량측정장치와 유량조절밸브 사이의 직관부 거리는 해당 유량측정장치 제조사의 설치사양에 따르고, 성능시험배관의 호칭지름은 유량측정장치의 호칭지름에 따른다.

(2) 유량측정장치는 펌프의 정격토출량의 175% 이상까지 측정할 수 있는 성능이 있을 것

> **참고** 체크밸브의 위치는 고려하지 않는다.

4) 유량측정장치, 개폐밸브, 유량조절밸브

(1) 유량측정장치(유량계)
   ① 기능 : 배관에 흐르는 유량을 측정하는 장치
   ② 설치위치 : 성능시험배관의 직관부에 설치

[후로셀유량계]

(2) 개폐밸브(게이트밸브)

 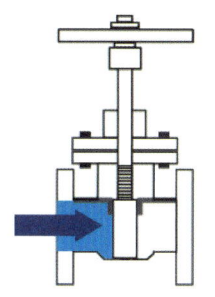 

[개폐밸브] (게이트밸브)　　　　[게이트밸브 작동구조와 유수 흐름]

① 기능 : 관로를 개폐하는 밸브로서 물이 흐르게 하거나 차단하는 기능
② 설치위치 : 성능시험배관의 유량측정장치 전단 직관부
③ 특징 : 마찰손실이 적고 개폐 여부를 눈으로 확인할 수 없다.

(3) 유량조절밸브(글로브밸브)

 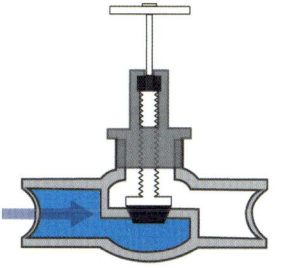 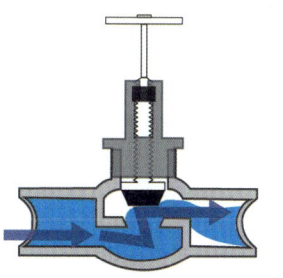

[유량조절밸브] (글로브밸브)　　　　[글로브밸브 작동구조와 유수 흐름]

① 기능 : 배관에 물이 흐르게 하거나 차단하며 미세한 유량조절 기능이 있다.
② 설치위치 : 성능시험배관의 유량측정장치 후단 직관부
③ 특징 : 미세한 유량조절이 가능하고 마찰손실이 크다.

> **참고** 볼밸브

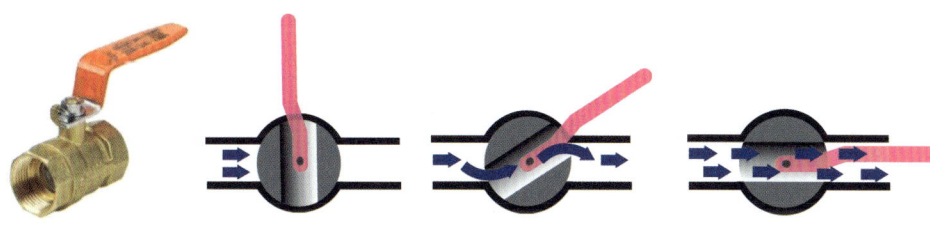

[볼밸브 외관]　　　　[볼밸브 작동구조와 유수흐름]

5) 펌프의 성능시험 종류

(1) 체절운전 시험(무부하시험, No Flow Condition))

펌프의 토출 측 개폐밸브를 잠가 물이 전혀 유출되지 않는 상태에서 펌프를 기동하는 방법으로 체절운전 시 토출압력이 정격토출압력의 140%를 초과하지 않아야 한다.

(2) 정격부하운전 시험(Rated Load)

성능시험배관을 통하여 정격토출량의 100%가 방수될 때 정격토출압력 이상이 되는지 확인하는 시험이다.

(3) 최대부하운전 시험(Peak Load)

성능시험배관을 통하여 정격토출량의 150%가 방수될 때 정격토출압력의 65% 이상의 성능이 되는지 확인하는 시험이다.

6) 펌프의 성능시험방법 3, 5, 10, 19점

(1) 성능시험준비

① 제어반에서 충압펌프, 주펌프, 예비펌프(설치된 경우)를 자동·수동선택스위치를 수동으로 전환한다.

② 펌프 토출 측 개폐밸브와 유량조절밸브를 폐쇄한다.

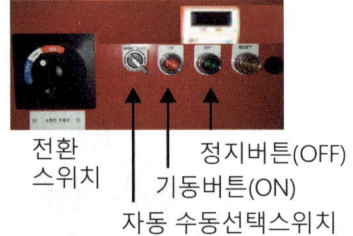

[동력제어반]

(2) 체절시험(무부하시험)

① 제어반에서 시험하려는 펌프(주펌프 또는 예비펌프)를 수동기동한다.

② 펌프 토출 측 압력계의 압력을 읽는다.

③ 릴리프 밸브의 작동 여부와 작동 압력을 확인한다(릴리프밸브의 작동압력이 적합하지 않다면 이때 릴리프밸브 캡을 열고 조절나사를 돌려 조정할 수 있다).

④ 제어반에서 펌프를 수동정지한다.

(3) 정격부하시험방법

① 유량측정장치 전단의 개폐밸브를 완전 개방하고, 후단 유량조절밸브를 개방한다.

② 제어반에서 펌프를 수동기동한다.

③ 펌프가 기동하면 유량계를 확인하면서 정격토출량의 100%가 되도록 유량조절밸브를 개방하고 압력계를 읽어 압력을 확인한다(정력토출압력의 100% 이상 여부 확인).

④ 제어반에서 펌프를 수동정지한다.

(4) 최대부하시험

① 유량측정장치 전단의 개폐밸브를 완전개방하고, 후단 유량조절밸브를 개방한다.

② 제어반에서 펌프를 수동기동한다.

③ 펌프가 기동하면 유량계를 확인하면서 정격토출량의 150%가 되도록 유량조절밸브를 개방하고 압력계를 읽어 압력을 확인한다(정격토출압력의 65% 이상 여부 확인).

④ 제어반에서 펌프를 수동정지한다.

(5) 성능시험 후 복구

① 제어반에서 펌프를 수동정지한다.

② 유량조절밸브를 폐쇄하고 펌프 토출 측 개폐밸브를 개방한다.

③ 제어반에서 충압펌프 동작시켜 압력을 상승시킨다(감시제어반에서 모든 펌프의 압력스위치 확인등 소등 확인).

④ 감시 제어반을 복구(자기유지 해제)하고 주·예비 및 충압펌프를 자동상태로 놓는다.

(6) 결과 기록 및 펌프 성능곡선 작성

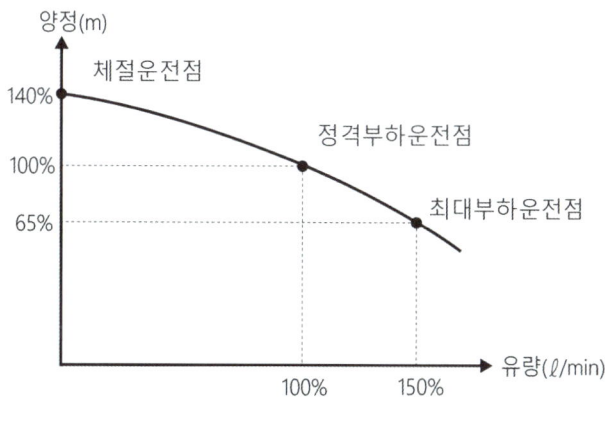

[펌프 성능곡선]

(7) 성능시험 시 사전 확인사항

① 펌프실의 배수가 원활한지 확인한다.

② 펌프 축의 회전이 원활한지 확인한다.

③ 물탱크 청소 등으로 펌프 흡입 측에 공기고임이 없는지 펌프의 물올림컵으로 확인한다.

> **참고** 성능시험 시 펌프를 수동방식이 아니고 자동기동하고자 한다면 동력제어반에서 충압펌프만 수동으로 하고, 수펌프는 사농상태에서 압력챔버 또는 기동용 압력스위치의 배수밸브를 개방하여 펌프가 자동기동하면 폐쇄하는 방식으로 수행할 수 있다. 이때 주펌프 2차 측 개폐밸브를 잠근 상태로 성능시험을 실시하므로 주펌프 기동에 의한 압력챔버의 압력계의 압력 변동은 없다.

기출문제

3점 자동기동방식인 경우 펌프의 성능시험방법을 기술하시오.(20점) 　**답** 생략

5점 소화펌프의 성능시험 방법 중 무부하, 정격부하, 피크부하 시험 방법에 대하여 쓰고, 펌프의 성능곡선을 그리시오.(20점) 　**답** 생략

17점 무부하시험, 정격부하시험 및 최대부하시점 방법을 설명하고, 실제 성능시험을 실시하여 그 값을 토대로 펌프성능 시험곡선을 작성하시오.(6점) 　**답** 생략

19점 화재안전기준 및 다음 조건에 따라 물음에 답하시오.

〈조건〉

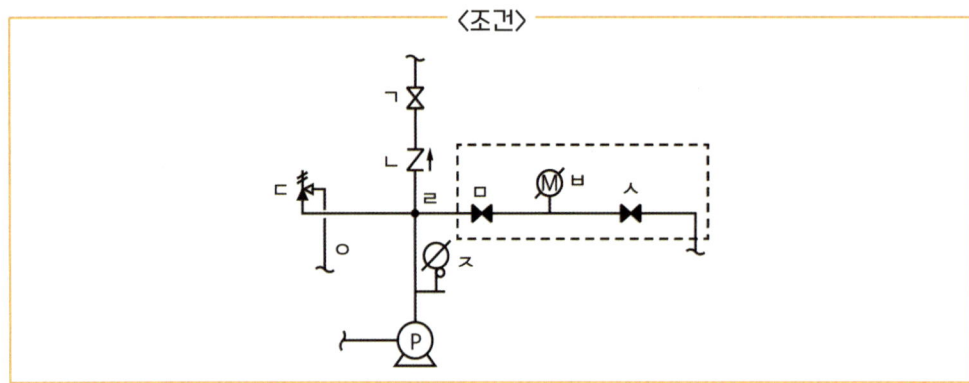

③ 펌프성능시험 방법을 (　)에 순서대로 쓰시오.(2점)

〈보기〉

1. 주펌프 기동	2. 주펌프 정지	3. 'ㄱ' 폐쇄
4. 'ㄷ' 개방	5. 'ㅁ' 개방	6. 'ㅂ' 확인
7. 'ㅅ' 개방	8. 'ㅇ' 확인	9. 'ㅈ' 확인

㉠ 체절운전 시 : 3 - (　) - (　) - (　) - (　) - (　) (1점)
㉡ 정격운전 시 : 3 - (　) - (　) - (　) - (　) - (　) - (　)(1점)

답 ㉠ 1, 9, 4, 8, 2 ㉡ 5, 1, 7, 6, 9, 2

10 순환배관과 릴리프밸브

1) 구성

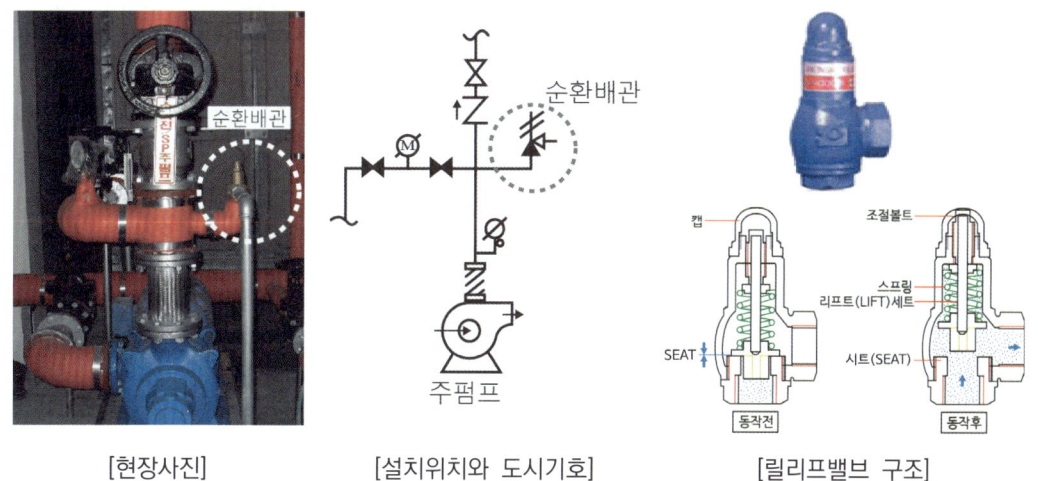

[현장사진]　　　　[설치위치와 도시기호]　　　　[릴리프밸브 구조]

2) 순환배관 설치 목적

체절운전 시 수온이 상승하면 펌프가 손상될 수 있으므로 압력수를 방출하여 수온 상승을 방지하고 펌프를 보호한다.

3) 기능

펌프 체절운전 시 과압을 배출하여 수온 상승을 방지하는 기능

4) 순환배관 설치방법

체크밸브와 펌프 사이에서 분기한 구경 20mm 이상의 배관에 체절압력 미만에서 개방되는 릴리프밸브를 설치할 것

> ✅ **참고** 순환배관은 오리피스를 설치하는 방법과 릴리프밸브를 설치하는 방법 등이 있으며 화재안전기준에서는 릴리프밸브를 설치하도록 하고 있다.

5) 릴리프밸브 작동압력 조정방법

① 캡 제거　② 작동압력을 높일 때는 조절볼트를 시계방향(나사조임)으로 돌린다.　③ 작동압력을 낮출 때는 조절볼트를 반시계방향(나사풀림)으로 돌린다.

기출문제

8설 (1) 릴리프밸브와 안전밸브의 차이점을 쓰시오.

구 분	릴리프밸브	안전밸브
적용대상	액체	기체(가스 또는 증기)
압력설정	현장에서 압력설정 및 변경가능	제조시 압력설정, 변경 불가능
개방	설정압력이 되면 개방된 후 압력상승에 따라 배출양이 많아짐	설정압력이 되면 일시에 완전개방됨
복구	설정압력 이하가 되면 자동복구	수동복구

(2) 릴리프밸브의 압력설정방법을 쓰시오.

 1) 주펌프의 토출 측 개폐밸브를 폐쇄한다.
 2) 동력제어반에서 주펌프를 수동으로 기동하여 체절운전을 한다.
 3) 릴리프밸브의 캡을 제거하고 체절압력 이하에서 개방되도록 조절볼트를 조절한다.
    - 조절볼트 시계방향회전 : 작동압력이 높아진다.
    - 조절볼트 반시계방향회전 : 작동압력이 낮아진다.
 4) 체절압력 이하에서 릴리프밸브가 개방되는 것을 확인 후 펌프를 정지한다.
 5) 주펌프의 토출 측 개폐밸브를 개방한다.
 6) 동력제어반에서 주펌프를 자동상태로 전환한다.

10점 다음 그림을 보고 펌프를 운전하여 체절압력을 확인하고, 릴리프밸브의 개방압력을 조정하는 방법을 기술하시오.(20점)   답 생략

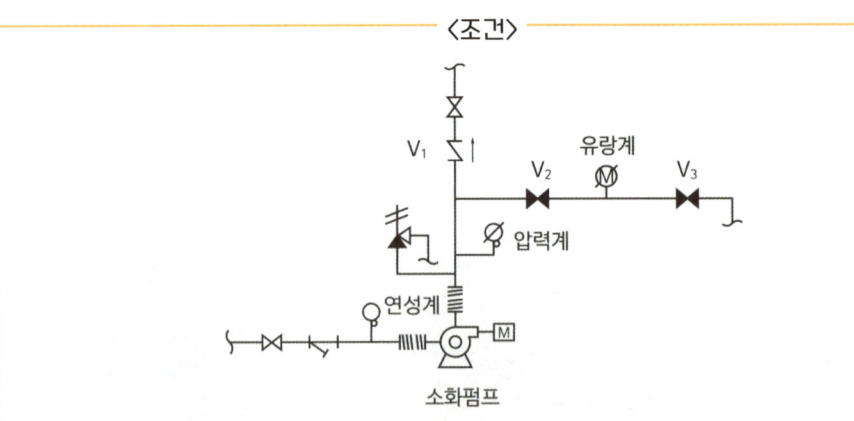

[소화펌프 주위배관의 구성도]

① 조정 시 주펌프의 운전은 수동운전을 원칙으로 한다.
② 릴리프밸브의 작동점은 체절압력의 90%로 한다.
③ 조정 전의 릴리프밸브는 체절압력에서도 개방되지 않은 상태이다.

11 물올림장치

1) 물올림장치의 구성

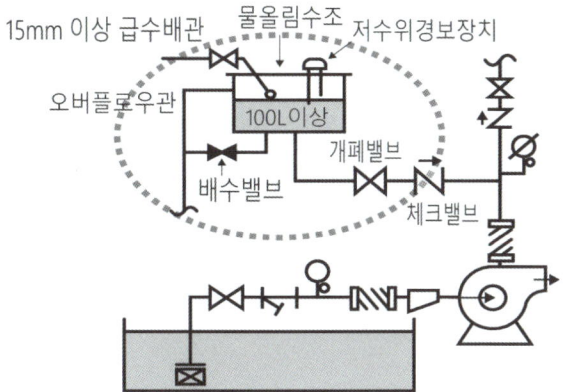

2) 설치목적 및 기능

(1) **설치목적** : 수원의 수위가 펌프보다 아래에 있는 경우 펌프에 물이 없으면 물을 흡입할 수 없기 때문에 자동으로 펌프에 물을 계속 공급하기 위해 설치한다.

(2) **기능** : 펌프 임펠러실 내에 자동으로 물을 보급하는 기능을 한다.

(3) **설치위치** : 펌프와 토출 측 체크밸브 사이에 연결한다.

3) 설치기준

(1) 물올림장치에는 전용의 수조를 설치할 것

(2) 수조의 유효수량은 100L 이상으로 하되, 구경 15mm 이상의 급수배관에 따라 해당 수조에 물이 계속 보급되도록 할 것

4) 점검방법

(1) 수조의 물의 양이 100L 이상인지 확인한다.

(2) 배수밸브를 개방하여 수조의 물이 2/3 정도 되었을 때 자동 급수가 되는지 확인한다.

(3) 펌프에 물이 잘 공급되는지 확인하기 위해 펌프의 물올림컵을 열어 물이 계속 나오는지 확인한다.

(4) 저수위 경보장치가 정상작동하는지 확인한다.

① 급수밸브를 잠그고 배수밸브를 개방하여 배수한다.

② 물이 1/2 정도일 때 감시제어반에서 저수위감시등이 점등하는지 확인한다.

③ 배수밸브를 폐쇄하고 급수밸브를 개방한다.

④ 급수가 완료되면 제어반이 복구되는 것을 확인한다.

[펌프의 물올림 컵]

12 펌프 흡입 측 배관과 부속장치

1) 계통도와 구성 24점

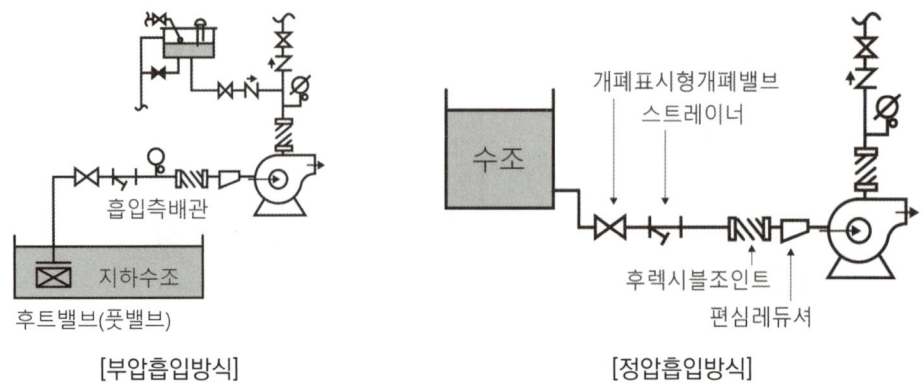

[부압흡입방식]   [정압흡입방식]

2) 흡입 측 배관의 밸브와 부속장치

풋밸브, 개폐표시형 개폐밸브, 여과장치(스트레이너), 연성계, 후렉시블조인트, 편심레듀셔

3) 관련 기준

⑴ 공기 고임이 생기지 않는 구조로 하고 여과장치를 설치할 것
⑵ 수조가 펌프보다 낮게 설치된 경우에는 각 펌프(충압펌프를 포함한다)마다 수조로부터 별도로 설치할 것
⑶ 펌프의 흡입 측 배관에는 버터플라이밸브 외의 개폐표시형 밸브를 설치할 것
⑷ 펌프의 토출 측에는 압력계를 체크밸브 이전에 펌프 토출 측 플랜지에서 가까운 곳에 설치하고, 흡입 측에는 연성계 또는 진공계를 설치할 것

4) 공기 고임이 생기지 않는 구조

⑴ 에어락현상과 공동현상
  ① 에어락현상 : 배관 내에 공기가 고여 있는 현상으로 정상적으로 펌프가 작동하여도 방수압, 방수량이 저하되는 현상
  ② 공동현상 : 유체 내 압력의 급격한 변화로 물속에 기포(공동)가 생기고 기포가 임펠러에 부딪혀 압력을 받으면 기포가 터지면서 강한 충격파로 임펠러를 침식하는 현상. 진동·소음 및 펌프 성능저하의 원인

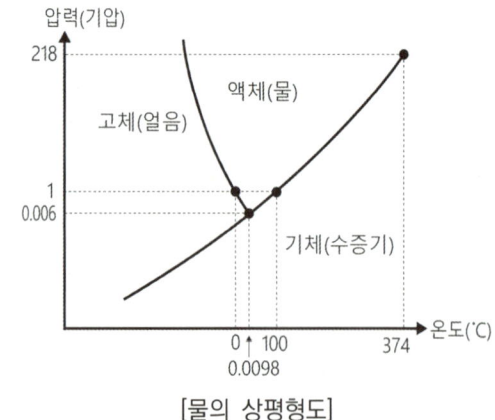

[물의 상평형도]

(2) 흡입 측 배관의 기울기 및 편심레듀셔

흡입 측 배관에 공기고임이 생기지 않도록 배관을 펌프를 향하여 상향으로 기울기를 주고 배관 관경을 축소할 때는 편심레듀셔를 사용한다.

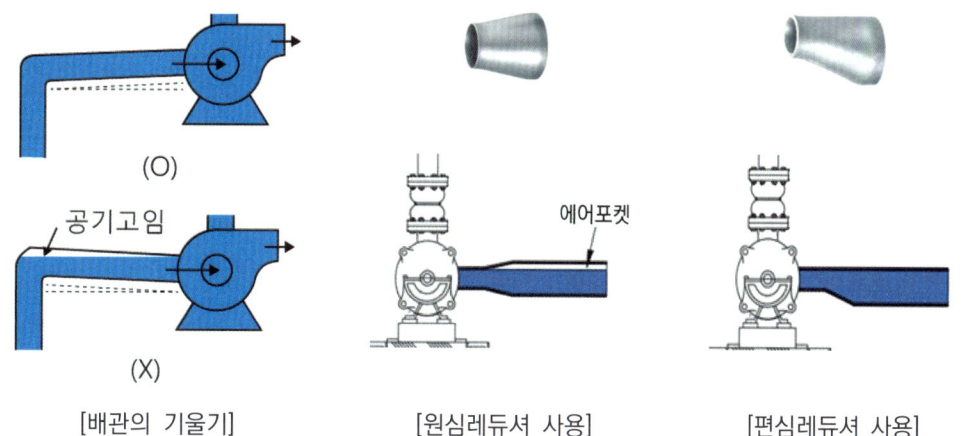

[배관의 기울기]　　　[원심레듀셔 사용]　　　[편심레듀셔 사용]

5) 여과장치(스트레이너)

　(1) 구조

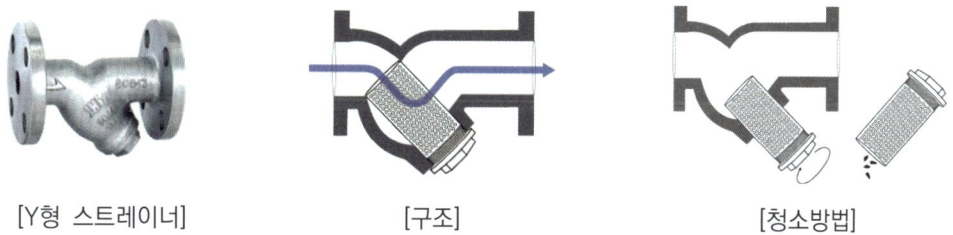

[Y형 스트레이너]　　　[구조]　　　[청소방법]

　(2) 기능 : 배관 내에 흐르는 이물질을 걸러내는 여과 기능

6) 수조가 펌프보다 낮게 설치된 경우의 풋밸브(Foot Valve)

[풋밸브]　　　[작동원리]

　(1) 풋밸브 기능

　　① 여과 기능 : 물속 이물질을 걸러주는 여과 기능

　　② 체크 기능 : 물이 한방향으로만 흐르게 하는 체크 기능이 있어 펌프의 흡입 측 배관에 항상 물이 차 있을 수 있다.

　(2) 설치위치 : 펌프 흡입배관 끝에 설치한다.

7) 수조가 펌프보다 낮게 설치된 경우 각 펌프마다 수조로부터 별도의 흡입배관 설치

   (1) 계통도

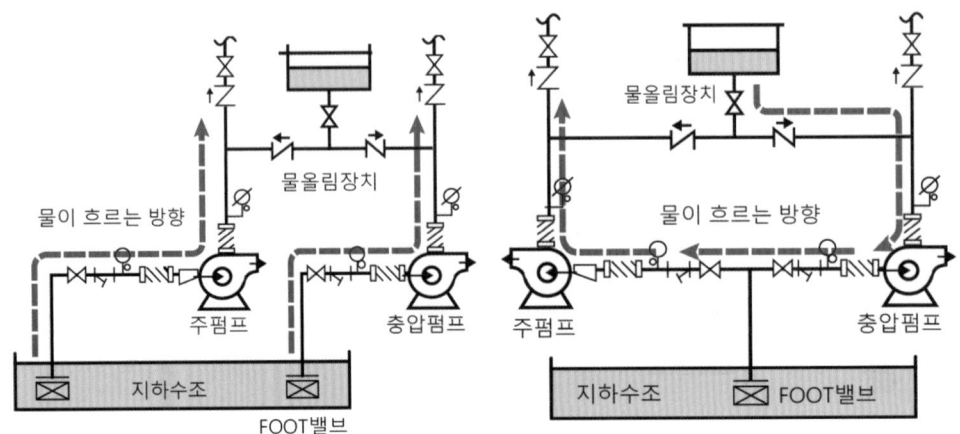

   [각 펌프마다 별도 설치]   [펌프의 흡입배관을 겸용하는 경우]

   (2) 흡입배관을 겸용할 경우 문제점

   여러 개의 펌프가 하나의 흡입배관으로 흡입하게 되면 물올림장치로부터 물을 흡입하는 현상이 발생한다. 물올림장치의 물이 고갈되면 공기가 흡입되어 결국 방수가 되지 않는다. 주펌프와 충압펌프가 동시에 작동하는 경우에도 주펌프의 흡입력이 충압펌프보다 크기 때문에 계통도와 같은 물의 흐름이 발생한다.

8) 흡입 측(연성계·진공계), 토출 측(압력계)

[연성계]   [진공계]   [압력계]

   (1) 연성계의 기능(역할)

   펌프의 흡입 측에 설치되어 대기압 이하의 압력(부압, 진공압)과 대기압 이상(양압)의 압력을 측정한다.

   (2) 진공계의 기능(역할)

   펌프의 흡입 측에 설치되어 대기압 이하의 압력(부압, 진공압)을 측정한다.

   (3) 압력계의 기능(역할)

   펌프의 토출 측 배관에 설치되어 대기압 이상의 압력(양압)을 측정한다.

9) 후렉시블조인트(Flexible Joint)

[후렌시블조인트(철)]

[후렌시블조인트(고무)]

(1) 기능 : 펌프가 기동할 때 압력이나 진동을 흡수하여 배관의 파손을 방지하는 기능

10) 개폐표시형 개폐밸브(버터플라이밸브 외의 밸브)

(1) 개폐표시형 밸브의 종류와 구조

(2) 개폐표시형 개폐밸브

　　기능 : 관로를 개폐하는 밸브로서 밸브의 개폐 상태를 쉽게 눈으로 확인할 수 있는 밸브

(3) OS & Y밸브(Outside Stem & Yoke Valve)

① 바깥나사(밸브 Stem)의 위치를 통해 밸브의 개폐여부를 쉽게 알아볼 수 있도록 한 밸브이다. 밸브 스템이 보이지 않으면 폐쇄, 스템이 튀어나와 있으면 개방된 것이다.

② 개방 시 관로가 완전히 개방되고 장애물이 없어 마찰손실이 적다.

(4) 버터플라이밸브(Butterfly Valve)

① 밸브 몸체 중심의 원판이 유로와 직각한 축을 회전축으로 하여 0 ~ 90도까지 회전하여 유로를 개폐하는 방식으로 개폐 여부를 눈으로 확인할 수 있는 밸브이다.

② 마찰손실이 커 펌프의 원활한 흡입에 지장을 주어 공동현상의 원인이 된다.

③ 밸브를 여닫는 속도가 빨라 수격현상이 발생하기 쉽다.

④ OS&Y밸브보다 설치 공간이 적게 든다.

13 체크밸브

1) 체크밸브
   (1) **기능** : 배관 내의 유체가 한쪽 방향으로만 흐르게 하고 반대방향으로는 흐르지 못하게 하는 기능을 한다.
   (2) **종류** : 스윙체크밸브, 스모렌스키체크밸브(리프트 체크밸브) 등

2) 스모렌스키 체크밸브(= 리프트 체크밸브)
   (1) **기능** : 유수가 역류하지 않고 한쪽으로만 흐르게 하는 체크기능과 일시적으로 역류시킬 수 있는 바이패스 기능이 있다. 유체의 압력에 의해 밸브의 클래퍼가 수직 방향으로 이동하여 개폐되고 스프링이 내장되어 있어 수격을 흡수할 수 있다.
   (2) **설치위치** : 수직배관상에 수격이 발생할 수 있는 위치에 주로 설치하고 수평배관에 설치 시 작동압력을 고려하여 설치하여야 한다. 소방배관에서는 펌프 토출 측 배관과 송수구 배관에 설치되며 마찰손실이 크고 개방에 필요한 압력이 크므로 펌프의 흡입 측에는 설치하지 않아야 한다.

3) 스윙 체크밸브
   (1) **기능** : 유수 방향을 한쪽으로만 제어하는 체크 기능. 힌지핀을 중심으로 디스크가 이동(스윙)하며 유체가 흐르지 않을 때는 2차 측 압력과 디스크의 무게에 의해 닫혀있다.
   (2) **설치위치** : 수평배관과 수직배관상 어디에도 설치할 수 있다.

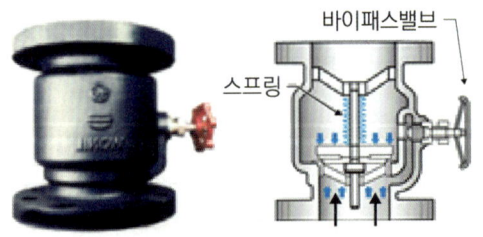

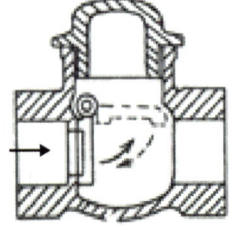

[스모렌스키 체크밸브]   [스윙 체크밸브]

4) 스윙체크밸브와 스모렌스키체크밸브 비교

구 분	스윙체크밸브	스모렌스키체크밸브
설치위치	주로 수평배관에 설치	주로 수직배관에 설치
역류기능(바이패스)	없다	있다
수격방지기능	없다	있다
마찰손실	적다	크다
가격	저가	고가
개방에 필요한 압력	적다	크다

14 템퍼스위치(급수개폐밸브 작동표시 스위치)

1) 템퍼스위치 예시

 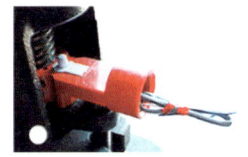 

[템퍼스위치의 예]　　[OS&Y밸브에 부착된 모습]　　[버터플라이밸브에 부착된 모습]

(1) **기능** : 개폐밸브 개폐상태 감시기능. 급수배관에 설치되어 급수를 차단할 수 있는 개폐밸브에 그 밸브의 개폐상태를 전기적인 신호로 감시제어반에 송출한다.

(2) **설치하여야 하는 설비** : 스프링클러설비, 간이스프링클러설비, 화재조기진압 용스프링클러설비, 물분무소화설비, 미분무소화설비, 포소화설비, 연결송수관설비

2) 템퍼스위치 설치위치

(1) 주펌프의 흡입 측 배관에 설치되는 개폐밸브
(2) 주펌프의 토출 측 배관에 설치되는 개폐밸브
(3) 고가수조 또는 옥상수조와 연결된 주배관의 개폐밸브
(4) 유수제어밸브(알람밸브, 준비작동식밸브 등)의 1·2차 측 개폐밸브
(5) 송수구와 연결된 주배관의 개폐밸브
(6) 기타 급수배관에 설치되는 개폐밸브

3) 템퍼스위치 설치위치 계통도

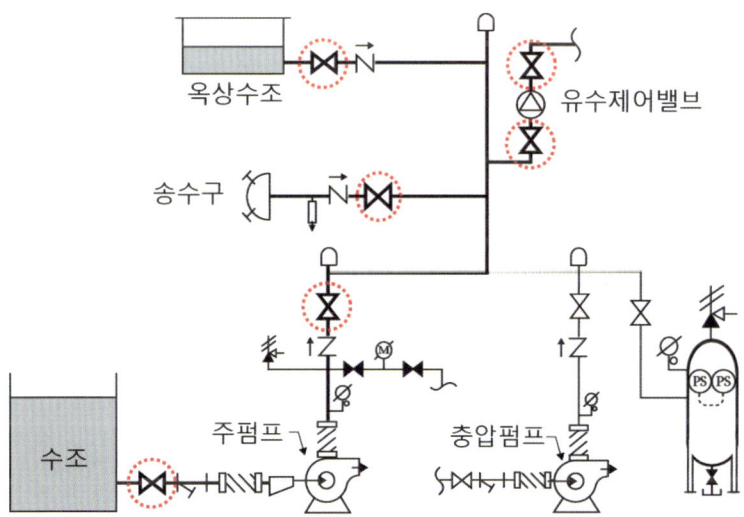

15 수격방지기

1) 수격방지기 외형과 구조

  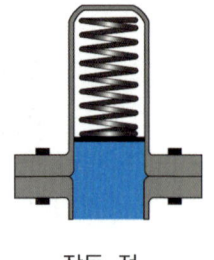 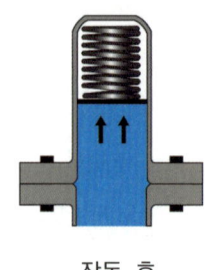

작동 전 　　　　작동 후

[수격방지기 외형과 설치 예시]　　　　[작동원리 예시]

　(1) **기능** : 유속이 갑자기 변할 때 배관과 주변 기기에 진동과 소음이 생기는 수격현상을 방지하기 위한 장치

2) 수격현상(수격작용, 워터햄머링)

　수격현상이란 배관 내 유체의 유속이 갑자기 변할 때 속도 에너지가 압력에너지로 변화되어 충격파와 소음이 발생하는 현상을 말한다.

　(1) 발생원인
　　① 밸브의 갑작스런 개폐
　　② 펌프의 급격한 기동 또는 정지

　(2) 문제점
　　수격에 의해 일어나는 압력의 상승이 과다한 경우 매우 큰 소음의 발생, 배관·이음쇠·밸브류·기기의 진동 또는 파손이 발생한다.

　(3) 대책
　　① 펌프 토출 측에 공기탱크(Air Chamber)를 설치한다.
　　② 수격방지기를 설치한다.
　　③ 관경을 크게 하여 배관 내의 유속을 저하시킨다.
　　④ 펌프에 플라이휠(Fly Wheel)을 설치하여 펌프의 급격한 기동, 정지를 방지한다.
　　⑤ 조압수조(Surge Tank)를 설치한다.
　　⑥ 개폐밸브의 조작을 천천히 한다.

16 배관부속과 마찰손실 [18점]

1) 배관부속과 도시기호

구 분	외 형	도시기호	구 분	외 형	도시기호
티 (90도 직류티)			45도 엘보		
원심 레듀셔			편심 레듀셔		
	(구경이 다른 두 배관을 연결하는 부품)			(구경이 다른 두 배관을 연결하는 부품으로 중심축이 한쪽으로 치우쳐 있는 레듀셔)	
90도 엘보			티 (90도 분류티)		
유니온			후렌지 (플랜지)		
	(나사식 배관을 연결할 때 분리 및 재결합이 용이하도록 하는 연결부품)			(용접식 배관을 연결할 때 분리 및 재결합이 용이하도록 하는 연결부품)	
플러그			크로스		
	(나사식 배관의 끝을 막는 부품)				
캡			맹 후렌지		
	(나사식 배관 끝을 막는 부품)			(용접식 배관의 마감부품으로 차후 연장 또는 재시공이 가능한 마감 부품)	
닛블		단닛블 / 장닛블	소켓		(안쪽나사 배관을 상호 연결하는 부품)
부싱		(바깥나사 배관(또는 관부속)과 안쪽나사 배관 (또는 관부속)을 연결하는 부품)	배관 행거		

CHAPTER 02 수계소화설비 점검

2) 관부속 및 밸브류의 상당 직관장

관로 중의 곡관, 밸브 등의 마찰손실 값을 동일한 저항값을 갖는 같은 지름의 직관으로 환산한 직관의 길이를 상당 직관장 또는 등가길이이라 한다. 상당 직관장이 길수록 해당 밸브 등의 마찰손실이 크다는 의미이다.

3) 상당직관장의 예

[ASHRAE Handbook 위생설비용 관 부속 및 밸브의 상당 직관장 예 (단위 : m)]

관경	Gate밸브	직류티	45°엘보	90°엘보	분류티	체크밸브	앵글밸브	볼밸브
15mm	0.12	0.18	0.36	0.60	0.90	1.2	2.4	4.5
25mm	0.18	0.27	0.54	0.90	1.50	2.0	4.5	7.5
32mm	0.24	0.36	0.72	1.20	1.80	2.5	5.4	10.5
40mm	0.30	0.45	0.90	1.50	2.10	3.1	6.5	13.5
50mm	0.39	0.62	1.20	2.10	3.00	4.0	8.4	16.5
65mm	0.48	0.75	1.50	2.40	3.60	4.6	10.2	19.5
80mm	0.63	0.90	1.80	3.00	4.50	5.7	12.0	24.0
100mm	0.81	1.20	2.40	4.20	6.30	7.6	16.5	37.5
125mm	0.99	1.50	3.00	5.10	7.50	10.0	10.0	42.0
150mm	2.10	1.80	3.60	6.00	9.00	12.0	24.0	49.5

비고
① 위 표의 엘보, 티는 나사접합을 기준으로 한 것이다.
② 커플링은 직류티와 같다.
③ 유니온, 플랜지, 소켓은 손실수두가 미소하여 생략한다.
④ Auto 밸브(포소화설비), 글로브 밸브는 볼밸브와 같다.
⑤ 알람밸브, 풋밸브 및 스트레이너는 앵글밸브와 같다.

4) 관부속 및 밸브류의 마찰손실 비교

게이트밸브 < 90도직류티 < 45도엘보 < 90도엘보 < 90분류티 < 체크밸브 < 앵글밸브 < 볼밸브

기출문제

18점 물계통 소화설비의 관부속(90도 엘보, 티(분류)) 및 밸브류(볼밸브, 게이트밸브, 체크밸브, 앵글밸브) 상당 직관장(등가길이)이 작은 것부터 순서대로 도시기호를 그리시오. (단, 상당 직관장 배관경은 65mm이고 동일 시험조건이다) (8점)

답

명칭	게이트 밸브	90도 엘보	티 (분류)	체크밸브	앵글밸브	볼밸브
도시기호	⋈	┴	┼	▷	▶	⋈

17 동결방지조치

1) 관련 기준

수조, 가압송수장치, 배관은 동결방지조치를 하거나 동결의 우려가 없는 장소에 설치해야 한다.

2) 동결방지조치 방법

⑴ 배관을 보온재로 감는 방법
⑵ 배관 표면에 전열선(Heating Coil)을 감는 방법 또는 전열패드을 부착하는 방법
⑶ 수조 내부에 Heating Pipe를 설치하여 물을 가열하는 방법
⑷ 배관을 땅속에 동결심도보다 30cm 아래로 매설하는 방법
⑸ 배관 내의 물을 순환시키는 방법
⑹ 실내를 난방하는 방법
⑺ 부동액을 넣는 방법

> **참고** 동결심도란 동절기에 어떤 지역의 지표면으로부터 흙 속 온도가 0℃가 되는 깊이를 말한다.

[배관보온재 시공전(한국소방마이스터고)]

[배관보온재 시공 예]

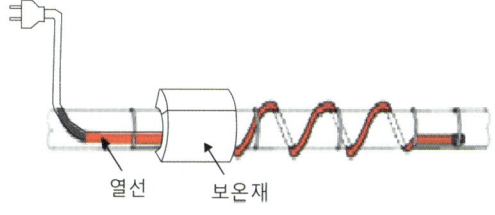

[열선 시공 예]

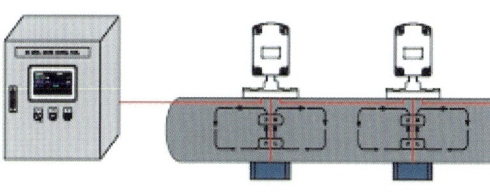

[전열 패드 부착 예]

기출문제

8설 옥외소화전의 동파방지를 위하여 시공 시 유의하여야 할 사항 2가지를 쓰시오. (동파방지 기구 등을 추가적으로 실시하는 것은 고려하지 않음)

답 1) 옥외소화전과 배관을 동결심도 + 30cm 이상의 깊이로 매설한다.
2) 옥외소화전 사용 후 내부의 물이 잘 배출될 수 있도록 옥외소화전 배수구 주위에 모래와 자갈을 채운다.

18 점검 시 이상현상과 원인

이상현상	원인과 대책
방수시험 시 펌프가 자동으로 기동하지 않는 경우 **9점**	• 상용전원이 정전되거나 차단된 경우 • 감시제어반 또는 동력제어반에서 펌프 정지상태인 경우 • 감시제어반과 기동용수압개폐장치의 선로가 단선된 경우 • 감시제어반이 고장 난 경우 • 동력제어반이 트립(Trip)된 경우 • 기동용 수압개폐장치(압력스위치)가 고장 난 경우 • 기동용 수압개폐장치의 급수배관이 잠긴 경우 • 펌프 임펠러가 부식 등으로 고착된 경우
충압펌프가 5분마다 기동정지를 반복하는 경우 **9점** (기동용 수압개폐장치에 설치된 압력계의 압력이 천천히 떨어지는 경우)	• 체크밸브(옥상수조, 펌프토출 측, 송수구)가 미세하게 역류하는 경우 • 소화전 또는 헤드의 누수 • 스프링클러 시험밸브의 누수 • 알람밸브의 배수밸브의 누수 • 배관 파손으로 인한 누수 • 압력챔버의 안전밸브 누수 • 압력챔버의 배수밸브 누수
펌프가 기동하지만 압력계의 압력이 오르지 않거나 방수압이 적은 경우	• 수조에 물이 없는 경우 • 펌프 흡입 측 배관의 개폐밸브가 잠긴 경우 • 펌프 흡입 측 배관의 여과장치가 이물질로 막힌 경우 • 펌프 흡입 측 풋밸브가 이물질 등으로 막힌 경우 • 펌프 흡입 측의 흡입수두가 큰 경우(버터플라이밸브, 체크밸브 설치 등에 의한 공동현상 발생) • 펌프 흡입 측에 공기고임이 발생하는 경우 • 수원의 수위가 펌프보다 낮은 경우로서 각 펌프의 흡입 측 배관을 겸용하는 경우 또는 물올림장치에 물이 없는 경우 • 전동기의 축회전이 펌프에 전달되지 않는 경우 • 모터의 회전방향이 반대인 경우 • 펌프가 고장 난 경우
성능시험배관에 작은 기포가 통과하는 경우	• 풋밸브가 수면과 너무 가까이 설치된 경우(소용돌이 현상으로 공기흡입) • 풋밸브와 펌프회전축의 수직거리가 6m 이상으로 공동현상이 발생한 경우 • 펌프 흡입 측 배관 연결부분으로 공기가 유입되는 경우 • 유량계 전, 후의 밸브와의 거리가 너무 짧을 경우 • 유량계 전단의 개폐밸브를 완전히 개방하지 않은 경우

이상현상	원인과 대책
소화펌프 미작동 상태에서 감시제어반의 펌프 압력스위치 표시등이 점등되는 경우	• 동력제어반 또는 감시제어반에서 펌프 자동·수동선택스위치가 수동인 경우 • 동력제어반의 열동계전기 트립된 경우(노란색 등 점등) • 동력제어반의 사기형 퓨즈가 단선된 경우 • 압력스위치의 결선이 잘못된 경우
물올림수조의 저수위경보가 지속되는 경우	• 펌프, 풋밸브, 배관 등의 누수 • 물올림 수조 또는 배수밸브 누수 • 자동급수장치 고장 또는 폐쇄 • 저수위경보장치 이상
펌프의 물올림컵을 열었을 때 물올림컵에 고인 물이 감소되는 현상	• 풋밸브 누수 • 흡입 측 배관의 누수
주펌프 또는 충압펌프가 자동기동 된 후 짧은 간격으로 기동·정지를 반복하는 경우	• 부르동관 또는 전자식 압력스위치에 펌프 기동 시 순간적인 압력변동이 미세하게 전달되는 경우(대책 : 압력스위치 급수배관에 오리피스가 있는 체크밸브 등을 설치하여 배관저항을 높인다)
펌프 운전 시 소음, 진동 발생	• 펌프의 임펠러에 손상이 있는 경우 • 펌프와 전동기의 축이 정상적으로 연결되지 않은 경우 • 압력챔버에 공기가 없는 경우 • 밸브를 급하게 개폐하여 수격현상이 발생하는 경우 등
펌프 운전 시 펌프에서 누수가 발생하는 경우	• 펌프의 패킹이 노후된 경우(대책 : 패킹 교체) • 펌프가 동결 등으로 동파되거나 파손된 경우 • 펌프와 배관의 연결부위에 손상이 생긴 경우

에어락 현상 (고가수조와 압력수조가 동일 배관상에 연결된 경우)	에어락 현상
	  고가수조와 압력수조가 동일 배관상에 연결된 경우 압력수조의 잔류 공기압에 의해 고가수조의 물이 배관으로 공급되지 않는 현상
	원인
	  압력수조 방출 후 수조내의 압력이 높고 고가수조의 낙차압이 작아 고가수조의 체크밸브가 열리는 압력보다 압력수조의 방출 후 잔류 공기압이 높은 경우
	대책
	• 고가수조와 압력수조를 동일 배관상에 연결하지 않고 분리한다.
	• 고가수조의 낙차압을 충분히 크게 한다.
	• 압력수조 방출 후 잔류공기압을 제어한다.
	• 압력수조의 물이 고갈되면 공기공급을 멈춘다.

이상현상	원인과 대책
에어락 현상 **16점** (펌프를 사용하는 경우)	**에어락 현상(Air Lock)(수계소화설비의 배관에 공기고임 현상)** 배관 내부에 부분적인 공기고임이 생겨 고인 공기로 인해 배관의 물이 흐르지 못하거나 물의 흐름에 방해를 주는 현상 **원인** • 흡입배관에 구멍이나 파손부분이 있어 공기가 흡입되어 흡입배관 중에 공기가 체류하는 현상이 발생한 경우 • 배관, 밸브, 스트레이너, 배관부속품 등을 수리하기 위해 물을 빼고 수리한 후 물을 채우면서 굴곡진 배관 내에 공기가 고여 있는 경우 • 배관상의 펌프 등에서 임펠러에 의해 유체의 속도수두가 압력수두로 변환되어 물속에 공기가 발생한 경우 • 배관 내 물의 온도 상승으로 인한 기포발생 • 주펌프와 충압펌프가 풋밸브에서 펌프에 이르는 흡입배관을 공유하는 경우 하나의 펌프만 작동 시 발생하는 역류현상으로 에어포켓이 발생한다. **이상현상** • 펌프는 정상 작동 중임에도 노즐이나 헤드로 정상적인 방수 압력과 방수량이 나오지 않는다. • 펌프가 작동 시에도 토출 측 압력계가 상승되지 못하고, 방출수의 압력이 일정하지 않고 방사압력이 낮아진다. **대책** • 펌프 흡입배관에 구멍이나 파손부분이 없도록 시공하여 펌프 운전 시 공기가 흡입되지 않도록 한다. • 흡입배관의 배관 부속품 연결부분을 완전히 조여 펌프 운전 시 공기가 흡입되지 않도록 한다. • 배관 설치 시 공기가 고일 수 있는 굴곡진 부분을 만들지 않는다. • 주펌프와 충압펌프의 흡입배관을 공용으로 공사하지 않는다. • 에어포켓현상이 발생했을 때는 옥내소화전 노즐 또는 스프링클러 시험배관, 배수배관 등을 개방하여 펌프의 높은 압력으로 배관 내의 공기 빼내기 작업을 한다. • 배관, 밸브, 스트레이너, 배관부속품 등을 수리하기 위해 물을 빼고 수리한 후 물을 채우면서 배관 내에 공기가 들어가지 않게 작업한다. • 펌프가 작동할 때 수조로부터 공기가 유입되지 않도록 한다. • 스트레이너가 이물질 등으로 막히지 않게 한다. • 흡입 측 개폐밸브가 잠겨 있지 않도록 한다. • 공동현상이 발생되지 않도록 한다.
화재신호가 정상 출력 되었음에도 동력제어반의 전로기구 및 관리상태 이상으로 소방펌프의 자동기동이 되지 않는 경우 **18점**	• 자동·수동 선택스위치가 수동상태인 경우 • 배선용 차단기의 전원이 OFF인 경우 • 전동기 과부하 등에 의한 열동계전기 또는 전자계전기(EOCR)이 트립(Trip)된 경우 • 동력제어반의 퓨즈가 파손된 경우 • 동력제어반 내 기동단자의 선로가 분리된 경우 • 전자접촉기, 릴레이 등 코일의 단선

이상현상	원인과 대책
공동현상 (Cavitation)	공동현상 펌프에서 유속이 급변 또는 와류의 발생 등으로 인하여 압력이 국부적으로 포화증기압 이하로 내려가면 기포가 발생하는 현상으로, 펌프의 성능이 저하되고, 임펠러의 침식, 진동·소음이 발생하고 심하면 양수 불능상태가 된다. 원인 • 펌프의 흡입 측 배관의 길이가 긴 경우 • 펌프의 마찰손실이 클 경우 • 임펠러의 속도가 빠른 경우 • 펌프의 흡입관경이 너무 작은 경우 • 이송하는 유체가 고온인 경우 • 펌프의 흡입압력이 유체의 증기압보다 낮은 경우 | NPSH의 관계	공동현상 발생유무 | |---|---| | NPSHav > NPSHre | 공동현상의 미발생 | | NPSHav = NPSHre | 공동현상의 발생한계 | | NPSHav < NPSHre | 공동현상의 발생 | | NPSHav = NPSHre × 1.3 | 설계조건 | 대책 • 펌프의 설치위치를 가능한 낮게 한다. • 흡입관경의 저항을 작게(흡입관경 길이는 짧게, 관경을 크게)한다. • 임펠러의 속도는 낮게 한다. • 지나치게 고양정 펌프를 선정하지 않는다. • 양흡입(兩吸入) 펌프 사용한다.
펌프 맥동현상 (서징(Surging)현상) (펌프 기동 시 주기적으로 양정 토출량이 변하는 현상)	원인 • 펌프의 특성곡선에 산형구배가 있어 우상향구간에서 운전될 경우 • 배관 중간에 수조나 공기고임이 있는 경우 • 유량조절밸브가 펌프에서 원거리에 설치된 경우 대책 • 펌프 성능곡선이 우하향 구배를 갖는 펌프를 사용한다. • 임펠러 회전수 변경 및 송출밸브를 조작하여 운전상태를 바꾼다. • 배관 중간에 수조, 공기고임이 없도록 한다. • 회전차나 안내깃이 형상수치를 바꾸어 펌프의 특성에 변화를 준다. • 유량이 정격토출량보다 작을 때는 By-pass관을 사용하여 운전점이 맥동현상 영역을 벗어나 운전되도록 한다.

기출문제

9점 (1) 충압펌프가 5분마다 기동 및 정지를 반복한다. 그 원인으로 생각되는 사항 2가지를 쓰시오.(10점) 🟧 생략

(2) 방수시험을 하였으나 펌프가 기동하지 않았다. 원인으로 생각되는 사항 5가지를 쓰시오.(10점) 🟧 생략

18점 소방펌프 동력제어반의 점검 시 화재신호가 정상 출력되었음에도 동력제어반의 전로기구 및 관리상태 이상으로 소방펌프의 자동기동이 되지 않을 수 있는 주요 원인 5가지를 쓰시오.(5점) 🟧 생략

21점 건축물의 소방점검 중 다음과 같은 사항이 발생하였다. 이에 대한 원인과 조치방법을 각각 3가지씩 쓰시오.
(1) 습식 스프링클러설비의 충압펌프의 잦은 기동과 정지(단, 충압펌프는 자동정지, 기동용수압개폐장치는 압력챔버방식이다)(6점) 🟧 생략

16점 소방시설관리사가 건물의 소방펌프를 점검한 결과 에어락 현상(Air Lock)이라고 판단하였다. 에어락 현상이라고 판단한 이유와 적절한 대책을 쓰시오.(8점) 🟧 생략

19 기타 가압송수장치

1) 고가수조방식

(1) 구성

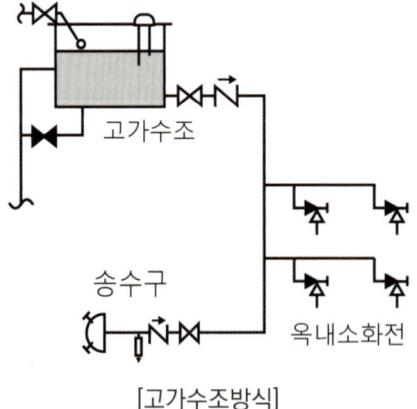

[고가수조방식]

(2) 부속장치

고가수조에는 수위계 · 배수관 · 급수관 · 오버플로우관 및 맨홀을 설치할 것

(3) 점검항목

○ 수위계 · 배수관 · 급수관 · 오버플로우관 · 맨홀 등 부속장치의 변형 · 손상 유무

2) 압력수조방식

(1) 구성

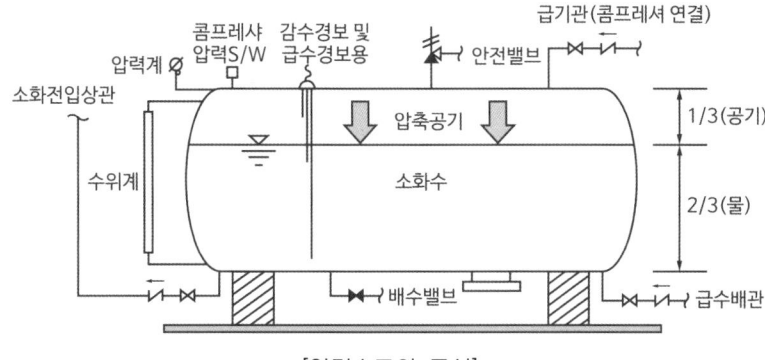

[압력수조의 구성]

(2) 부속장치

압력수조에는 수위계·급수관·배수관·급기관·맨홀·압력계·안전장치 및 압력저하 방지를 위한 자동식 공기압축기를 설치할 것

(3) 점검항목
- ● 압력수조의 압력 적정 여부
- ○ 수위계·급수관·급기관·압력계·안전장치·공기압축기 등 부속장치의 변형·손상 유무

3) 가압수조방식

(1) 구성

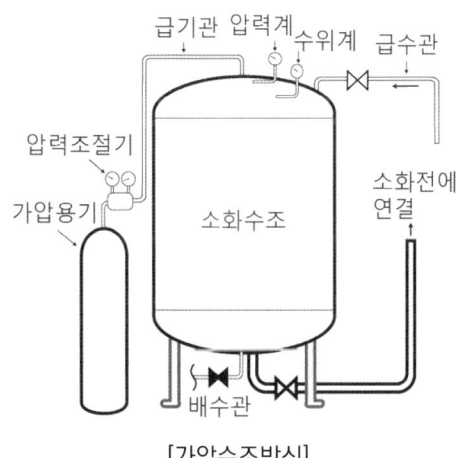

[가압수조방식]

(2) 설치기준
　① 가압수조의 압력은 규정 방수압 및 방수량을 20분 이상 유지되도록 할 것
　② 가압수조 및 가압원은 방화구획된 장소에 설치할 것
　③ 가압수조를 이용한 가압송수장치는 소방청장이 정하여 고시한 「가압수조식 가압송수장치의 성능인증 및 제품검사의 기술기준」에 적합한 것으로 설치할 것

(3) 점검항목
　● 가압수조 및 가압원 설치장소의 방화구획 여부
　○ 수위계·급수관·배수관·급기관·압력계 등 부속장치의 변형·손상 유무

기출문제

22설 옥내소화전에 사용하는 가압송수장치 4가지 방식을 쓰시오.(4점)

답 1) 전동기 또는 내연기관에 따른 펌프를 이용하는 가압송수장치
　　2) 고가수조의 자연낙차를 이용한 가압송수장치
　　3) 압력수조를 이용한 가압송수장치
　　4) 가압수조를 이용한 가압송수장치

20 감압방식과 감압장치

1) 관련 기준
　(1) **옥내·옥외소화전설비** : 하나의 옥내소화전을 사용하는 노즐선단에서의 방수압력이 0.7MPa을 초과할 경우에는 호스접결구의 인입 측에 감압장치를 설치해야 한다.
　(2) **스프링클러설비** : 가압송수장치의 정격토출압력은 하나의 헤드선단에 0.1MPa 이상 1.2MPa 이하의 방수압력이 될 수 있게 하는 크기일 것

2) 배관의 감압방식
　(1) 감압밸브방식
　(2) 고가수조방식
　(3) 전용배관방식
　(4) 중계펌프(부스터펌프)방식

3) 감압밸브를 설치하는 방법

   (1) 배관 감압밸브 설치

   배관을 고층부와 저층부로 분리 및 과압발생 부분에 감압밸브를 설치하는 방법

[감압밸브방식]   [감압밸브]   [도시기호]

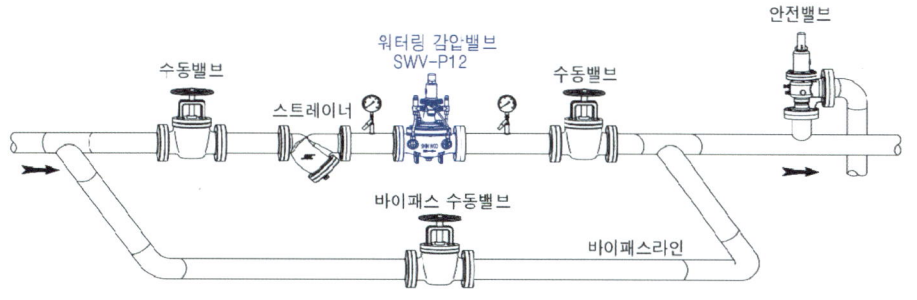

[감압밸브 설치 예시]

※ 출처 : 신우밸브 취급설명서

   (2) 방수구용 감압밸브(오리피스, 감압변) 설치

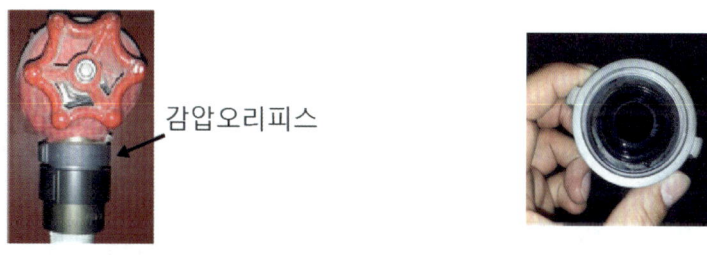

[옥내소화전 방수구에 감압오리피스가 설치된 모습]   [감압오리피스]

4) 고가수조방식

   고층부와 저층부로 나누어 저층부에 고가수조의 낙차압을 이용하는 방식

5) 전용배관방식

   고층부와 저층부로 나누어 각각 별도의 펌프와 배관을 설치하는 방식

6) 중계펌프(부스터펌프)방식

고층부 가압을 위해 배관 중간에 중계펌프를 설치하는 방식

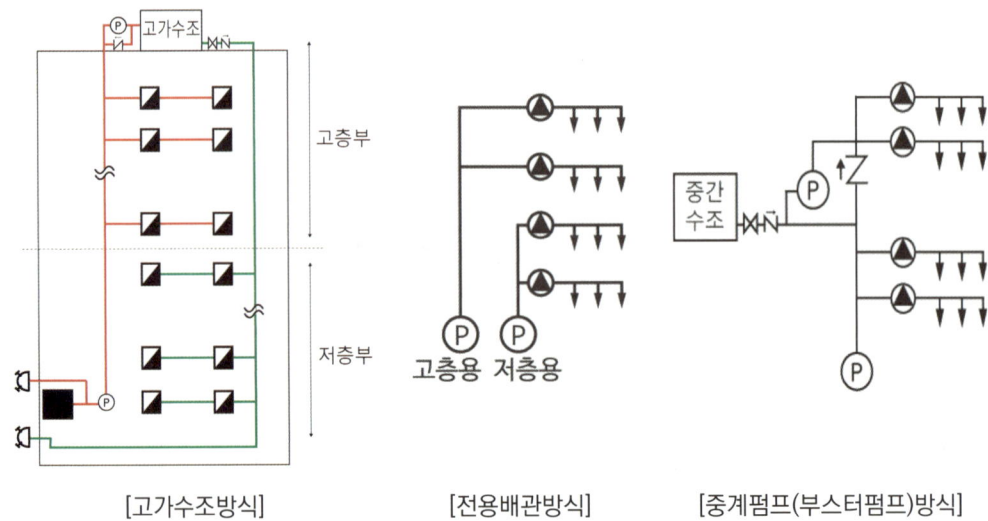

[고가수조방식]　　　　[전용배관방식]　　　　[중계펌프(부스터펌프)방식]

21 수조 점검

1) 점검항목

- ● 동결방지조치 상태 적정 여부
- ○ 수위계 설치상태 적정 또는 수위 확인 가능 여부
- ● 수조 외측 고정사다리 설치상태 적정 여부(바닥보다 낮은 경우 제외)
- ● 실내설치 시 조명설비 설치상태 적정 여부
- ○ "옥내소화전설비용 수조"표지 설치상태 적정 여부
- ● 다른 소화설비와 겸용 시 겸용설비의 이름 표시한 표지 설치상태 적정 여부
- ● 수조-수직배관 접속부분 "옥내소화전설비용 배관" 표지 설치상태 적정 여부

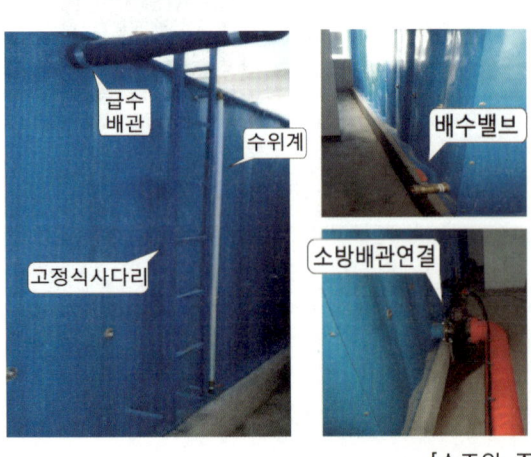   

[수조와 주위장치]

2) 다른 설비와 수조를 겸용할 경우 유효수량

△△설비의 풋밸브·흡수구 또는 수직배관의 급수구와 다른 설비의 풋밸브·흡수구 또는 수직배관의 급수구와의 사이의 수량을 그 유효수량으로 한다.

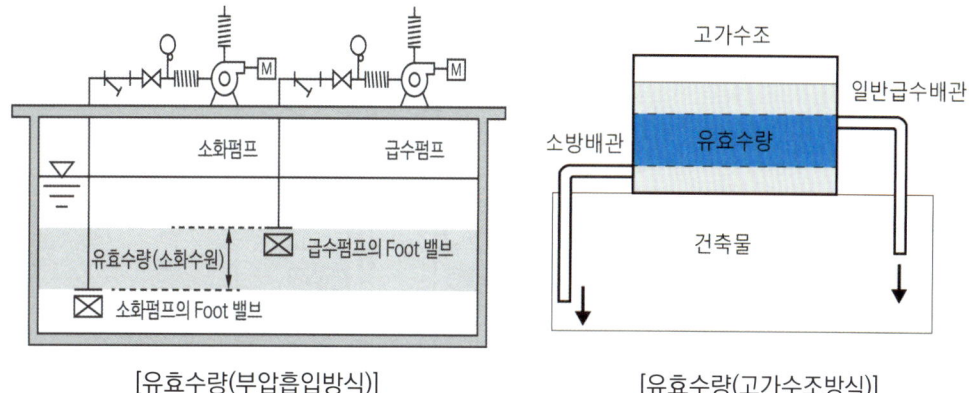

[유효수량(부압흡입방식)] [유효수량(고가수조방식)]

22 옥상수조

1) 옥상수조의 설치

수원은 유효수량의 3분의 1 이상을 옥상(△△설비가 설치된 건축물의 주된 옥상을 말한다. 이하 같다)에 설치해야 한다.

2) 옥상수조를 설치하지 않을 수 있는 경우(옥내소화전 설비의 경우)

(1) 지하층만 있는 건축물
(2) 고가수조를 가압송수장치로 설치한 경우
(3) 수원이 건축물의 최상층에 설치된 방수구보다 높은 위치에 설치된 경우
(4) 건축물의 높이가 지표면으로부터 10m 이하인 경우
(5) 주펌프와 동등 이상의 성능이 있는 별도의 펌프로서 내연기관의 기동과 연동하여 작동되거나 비상전원을 연결하여 설치한 경우
(6) 가압수조를 가압송수장치로 설치한 경우
(7) 학교·공장·창고시설로서 동결의 우려가 있는 장소에 있어서는 기동스위치에 보호판을 부착하여 옥내소화전함 내에 설치한 경우

3) 옥상수조가 설치된 특정소방대상물의 경우 확보해야 하는 총 수원의 양

수조의 유효수량 + 옥상수조의 수량 = 수조의 유효수량 + 수조의 유효수량 × $\frac{1}{3}$

4) 옥상수조의 겸용

옥상수조는 이와 연결된 배관을 통하여 상시 소화수를 공급할 수 있는 구조의 특정소방대상물인 경우에는 둘 이상의 특정소방대상물이 있더라도 하나의 특정소방대상물에만 이를 설치할 수 있다.

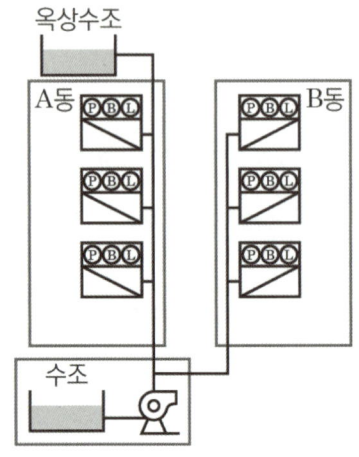

[옥상수조 겸용의 예]

23 송수구 점검

1) 옥내소화전설비 송수구 점검항목

   ○ 설치장소 적정 여부
   ● 연결배관에 개폐밸브를 설치한 경우 개폐상태 확인 및 조작가능 여부
   ● 송수구 설치 높이 및 구경 적정 여부
   ● 자동배수밸브(또는 배수공)·체크밸브 설치 여부 및 설치 상태 적정 여부
   ○ 송수구 마개 설치 여부

[체크밸브와 자동배수밸브]

[송수구 설치 예시]

2) 자동배수밸브(오토드립밸브)

　(1) **목적** : 배관 내 잔류수를 배출하여 동파 방지

　(2) **기능** : 배관 내 수압이 낮을 때는 자동으로 배관 내부의 물을 배수하고, 배관 내 수압이 높을 때는 물의 압력에 의해 자동배수밸브가 닫혀 배수되지 않는 기능이 있다.

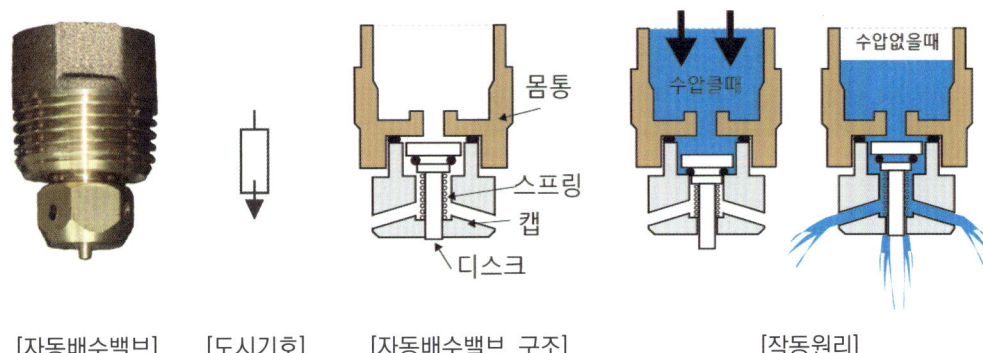

[자동배수밸브]　　[도시기호]　　[자동배수밸브 구조]　　[작동원리]

24 제어반 점검

1) 감시제어반과 동력제어반

 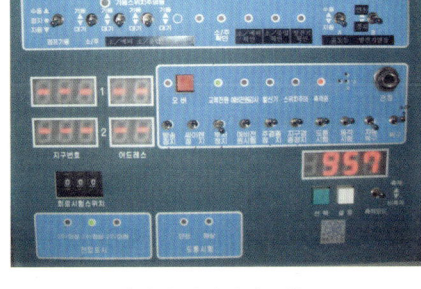 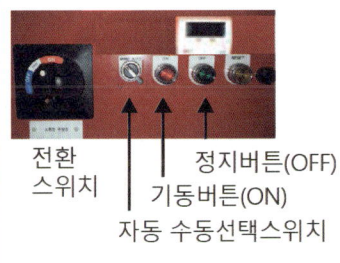

[복합형수신기]　　　　[감시제어반의 예]　　　　[동력제어반]

2) 점검항목

● 겸용 감시·동력 제어반 성능 적정 여부(겸용으로 설치된 경우)

　(1) 감시제어반

　　○ 펌프 작동 여부 확인 표시등 및 음향경보장치 정상작동 여부

　　○ 펌프 별 자동·수동 전환스위치 정상작동 여부

　　● 펌프 별 수동기동 및 수동중단 기능 정상작동 여부

　　● 상용전원 및 비상전원 공급 확인 가능 여부(비상전원 있는 경우)

　　● 수조·물올림탱크 저수위 표시등 및 음향경보장치 정상작동 여부

　　○ 각 확인회로별 도통시험 및 작동시험 정상작동 여부

　　○ 예비전원 확보 유무 및 시험 적합 여부

● 감시제어반 전용실 적정 설치 및 관리 여부
● 기계·기구 또는 시설 등 제어 및 감시설비 외 설치 여부

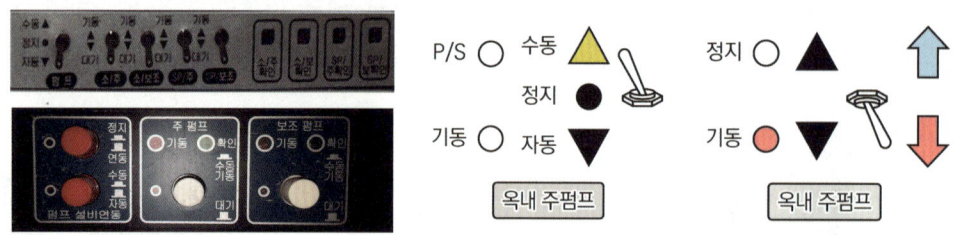

[펌프제어부의 예]   [감시제어반 펌프제어부]

(2) 동력제어반
　○ 앞면은 적색으로 하고, "옥내소화전설비용 동력제어반" 표지 설치 여부
(3) 발전기제어반(소방전원보전형 발전기)
　● 소방전원보존형발전기는 이를 식별할 수 있는 표지 설치 여부

3) 감시제어반에서 도통시험·동작시험하는 각 확인회로(스프링클러설비)
　(1) 기동용수압개폐장치의 압력스위치회로
　(2) 수조 또는 물올림수조의 저수위감시회로
　(3) 유수검지장치 또는 일제개방 밸브의 압력스위치회로
　(4) 일제개방밸브를 사용하는 설비의 화재감지기회로
　(5) 급수배관의 개폐밸브의 폐쇄상태 확인회로
　(6) 그 밖의 이와 비슷한 회로

4) 동력제어반
　(1) 앞면이 적색이고 표지가 부착되어 있는지 확인한다.
　(2) 동력제어반의 차단기가 "ON" 위치에 있는지 확인한다.
　(3) 펌프 자동·수동 선택스위치가 자동상태로 관리되고 있는지 여부를 확인한다.
　(4) 표시등이 정상적으로 점등되어 있는지 확인한다(녹색등 점등, 적색등·황색등 소등).
　(5) 동력제어반에서 펌프별 수동제어에 의해 펌프가 정상 기동·정지되는지 확인한다.

　☑ 참고 황색등 점등은 내부의 열동계전기 또는 전자식 전류계전기가 동작한 것을 의미하는 것으로 펌프의 정상작동이 불가능한 상태이다.

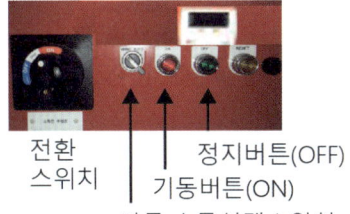

[동력제어반]　　　　[동력제어반 차단기 ON상태]　　[OFF상태(전원공급차단 상태)]

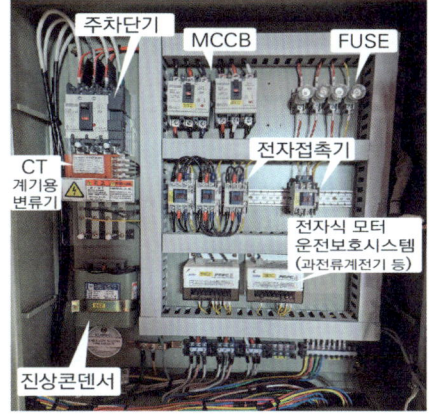

[동력제어반 앞면 예시]　　　　　　　　[동력제어반 내부 예시]

25 소방펌프의 전동기 결선(3상 유도전동기)

1) 유도전동기의 기동전류

유도전동기를 정지상태에서 기동시키면 정격회전수에 도달할 때까지 정격전류보다 더 큰 전류가 흐르게 되는데 이를 기동전류라 한다. 과도한 기동전류는 전력계통에 악영향을 미치므로 감소시킬 대책이 필요하다.

2) 농형유도전동기의 기동방법

(1) **직입기동방식(전전압기동)** : 전동기에 직접 정격전압을 인가하여 기동하는 방식. 5kW 이하 소용량 전동기에 적용

(2) **Y-△기동방식** : 기동 시에는 Y결선으로 상전압을 감압하여 기동한 후 속도가 상승하면 △결선으로 바꾸는 방식. 5.5 ~ 37kW 용량의 전동기에 적용. 가장 저렴

(3) **리액터 기동** : 기동회로에 직렬로 리액터를 삽입하여 기동하고, 속도가 상승하여 전류가 감소하면 리액터를 단락시키는 방식

(4) **기동보상기 기동방식(단권변압기 기동)** : 전전압의 50, 65, 85%의 탭을 가진 Y결선 단권변압기를 사용하여 기동 시에는 낮은 전압으로 기동하고 정격속도가 되면 단권변압기를 개방하는 방식

3) 농형유도전동기 결선

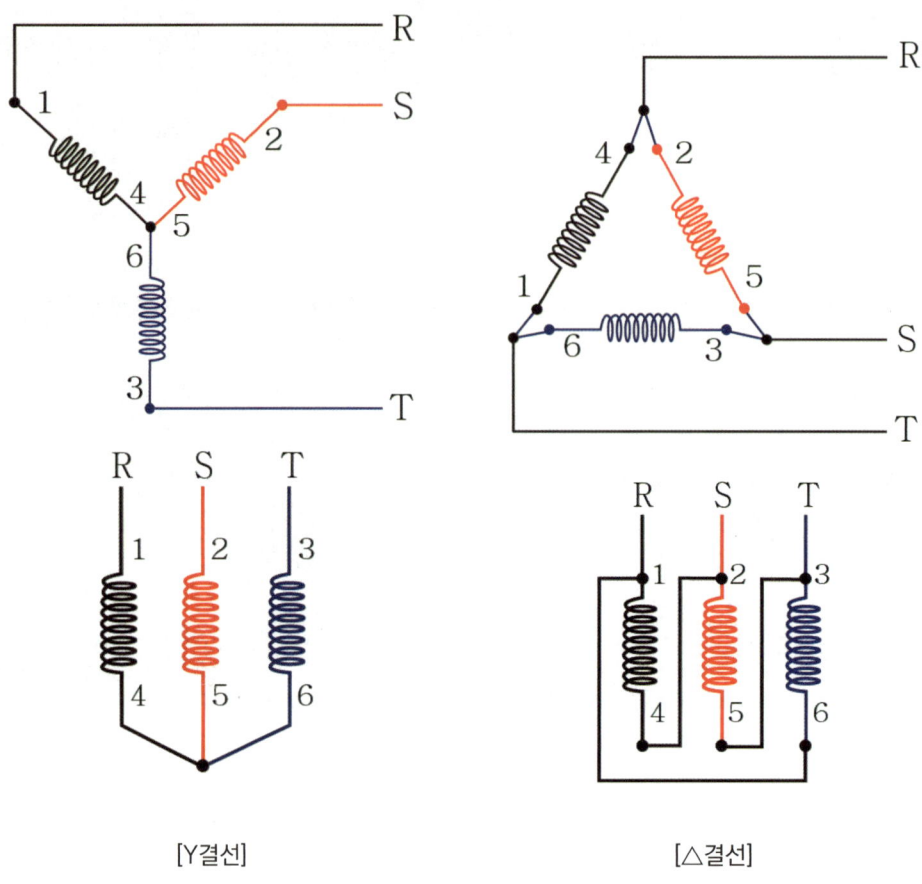

[Y결선]　　　　　　　　　　[△결선]

기출문제

18점 소방펌프용 농형유도전동기에서 Y결선과 △결선의 피상전력이 $\sqrt{3}\,VI$[VA]으로 동일함을 전류, 전압을 이용하여 증명하시오.(5점)

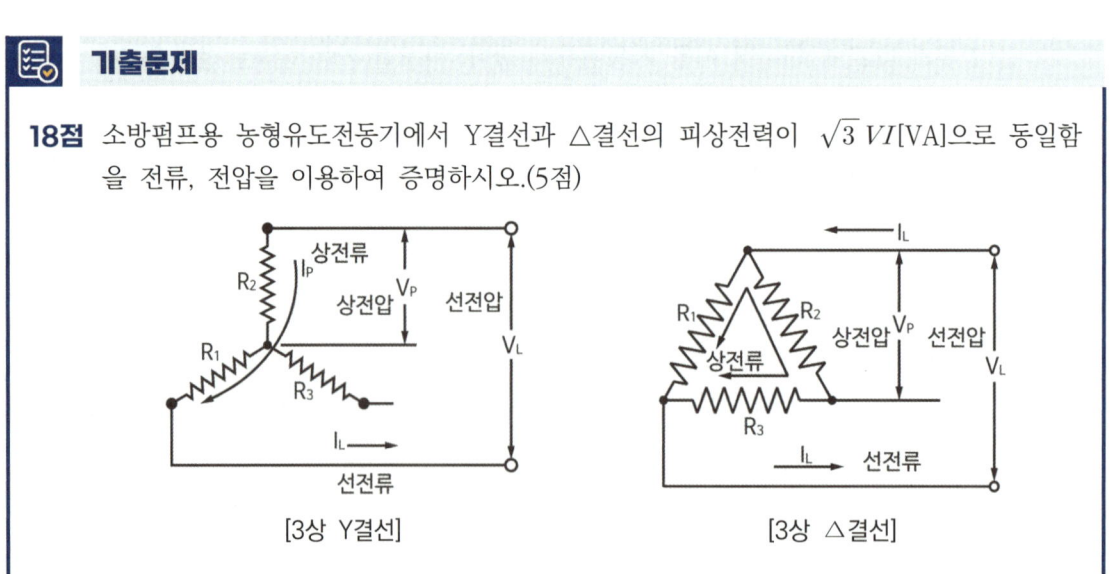

[3상 Y결선]　　　　　　　　　　[3상 △결선]

해설

1) 3상 Y결선에서

$$I_p = I_\ell, \quad V_p = \frac{V_\ell}{\sqrt{3}}$$ 이므로

피상전력 $P_a = 3 V_p I_p = 3 \times \frac{V_\ell}{\sqrt{3}} \times I_\ell = \sqrt{3} \, V_\ell I_\ell$ 이다.

(여기서, I_p : 상전류 I_ℓ : 선간전류 V_p : 상전압 V_ℓ : 선간전압)

2) 3상 △결선에서

$$V_p = V_\ell, \quad I_p = \frac{I_\ell}{\sqrt{3}}$$ 이므로

피상전력 $P_a = 3 V_p I_p = 3 \times V_\ell \times \frac{I_\ell}{\sqrt{3}} = \sqrt{3} \, V_\ell I_\ell$ 이다.

(여기서, I_p : 상전류 I_ℓ : 선간전류 V_p : 상전압 V_ℓ : 선간전압)

그러므로 Y결선의 피상전력과 △결선의 피상전력은 $\sqrt{3} \, VI$[VA]로 동일하다.

22설 3상 유도전동기의 Y-△ 기동제어회로 중 하나이다. 물음에 답하시오.(13점)

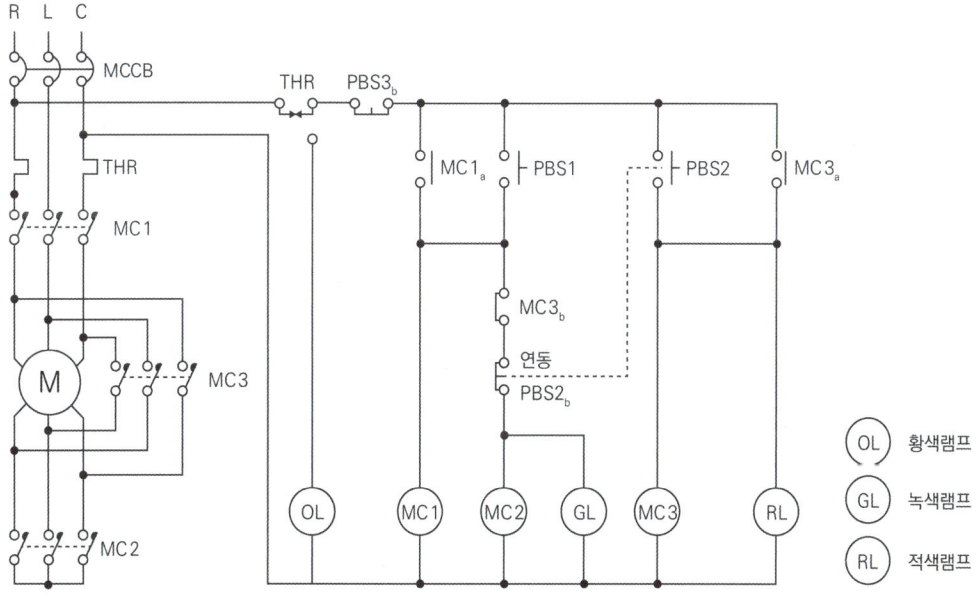

(1) Y-△ 기동제어회로를 사용하는 가장 큰 이유를 쓰시오.(3점)

🔑 유도전동기는 기동할 때 큰 기동전류가 흐르게 된다. 기동전류가 커지면 전동기가 손상될 수 있으므로 기동전류를 줄이기 위하여 Y-△기동을 한다.

(2) Y 결선에서의 기동전류는 △ 결선에 비해 몇 배가 되는지 유도과정을 쓰시오.(5점)

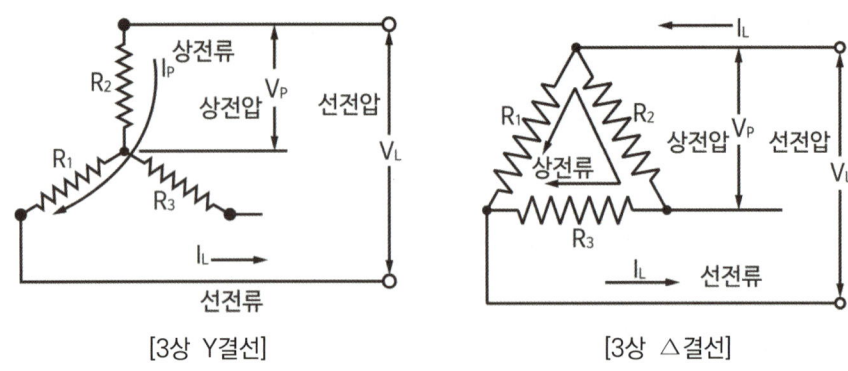

[3상 Y결선]   [3상 △결선]

Y결선과 △결선에서 전동기에 공급되는 선간전압 V_ℓ은 모두 380V로 같으므로 각각의 기동전류(선간전류)를 선간전압을 이용하여 비교한다.

1) 3상 Y결선에서

$$I_p = I_\ell, \quad V_p = \frac{V_\ell}{\sqrt{3}} \text{ 이므로}$$

(여기서, I_p : 상전류 I_ℓ : 선간전류 V_p : 상전압 V_ℓ : 선간전압)

$$I_\ell = I_p = \frac{V_p}{R} = \frac{\frac{V_\ell}{\sqrt{3}}}{R} = \frac{1}{\sqrt{3}} \frac{V_\ell}{R}$$

2) 3상 △결선에서

$$V_p = V_\ell, \quad I_p = \frac{I_\ell}{\sqrt{3}} \text{ 이므로}$$

(여기서, I_p : 상전류 I_ℓ : 선간전류 V_p : 상전압 V_ℓ : 선간전압)

$$I_\ell = \sqrt{3} I_p = \sqrt{3} \frac{V_p}{R} = \sqrt{3} \frac{V_\ell}{R}$$

3) 기동전류 비교

$$\frac{I_Y}{I_\Delta} = \frac{\frac{V_\ell}{\sqrt{3} R}}{\sqrt{3} \frac{V_\ell}{R}} = \frac{1}{3}$$

(여기서, I_Y : Y결선의 선간전류 I_Δ : △결선의 선간전류)

따라서 Y결선의 기동전류는 △결선의 기동전류의 $\frac{1}{3}$이다.

⑶ 전동기가 △ 결선으로 운전되고 있을 때, 점등되는 램프를 쓰시오.(3점)
🔳 RL 적색램프

⑷ 도면에서 THR의 명칭과 회로에서의 역할을 쓰시오.(2점)
🔳 1) 명칭 : 열동계전기(Thermal Relay)
   2) 역할 : 과부하나 단락으로 시 과전류로 인한 열의 발생을 감지하여 회로를 차단
      함으로써 전동기를 보호하는 역할(기계적인 방식)

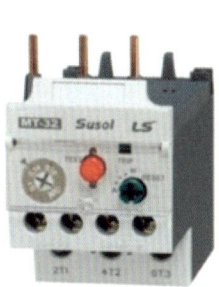 

 [전자접촉기(MC) + 열동계전기(THR) = 전자개폐기]

26 수압시험(성능시험조사표) 23점

1) 수압시험 점검항목(옥내소화전설비, SP설비, 간이SP설비, 화재조기진압용SP설비 공통)
   (1) 가압송수장치 및 부속장치(밸브류·배관·배관부속류·압력챔버)의 수압시험(접속상태에서 실시한다. 이하 같다)결과
   (2) 옥외연결송수구 연결배관의 수압시험결과
   (3) 입상배관 및 가지배관의 수압시험결과

2) 수압시험방법

   수압시험은 1.4MPa의 압력으로 2시간 이상 시험하고자 하는 배관의 가장 낮은 부분에서 가압하되, 배관과 배관·배관부속류·밸브류·각종장치 및 기구의 접속부분에서 누수현상이 없어야 한다. 이 경우 상용수압이 1.05MPa 이상인 부분에 있어서의 압력은 그 상용수압에 0.35MPa을 더한 값으로 한다.

[수압시험기]   ※ 출처 : 국경없는 마켓

기출문제

23점 소방시설 자체점검사항 등에 관한 고시상 소방시설 성능시험조사표에 대하여 다음 물음에 답하시오.
   (1) 스프링클러설비 성능시험조사표의 성능 및 점검항목 중 수압시험 점검항목 3가지를 쓰시오.(3점) 생략
   (2) 다음은 스프링클러설비 성능시험조사표의 성능 및 점검항목 중 수압시험 방법을 기술한 것이다. ( )에 들어갈 내용을 쓰시오.(4점) 생략

   > 수압시험은 (ㄱ)MPa의 압력으로 (ㄴ)시간 이상 시험하고자 하는 배관의 가장 낮은 부분에서 가압하되, 배관과 배관·배관부속류·밸브류·각종장치 및 기구의 접속부분에서 누수현상이 없어야 한다. 이 경우 상용수압이 (ㄷ)MPa 이상인 부분에 있어서의 압력은 그 상용수압에 (ㄹ)MPa을 더한 값으로 한다.

02 옥내소화전설비 점검

1 옥내소화전설비 계통도

1) 계통도

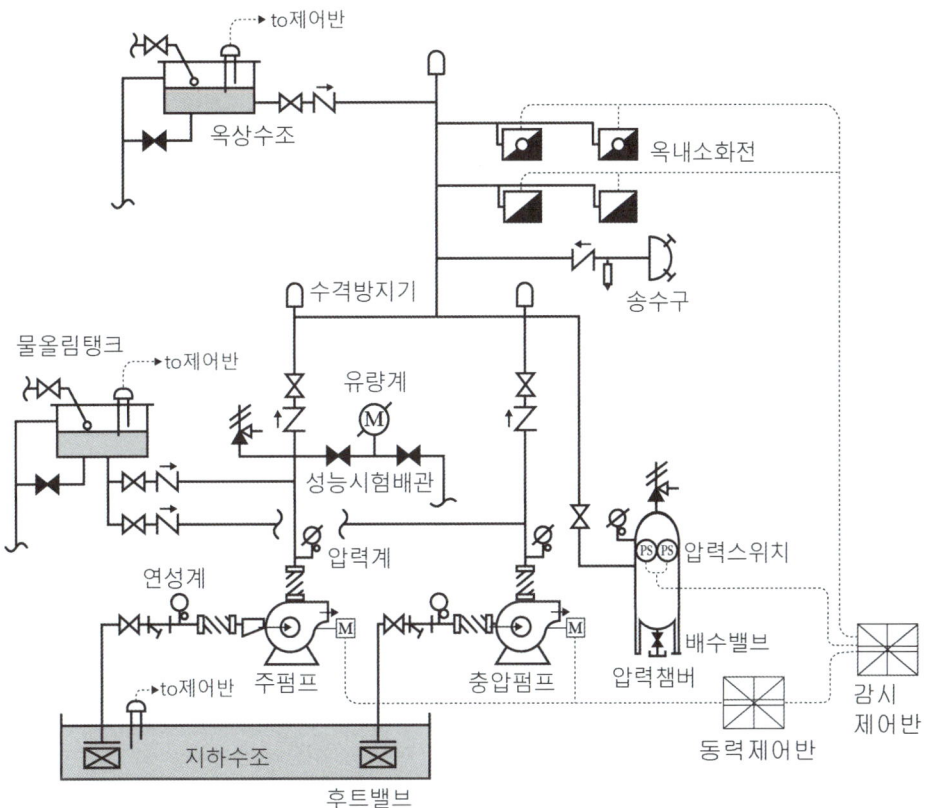

[옥내소화전설비 계통도]

2) 관련 도시기호

분류	명칭	도시기호	분류	명칭	도시기호
배관	일반배관	———	소화전	옥내소화전함	
	옥내·외소화전	—H—		옥내소화전 방수용기구병설	
	배수관	—D—		방수구 **21설**	
밸브류	감압밸브 **16점**		밸브류	앵글밸브	

2 옥내소화전 수원의 저수량과 펌프 토출량

특정소방대상물 층수	방수압력(MPa)	방수량(ℓ/min)	시간(min)	개수(N)	수원양
29층 이하	0.17	130	20	최대 2개	$2.6m^3 \times N$
30층 이상 49층 이하	0.17	130	40	최대 5개	$5.2m^3 \times N$
50층 이상	0.17	130	60	최대 5개	$7.8m^3 \times N$
창고시설	0.17	130	40	최대 2개	$5.2m^3 \times N$
도로터널	0.35	190	40	2개 또는 3개(4차로)	$7.6m^3 \times N$

1) 수원의 저수량(호스릴옥내소화전 포함)

$$수원\ 양[m^3] = 방수량[ℓ/min] \times 시간[min] \times N \times \frac{1m}{1,000ℓ}$$

여기서 N : 옥내소화전의 설치개수가 가장 많은 층의 설치개수
(2개 이상은 2개 또는 5개 이상은 5개, 터널은 2개 또는 3개)

2) 펌프의 토출량

$$펌프의\ 토출량[ℓ/min] = 방수량[ℓ/min] \times N$$

여기서 N : 옥내소화전의 설치개수가 가장 많은 층의 설치개수
(2개 이상은 2개 또는 5개 이상은 5개, 터널은 2개 또는 3개)

3) 옥내소화전설비의 가압송수장치의 성능조건(터널 제외)

⑴ 특정소방대상물의 어느 층에 있어서도 해당 층의 옥내소화전(2개 이상 설치된 경우에는 2개의 옥내소화전)을 동시에 사용할 경우 각 소화전의 노즐선단에서의 방수압력이 0.17MPa(호스릴옥내소화전설비를 포함) 이상이고, 방수량이 130ℓ/min(호스릴옥내소화전설비를 포함) 이상이 되는 성능의 것으로 할 것. 다만, 하나의 옥내소화전을 사용하는 노즐선단에서의 방수압력이 0.7MPa을 초과할 경우에는 호스접결구의 인입측에 감압장치를 설치하여야 한다.

⑵ 펌프의 토출량은 옥내소화전이 가장 많이 설치된 층의 설치개수(옥내소화전이 2개 이상 설치된 경우에는 2개)에 130ℓ/min를 곱한 양 이상이 되도록 할 것

3 방수시험과 방수량계산

1) 방수압력측정계(피토게이지)

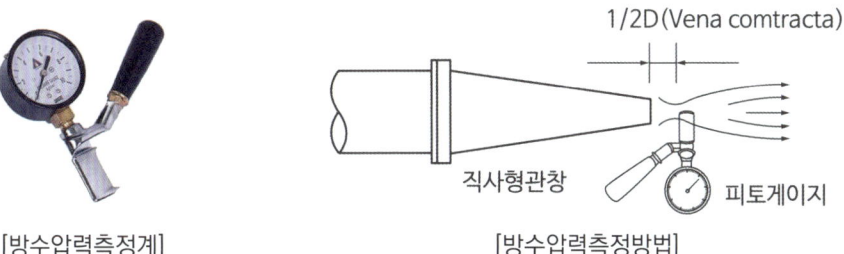

[방수압력측정계]　　　　　　　　[방수압력측정방법]

(1) **용도** : 노즐에서 방수되는 물의 방수압력을 측정하는 장비로 수류의 동압을 측정한다.

(2) **측정위치(층)**

① 소화전이 가장 많이 설치된 층

② 최고층

③ 최저층(0.7MPa 초과 여부 확인)

(3) **측정순서**

① 제어반에서 주, 충압펌프를 자동으로 전환한다(수동방식은 전환 없이 진행한다).

② 소화전 방수구(앵글밸브)에 연결된 호스를 전개하고 직사노즐을 연결한다.

③ 앵글밸브를 완전 개방하여 노즐에서 방수가 되고 펌프가 자동 기동되는지 확인한다. (수동방식은 소화전에 설치된 펌프 기동버튼을 눌러 펌프를 기동시킨다).

④ 소화전의 기동표시등이 점등되는지 확인한다.

⑤ 펌프가 기동되는 상태에서 노즐에서 방수가 원활할 때 피토게이지를 이용하여 노즐 선단에서 노즐구경(D)의 $\frac{1}{2}$ 떨어진 위치에서 피토게이지가 수류의 중심과 수직이 되도록 하여 방수압력을 측정한다.

⑥ 측정이 완료되면 앵글밸브를 폐쇄한다.

⑦ 충압펌프가 자동 정지되고, 주펌프 기동으로 압력스위치 확인등이 소등되면 주펌프를 수동정지하고 감시제어반을 복구한다(주펌프 자동정지의 경우는 주펌프가 자동정지되면 점검을 마친다).

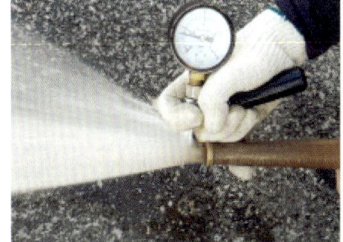

[방수압력 측정모습]

(4) **측정위치(방법)** **5점, 6설**

노즐선단으로부터 노즐구경(D)의 $\frac{1}{2}$ 떨어진 위치에서 피토게이지를 수류의 중심에 수직이 되도록 하여 압력계의 지시치를 읽는다.

> ✅ **참고** 노즐에서 물이 방사될 때 유체는 관성 때문에 노즐의 단면보다 작은 단면으로 축소되었다가 다시 넓어지게 된다. 이러한 현상을 축류(Vena Contracta)라고 한다.

2) 방수량(ℓ/min) 공식

$$Q = 2.065 \times d^2 \sqrt{P(MPa)}$$
$$= 0.653 \times d^2 \sqrt{P(kg_f/cm^2)}$$
$$= 2.086 \times C \times d^2 \sqrt{P(MPa)}$$
$$= 0.6597 \times C \times d^2 \sqrt{P(kg_f/cm^2)}$$

여기서, Q : 유량(ℓ/min)
d : 관경(mm)
 (옥내소화전 13mm,
 옥외소화전 19mm)
P : 방수압력
C : 유량계수 = 0.99

☑**참고** 여러 방수량 공식에서 계수가 2.086 또는 2.107로 서로 다른 것은 단위환산을 달리 적용하였기 때문이다. 따라서 시험문제에서 요구하는 조건에 따라 계수를 적용하면 되며, 단위환산 1MPa = 10kg/cm²를 적용한 방수량 계산식 $q = 2.065 d^2 \sqrt{p'[MPa]}$을 일반적으로 적용하고 있다.

3) 방수량 공식의 유도 **23설**

(1) 배관에서 유체가 방사되는 순간의 유량은

$Q = AV$ (여기서, Q : 체적유량(m^3/sec), A : 단면적(m^2), V : 유속(m/sec))

(2) 노즐에서 방사되는 순간의 속도(m/sec²)는 토리첼리 정리에 의해

$V = \sqrt{2gH}$ 이므로 (여기서, H : 수두(m), g : 중력가속도 9.81 (m/sec^2))

$Q = AV = A \times \sqrt{2gH} = \frac{\pi}{4}D^2 \times \sqrt{2gH}$ (여기서, D : 노즐의 지름(m))

(3) 수두 H(m)를 **압력 P(kgf/cm²)**로, 지름 D(m)를 d(mm)로, 유량 Q(m³/sec)를 q(ℓ/min)로 환산하면

① 수두 : $\dfrac{H[m]}{P[kg_f/cm^2]} = \dfrac{10.0332\,[m]}{1.0332\,[kg_f/cm^2]} = 10$ ∴ H=10P

② 지름 : $\dfrac{D[m]}{d[mm]} = \dfrac{1\,[m]}{1,000\,[mm]} = \dfrac{1}{10^3}$ ∴ $D = \dfrac{1}{10^3}d$

③ 유량 : $\dfrac{Q[m^3/\sec]}{q[\ell/\min]} = \dfrac{1\,[m^3/\sec]}{1,000 \times 60\,q[\ell/\min]} = \dfrac{1}{60,000}$ ∴ $Q = \dfrac{1}{60,000}q$

그러므로

$Q = \dfrac{\pi}{4}D^2 \times \sqrt{2gH}$

$\dfrac{1}{60,000} \times q = \dfrac{\pi}{4} \times \dfrac{d^2}{10^6} \times \sqrt{2g \times 10p}$

$q = 60,000 \times \dfrac{\pi}{4} \times \dfrac{\sqrt{20g}}{10^6} \times d^2 \sqrt{p} \fallingdotseq 0.6597\, d^2 \sqrt{p}$ (여기서, $\pi = 3.14$ 적용)

∴ $q[\ell/\min] = 0.6597\, d[mm]^2 \sqrt{p[kg_f/cm^2]}$

(4) 실제 방수 시에 손실이 존재하므로 유량계수 C = 0.99를 적용하면

$$q = 60{,}000 \times \frac{\pi}{4} \times \frac{\sqrt{20g}}{10^6} \times C \times d^2 \sqrt{p} \fallingdotseq 0.653 d^2 \sqrt{p}$$

$$\therefore q[\ell/\min] = 0.653\, d[mm]^2 \sqrt{p[kg_f/cm^2]}$$

(5) 수두 H(m)를 **압력 P(MPa)**로 환산하는 방법 **6설**

① 수두 : $\dfrac{H[m]}{P[MPa]} = \dfrac{10.0332\,[m]}{0.101325\,[MPa]} \qquad \therefore H = \dfrac{10.0332}{0.101325} P$

② 지름 : $\dfrac{D[m]}{d[mm]} = \dfrac{1\,[m]}{1{,}000\,[mm]} = \dfrac{1}{10^3} \qquad \therefore D = \dfrac{1}{10^3} d$

③ 유량 ; $\dfrac{Q[m^3/\sec]}{q[\ell/\min]} = \dfrac{1\,[m^3/\sec]}{1{,}000 \times 60\, q[\ell/\min]} = \dfrac{1}{60{,}000} \qquad \therefore Q = \dfrac{1}{60{,}000} q$

그러므로

$$Q = \frac{\pi}{4} D^2 \times \sqrt{2gH}$$

$$\frac{1}{60{,}000} \times q = \frac{\pi}{4} \times \frac{d^2}{10^6} \times \sqrt{2g \times \frac{10.0332}{0.101325} p}$$

$$q = 60{,}000 \times \frac{\pi}{4} \times \frac{\sqrt{2g \times \frac{10.0332}{0.101325}}}{10^6} \times d^2 \sqrt{p} \fallingdotseq 2.107 d^2 \sqrt{p} \quad (\pi = 3.14 \text{ 적용})$$

$$\therefore q[\ell/\min] = 2.107\, d[mm]^2 \sqrt{p[MPa]}$$

⇒ 유량계수(C = 0.99)를 적용하면

$$q[\ell/\min] = 2.086\, d[mm]^2 \sqrt{p[MPa]}$$

(6) **압력** $P(kg_f/cm^2)$를 **SI단위** P(MPa)로 환산하는 방법

공식 $q = 0.6597 d^2 \sqrt{p[kg_f/cm^2]}$ 과 유량계수를 적용한 $q = 0.653 d^2 \sqrt{p[kg_f/cm^2]}$ 에서 압력을 MPa로 환산할 때 다음과 같이 적용하면,

$$\frac{p[kg_f/cm^2]}{p'[MPa]} = \frac{1.0332\,[kg_f/cm^2]}{0.101325\,[MPa]} = 10.19689\ldots \fallingdotseq 10 \qquad \therefore p = 10$$

$$q = 0.6597 d^2 \sqrt{p[kg_f/cm^2]} = 0.6597 d^2 \sqrt{10 p'[MPa]} \fallingdotseq 2.086 d^2 \sqrt{p'[MPa]}$$

$$q = 0.653 d^2 \sqrt{p[kg_f/cm^2]} = 0.653 d^2 \sqrt{10 p'[MPa]} = 2.065 d^2 \sqrt{p'[MPa]}$$

4) 판정

(1) **방수압력** : 모든 소화전에서 0.17MPa 이상 0.7MPa 이하일 것
(2) **방수량** : 모든 소화전에서 130ℓ/min 이상일 것
(3) 방수압력이 0.7MPa을 초과할 경우에는 호스접결구의 인입 측에 감압장치를 설치한다.

> **참고** 도로터널의 방수압력은 0.35MPa 이상 0.7MPa 이하, 방수량은 190ℓ/min 이상

5) 규정방수압 초과 시 발생할 수 있는 문제점 2가지 **6설**

(1) 방수 시 과압에 의한 과도한 반동력으로 사용자가 노즐을 놓치거나 넘어질 수 있어 소화작업과 안전에 지장이 있다.
(2) 과압에 의한 배관, 관부속, 호스 등의 파손 및 누수 우려가 있다.

6) 소화전 노즐에서 규정방수압 초과 시 감압방식 4가지와 간단한 설명 **6설**

(1) **감압밸브방식** : 과압 발생 부분에 감압밸브 또는 감압오리피스를 설치하는 방법
(2) **고가수조방식** : 고층부와 저층부로 나누어 저층부에 고가수조를 이용하는 방식
(3) **전용배관방식** : 고층부와 저층부로 나누어 각각 별도의 펌프와 배관을 설치하는 방식
(4) **중계펌프(부스터펌프) 방식** : 배관 중간에 중계펌프를 설치하는 방식

7) 소화전밸브압력계

[소화전밸브압력계]

[옥내소화전 정압 측정방법]

(1) **용도** : 방수시험이 곤란한 경우 옥내소화전 또는 옥외소화전의 방수구에서 정압을 측정
(2) **측정방법**

소화전(방수구)이 잠긴 상태에서 호스를 제거하고 소화전밸브압력계를 결합한 후 소화전(방수구)을 개방하여 압력이 상승하면 압력계의 지시치를 읽는다. 소화전을 잠그고 소화전밸브압력계의 코크밸브를 열어 소화전밸브압력계 내부의 압력을 제거한 후 소화전(방수구)로부터 분리한다.

(3) 측정위치

① 최고층

② 최저층(0.7MPa 초과 여부 확인)

8) 노즐 종류에 따른 측정법 **5점**

(1) 직사형 노즐

노즐선단으로부터 노즐구경(D)의 $\frac{1}{2}$ 떨어진 위치에서 피토게이지가 수류의 중심과 수직이 되도록 하여 압력계의 지시치를 읽는다.

(2) 직방사 겸용 노즐
- 직사형 관창을 결합하여 직사형 노즐 측정 방법으로 측정한다.
- 호스결합 금속구와 노즐사이에 압력계를 부착한 관로연결 금속구를 부착 방수하여 측정한다.

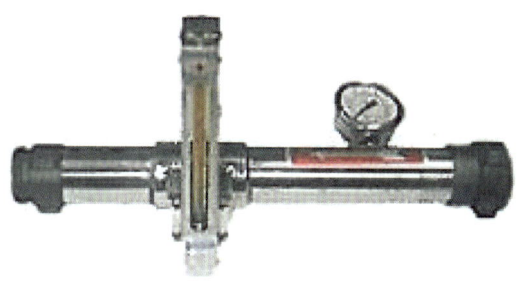

[관로연결 금속구]

기출문제

6설 동일 방호구역 내에 층별로 옥내소화전이 최대 3개씩 설치된 소방대상물이 있다. 최고위층에서 방수량을 측정하고자 한다. 다음 물음에 답하시오.

(1) 피토게이지를 이용하여 노즐선단에서의 방수압을 측정하고자 한다. 측정위치에 대하여 설명하시오. **답** 생략
(2) 피토게이지를 이용한 방수압 측정방법(순서)를 구체적으로 기술하시오. **답** 생략
(3) 옥내소화전 방수량 공식의 유도과정을 쓰시오. **답** 생략

$Q = 2.107D^2\sqrt{P}$ 여기서, Q: 유량(lpm), D: 관경(mm), P: 압력(MPa)

(4) 규정방수압 초과 시 발생할 수 있는 문제점 2가지를 쓰시오. **답** 생략
(5) 소화전 노즐에서 규정방수압 초과 시 감압방식 4가지를 쓰고 간단히 설명하시오.

답 생략

23설 다음은 옥내소화전 노즐에서 방수량을 구하는 공식이다. 이 공식의 유도과정을 쓰시오.(9점) **답** 생략

$$Q = 0.6597 D^2 \sqrt{P}$$

여기서, Q: 방수량($\ell/\min$), D: 노즐구경(mm), P: 방수압력(kg/cm^2)

5점 옥내외소화전설비의 직사노즐과 분무노즐 방수 시의 방수압력 측정방법에 대하여 쓰고, 옥외소화전 방수압력이 75.42PSI일 경우 방수량은 몇 m³/min인가? 계산하시오.(20점)

1) 직사노즐 방수 시 방수압력 측정방법 **답** 생략
2) 분무노즐 방수 시 방수압력 측정방법 : 방수압력을 측정할 수 없으므로 소화전에 소화전밸브압력계를 설치하여 정압을 측정한다(구체적인 방법 생략).
3) 방수량 계산

   답 $Q[\ell/\min] = 2.065 D[mm]^2 \sqrt{P[MPa]}$, 옥외소화전의 노즐 구경은 19mm

   방수압력 $75.42\,\text{psi} \times \dfrac{0.101325\,MPa}{14.7\,psi} = 0.5198... \fallingdotseq 0.52\,MPa$

   $Q[\ell/\min] = 2.065 \times 19^2 \times \sqrt{0.52[MPa]} = 537.562... \fallingdotseq 537.56[\ell/\min]$

   $537.56[\ell/\min] \times \dfrac{1[m^3/\min]}{1,000[\ell/\min]} = 0.537.. \fallingdotseq 0.54\,[m^3/\min]$

   참고 1기압 = 1atm = 10.332mH$_2$O = 760mmHg = 1.0332kg/cm² = 101,325Pa = 101.325kPa = 0.101325MPa = 14.7psi = 1,013mbar = 1.013bar

17점 소방시설관리사가 종합정밀점검 중에 연결송수관설비 가압송수장치를 기동하여 연결송수관용 방수구에서 피토게이지(Pitot Gauge)로 측정한 방수압력이 72.54psi일 때 방수량[m³/min]을 계산하시오. (단, 계산과정을 쓰고, 답은 소수점 셋째자리에서 반올림하여 둘째자리까지 구하시오)(5점)

답 $Q[\ell/\min] = 2.086 D[mm]^2 \sqrt{P[MPa]}$, 방수구 구경 65mm, 유량계수 적용 안함

방수압력 $72.54\,\text{psi} \times \dfrac{0.101325\,MPa}{14.7\,psi} = 0.5000... \fallingdotseq 0.5\,MPa$

$Q[\ell/\min] = 2.086 \times 65^2 \times \sqrt{0.5[MPa]} = 6,231.9795... \fallingdotseq 6,231.98[\ell/\min]$

$6,232.98[\ell/\min] \times \dfrac{1[m^3/\min]}{1,000[\ell/\min]} = 6.2329... \fallingdotseq 6.24[m^3/\min]$

기출문제

19점 공동주택(아파트)에 설치된 옥내소화전설비에 대해 작동기능점검을 실시하려고 한다. 소화전 방수압시험의 점검내용과 점검결과에 따른 가부판정기준에 관하여 각각 쓰시오.(5점)

① 점검내용(2점)
② 방사시간, 방사압력과 방사거리에 대한 가부판정기준

답 ① 점검내용
　1) 최상층 소화전을 이용한 방수상태 확인점검
　　(1) 방수압력 및 거리(관계인)적정 확인
　　(2) 최상층 소화전 개방 시 소화펌프 자동기동 및 기동표시등 점등확인
② 방사시간, 방사압력과 방사거리에 대한 가부판정기준(3점)
　1) 방수시간 : 3분
　2) 방수거리 측정 시 : 8m 이상
　3) 방수압력 측정 시 : 0.17MPa 이상

> **참고** 개정 전의 구 점검표의 내용입니다. 참고만 하세요.

21점 옥내소화전설비의 방수압력 점검 시 노즐 방수압력이 절대압력으로 2,760mmHg일 경우 방수량(m³/s)과 노즐에서의 유속(m/s)을 구하시오. (단, 유량계수는 0.99, 옥내소화전 노즐 구경은 1.3cm이다)(10점)

답 노즐 방수압력(게이지 압력) = 절대압력 - 대기압 = 2,760-760 = 2,000mmHg

$$2,000 mmHg \times \frac{10.332\,m}{760\,mmHg} = 27.1894... ≒ 27.19[m]$$

1) 노즐에서의 유속

$$V[m/\sec] = \sqrt{2gH} = \sqrt{2 \times 9.8 \times 27.19} = 23.0851... ≒ 23.09$$

유속 = 23.09[m/sec]

2) 방수량

$$Q[m^3/\sec] = C \times A[m^2] \times V = 0.99 \times \frac{\pi}{4} \times 0.013^2 \times 23.09$$
$$= 0.00303... ≒ 0.003\,[m^3/s]$$

4 옥내소화전함

1) 옥내소화전함 점검

화재안전기준에 적합하게 설치되고 밸브의 조작과 호스의 반출에 지장이 없도록 소화전함 주변에 장애물이 없어야 하며, 방수구에 소방호스와 노즐을 연결시켜 놓아 긴급을 요할 때 사용에 지체가 되지 않도록 하여야 한다.

2) 호스릴방식의 옥내소화전

옥내소화전함에 수납되는 호스의 모양이 고무재질의 원형 호스로서 호스말이(호스릴)에 감겨있는 상태로 설치되는 것으로 다음의 특징이 있다.

⑴ 호스를 모두 전개하지 않아도 방수가 가능하다.
⑵ 호스가 가늘고 말단에 개폐밸브가 있어 1명이 사용할 수 있다.
⑶ 호스가 가늘고 호스의 전개가 쉬워 노약자도 쉽게 사용할 수 있다.

> **참고** 2024년 1월 1일부터 시행된 「공동주택의 화재안전성능기준」에 따라 공동주택 중 아파트등과 기숙사에는 호스릴방식의 옥내소화전을 설치하여야 한다.

3) 호스릴방식과 옥내소화전 비교

구 분	옥내소화전	호스릴방식의 옥내소화전
방수압	0.17MPa 이상	0.17MPa 이상
방수량	130ℓ/min 이상	130ℓ/min 이상
수평거리	25m 이하	25m 이하
주배관중 수직배관	50mm 이상	32mm 이상
가지배관	40mm 이상	25mm 이상

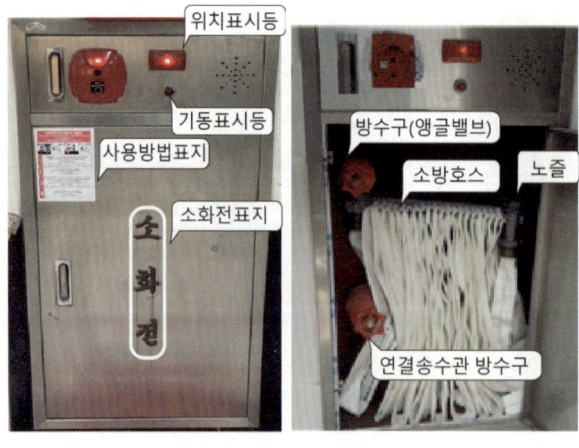

[옥내소화전함의 외부와 내부]

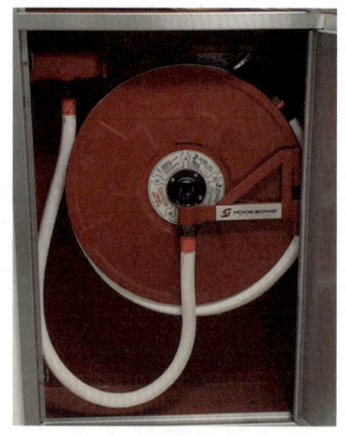

[호스릴방식의 내부]

03 옥외소화전설비 점검

1 옥외소화전설비 계통도와 구조

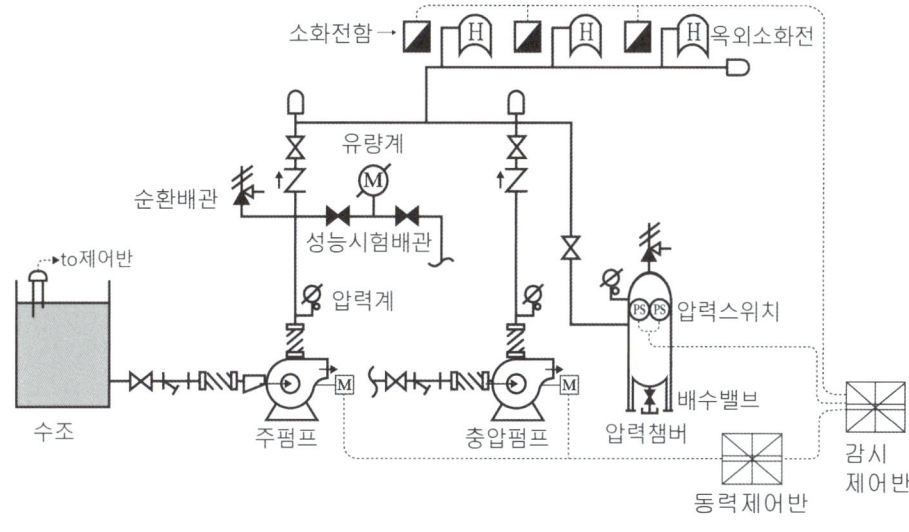

[옥외소화전 계통도]

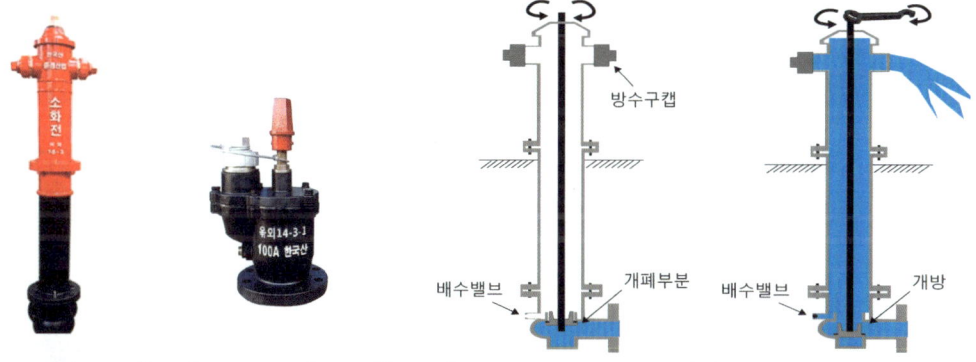

[옥외소화전(지상식)]　[옥외소화전(지하식)]　[지상식 옥외소화전 구조]　[지상식 옥외소화전 개방]

[설치 모습]

[옥외소화전과 옥외소화전함]

2 옥외소화전 점검

1) 수원의 양과 펌프의 토출량

구 분	방수압력(MPa)	방수량(ℓ/min)	시간(min)	개수(N)	수원양
옥외소화전	0.25 ~ 0.7	350	20	최대 2개	7m³ × N

2) 방수시험의 방수량(ℓ/min) 계산 및 판정

(1) 방수량(ℓ/min)의 공식

$$Q = 0.6597 \times C \times d^2 \sqrt{P(kg_f/cm^2)}$$
$$= 0.653 \times d^2 \sqrt{P(kg_f/cm^2)}$$
$$= 2.107 \times C \times d^2 \sqrt{P(MPa)}$$
$$= 2.086 \times d^2 \sqrt{P(MPa)}$$
또는 $2.086 \times C \times d^2 \sqrt{P(MPa)}$
$$= 2.065 \times d^2 \sqrt{P(MPa)}$$

여기서, Q : 유량(ℓ/min)
d : 관경(mm)
  (옥내소화전 13mm, 옥외소화전 19mm)
P : 방수압력
C : 유량계수 = 0.99

☑ 참고 kg_f/cm^2을 MPa로 단위변환하는 방법에 따라 계수가 달라진다. 통상 방수량 계산은 식 $q = 2.065 d^2 \sqrt{p'[MPa]}$을 적용한다.

(2) 판정

① 방수압력 : 모든 옥외소화전에서 0.25MPa 이상 0.7MPa 이하일 것
② 방수량 : 모든 옥외소화전에서 350ℓ/min 이상일 것
③ 방수압력이 0.7MPa을 초과할 경우에는 호스접결구의 인입 측에 감압장치를 설치한다.

[감압장치 설치모습]

[감압장치]

[감압밸브를 통한 방수]

(3) 필요한 장비

[방수압력측정계]   [제수변 핸들]   [옥외소화전 렌치]

☑ 참고 방수시험방법은 옥내소화전설비와 같다.

3 옥외소화전 설치 면제

1) 소방시설 설치 및 관리에 관한 법률 시행령 별표5

옥외소화전설비를 설치해야 하는 문화재인 목조건축물에 상수도소화용수설비를 화재안전기준에서 정하는 방수압력·방수량·옥외소화전함 및 호스의 기준에 적합하게 설치한 경우에는 설치가 면제된다.

2) 예시

[문화재에 설치된 소화전함]

[내부에 비치된 상수도소화전과 호스릴]

4 포스트 인디케이터 밸브(Post Indicator Valve, PIV)

1) 포스트 인디케이터 밸브

지하에 매설하는 밸브의 개폐상태를 지상에서 확인 가능한 밸브

2) 예시

[포스트 인디케이터 밸브]

04 스프링클러설비 점검

1 스프링클러설비 계통도

1) 계통도

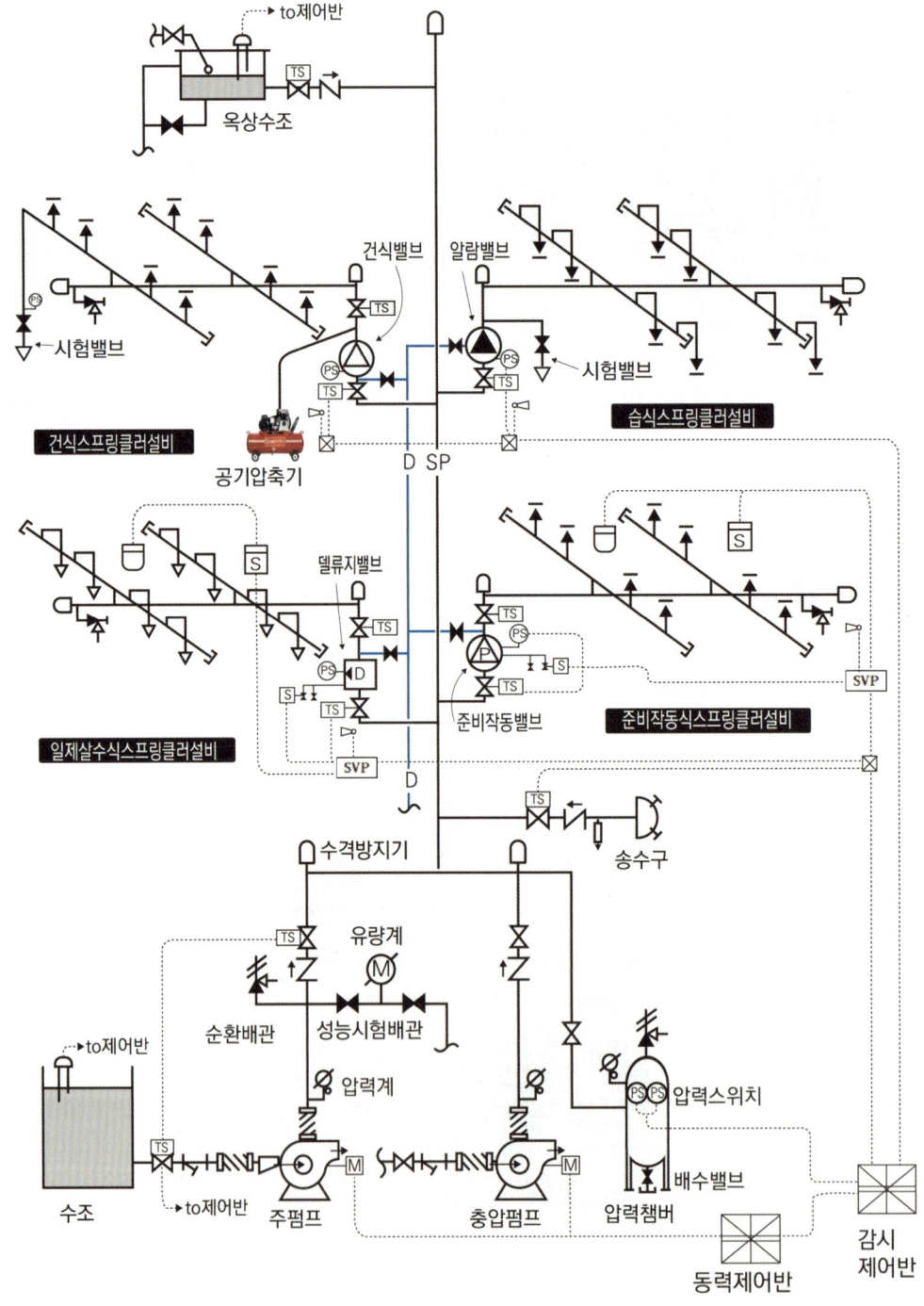

[스프링클러설비 계통도]

2) 관련 도시기호

분류	명칭	도시기호	분류	명칭	도시기호
배관	스프링클러	── SP ──	헤드류	스프링클러헤드폐쇄형 상향식(평면도)	●
	배수관	── D ──		스프링클러헤드폐쇄형 하향식(평면도) **12점**	● (하향)
밸브류	경보밸브(습식)	▲(원)		스프링클러헤드개방형 상향식(평면도)	○
	경보밸브(건식)	△(원)		스프링클러헤드개방형 하향식(평면도) **12점**	○ (하향)
	프리액션밸브 **12점**	Ⓟ		스프링클러헤드폐쇄형 상향식(계통도)	▲
	경보델류지밸브 **12점**	◀ D		스프링클러헤드폐쇄형 하향식(입면도)	▼
	프리액션밸브 수동조작함	SVP		스프링클러헤드폐쇄형 상·하향식(입면도)	▲▼
	솔레노이드밸브 **12점**	S		스프링클러헤드 상향형(입면도)	↑
	앵글밸브	▷		스프링클러헤드 하향형(입면도)	↓
경보설비기기류	차동식 스포트형 감지기	∩	스위치류	탬퍼스위치	TS
	연기감지기	S		압력스위치	PS
	사이렌	◁			

2 수원의 양과 펌프의 토출량

1) 수원의 양과 펌프의 토출량(폐쇄형 스프링클러설비를 사용하는 경우)

(1) 일반 특정소방대상물(창고시설, 아파트등, 기숙사 제외)

특정소방대상물 층수	방수량(ℓ/min)	시간(min)	개수(N)	수원양(N : 기준개수)
29층 이하	80	20	10, 20, 30개	$1.6m^3 \times N$
30층 이상 49층 이하	80	40	30개	$3.2m^3 \times N$
50층 이상	80	60	30개	$4.8m^3 \times N$

(2) 기준개수

스프링클러설비의 설치장소			기준개수
지하층을 제외한 층수가 10층 이하인 특정소방대상물	공장	특수가연물을 저장·취급하는 것	30
		그 밖의 것	20
	근린생활시설·판매시설·운수시설 또는 복합건축물	판매시설 또는 복합건축물(판매시설이 설치되는 복합건축물을 말한다)	30
		그 밖의 것	20
	그 밖의 것	헤드의 부착 높이가 8m 이상인 것	20
		헤드의 부착 높이가 8m 미만인 것	10
지하층을 제외한 층수가 11층 이상인 특정소방대상물, 지하가 또는 지하역사			30

비고
하나의 소방대상물이 2 이상의 "스프링클러헤드의 기준개수"란에 해당하는 때에는 기준개수가 많은 것을 기준으로 한다. 다만, 각 기준개수에 해당하는 수원을 별도로 설치하는 경우에는 그렇지 않다.

(3) 창고시설

특정소방대상물	방수량(ℓ/min)	시간(min)	설치개수(N)	수원양(N : 기준개수)
일반창고	160	20	최대 30개	$3.2m^3 \times N$
랙식창고	160	60	최대 30개	$9.6m^3 \times N$

(4) 아파트등

특정소방대상물	방수량(ℓ/min)	시간(min)	설치개수(N)	수원양(N : 기준개수)
아파트등	80	20	최대 10개	$1.6m^3 \times N$
각 동이 주차장으로 서로 연결된 구조	80	20	30개	$1.6m^3 \times N$

(5) 화재조기진압용 스프링클러설비의 수원양 **23점**

$$Q[l] = 12 \times 60 \times K\sqrt{10P}$$

여기서, Q : 수원의 양(l)
K : 상수($l/\min//MPa^{\frac{1}{2}}$)
P : 헤드선단 압력(MPa)
12개 헤드 = 가지배관 3개 × 헤드수 4개

최대층고 [m]	최대저장 높이[m]	헤드의 최소방사압력(Mpa)				
		K = 360 하향식	K = 320 하향식	K = 240 하향식	K = 240 상향식	K = 200 하향식
13.7	12.2	0.28	0.28	-	-	-
13.7	10.7	0.28	0.28	-	-	-
12.2	10.7	0.17	0.28	0.36	0.36	0.52
10.7	9.1	0.14	0.24	0.36	0.36	0.52
9.1	7.6	0.10	0.17	0.24	0.24	0.34

2) 수원의 양과 펌프의 토출량(개방형 스프링클러설비를 사용하는 경우)

(1) 설치개수가 30개 이하인 경우

특정소방대상물 층수	방수량(l/min)	시간(min)	개수(30개 이하)	수원양
29층 이하	80	20	설치개수	$1.6m^3 \times N$
30층 이상 49층 이하	80	40	설치개수	$3.2m^3 \times N$
50층 이상	80	60	설치개수	$4.8m^3 \times N$

(2) 설치개수가 30개 초과하는 경우는 수리계산에 따른다.

기출문제

23점 화재조기진압용 스프링클러설비에서 수리학적으로 가장 먼 가지배관 4개에 각각 4개의 스프링클러헤드가 하향식으로 설치되어 있다. 이 경우 스프링클러헤드가 동시에 개방되었을 때 헤드선단의 최소방사압력 0.28MPa, K(L/min/$MPa^{1/2}$) = 320일 때 수원의 양(m^3)을 구하시오. (단, 소수점 셋째자리에서 반올림하여 소수점 둘째자리까지 구하시오) (5점)

탑 수원의 양 $Q[l] = 12 \times 60 \times K\sqrt{10P}$

(여기서, Q : 수원의 양 $[l]$, K : 상수 $[l/\min/MPa^{1/2}]$, P : 헤드선단압력 $[MPa]$)

K = 320, P = 0.28MPa이므로

$Q[l] = 12 \times 60 \times 320\sqrt{10 \times 0.28} = 385,532.94[l] ≒ 385.53\,[m^3]$

3 스프링클러헤드

1) 스프링클러헤드의 종류

※ 출처 : 파라텍 카탈로그 및 홈페이지(https://www.paratech.co.kr)

구 분	외 형	정 의
개방형 스프링 클러헤드		감열체 없이 방수구가 항상 열려져 있는 헤드
폐쇄형 스프링 클러헤드	휴즈블링크형 / 유리벌브형	정상상태에서 방수구를 막고 있는 감열체가 일정온도에서 자동적으로 파괴·용융 또는 이탈됨으로써 방수구가 개방되는 헤드
조기반응형 스프링 클러헤드	유리벌브형 / 플러쉬형	표준형 스프링클러헤드보다 기류온도 및 기류속도에 조기에 반응하는 헤드
측벽형 스프링 클러헤드		가압된 물이 분사될 때 헤드의 축심을 중심으로 한 반원상에 균일하게 분산시키는 헤드
건식 스프링 클러헤드		물과 오리피스가 분리되어 동파를 방지할 수 있는 스프링클러헤드 (물과 오리피스가 분리되도록 질소 또는 부동액이 주입됨)
라지드롭형 스프링 클러헤드	K factor : 160	동일 조건의 수압력에서 큰 물방울을 방출하여 화염의 전파속도가 빠르고 발열량이 큰 저장창고 등에서 발생하는 대형화재를 진압할 수 있는 헤드

구 분	외 형	정 의
화재조기 진압용 스프링클러 헤드		특정한 높은 장소의 화재위험에 대하여 조기에 진화할 수 있도록 설계된 헤드
주거형 스프링클러 헤드		폐쇄형 헤드의 일종으로 주거지역의 화재에 적합한 감도·방수량 및 살수분포를 갖는 헤드(간이형 스프링클러헤드 포함)

☑ **참고** 스프링클러헤드는 감열체와 형태에 따라 휴즈블링크형, 유리벌브(글라스벌브)형, 플러쉬형으로 구분되어 생산·판매되고 있다. 휴즈블링크형과 유리벌브(글라스벌브)형은 상향형, 하향형 및 측벽형이 모두 있으나 플러쉬형은 하향식만 있다.

2) 헤드의 특성을 결정짓는 K factor 와 RTI

(1) K factor(방출계수)

헤드의 방사량은 식 $Q(\ell/min) = 0.6597 \times C \times d^2 \sqrt{10P(MPa)}$ 에 의해 구할 수 있다. 이때 방사량을 결정짓는 변수 중 $(0.6597 \times C \times d^2)$는 헤드가 생산될 때 헤드의 오리피스 직경 d에 의해 정해진 고유값이 되는데 이를 K-factor라 한다. 즉, 식은 $Q = K\sqrt{10P}$가 된다. 식 K = $0.6597 \times C \times d^2$에서 C는 노즐의 형상계수이며 표준형 스프링클러헤드의 형상계수는 C = 0.75, 직경 d는 12.7mm이므로 K값은 80이 된다. 주거형 헤드는 K = 50, 라지드롭 형헤드는 K = 160이다. K값이 클수록 같은 압력에서 방사되는 물방울의 크기는 커진다.

(2) RTI(반응시간지수)

반응시간지수(RTI, Response Time Index)란 기류의 온도·속도 및 작동시간에 대하여 스프링클러헤드의 반응을 예상한 지수로서 아래 식에 의하여 계산하고 $(m \cdot s)^{0.5}$을 단위로 한다. RTI값이 작을수록 같은 조건에서 빨리 동작한다.

$$RTI = r\sqrt{u}$$

여기서, r : 감열체의 시간상수(초)
u : 기류속도(m/s)
표준반응의 RTI : 80초과 350 이하
특수반응의 RTI : 51초과 80 이하
조기반응의 RTI : 50 이하

3) 스프링클러헤드의 표시사항(스프링클러헤드의 형식승인 및 제품검사의 기술기준)
　⑴ 종별
　⑵ 형식
　⑶ 형식승인번호
　⑷ 제조번호 또는 로트번호
　⑸ 제조년도
　⑹ 제조업체명 또는 약호
　⑺ 표시온도(폐쇄형 헤드에 한한다)
　⑻ 표시온도에 따른 다음 표의 색표시(폐쇄형 헤드에 한한다)

유리벌브형		표지블링크형	
표시온도[℃]	액체의 색별	표시온도[℃]	프레임의 색별
57℃	오렌지	77℃ 미만	색 표시 안함
68℃	빨강	78 ~ 120℃	흰색
79℃	노랑	121 ~ 162℃	파랑
93℃	초록	163 ~ 203℃	빨강
141℃	파랑	204 ~ 259℃	초록
182℃	연한자주	260 ~ 319℃	오렌지
227℃ 이상	검정	320℃ 이상	검정

　⑼ 최고주위온도(폐쇄형 헤드에 한한다)
　⑽ 열차단성능(시간) 및 설치방법, 설치 가능한 유리창의 종류 등(윈도우 스프링클러헤드에 한함)
　⑾ 취급상의 주의사항
　⑿ 품질보증에 관한 사항(보증기간, 보증내용, 애프터서비스(A/S)방법, 자체검사확인증 등)

4) 헤드표시에 따른 헤드 종류

구 분	헤드 종류
① SSP(Sprinklers Spray Pendent)	하향형 헤드
② SSU(Sprinklers Spray Upright)	상향형 헤드
③ FS(Flush Ceiling Sprinkler Head)	후러쉬형 헤드
④ QR(Quick Response Sprinkler Head)	조기반응형 헤드
⑤ RE(Residential Sprinkler Head)	주거형 헤드
⑥ SR(Standard Response Sprinkle Head)	표준반응형 헤드

5) 헤드의 표시

[헤드의 표시 예시]

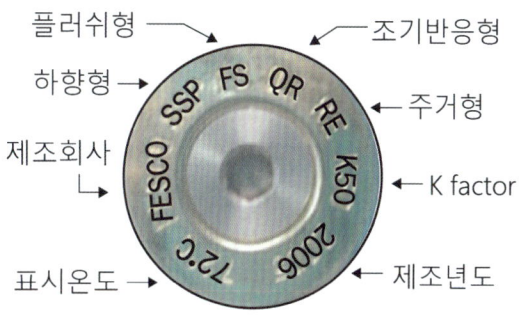

[표시 내용]

6) 플러쉬헤드의 작동

[플러쉬헤드의 감열부 탈락]   [플러쉬헤드의 반사판이 돌출된 모습]

7) RDD와 ADD

⑴ RDD(Required Delivered Density : 필요방사밀도)

소화를 위해 연소물 표면에서 필요로 하는 방사량($\ell/\min$) ÷ 연소물 상단의 표면적(m^2)

⑵ ADD(Actual Delivered Density : 실제방사밀도)

화재 시 화심을 뚫고 실제 연소물 표면에 도달한 방사량($\ell/\min$) ÷ 연소물 상단의 표면적(m^2)

⑶ RDD와 ADD 관계

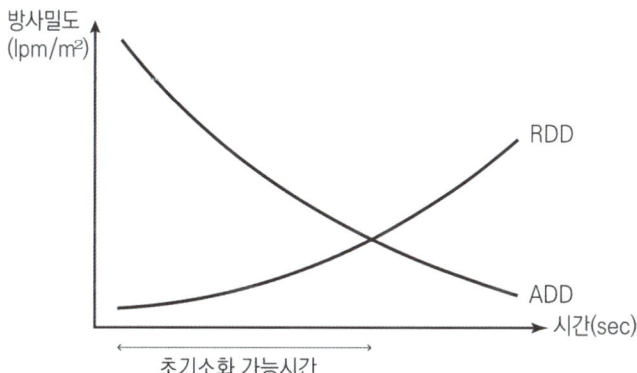

8) 헤드의 개방과 방수에 지장을 주는 현상

(1) 스키핑(Skipping) 현상

① 헤드 간 배치가 너무 가까우면 먼저 개방된 헤드에 인접한 미개방 헤드가 살수된 물에 의해 냉각되어 개방이 지연되는 현상

② 대책 : 헤드 간 간격을 1.8m 이상으로 한다(랙식 창고는 제외)

(2) 콜드 숄더링(Cold Soldering) 현상

주로 플러시헤드에서 발생하는 현상으로 서서히 성장하는 화재의 경우 납으로 융착된 가용합금이 서서히 녹으면서 틈새에서 새어나온 물이 감열부를 적셔 헤드 개방을 지연시키거나 불가능하게 하는 현상

(3) 로지먼트(Lodgement : 헤드걸림) 현상

헤드의 감열부가 열에 의해 탈락 시 부품의 일부가 반사판에 걸려 살수장애가 발생하는 현상

4 스프링클러설비 종류

1) 스프링클러설비의 종류

구 분	구 조	정 의
습식 스프링클러 설비	(그림: 폐쇄형 헤드, 가압수, 경보체크밸브, 가압수)	가압송수장치에서 폐쇄형 스프링클러헤드까지 배관 내에 항상 물이 가압되어 있다가 화재로 인한 열로 폐쇄형 스프링클러헤드가 개방되면 배관 내에 유수가 발생하여 습식유수검지장치가 작동하게 되는 스프링클러설비를 말한다.
건식 스프링클러 설비	(그림: 폐쇄형 헤드, 압축공기, 건식밸브, 에어콤프레샤, 가압수)	건식유수검지장치 2차 측에 압축공기 또는 질소 등의 기체로 충전된 배관에 폐쇄형 스프링클러헤드가 부착된 스프링클러설비로서, 폐쇄형 스프링클러헤드가 개방되어 배관 내의 압축공기 등이 방출되면 건식유수검지장치 1차 측의 수압에 의하여 건식유수검지장치가 작동하게 되는 스프링클러설비를 말한다.
준비작동식 스프링클러 설비	(그림: 감지기, 폐쇄형 헤드, 저압 또는 대기압의 공기, 준비작동밸브, 전자밸브, 가압수)	가압송수장치에서 준비작동식유수검지장치 1차 측까지 배관 내에 항상 물이 가압되어 있고, 2차 측에서 폐쇄형 스프링클러헤드까지 대기압 또는 저압으로 있다가 화재발생 시 감지기의 작동으로 준비작동식밸브가 개방되면 폐쇄형 스프링클러헤드까지 소화수가 송수되고, 폐쇄형 스프링클러헤드가 열에 의해 개방되면 방수가 되는 방식의 스프링클러설비를 말한다.

구 분	구 조	정 의
일제살수식 스프링클러 설비	(그림: 감지기, 개방형 헤드, 대기압의 공기, 일제살수밸브, 전자밸브, 가압수)	가압송수장치에서 일제개방밸브 1차 측까지 배관 내에 항상 물이 가압되어 있고 2차 측에서 개방형 스프링클러헤드까지 대기압으로 있다가 화재 시 자동감지장치 또는 수동식 기동장치의 작동으로 일제개방밸브가 개방되면 스프링클러헤드까지 소화수가 송수되는 방식의 스프링클러설비를 말한다.
부압식 스프링클러 설비	(그림: 감지기, 폐쇄형 헤드, 부압, 진공펌프, 유수검지장치(준비작동식밸브), 가압수)	가압송수장치에서 준비작동식유수검지장치의 1차 측까지는 항상 정압의 물이 가압되고, 2차 측 폐쇄형 스프링클러헤드까지는 소화수가 부압으로 되어 있다가 화재 시 감지기의 작동에 의해 정압으로 변하여 유수가 발생하면 작동하는 스프링클러설비를 말한다.

2) 비교

구 분	습 식	건 식	준비작동식	일제살수식	부압식
헤드의 종류	폐쇄형	폐쇄형	폐쇄형	개방형	폐쇄형
밸브의 종류	알람체크밸브 (알람밸브)	건식밸브 (드라이밸브)	준비작동식밸브 (프리액션밸브)	일제개방밸브 (델류지밸브)	준비작동식밸브 (프리액션밸브)
밸브2차 측	가압수	압축공기	대기압	대기압	부압수
밸브1차 측	가압수	가압수	가압수	가압수	가압수
감지기 설치 여부	×	×	○ (교차회로)	○ (교차회로)	○ (단일회로)

5 습식 스프링클러설비의 점검

1) 시스템 구성과 계통도

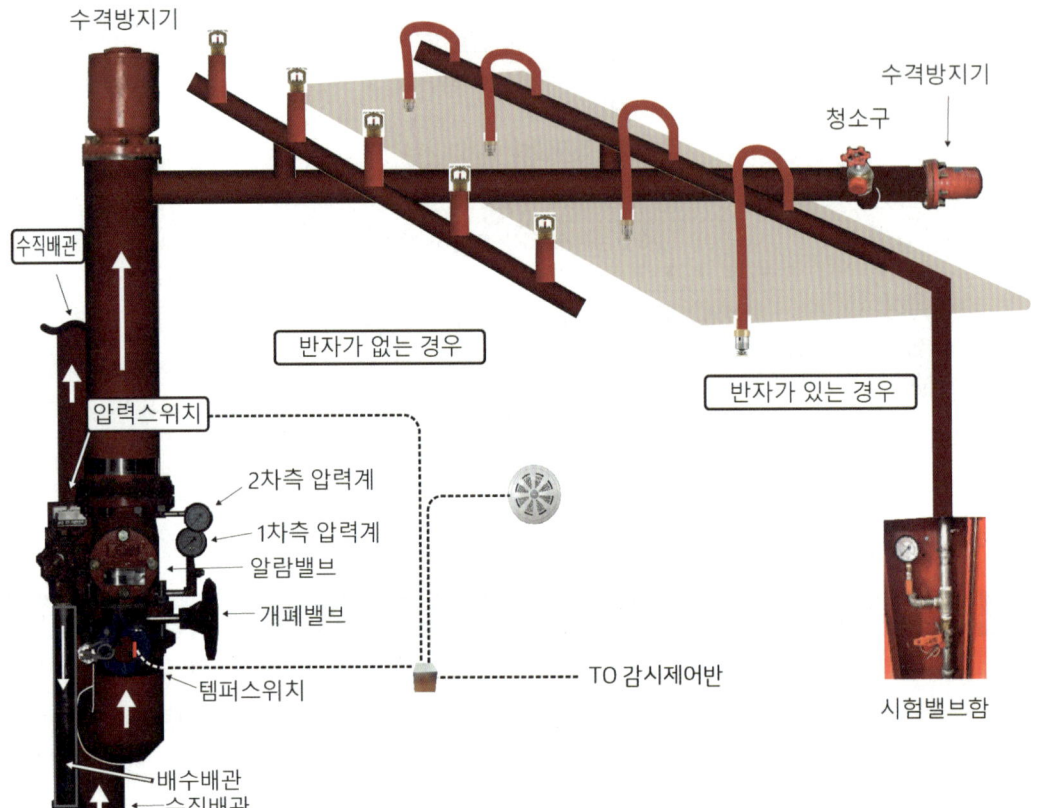

[스프링클러설비 구성]

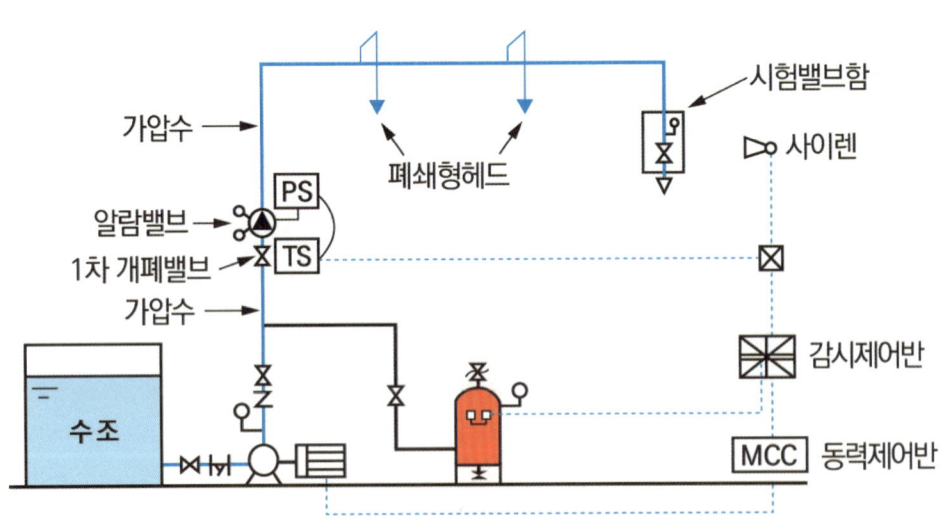

[습식 스프링클러설비 계통도]

※ 출처 : 한국직업능력개발원 NCS학습모듈

2) 습식 스프링클러설비 작동순서(블록다이어그램)

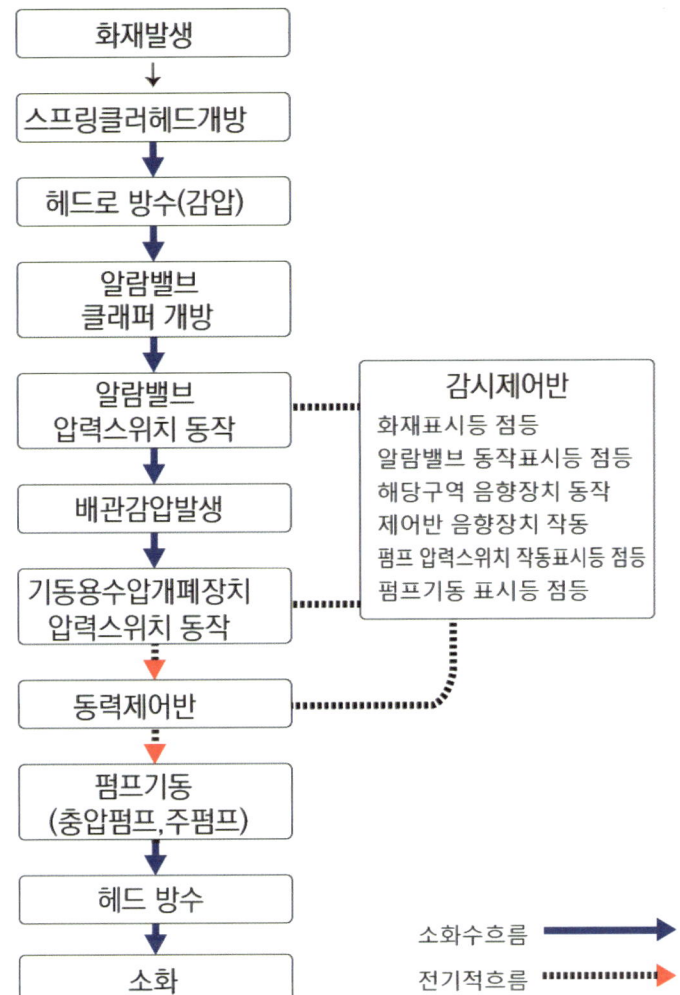

3) 알람밸브(알람체크밸브) 부속장치와 구조

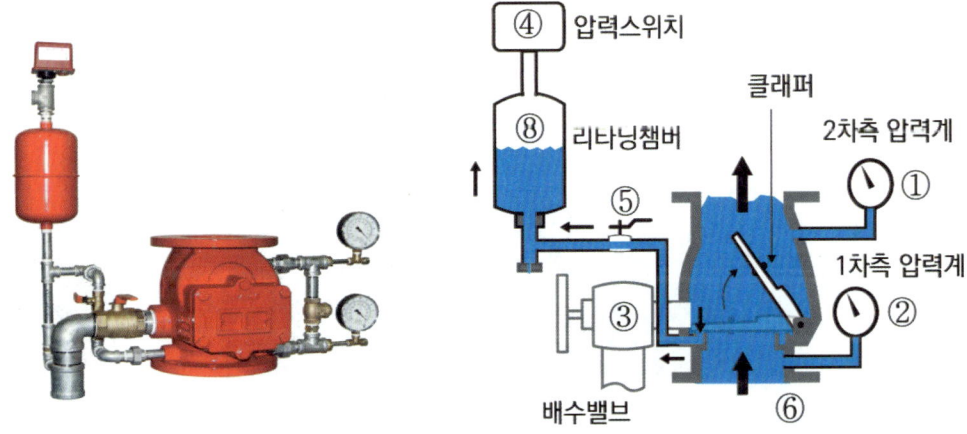

[알람밸브 및 부속장치(제조사 : (주)마스테코)]　　　　[알람밸브 및 부속장치]

4) 알람밸브(알람체크밸브) 각 부속장치 및 기능

명칭	기능	평상시 상태
① 2차 측 압력계	알람밸브의 2차 측(클래퍼와 헤드 사이) 배관 내 압력 표시	2차 측 배관압력 표시
② 1차 측 압력계	알람밸브의 1차 측(펌프와 클래퍼 사이) 배관 내 압력 표시	1차 측 배관압력 표시
③ 배수밸브	알람밸브 2차 측 가압수를 배수시키는 기능	폐쇄
④ 압력스위치	클래퍼 개방 시 제어반에 알람밸브 개방 신호 송출	알람밸브 동작 시 작동
⑤ 경보정지밸브	압력스위치와 연결된 배관에 가압수의 흐름을 차단하는 기능	개방
⑥ 1차 측 개폐밸브	알람밸브 1차 측 배관을 개폐하는 기능	개방
⑦ 경보시험밸브	시험 밸브를 개방하지 않고 경보시험밸브를 개방하여 압력스위치 작동 여부를 확인하는 기능(일부 제품에 설치됨)	폐쇄
⑧ 리타딩 챔버	클래퍼가 일시적으로 개방된 경우에는 압력스위치가 동작하지 않도록 클래퍼가 개방되고 일정시간 이후에 동작하도록 하여 알람밸브 일시적 개방에 따른 오보를 방지하는 기능	대기압상태

✅ **참고** 리타딩 챔버(Retarding Chamber)는 구형 알람밸브의 경우에는 부착되어 있으나 신형 알람밸브에는 압력스위치에 시간지연 기능을 내장하여 일시적 작동에 따른 오보를 방지하고 있다.

5) 알람밸브 동작원리

알람밸브 2차 측 압력이 저하되어 클래퍼가 개방되며, 시트링홀을 통한 경보 방출용 압력스위치 연결배관으로 수압이 전달되고, 압력스위치의 지연장치(리타딩챔버 또는 타이머)에 의해 일정시간 지연 후 경보신호가 송출된다.

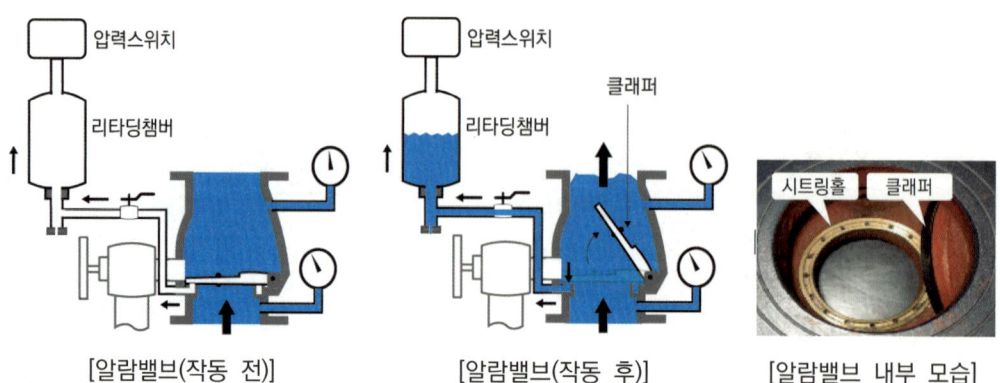

[알람밸브(작동 전)]   [알람밸브(작동 후)]   [알람밸브 내부 모습]

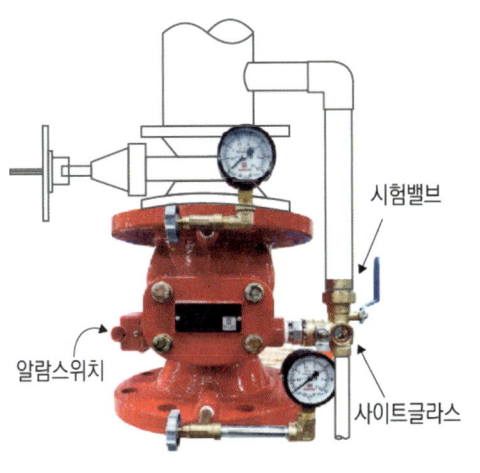

[알람밸브(시험밸브 부착형, 패들형)]　　[알람밸브(과압방지장치 부착형)]

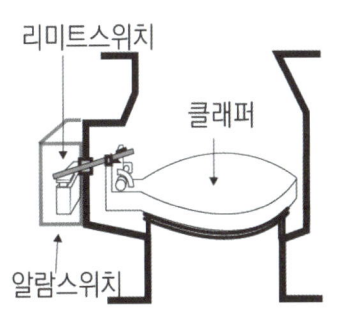
[패들형 알람밸브 작동 전]

[패들형 알람밸브 작동 후]

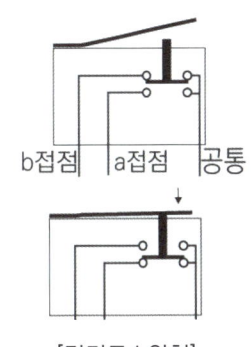
[리미트스위치]

6) 점검순서(점검방법) **3점**

　(1) 감시제어반에서 연동되는 설비를 정지한다.

　(2) 시험밸브를 개방하여 가압수를 배출한다(압력계 압력저하).

　(3) 펌프가 기동하여 압력계의 압력이 오르는 것을 확인한다.

　(4) 클래퍼 개방으로 감시제어반(수신기)에 다음 사항을 확인한다.

　　　① 화재표시등 점등

　　　② 해당 구역 알람밸브 작동표시등 점등

　　　③ 펌프 기동 표시등 및 펌프 압력스위치 작동 표시등 점등

　　　④ 감시제어반의 주음향장치 및 부저 작동

　(5) 지구음향장치 작동을 확인한다.

7) 복구방법

　(1) 시험밸브를 폐쇄한다.

　(2) 알람밸브의 압력계로 압력상승을 확인한다.

　(3) 감시제어반에서 주펌프를 수동으로 정지한다.

(4) 충압펌프가 자동으로 정지한다.

(5) 감지제어반에서 각종 확인등이 소등되고 경보가 자동정지되는 것을 확인한다.

(6) 주펌프 수동정지방식의 경우 감시제어반에서 복구한다(주펌프 압력스위치등 소등).

8) 시험장치의 작동시험 시 확인사항 **1점**

   (1) 유수검지장치(압력스위치)의 정상 작동 여부

   (2) 감시제어반의 화재표시등 점등 및 음향경보

   (3) 기동용수압개폐장치의 작동 여부 및 감시제어반 표시등 점등상태

   (4) 가압송수장치의 자동 작동 여부 확인 및 감시제어반 표시등 점등상태

   (5) 해당 방호구역의 음향경보장치의 작동 여부 확인

   (6) 스프링클러설비의 화재신호와 연동되는 설비의 연동상태 확인

      ① 제연설비의 연동상태에 따른 확인사항 점검

      ② 비상방송설비의 연동상태 점검

      ③ 자동화재속보설비의 연동상태 점검 등

9) 시험밸브의 시험 시 음향장치가 작동하지 않는 경우

구 분	원 인
유수검지장치 (알람체크밸브)	① 1차 측 개폐밸브가 폐쇄된 경우 ② 압력스위치가 고장 난 경우 ③ 경보정지밸브가 Off(폐쇄)된 경우
중계기 주변 장치	① 압력스위치~중계기 사이의 간선라인이 단선된 경우 ② 중계기의 전원선로가 단선 또는 단락된 경우 ③ 중계기의 통신선로가 단선 또는 단락된 경우 ④ 중계기의 고장(DIP S/W 오류) 등이 난 경우
수신기 (감시제어반)	① 감시제어반의 사이렌 조작스위치 정지상태인 경우 ② 중계기 프로그램 오류, 불량, 수신기 통신 Card(Relay Card)가 불량인 경우 ③ 수신기가 고장 난 경우
음향경보장치 (사이렌)	① 사이렌이 불량인 경우 ② 사이렌의 간선라인이 단선 또는 단락된 경우 ③ 사이렌이 미설치 또는 위치가 불량인 경우

10) 습식유수검지장치가 수시로 오보가 울릴 경우

   (1) 알람체크밸브 내부에 설치된 고무시트의 파손 또는 변형된 경우

   (2) 알람체크밸브 2차 측의 배수밸브가 개방된 경우

   (3) 말단시험밸브가 개방된 경우

   (4) 알람체크밸브 2차 측 배관이 누수된 경우

(5) 알람체크밸브 1차 측의 경보시험밸브가 개방된 경우

(6) 리타딩챔버(Retard Chamber) 또는 압력스위치에 설치된 배수홀(Drain Orifice)이 막힌 경우

11) 알람밸브 2차 측의 과압발생 현상

(1) 알람밸브 2차 측 과압형성

① 알람밸브의 체크 기능에 의해 펌프 기동 시 높은 압력이 전달된 후 2차 측에 가압수가 가두어지므로 1차 측보다 2차 측의 압력이 높다.

② 알람밸브 2차 측에 공기가 고여 있는 경우 난방 등의 주위온도에 의한 공기팽창으로 압력이 더욱 높아질 수 있다.

(2) 대책

① 주기적으로 알람밸브 2차 측 압력을 확인하여 과도한 경우 배수밸브 또는 시험밸브를 통해 배수하여 적정 압력을 유지한다.

② 과압방지기능이 있는 알람밸브를 설치한다.

[과압방지장치 부착형 알람밸브의 예]

※ 출처 : 우당기술

기출문제

1점 스프링클러설비의 말단시험밸브의 시험작동 시 확인될 수 있는 사항을 간기하시오.(10점)

답 생략

3점 습식 유수검지장치의 시험작동 시 나타나는 현상과 작동시험방법을 기술하시오.(20점)

답 생략

6 건식 스프링클러설비의 점검

1) 시스템 구성과 계통도

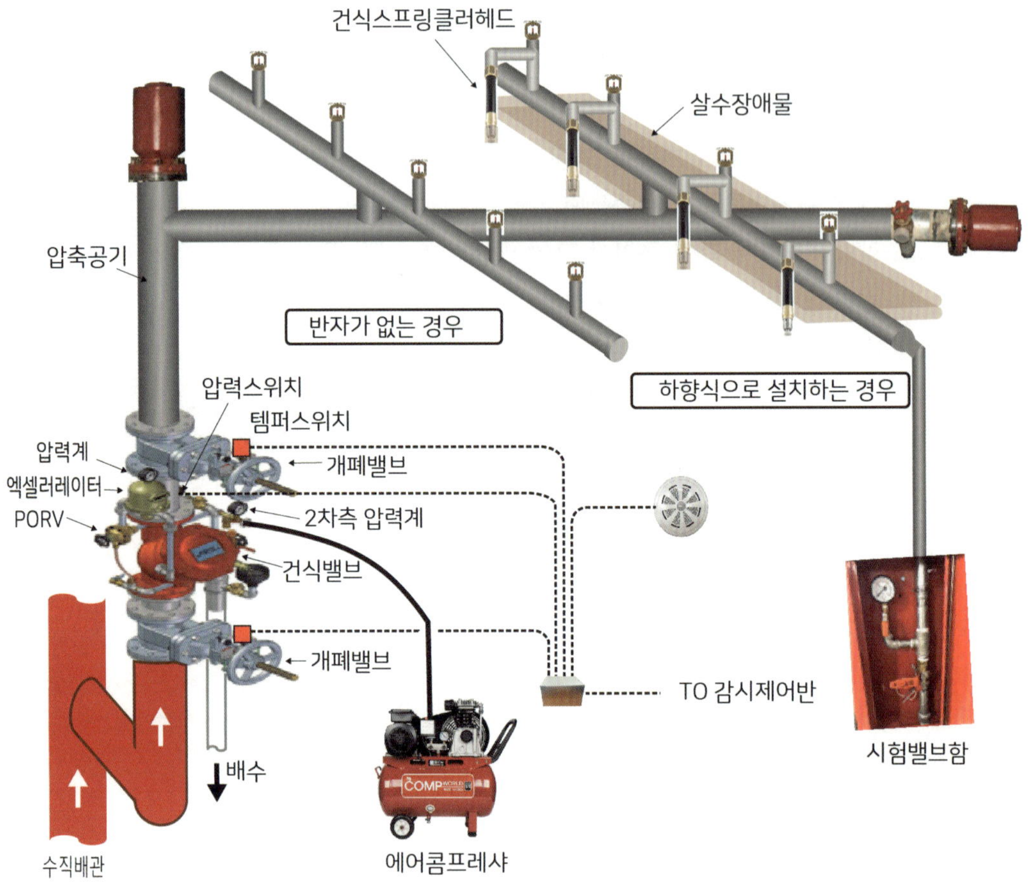

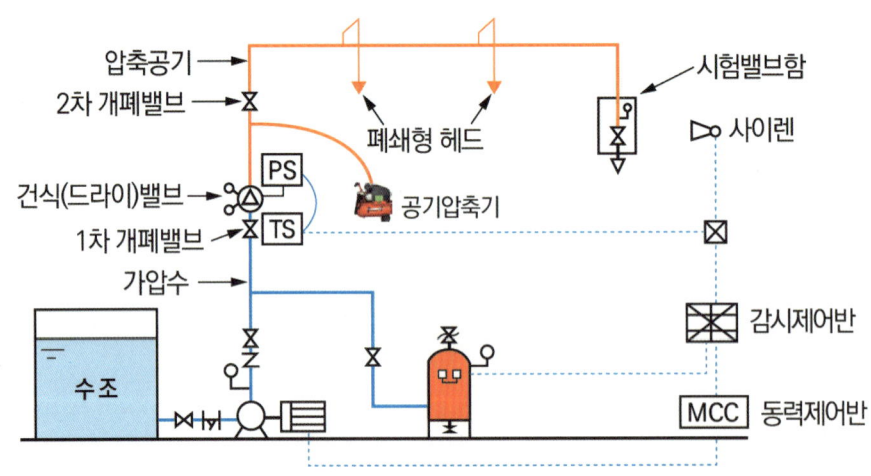

[건식 스프링클러설비 설치도]

[건식 스프링클러설비 계통도]

※ 출처 : 한국직업능력개발원 NCS학습모듈

2) 건식 스프링클러설비 작동순서(블록다이어그램)

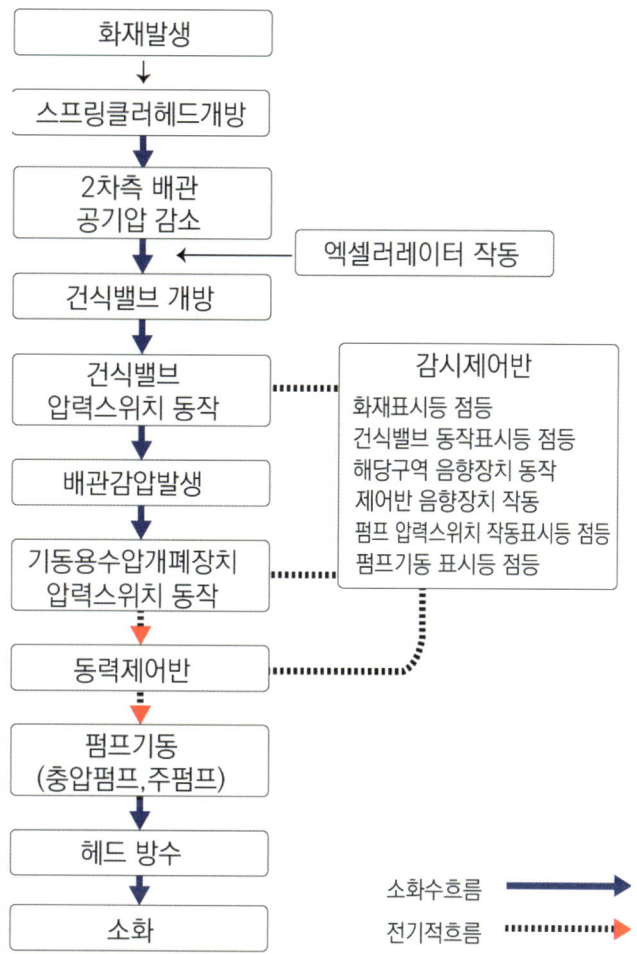

3) 건식밸브(드라이밸브) 구조와 부속장치

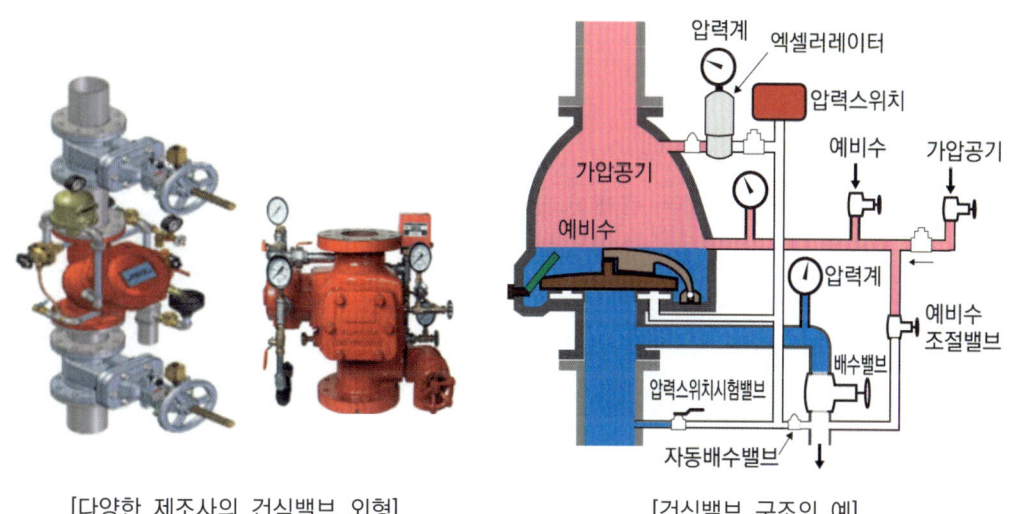

[다양한 제조사의 건식밸브 외형]　　　[건식밸브 구조의 예]

4) 건식밸브(드라이밸브)

(1) 건식밸브의 종류

건식밸브는 제조사 마다 다양한 종류의 건식밸브가 생산되어 왔다. 그 작동원리도 제조사 마다 약간씩 차이가 있으나 건식밸브 2차 측에 가압공기가, 1차 측에는 가압수가 있고 클래퍼를 중심으로 1차, 2차 측이 힘의 균형을 이루고 있다는 것은 공통이며 크게 예비수(프라이밍워터)를 채우는 방식과 그렇지 않은 방식으로 분류할 수 있다. 평상시 파스칼의 원리에 의해 2차 측 낮은 공기압과 1차 측 높은 수압의 균형을 이루어 클래퍼의 닫힘상태를 유지하는데, 예비수를 이용하여 기밀유지와 낮은 2차 압력을 보완하는 방법을 사용하는 제품이 있고 2차 측과 1차 측에 면하는 면적 차이만으로 힘의 균형을 이루는 제품도 있다. 최근에는 이러한 힘의 균형을 액추에이터가 담당하게 하여 구조가 단순해진 저압건식밸브가 개발되어 사용되고 있으며 기존의 방식(구형)은 생산이 중단되었다.

(2) 파스칼의 원리

밀폐된 용기에 담긴 비압축성 유체에 가해진 압력($\triangle P$)은 유체의 모든 지점에 같은 크기로 전달된다는 원리이다. 이는 유압 장치의 원리로, 마치 도르래처럼 작은 힘으로 무거운 물체를 들어 올릴 수 있게 해준다.

압력은 단위 면적당 힘이므로

$$P = \frac{F}{A}$$

작은 용기에 가해진 압력 $P = \frac{F_1}{A_1}$

큰 용기에 미치는 압력 $P = \frac{F_2}{A_2}$

즉, $\frac{F_1}{A_1} = \frac{F_2}{A_2}$

같은 압력에서 면적이 커지면 힘도 커지는 원리이다.

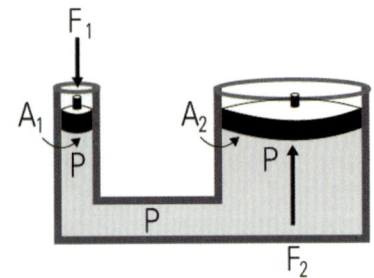

여기서, P : 가해진 압력
F_1 : 1에 가해진 힘
F_2 : 2에 가해진 힘
A_1 : 힘이 가해지는 1의 면적
A_2 : 힘이 가해지는 2의 면적

(3) 파스칼의 원리 적용

건식밸브에 있어서는 클래퍼 1차 측과 2차 측에서 미는 힘이 같아야 클래퍼가 고정된다. 미는 힘 F = PA이므로 $P_1A_1 = P_2A_2$이어야 한다. 즉, 힘이 같아지기 위해서는 큰 압력에서는 작은 면적, 작은 압력에서는 큰 면적이 필요함을 알 수 있다.

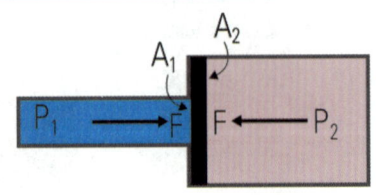

(4) 건식 스프링클러설비 동작원리 및 특징

화재로 폐쇄형 스프링클러헤드가 개방되면 건식밸브 2차 측의 공기압이 떨어진다. 건식밸브는 1차, 2차 측의 힘의 균형이 깨져 개방되게 되는데 이때 2차 측에 남아있는 가압공기로 인해 클래퍼의 개방이 지연된다. 따라서 클래퍼의 개방이 신속하게 이루어질 수 있도록 긴급개방장치가 설치된다. 2차 측의 가압공기를 빼주는 장치인 익져스터 또는 2차 측 가압공기를 클래퍼의 1차 측으로 보내 클래퍼를 개방하는 힘으로 활용하는 엑셀러레이터가 있다.

(5) 건식밸브의 지연시간 = 트립시간(Trip time) + 소화수 이송시간(Transit time)

① 트립시간(Trip Time) : 폐쇄형 헤드의 감열개방으로 배관 내부의 압축공기가 빠져나가 힘의 균형이 깨어져 건식밸브의 클래퍼가 개방되기까지의 시간

② 소화수 이송시간(Transit Time) : 개방된 클래퍼에 의해 소화수가 헤드까지 이송되기까지의 시간

(6) 트립시간과 이송시간의 영향요인과 감소대책

구 분	트립시간(Trip time)	이송시간(Transit time)
시간이 길어지는 요인	1. 2차 측의 공기압력이 높은 경우 2. 1차 측 수압이 낮은 경우 3. 헤드의 오리피스 구경이 작아 공기 배출 속도가 작은 경우	1. 2차 측 공기압이 높은 경우 2. 2차 측 배관의 용적이 큰 경우 3. 1차 측 수압이 낮은 경우 4. 헤드의 오리피스 구경이 작아 공기 배출 속도가 작은 경우
감소대책	1. 엑셀러레이터 또는 익져스터 설치 2. 2차 측 공기압력을 낮게 한다. 3. 1차 측 수압을 높인다.	1. 익져스터 설치 2. 2차 측 공기압을 낮게 한다. 3. 2차 측 배관의 용적을 작게 한다. 4. 1차 측 수압을 높인다.

5) 급속개방장치인 엑셀러레이터

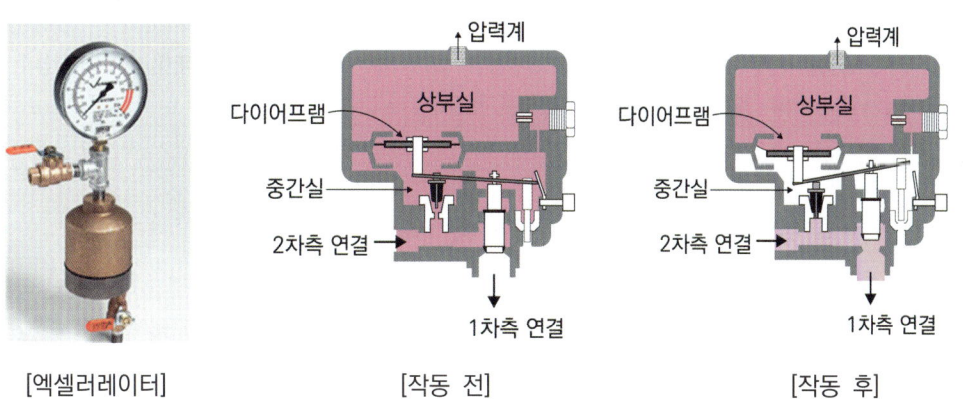

[엑셀러레이터]   [작동 전]   [작동 후]

6) 엑셀러레이터(Accelerator), 익져스터(Exhauster)의 작동원리 [16설]

구 분	설치위치	작동원리
Accelerator	건식밸브 2차 측 배관에 연결하고, 엑셀레이터의 출구는 중간챔버에 연결	① 내부 차압챔버에서 2차 측의 압력으로 균형유지 ② 헤드가 개방 후 2차 측 공기압 저하 시 엑셀러레이터가 작동 ③ 2차 측 압축공기 일부를 중간챔버로 보내, 클래퍼를 신속하게 개방
Exhauster	주배관의 말단에 설치	헤드가 개방되어 2차 측의 공기압이 Setting 압력보다 낮아졌을 때 공기배출기(Exhauster)가 작동하여 2차 측 압축공기를 대기 중으로 신속하게 배출

7) 일반건식밸브(구형)와 저압건식밸브의 차이점 [16설]

일반건식밸브	저압건식밸브(장점 등)
① 2차 측의 공기압이 높다 ② 트립시간이 길다. ③ 신속개방장치(긴급개방장치)가 있다. ④ 클래퍼가 크므로 밸브가 커져 설치 공간이 넓다. ⑤ 구조와 취급방법이 복잡하다. ⑥ 클래퍼에 파스칼의 원리가 적용된다.	① 2차 측의 공기압이 작다. ② 트립시간이 일반건식밸브보다 짧다. ③ 신속개방장치(긴급개방장치)가 없다. ④ 클래퍼가 상대적으로 작으므로 밸브의 크기가 작아져 설치공간이 작다. ⑤ 구조와 취급이 단순하다. ⑥ 액츄에이터에 파스칼의 원리가 적용된다.

8) 일반건식밸브(구형)와 저압건식밸브의 작동순서 [16설]

일반건식밸브	저압건식밸브
① 화재발생에 따른 폐쇄형헤드의 감열개방 ② 2차 측의 배관 내 압력감소 ③ 엑셀레이터의 작동(2차 측 압축공기를 건식밸브 중간챔버로 보내 클래퍼의 개방을 도움) ④ 클래퍼의 개방 → 개방된 폐쇄형 헤드의 방수	① 화재발생에 따른 폐쇄형 헤드의 감열개방 ② 2차 측의 배관 내 압력감소 ③ 액츄에이터의 작동(중간챔버의 배수) ④ 클래퍼의 개방 ⑤ 감열 개방된 폐쇄형 헤드의 방수

9) 초기주입수(Priming Water, 예비수)의 주입 목적(구형 건식밸브)

(1) Clapper의 기밀성 확인

Clapper에 틈새가 생겨 누수가 발생하면 밸브의 Drain에서 물방울이 떨어지게 되므로, 기밀확보 여부를 쉽게 알 수 있다.

(2) Clapper 1·2차 측의 압력 균형 유지

2차 측 공기압을 Priming Water를 채워둠으로써, Clapper에 수직으로 작용하게 만든다.

10) 일반건식밸브(드라이밸브) 구성요소와 기능

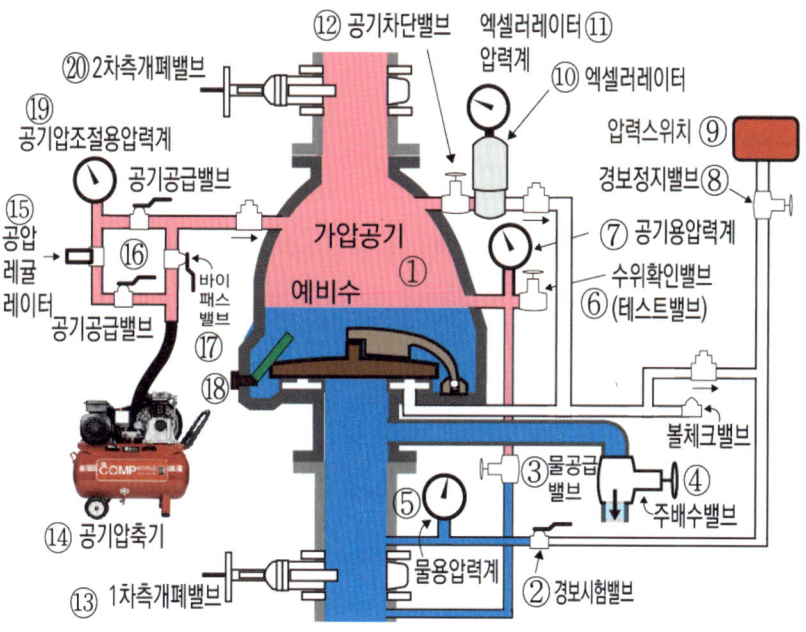

[건식밸브 구성요소(구형의 예)]

명칭	기능	평상시 상태
① 건식밸브	건식밸브의 본체로서 시트부, 클래퍼 등의 부품을 내장하고 있다.	폐쇄
② 경보시험밸브	건식밸브의 작동 없이 압력스위치를 작동시켜 화재경보시험을 하는 밸브	폐쇄
③ 물공급밸브	건식밸브 내에 예비수를 보충하는 밸브	폐쇄
④ 주배수밸브	건식밸브 작동 후 2차 측으로 방출된 물을 배수하는 데 사용	폐쇄
⑤ 1차 압력계(물)	1차 측 소화수 압력 상태 표시	-
⑥ 수위확인밸브 (테스트밸브)	건식밸브 시험 시에는 2차 측 공기를 배출하는 기능을 하고, 세팅 시에는 예비수의 수위를 확인하는 기능을 한다.	폐쇄
⑦ 2차 압력계(공기)	2차 측 공기 압력 상태 표시	-
⑧ 경보정지밸브	건식밸브가 작동하여 화재경보가 계속될 때 경보를 중지시키는 밸브	개방
⑨ 압력스위치	2차 측 소화수 방출 시 수압을 감지하여 화재신호 송출	-
⑩ 엑셀러레이터 (엑셀러레이터)	화재 발생 시 클래퍼시트실로 급속하게 2차 측 압축공기를 보내주어 클래퍼가 신속하게 개방할 수 있도록 하는 기능	-
⑪ 엑셀러레이터 압력계	엑셀러레이터 내부의 압력을 표시하는 기능	-

명칭	기능	평상시 상태
⑫ 공기차단밸브	건식밸브 세팅 시 밸브 2차 측이 완전히 가압될 때까지 엑셀러레이터로 공기가 유입되는 것을 차단하는 밸브	개방
⑬ 1차 측 개폐밸브	건식밸브 1차 측 배관을 개폐하는 기능	개방
⑭ 공기압축기 (에어컴프레서)	건식밸브 2차 측에 공기압을 채워주는 장치	-
⑮ 공압레귤레이터 (Air Regulator)	2차 측 배관의 공기압력을 감지하여 항상 일정하게 유지	-
⑯ 공기공급밸브	공압 레귤레이터의 공기 공급을 제어하는 밸브	개방
⑰ 바이패스밸브	2차 측 배관에 공기를 공급할 때 초기에 개방하여 공압레귤레이터를 거치지 않고 다량의 공기가 공급되도록 하는 밸브	폐쇄
⑱ 래치	개방된 클래퍼를 개방상태로 유지시키는 기능	-
⑲ 공기압조절용 압력계	공압 레귤레이터의 공기공급 상태를 표시	-
⑳ 2차 측 개폐밸브	건식밸브의 2차 측 배관을 개폐하는 기능	개방

11) 건식밸브의 압력스위치만 점검하는 경우 점검순서

   (1) 평상시 상태에서 경보시험밸브(압력스위치 시험밸브)을 개방한다.

   (2) 감시제어반에서 화재표시등·지구표시등의 점등을 확인한다.

   (3) 주 음향경보장치 및 지구 음향경보장치의 작동을 확인한다.

   (4) 확인이 완료되면 경보시험밸브를 폐쇄한다(점검종료).

   (5) 감시제어반을 복구한다.

12) 건식밸브 점검순서

   (1) 시험밸브를 개방하여 가압공기를 배출한다.

   (2) 시험밸브 완전개방부터 물이 나오기까지 시간을 측정한다(1분 이내).

   (3) 클래퍼 개방으로 감시제어반(수신기)에 다음 사항 확인

      ① 화재표시등 점등

      ② 해당 구역 건식밸브 작동표시등 점등

      ③ 펌프 기동 표시등 및 펌프 압력스위치 작동 표시등 점등

      ④ 감시제어반의 주음향장치 및 부저 작동

   (4) 해당 지구음향장치 작동을 확인한다(전층경보 또는 우선경보).

   (5) 펌프가 기동하여 압력계의 압력이 오르는 것을 확인한다.

   (6) 시험을 완료하면 시험밸브를 폐쇄하여 점검을 종료한다.

13) 복구방법

(1) 시험밸브를 폐쇄한다.

(2) 감시제어반에서 주펌프, 충압펌프를 수동으로 정지한다.

(3) 건식밸브 1차 측 개폐밸브를 잠그고 2차 측 물을 배수한 다음 복구 순서에 따라 복구한다.

(4) 제조사의 사양에 따라 세팅한다(펌프 기동하여 1차 측 수압을 채운다).

(5) 감지제어반에서 각종 확인등이 소등되고 경보가 정지된 것을 확인한다.

(6) 주펌프 수동정지방식의 경우 감시제어반에서 복구한다(주펌프 압력스위치등 소등).

(7) 감시제어반은 모두 정상상태로 한다.

> **참고** 복구 및 세팅방법은 제조사의 사용설명서를 참조한다.

14) 일반건식밸브(드라이밸브)의 복구 및 세팅방법

(1) ⑬ 1차 측 개폐밸브 폐쇄

(2) ⑯ 공기공급밸브 폐쇄 및 ⑫ 엑셀러레이터 공기차단밸브 폐쇄

(3) ④ 주배수밸브 개방하여 2차 측 물을 모두 배수한다.

(4) 감시제어반 복구(경보정지, 화재표시등 소등)

(5) 건식밸브 전면 커버의 나사를 풀어 커버를 분리한다.

(6) ⑱ 래치를 풀어 클래퍼를 시트링에 안착시킨다.

(7) ④ 배수밸브 폐쇄

(8) ③ 물공급밸브를 개방하여 예비수를 채우고 ⑥ 수위확인밸브로 수위 확인 후 모두 폐쇄한다.

(9) ⑳ 2차 측 개폐밸브 개방

(10) ⑯ 공기공급밸브를 개방하여 2차 측을 공기로 가압한다.

(11) ⑫ 엑셀러레이터 공기차단밸브를 개방하여 엑셀러레이터를 세팅한다.

(12) 자동배수밸브로 누수가 없는 것을 확인한다.

(13) ⑬ 1차 측 개폐밸브를 천천히 개방한다.

(14) 감시제어반을 복구하고 펌프를 자동상태로 놓는다.

15) 저압건식밸브의 구성요소와 기능(S사)

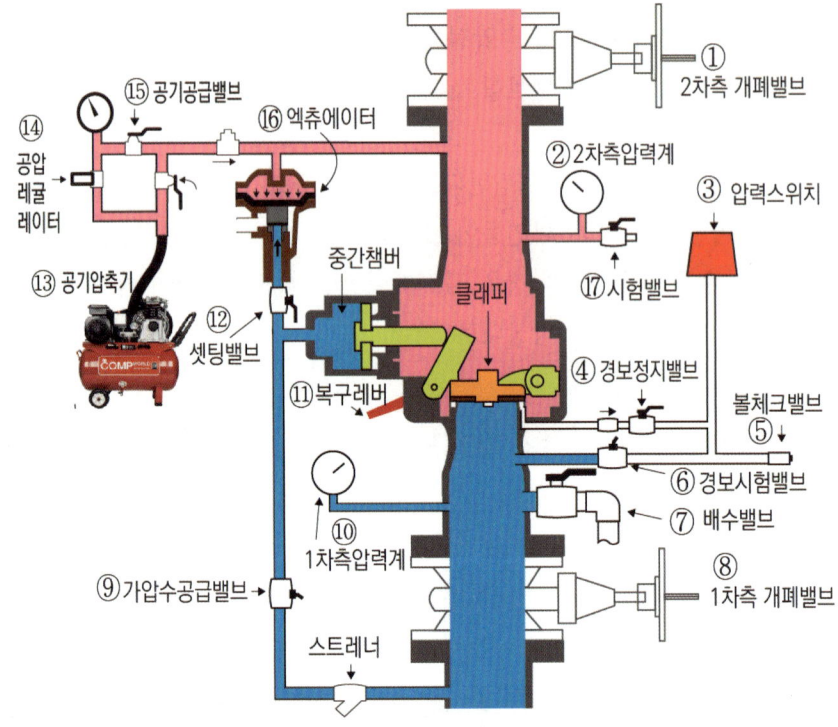

명 칭	기 능	평상시 상태
① 2차 측 개폐밸브	건식밸브의 2차 측 배관을 개폐하는 밸브	개방
② 2차 측 압력계	건식밸브의 2차 측 압력 표시	-
③ 압력스위치	2차 측 배관에 유수발생 시 압력신호 전달	DC24V 유지
④ 경보정지밸브	압력스위치의 관로상의 개폐밸브	개방
⑤ 볼체크밸브	압력스위치의 잔수 확인 밸브	-
⑥ 경보시험밸브	압력스위치의 시험밸브	폐쇄
⑦ 배수밸브	2차 측 소화수를 배수	폐쇄
⑧ 1차 측 개폐밸브	건식밸브의 1차 측 배관을 개폐하는 밸브	개방
⑨ 가압수공급밸브	중간챔버의 가압수 공급밸브	폐쇄
⑩ 1차 측 압력계	건식밸브의 1차 측 압력 표시	-
⑪ 복구레버	클래퍼를 수동으로 닫아주는 장치	-
⑫ 셋팅밸브	엑츄에이터와 중간챔버의 사이 밸브	개방
⑬ 공기압축기	2차 측에 압축공기 공급(에어콤퓨레셔)	-
⑭ 공압레귤레이터	압축공기 압력조절기	세팅압력
⑮ 공기공급밸브	압축공기의 개폐밸브	개방
⑯ 엑츄에이터	2차 측 감압 시 중간챔버의 물을 배출하는 기능	-
⑰ 누설시험밸브	2차 측 압축공기 배출밸브	-

(1) 저압건식밸브의 작동 후 1(엑츄에이터 작동)

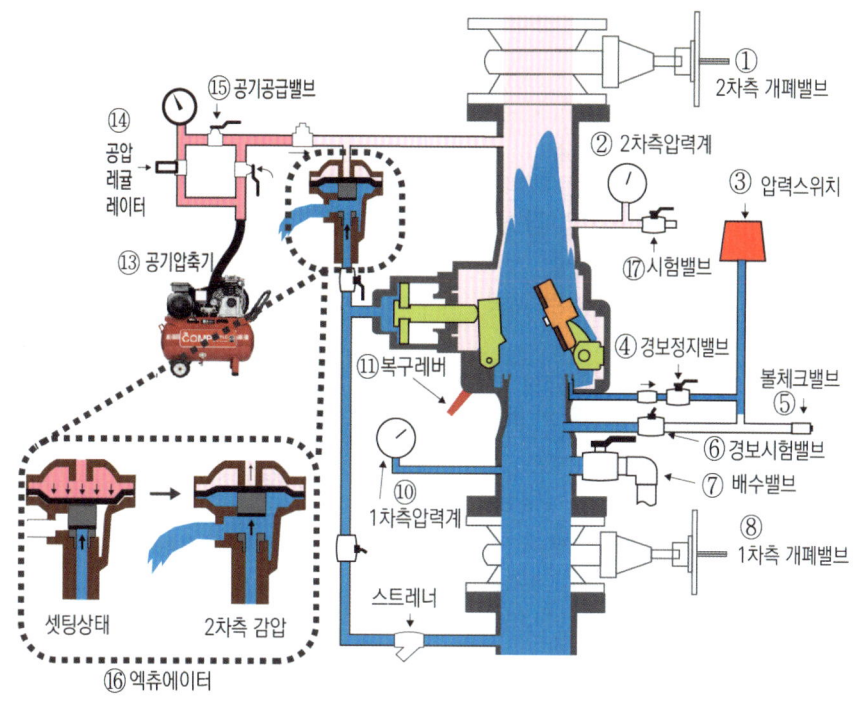

(2) 저압건식밸브의 작동 후 2(클래퍼 자동복구 방지)

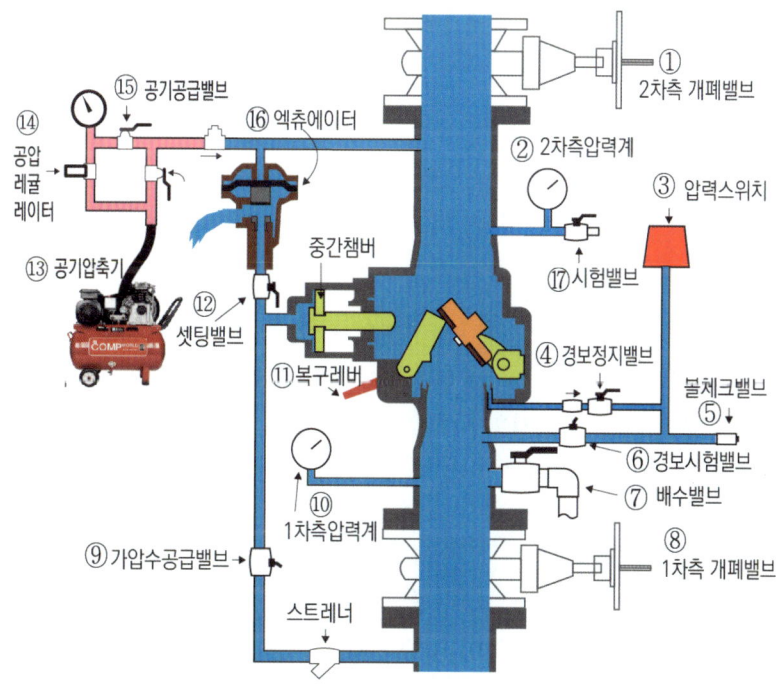

16) 건식 스프링클러설비 작동순서(저압건식밸브)

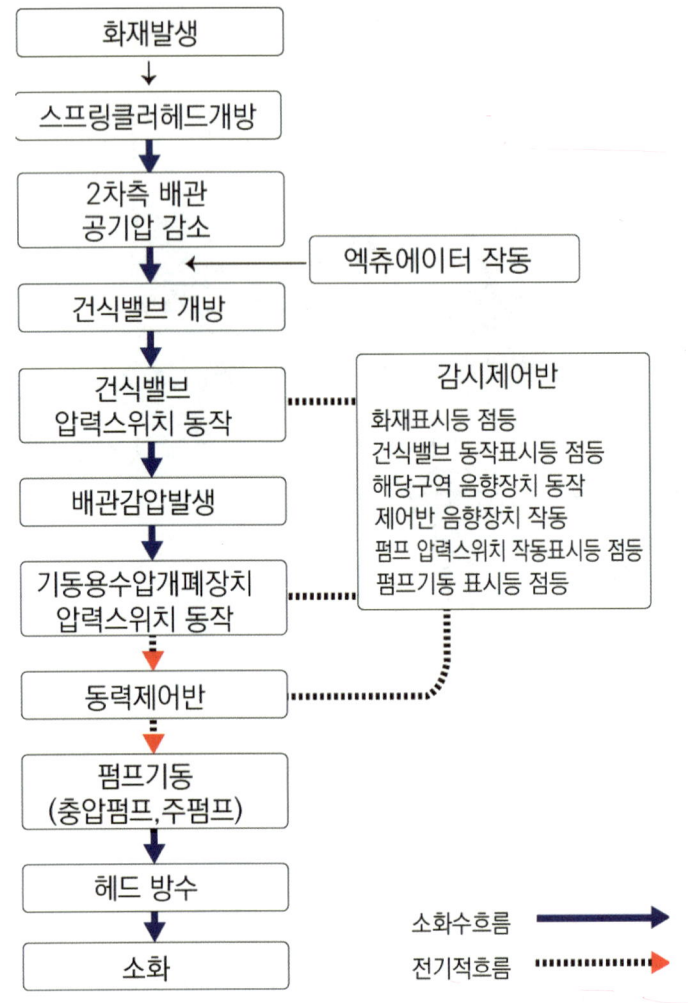

17) 건식밸브의 압력스위치만 점검하는 경우 점검순서(= 건식밸브 점검방법)
   (1) 평상시 상태에서 경보시험밸브(압력스위치 시험밸브)을 개방한다.
   (2) 감시제어반에서 화재표시등·지구표시등의 점등을 확인한다.
   (3) 주 음향경보장치 및 지구 음향경보장치의 작동을 확인한다.
   (4) 확인이 완료되면 경보시험밸브를 폐쇄한다(점검종료).
   (5) 감시제어반을 복구한다.

18) 저압건식밸브 점검방법(= 건식밸브 점검방법)
   (1) 시험밸브를 개방하여 가압공기를 배출한다.
   (2) 시험밸브 완전개방부터 물이 나오기까지 시간을 측정한다(1분 이내).
   (3) 클래퍼 개방으로 감시제어반(수신기)에 다음 사항 확인
      ① 화재표시등 점등

② 해당 구역 건식밸브 작동표시등 점등
③ 펌프 기동 표시등 및 펌프 압력스위치 작동 표시등 점등
④ 감시제어반의 주음향장치 및 부저 작동
(4) 해당 지구음향장치 작동을 확인한다(전층경보 또는 우선경보).
(5) 펌프가 기동하여 압력계의 압력이 오르는 것을 확인한다.
(6) 시험을 완료하면 시험밸브를 폐쇄하여 점검을 종료한다.

19) 저압건식밸브 복구방법

(1) 시험밸브 폐쇄한다.
(2) 1차 측 개폐밸브를 잠근다.
(3) 에어콤프레샤에서 드라이밸브에 공급되는 공기공급밸브를 잠근다.
(4) 가압수공급밸브 및 세팅밸브를 폐쇄한다.
(5) 건식밸브 2차 측 물을 모두 배수한다(시험밸브 및 주배수밸브 개방).
(6) 복구레버를 돌려 클래퍼를 시트링 위에 안착시킨다.
(7) 가압수공급밸브를 개방하여 중간챔버를 가압한다.
(8) 공기공급밸브를 개방하여 2차 측과 엑츄에이터에 공기를 공급한다.
(9) 1차 측 개폐밸브를 천천히 개방한다.
⑩ 세팅밸브를 개방하여 엑츄에이터를 세팅한다.
⑪ 볼체크밸브에서 누수가 없으면 세팅을 완료한다.
⑫ 감시제어반에서 주펌프를 복구하고 정상상태로 놓는다.

> **참고** 2차 측 개폐밸브를 잠그고 시험할 경우에는 누설시험밸브를 개방하여 시험한다.

20) 점검 시 확인사항

(1) 유수검지장치(압력스위치)의 정상 작동 여부
(2) 감시제어반의 화재표시등 점등 및 음향경보
(3) 기동용 수압개폐장치의 작동 여부 및 감시제어반 표시등 점등상태
(4) 가압송수장치의 자동 작동 여부 확인 및 감시제어반 표시등 점등상태
(5) 해당 방호구역의 음향경보장치의 작동 여부 확인
(6) 스프링클러설비의 화재신호와 연동되는 설비의 연동상태 확인
① 제연설비의 연동상태에 따른 확인사항 점검
② 비상방송설비의 연동상태 점검
③ 자동화재속보설비의 연동상태 점검 등

21) 건식밸브의 물기둥(Water Columning)현상

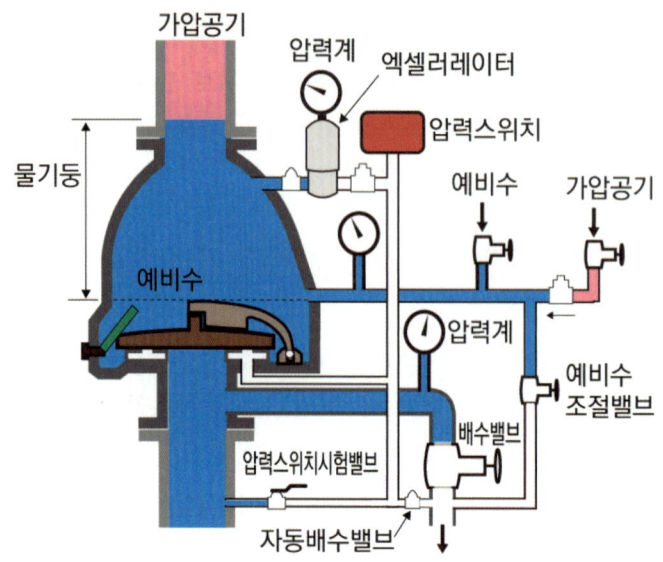

[건식밸브의 물기둥 현상]

(1) 건식밸브 물기둥 현상

건식밸브 2차 측 내 수분의 응축 등에 의해 클래퍼 2차 측에 물기둥이 형성되어 건식밸브의 트립시간에 영향을 주어 작동지연 또는 작동오류를 발생시킬 수 있는 현상

(2) 원인

① 건식밸브 2차 측 배관 내의 응축수가 발생되어 고일 경우

② 건식밸브 작동시험으로 인해 2차 측으로 이동한 물의 배수가 충분하지 않았을 경우

(3) 영향

① 건식밸브 트립시간에 영향을 주어 작동지연이 길어진다.

② 물기둥의 물이 많아 압력이 커질 경우 건식밸브가 작동하지 않을 수 있다.

(4) 방지대책

① 건식밸브 작동점검 후에 충분히 배수한다.

② 주기적으로 점검하고 배수 및 세팅을 시행한다.

기출문제

4점 다음 건식밸브의 도면을 보고 물음에 답하시오.(20점)

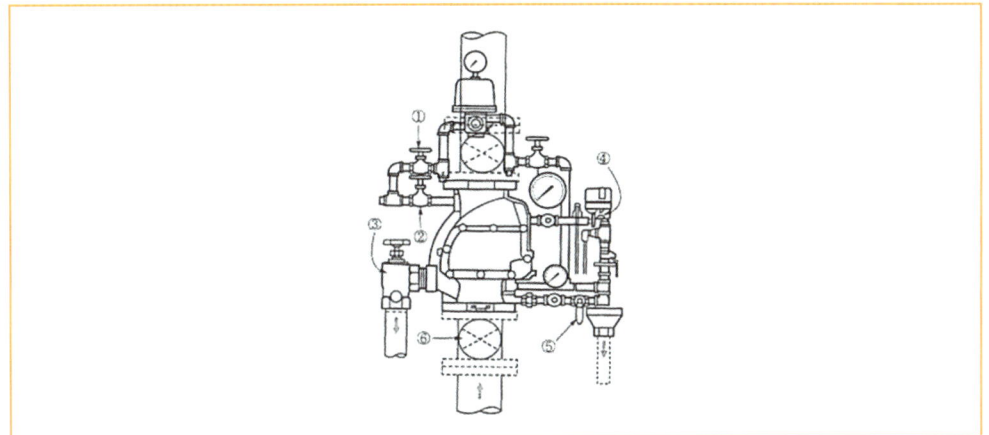

(1) 건식밸브의 작동시험 방법을 간략히 설명하시오. (단, 작동시험은 2차 측 개폐밸브를 잠그고, ④번 밸브를 이용하여 시험한다) 답 생략

(2) 다음의 [예]와 같이 ①번에서 ⑤번까지의 밸브의 명칭, 밸브의 기능, 평상시 유지상태를 설명하시오. 답 생략

　　[예] ⑥ - 개폐표시형 밸브
　　　　　 - 건식밸브 1차 측 급수제어용 밸브
　　　　　 - 개방

16설 스프링클러소화설비의 화재안전기준(NFSC 103)에 따라 다음 각 물음에 답하시오.

(1) 일반건식밸브와 저압건식밸브의 작동순서를 쓰시오. 답 생략
(2) 저압건식밸브 2차 측 설정압력이 낮은 경우 장점 4가지를 쓰시오. 답 생략
(3) 건식 스프링클러 헤드의 설치장소 최고온도 39℃ 미만이고, 헤드를 하향식으로 할 경우 설치 헤드의 표시 온도와 헤드의 종류를 쓰시오. 답 생략
(4) 건식 스프링클러 2차 측 급속개방장치(QOD)의 엑셀레이터(Accelerator), 익져스터(Exhauster)의 작동원리를 쓰시오. 답 생략
(5) 복합 건축물에 설치된 스프링클러소화설비의 주펌프를 2대로 병렬운전할 경우 장점 2가지를 쓰시오.
　　답 ① 펌프의 기동부하를 줄일 수 있다.
　　　 ② 펌프 1대가 고장일 경우에도 소화가 가능하다.
(6) 스프링클러소화설비의 가압방식 중 펌프방식에 있어서 후드밸브와 체크밸브의 이상 유무를 확인하는 방법을 쓰시오. (단, 수조는 펌프보다 아래에 있다)
　　답 ① 물올림장치의 개폐밸브를 잠그고 펌프의 물올림컵을 열어 물이 가득 차면 잠근다.
　　　 ② 물올림컵의 물이 줄어드는 경우 후트밸브에서 누수가 발생하는 경우이다.
　　　 ③ 물올림컵의 물이 계속 넘치는 경우 체크밸브의 역류가 발생하는 경우이다.

7 준비작동식 스프링클러설비의 점검

1) 시스템 구성과 계통도

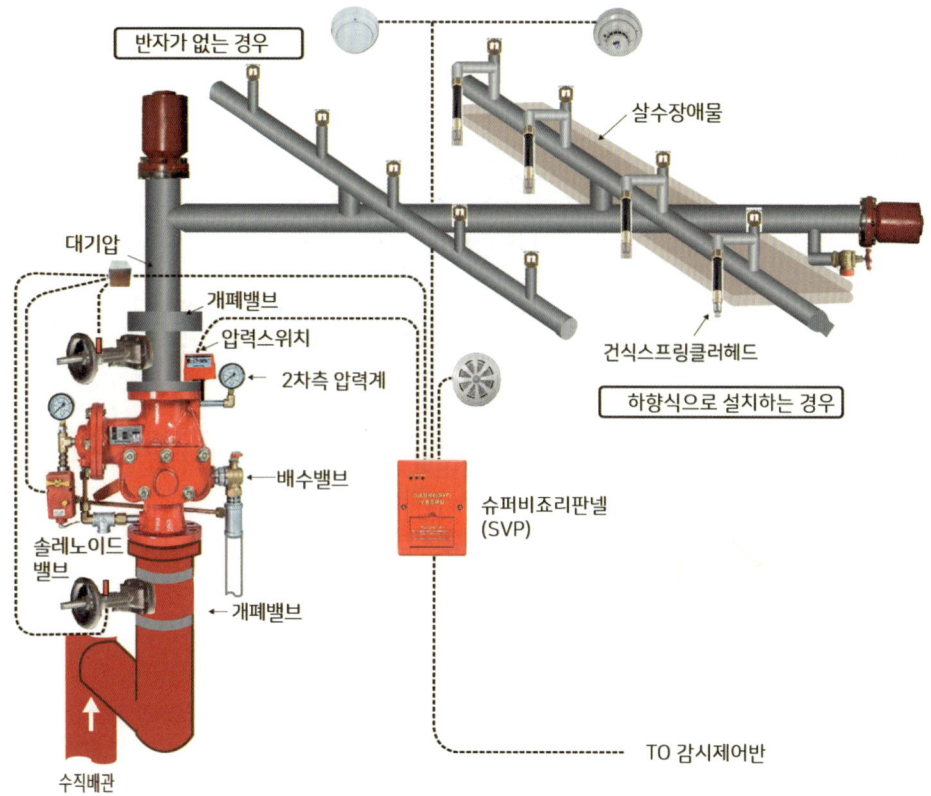

[준비작동식 스프링클러설비 설치도]

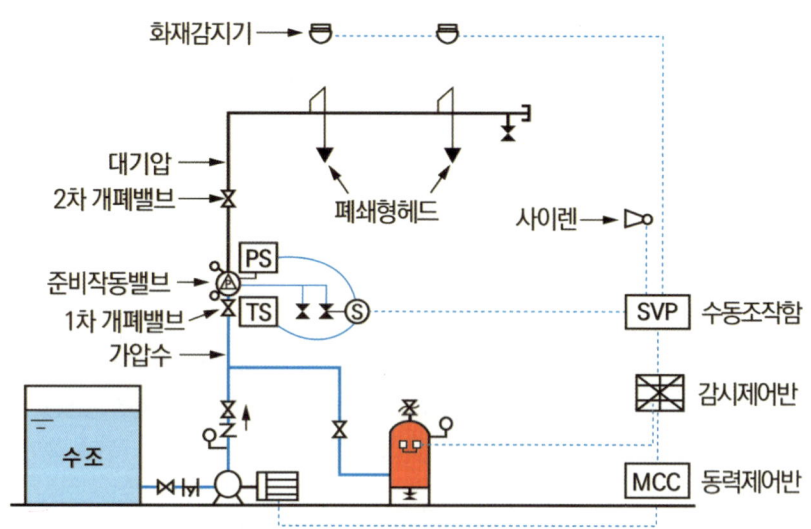

[준비작동식 스프링클러설비 계통도]

※ 출처 : 한국직업능력개발원 NCS학습모듈

2) 준비작동식 스프링클러설비 작동순서(블록다이어그램)

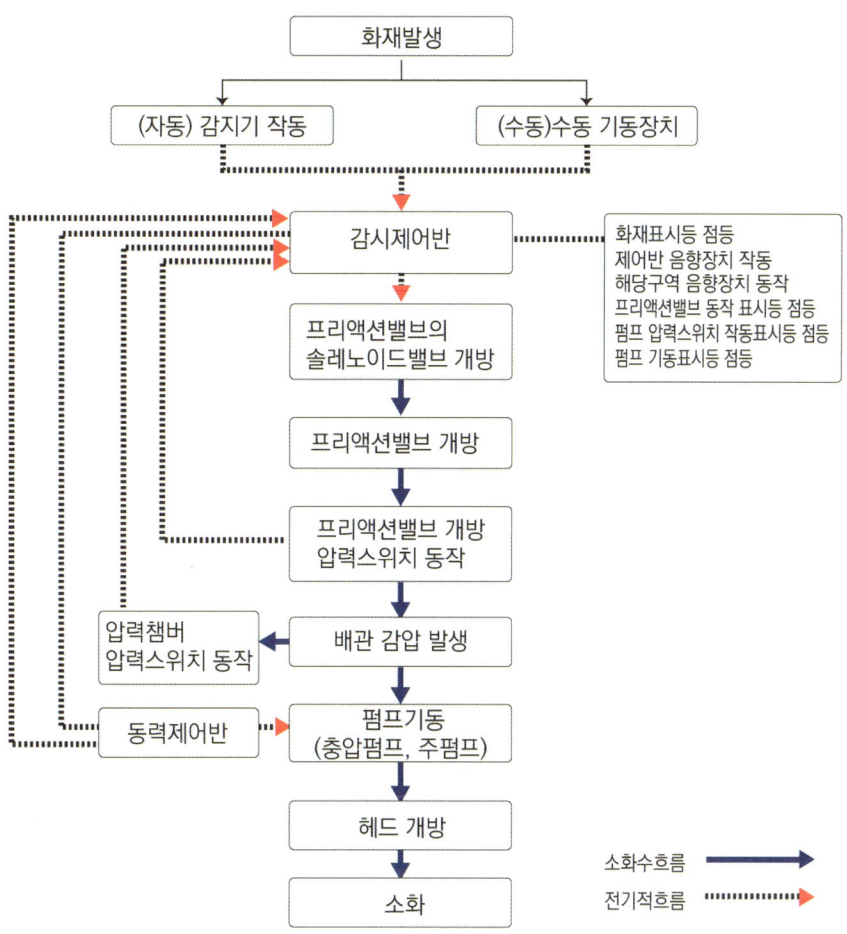

3) 준비작동식밸브(프리액션밸브) 외형과 구조

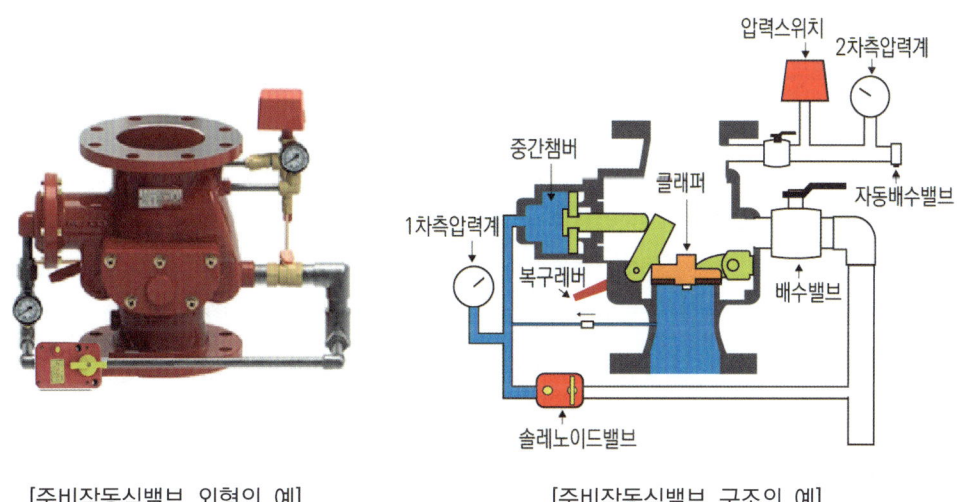

[준비작동식밸브 외형의 예]   [준비작동식밸브 구조의 예]

4) 준비작동식밸브 구성요소와 기능(클래퍼 타입)

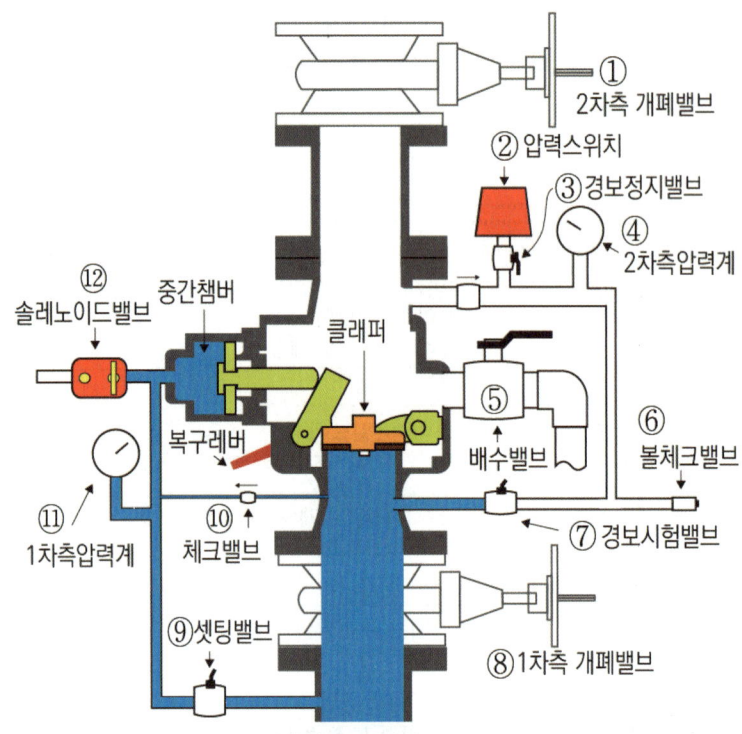

명 칭	기 능	평상시 상태
① 2차 측 개폐밸브	프리액션밸브의 2차 측 배관개폐밸브	개방
② 압력스위치	2차 측 배관에 유수발생 시 압력신호 전달	DC24V 유지
③ 경보정지밸브	압력스위치의 관로상의 개폐밸브	개방
④ 2차 측 압력계	프리액션밸브의 2차 측 압력 표시	개방
⑤ 배수밸브	2차 측 가압수를 배수	폐쇄
⑥ 드립체크밸브	압력스위치 잔수확인밸브	폐쇄
⑦ 경보시험밸브	압력스위치 수동시험밸브	폐쇄
⑧ 1차 측 개폐밸브	프리액션밸브의 1차 측 배관개폐밸브	개방
⑨ 세팅밸브(급수밸브)	중간챔버에 1차 가압수 공급	폐쇄
⑩ 체크밸브	중간챔버에 1차 가압수 공급	개방
⑪ 1차 측 압력계	프리액션밸브의 1차 측 압력 표시	개방
⑫ 솔레노이드밸브	화재 시 자동개방밸브(수동개방밸브의 기능)	폐쇄

☑ 참고 ⑥ 드립체크밸브 = 자동배수밸브 = 볼체크밸브 = 자동배수오리피스

5) 준비작동식밸브 구성요소와 기능(다이어프램 타입)

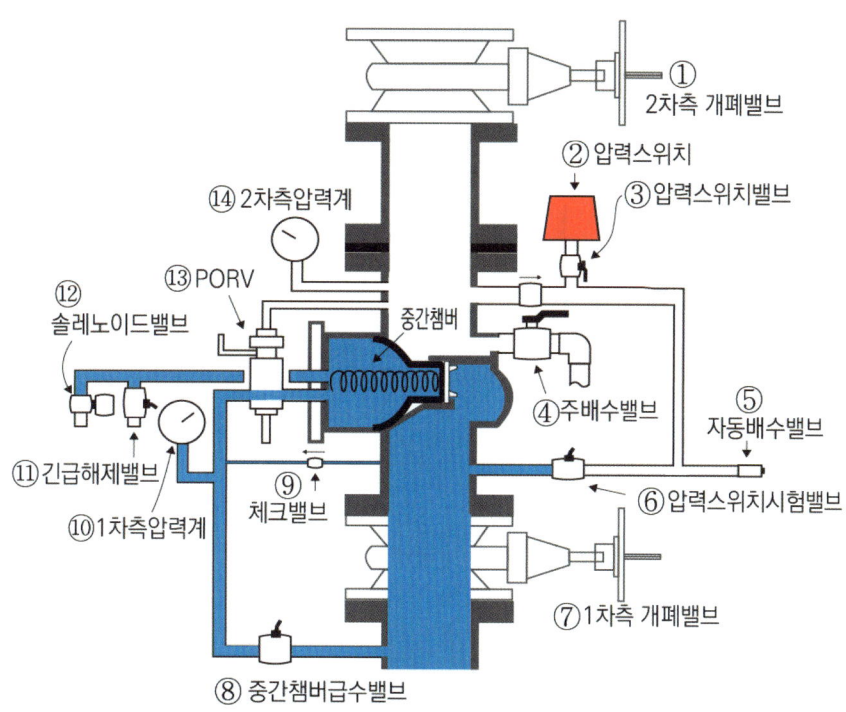

명 칭	기 능	평상시 상태
① 2차 측 개폐밸브	프리액션밸브의 2차 측 밸브	개방
② 압력스위치	2차 측 배관에 유수발생 시 압력신호 전달	DC24V 유지
③ 압력스위치밸브	압력스위치의 관로상의 개폐밸브(경보정지밸브)	개방
④ 주배수밸브	2차 측 가압수를 배수	닫힘
⑤ 자동배수밸브	압력스위치 잔수 확인 밸브(볼체크밸브)	-
⑥ 경보시험밸브	압력스위치 수동 시험 밸브	닫힘
⑦ 1차 측 개폐밸브	프리액션밸브의 1차 측 밸브	개방
⑧ 세팅밸브(급수밸브)	중간챔버에 1차 가압수 공급	닫힘
⑨ 체크밸브	중간챔버에 1차 가압수 공급	-
⑩ 1차 측 압력계	프리액션밸브의 1차 측 압력	-
⑪ 긴급해제밸브	중간챔버 수동 배수	닫힘
⑫ 솔레노이드밸브	화재 시 자동개방밸브(수동개방밸브의 기능)	닫힘
⑬ PORV(Pressure Operated Relief Valve)	프리액션밸브가 화재로 개방되었을 때 중간챔버가 다시 가압되는 것을 방지하여 프리액션밸브가 자동으로 닫히지 않게 하는 기능	-
⑭ 2차 압력계	프리액션밸브의 2차 측 압력	-

✅ 참고 다이어프램방식의 준비작동밸브는 PORV가 설치되는 경우와 그렇지 않은 경우가 있다

6) 준비작동식밸브의 솔레노이드밸브(또는 전동밸브)

준비작동식밸브의 중간챔버에 설치된 솔레노이드밸브는 전기적인 신호로 밸브를 열어주는 장치로서 솔레노이드 작동으로 중간챔버의 가압수가 배수되면 클래퍼를 누르는 레버가 후퇴하여 클래퍼가 개방된다.

[솔레노이드밸브(전자밸브)]   [전동밸브]

[작동 전]   [작동 후]

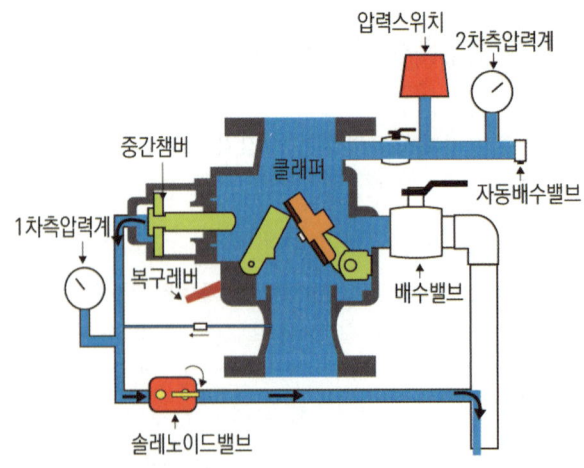

[준비작동식밸브 작동 후 클래퍼 자동복구 방지모습]

7) 다이어프램식 준비작동식 밸브의 PORV

프리액션밸브가 화재로 개방되었을 때 중간챔버가 다시 가압되는 것을 방지하여 프리액션밸브가 자동으로 닫히지 않게 하는 기능을 한다.

(1) 준비작동식밸브 작동 후 1

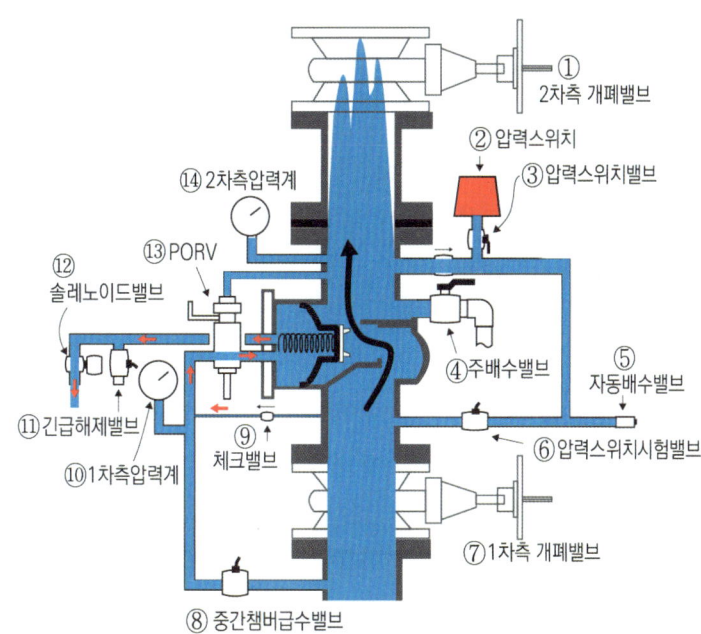

(2) 준비작동식밸브 작동 후 PORV 작동

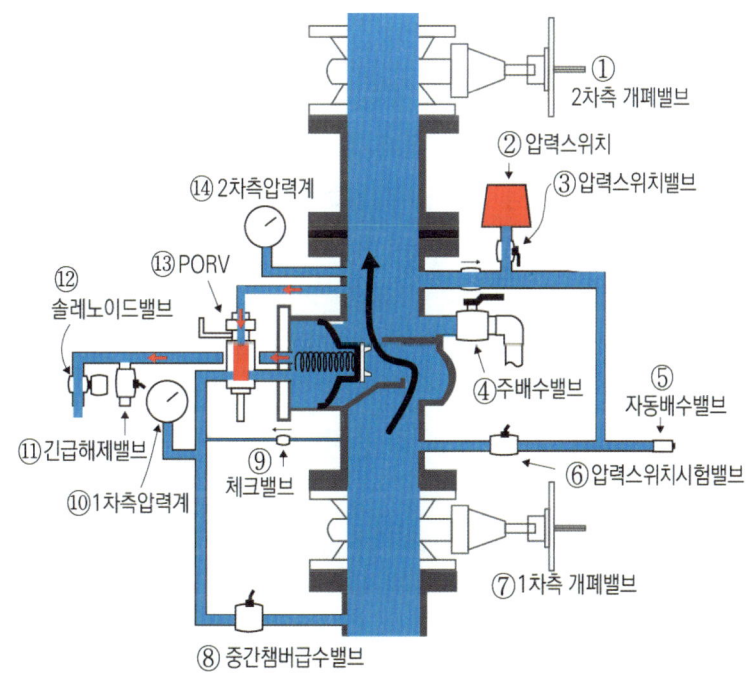

8) 준비작동식밸브 점검순서
   ⑴ 2차 측 개폐밸브 폐쇄 및 배수밸브 개방
   ⑵ 준비작동식밸브를 다음 방법 중 하나의 방법으로 작동한다.
      ① 방호구역 내 A, B교차회로의 모두 감지기를 작동
      ② 수동조작함(SVP)의 수동조작스위치를 작동
      ③ 준비작동식밸브에 설치된 수동개방밸브를 개방
      ④ 감시제어반(복합수신기)에서 준비작동식밸브의 수동으로 작동
      ⑤ 감시제어반(복합수신기)에서 감지기 동작시험을 통해 감지기 A·B를 동작
   ⑶ 솔레노이드밸브가 작동으로 중간챔버가 배수되어 클래퍼가 개방된다.
   ⑷ 9)의 확인사항을 확인한다.
   ⑸ 배수 및 복구
      ① 펌프를 수동으로 정지한다.
      ② 1차 개폐밸브를 잠그고 배수되기를 기다린다(배수밸브 개방상태).
      ③ 배수가 완료되면 배수밸브를 폐쇄한다.
      ④ 감시제어반에서 복구하고 각 표시등이 소등되는 것을 확인한다(압력스위치 복구가 자동으로 안 되면 드립체크밸브를 눌러 복구시킨다).
      ⑤ 복구레버를 돌려 클래퍼를 시트링에 안착시킨다.
      ⑥ 솔레노이드밸브(전동볼밸브) 수동복구방식의 경우 수동으로 복구한다.
      ⑦ 세팅밸브를 개방하여 중간챔버에 급수한다.
      ⑧ 1차 측 및 2차 측 개폐밸브를 개방한다.

9) 점검 시 확인사항
   ⑴ 감지기 1개 작동 시 감시제어반의 화재표시등 점등 및 음향경보
   ⑵ 감지기 A, B 모두 작동 시 준비작동밸브 작동표시등 점등 확인
   ⑶ 기동용수압개폐장치의 작동 여부 및 감시제어반 표시등 점등상태
   ⑷ 가압송수장치의 자동 작동 여부 확인 및 감시제어반 표시등 점등상태
   ⑸ 해당 방호구역의 음향경보장치의 작동 여부 확인
   ⑹ 스프링클러설비의 화재신호와 연동되는 설비의 연동상태 확인
      ① 제연설비의 연동상태에 따른 확인사항 점검
      ② 비상방송설비의 연동상태 점검
      ③ 자동화재속보설비의 연동상태 점검 등

10) 경보장치 작동시험방법

　⑴ 2차 측 개폐밸브 폐쇄

　⑵ 경보시험밸브 개방

　⑶ 압력스위치 작동으로 감시제어반(수신기) 화재표시 및 음향경보 확인

　⑷ 경보시험밸브 폐쇄

　⑸ 드립체크밸브를 눌러 압력스위치를 복구한다(또는 자동배수밸브의 배수 확인).

　⑹ 감시제어반(수신기) 복구

　⑺ 2차 측 개폐밸브 개방

11) 준비작동식밸브(Preaction valve) 오동작 시(화재가 아닌데 개방된 경우) 원인

오작동의 원인	조치방법
해당 방호구역의 화재감지기가 오작동한 경우	비화재보로 작동된 감지기의 교체
수동조작함(SVP)의 기동스위치가 눌러진 경우	수동조작함의 복구
감시제어반의 수동기동스위치가 작동된 경우	감시제어반의 스위치 복구
준비작동식밸브의 수동기동밸브가 개방된 경우	준비작동식밸브의 수동밸브 복구
솔레노이드밸브가 고장 난 경우	고장 난 솔레노이드밸브의 교체
크린체크밸브가 이물질이 침입하여 중간챔버에 가압수의 공급이 원활하지 못한 경우	크린체크밸브의 청소
제어반에서 연동정지를 하지 않고 작동시험을 실시한 경우	작동시험 시 조작 스위치 주의

12) 준비작동식밸브가 개방되지 않았는데 감시제어반에 개방으로 확인되는 경우

오작동의 원인	조치방법
준비작동밸브의 압력스위치 고장	압력스위치 교체
경보시험밸브가 개방된 경우	경보시험밸브 잠금
작동시험 후 압력스위치연결배관에 배수가 안된 경우	자동배수 오리피스 청소
준비작동밸브 2차 측이 배수되지 않은 경우	2차 측 배수

기출문제

2점 스프링클러 준비작동밸브(SDV)형의 구성 명칭은 다음과 같다. 이때 작동순서, 작동 후 조치(배수 및 복구), 경보장치 작동시험방법을 설명하시오.(20점)

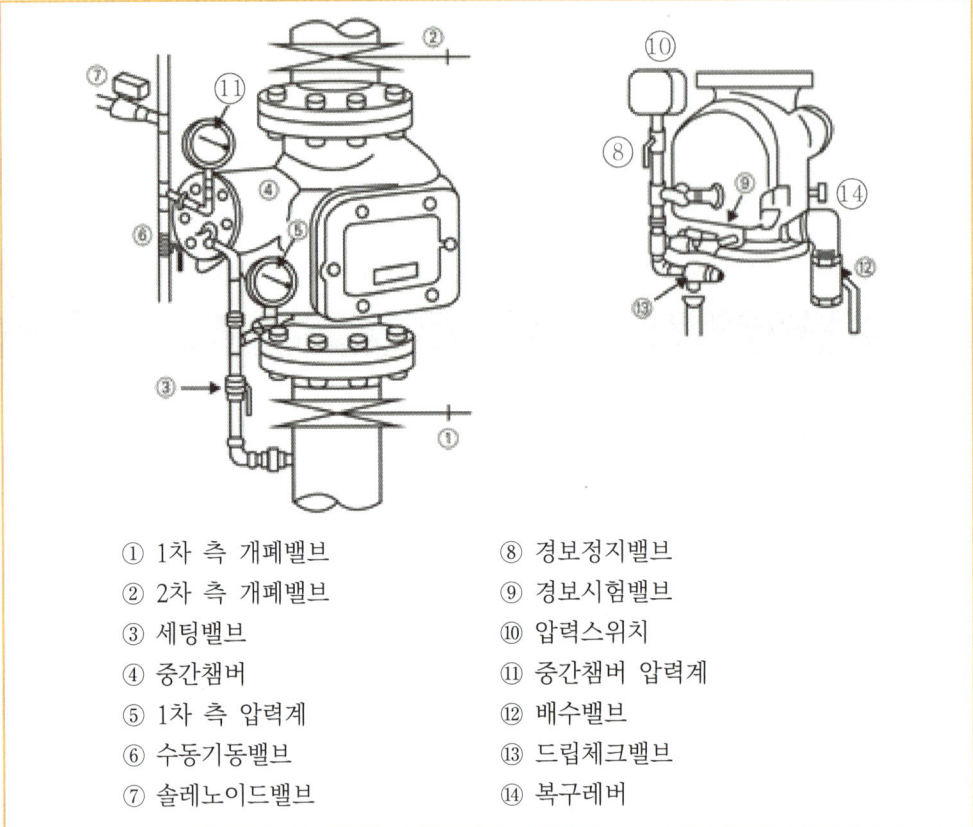

① 1차 측 개폐밸브
② 2차 측 개폐밸브
③ 세팅밸브
④ 중간챔버
⑤ 1차 측 압력계
⑥ 수동기동밸브
⑦ 솔레노이드밸브
⑧ 경보정지밸브
⑨ 경보시험밸브
⑩ 압력스위치
⑪ 중간챔버 압력계
⑫ 배수밸브
⑬ 드립체크밸브
⑭ 복구레버

답 생략

참고 제시된 준비작동밸브는 구형 클래퍼타입 프리액션밸브로서 압력계가 1차 측과 중간챔버에 설치된 모델이다.

4점 준비작동식 스프링클러설비에 대하여 다음 물음에 답하시오.(20점) **답** 생략
(1) 준비작동식밸브의 동작방법을 기술하시오.
(2) 준비작동식밸브의 오동작 원인을 기술하시오. (단, 사람에 의한 것도 포함할 것)

6점 준비작동식밸브의 작동방법(3가지) 및 복구방법을 기술하시오.(20점) **답** 생략

7점 스프링클러설비 중 준비작동식(프리액션)밸브의 작동방법 및 복구방법을 구체적으로 기술하시오. (단, 준비작동식밸브의 1, 2차 양측에 개폐밸브가 모두 설치된 것으로 가정) (30점) **답** 생략

17설 준비작동식 스프링클러설비의 동작순서 Block Diagram을 완성하시오.(7점) 🟨생략

19점 공동주택(아파트) 지하 주차장에 설치되어 있는 준비작동식 스프링클러설비에 대해 작동기능점검을 실시하려고 한다. 다음 물음에 관하여 각각 쓰시오. (단, 작동기능점검을 위해 사전조치사항으로 2차 측 개폐밸브는 폐쇄하였다)(9점)

① 준비작동식 밸브(프리액션밸브)를 작동시키는 방법에 관하여 모두 쓰시오.(4점)

🟨생략

② 작동기능점검 후 복구절차이다. (   )에 들어갈 내용을 쓰시오.(5점)

| 1. 펌프를 정지시키기 위해 1차 측 개폐밸브 폐쇄 |
| 2. 수신기의 복구스위치를 눌러 경보를 정지, 화재표시등을 끈다. |
| 3. (ㄱ) |
| 4. (ㄴ) |
| 5. 급수밸브(세팅밸브) 개방하여 급수 |
| 6. (ㄷ) |
| 7. (ㄹ) |
| 8. (ㅁ) |
| 9. 펌프를 수동으로 정지한 경우 수신반을 자동으로 놓는다(복구완료). |

🟨 ㄱ. 밸브밸브를 열어 배수 후 폐쇄
 ㄴ. 솔레노이드밸브를 복구(필요한 경우 복구래버로 클래퍼를 밸브시트에 안착시킨다)
 ㄷ. 압력계를 압력 확인 후 세팅밸브를 폐쇄한다.
 ㄹ. 1차 측 개폐밸브를 개방한다.
 ㅁ. 2차 측 개폐밸브를 개방한다.

8 일제살수식 스프링클러설비의 점검

1) 시스템 구성과 계통도

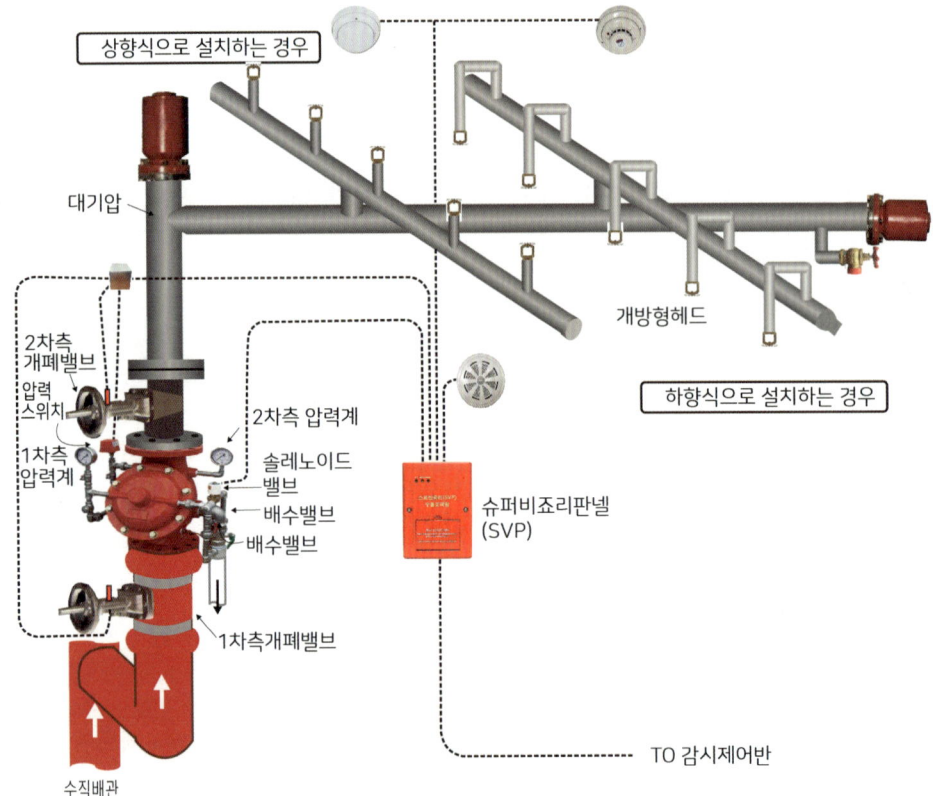

[일제살수식 스프링클러설비 설치도]

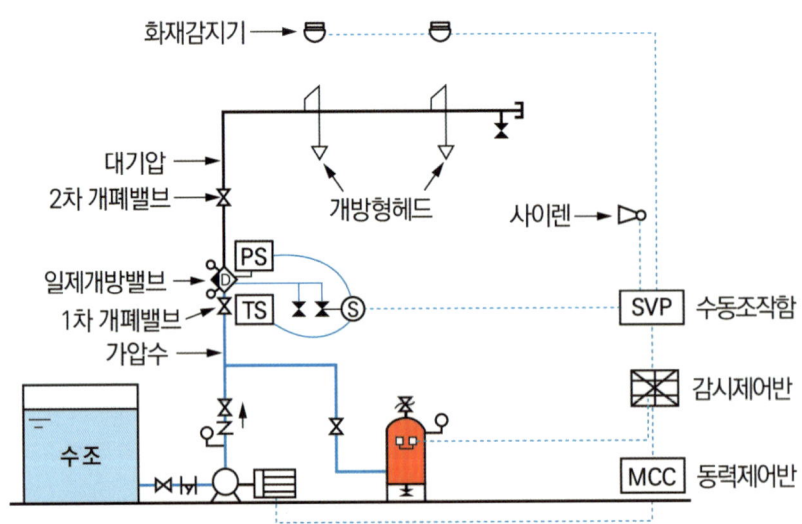

[일제살수식 스프링클러설비 계통도]

※ 출처 : 한국직업능력개발원 NCS학습모듈

2) 일제살수식 스프링클러설비 작동순서(블록다이어그램)

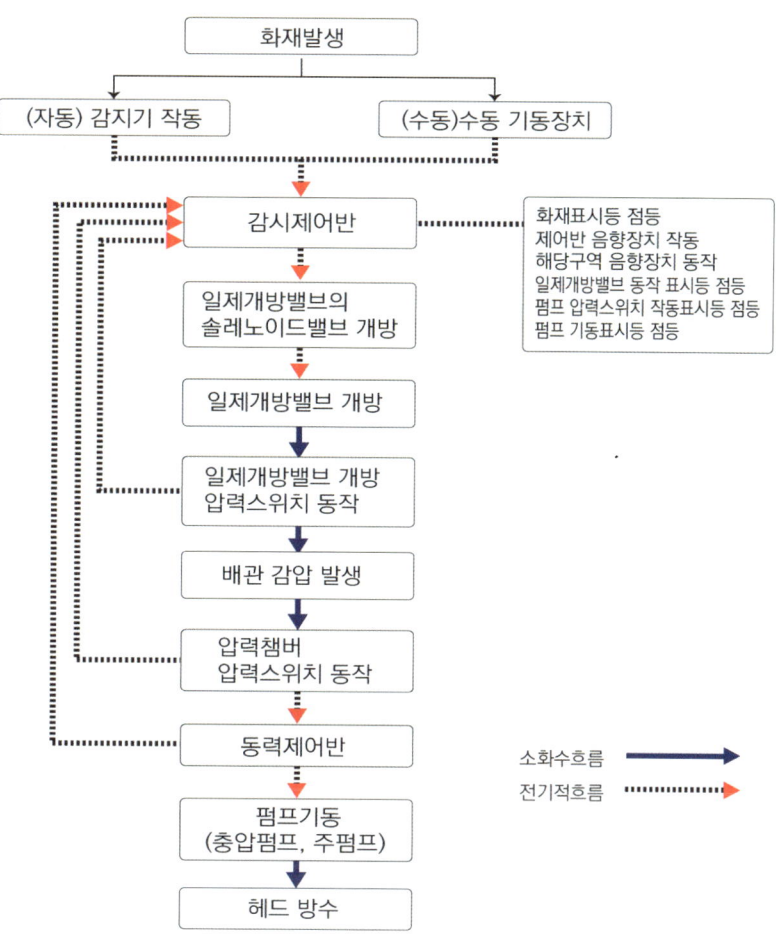

3) 일제개방밸브 부속장치와 구조

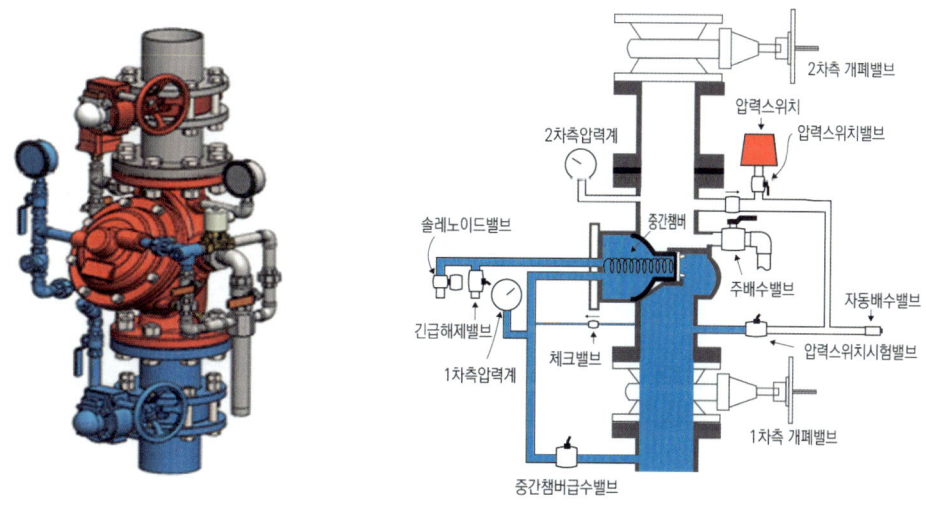

[일제개방밸브 외형의 예(※ 출처 : 육성)] [일제개방밸브 구조의 예]

4) 일제개방밸브 구성요소와 기능(조절볼트가 있는 경우)

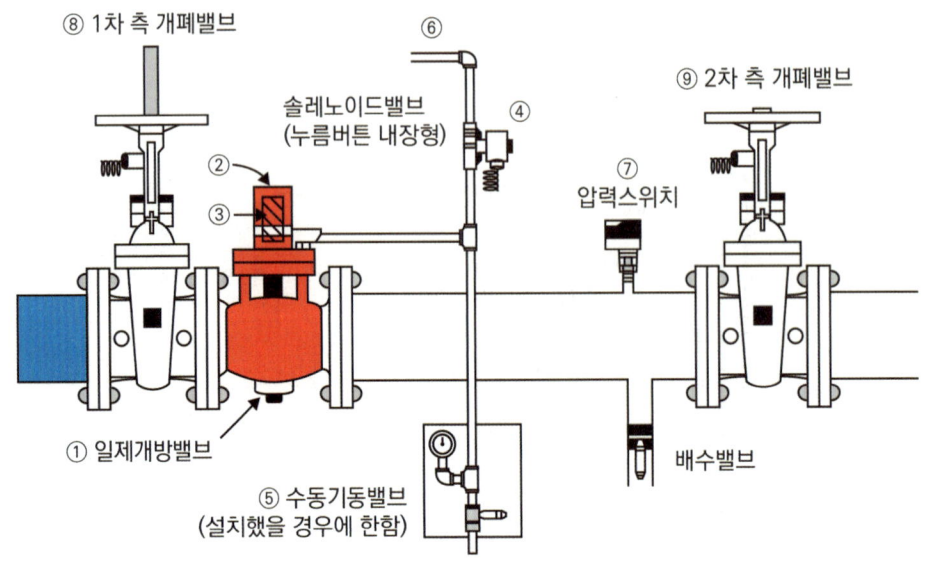

[동작 전 일제개방밸브 주변 배관]

번호	명칭	평상시 상태
①	일제개방밸브	폐쇄
②	조절볼트	개방
③	캡	
④	솔레노이드밸브	폐쇄
⑤	비상개방밸브	폐쇄
⑥	감지라인(배관)	
⑦	알람스위치	
⑧	1차 측 개폐밸브	개방
⑨	2차 측 개폐밸브	개방

5) 일제개방밸브 개방방식

(1) 감압방식

화재신호에 따라 솔레노이드밸브가 개방되어 일제개방밸브 실린더실의 감압에 의해 일제개방밸브가 개방되는 방식

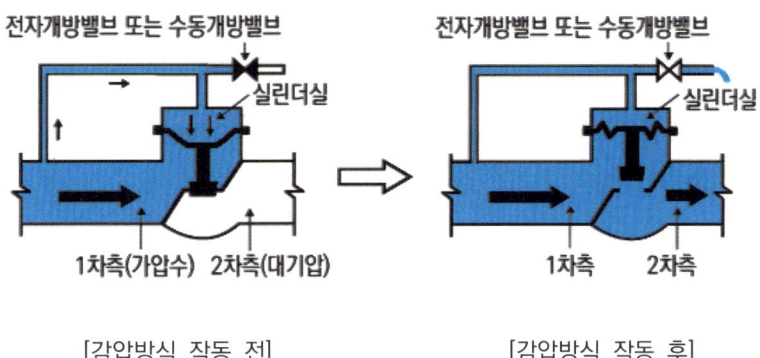

[감압방식 작동 전]   [감압방식 작동 후]

(2) 가압방식

화재신호에 따라 솔레노이드밸브가 개방되어 일제개방밸브 실린더실에 밸브 1차 측 가압수가 공급되어 밸브가 개방되는 방식

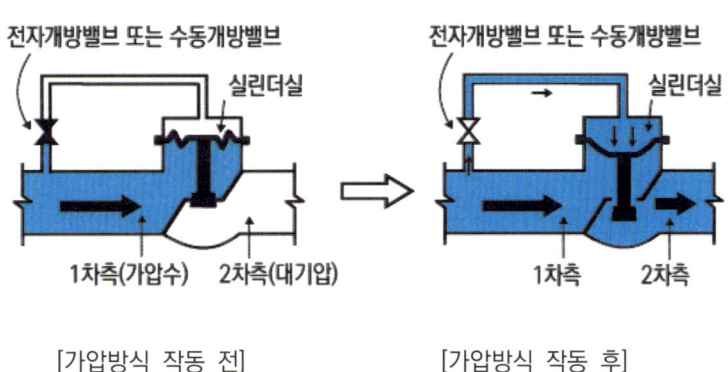

[가압방식 작동 전]   [가압방식 작동 후]

기출문제

1설 일제개방밸브의 가압방식과 감압방식에 대하여 비교 설명하시오.

답 생략

6) 일제개방밸브 점검순서

(1) 2차 측 개폐밸브 폐쇄 및 배수밸브 개방

(2) 일제개방 밸브를 다음 중 하나의 방법으로 작동한다(작동방법).
 ① 방호구역 내 A, B교차회로의 모두 감지기를 작동
 ② 수동조작함의 수동조작스위치를 작동
 ③ 일제개방밸브에 설치된 수동개방밸브를 개방
 ④ 감시제어반(복합수신기)에서 일제개방밸브의 수동으로 작동
 ⑤ 감시제어반(복합수신기)에서 감지기 동작시험을 통해 감지기 A·B를 동작

(3) 솔레노이드밸브가 작동으로 중간챔버가 배수되어 일제개방밸브가 개방된다.

(4) 7)의 확인사항을 확인한다.

(5) 복구절차
 ① 펌프를 수동으로 정지한다.
 ② 1차 개폐밸브를 잠그고 배수되기를 기다린다(배수밸브 개방상태).
 ③ 배수가 완료되면 배수밸브를 폐쇄한다.
 ④ 감시제어반에서 복구하고 각 표시등이 소등되는 것을 확인한다.
 ⑤ 솔레노이드밸브(전동볼밸브) 수동복구방식의 경우 수동으로 복구한다.
 ⑥ 세팅밸브를 개방하여 중간챔버에 급수한다.
 ⑦ 배수밸브를 열어 배수확인 후 다시 폐쇄한다.
 ⑧ 1차 측 및 2차 측 개폐밸브를 개방한다.

7) 점검 시 확인사항

(1) 감지기 1개 작동 시 감시제어반의 화재표시등 점등 및 음향경보
(2) 감지기 A, B 모두 작동 시 일제개방밸브 작동표시등 점등 확인
(3) 기동용 수압개폐장치의 작동 여부 및 감시제어반 표시등 점등상태
(4) 가압송수장치의 자동 작동 여부 확인 및 감시제어반 표시등 점등상태
(5) 해당 방호구역의 음향경보장치의 작동 여부 확인
(6) 스프링클러설비의 화재신호와 연동되는 설비의 연동상태 확인
 ① 제연설비의 연동상태에 따른 확인사항 점검
 ② 비상방송설비의 연동상태 점검
 ③ 자동화재속보설비의 연동상태 점검 등

9 부압식 스프링클러설비의 점검

1) 계통도

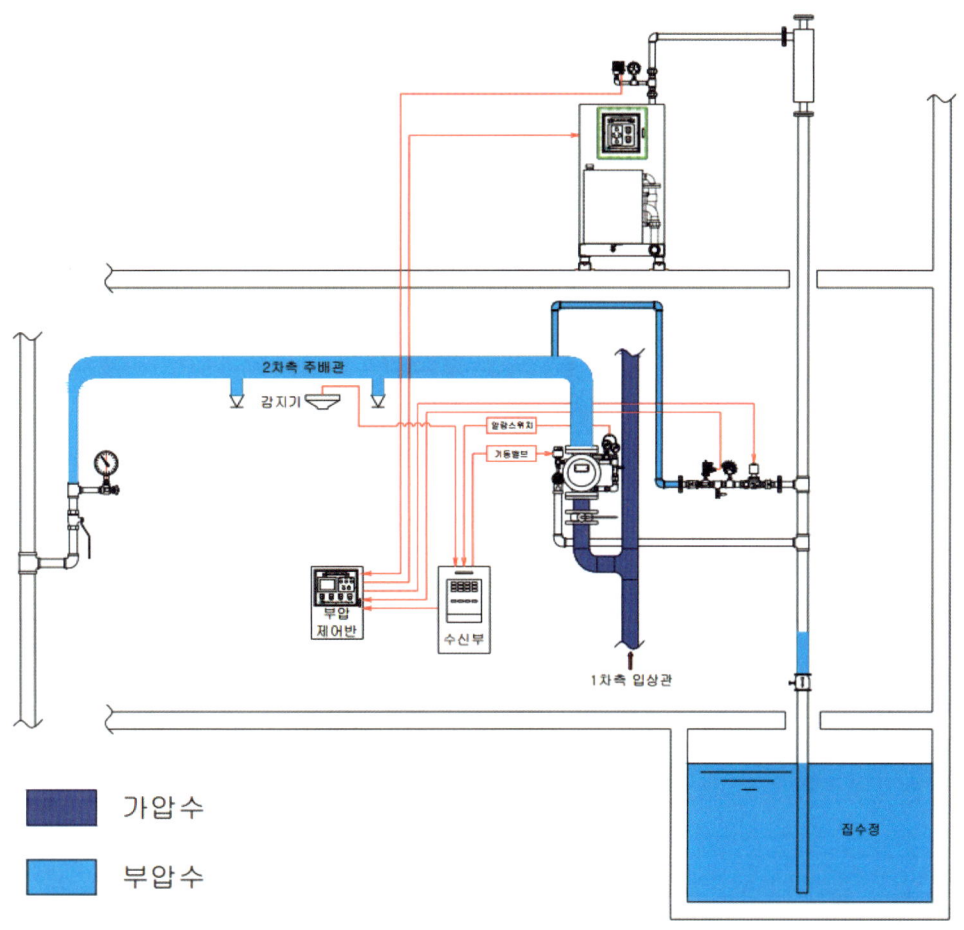

[부압식 스프링클러설비 계통도]

※ 출처 : 한국직업능력개발원 NCS학습모듈

2) 부압식 스프링클러설비

가압송수장치에서 준비작동식유수검지장치의 1차 측까지는 항상 정압의 물이 가압되고, 2차 측 폐쇄형 스프링클러헤드까지는 소화수가 부압으로 되어 있다가 화재 시 감지기의 작동에 의해 정압으로 변하여 유수가 발생하면 작동하는 스프링클러설비를 말한다.

3) 부압식 스프링클러설비 작동순서(블록다이어그램)

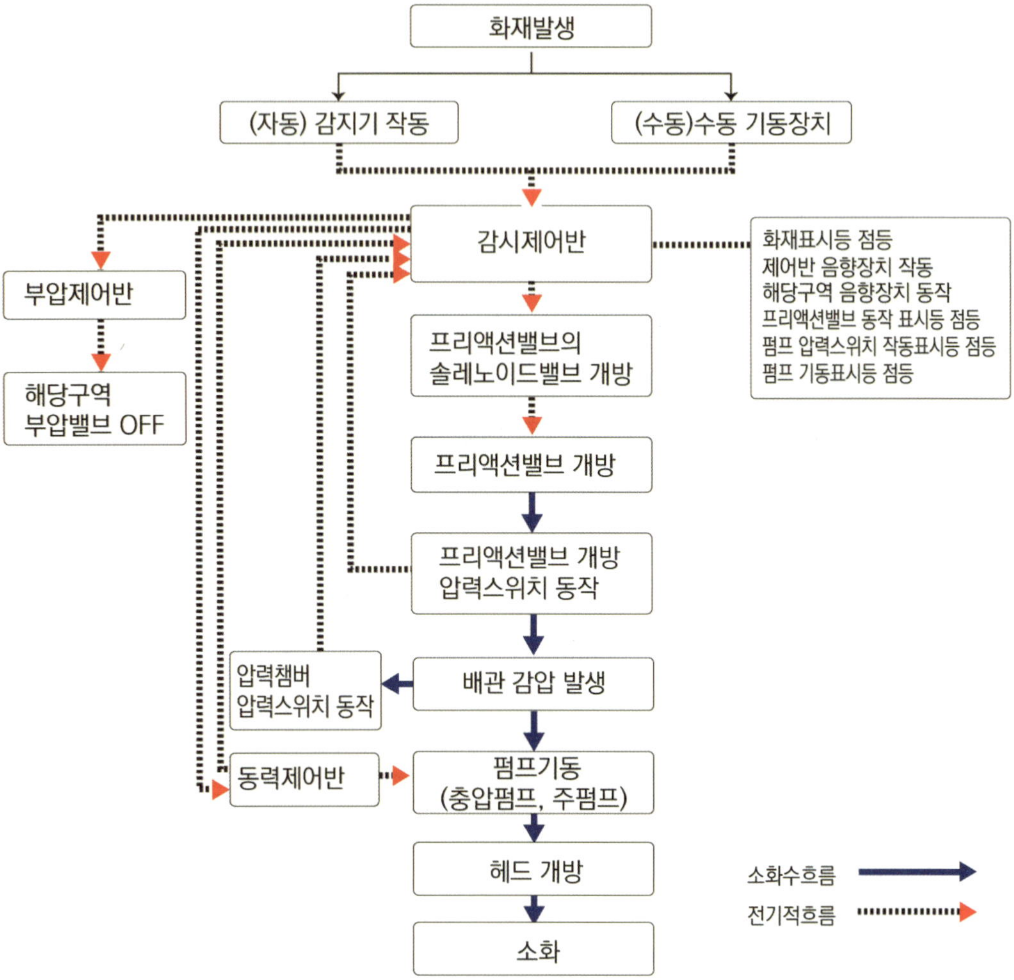

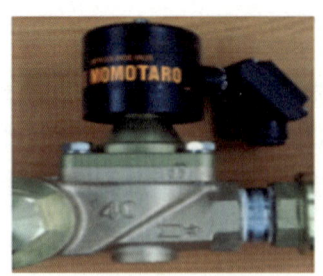

4) 부압밸브

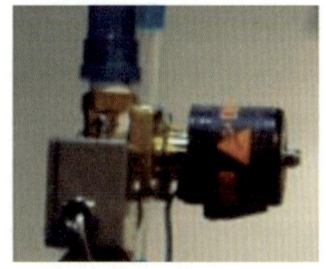

[부압밸브 Ⅰ]   [부압밸브 Ⅱ]

※ 출처 : 한국직업능력개발원 NCS학습모듈

부압식 스프링클러설비의 프리액션밸브 2차 측에 설치되는 밸브이다. 평상시 2차 측 배관압력이 설정압력(부압)이 되면 폐쇄되어 부압으로 유지되도록 하며, 스프링클러헤드의 파손 등 이상 발생 시 2차 측의 소화수를 흡입할 수 있도록 개방되어 수손피해를 방지하는 기능을 한다.

5) 부압식 스프링클러설비 구성요소와 작동순서

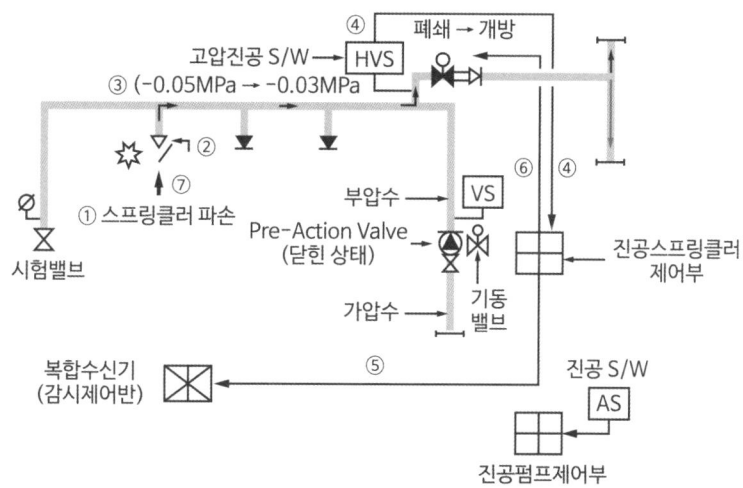

[부압식 스프링클러의 오동작 시 메커니즘]

화재 시 작동순서	오동작 시 작동순서
① 화재 발생	① 스프링클러설비 배관 또는 헤드의 파손 (비화재 시)
② 화재감지(화재표시 - 화재예고신호 - 화재판정 - 화재방송)	② 공기 흡입
③ 진공펌프 작동 정지 제어	③ 2차 측 압력상승(-0.05MPa에서 -0.03MP)
④ 부압식제어부 화재신호 (화재판정 후 - 화재신호송출)	④ 진공스위치 작동(-0.03MPa에서 ON)
⑤ 준비작동식밸브 개방	⑤ 스프링클러 배관 고장신호 (화재수신부 스프링클러 고장표시, 경보)
⑥ 2차 측으로 소화수 유입(부압 → 가압)	⑥ 진공밸브 개방 제어
⑦ 준비작동식밸브 유수검지장치 작동	⑦ 연속공기흡입(진공스위치 연동) (-0.05 ~ -0.08MPa 시 ON-OFF)
⑧ 유수검지신호를 화재수신부로 송출	
⑨ 소화수 방수	

10 스프링클러설비 급수배관 구경의 적용

배관의 구경은 수리계산에 의하거나 표의 기준에 따라 설치할 것. 다만 수리계산에 따르는 경우 가지배관의 유속은 6m/s, 그 밖의 배관의 유속은 10m/s를 초과할 수 없다.

구분\구경	25	32	40	50	65	80	90	100	125	150
가	2	3	5	10	30	60	80	100	160	161 이상
나	2	4	7	15	30	60	65	100	160	161 이상
다	1	2	5	8	15	27	40	55	90	91 이상

[비고]

① 폐쇄형 스프링클러헤드를 사용하는 설비의 경우로서 1개 층에 하나의 급수배관(또는 밸브 등)이 담당하는 구역의 최대면적은 3,000m²를 초과하지 않을 것
② 폐쇄형 스프링클러헤드를 설치하는 경우에는 "가"란의 헤드 수에 따를 것. 다만 100개 이상의 헤드를 담당하는 급수배관(또는 밸브)의 구경을 100mm로 할 경우에는 수리계산을 통하여 규정한 배관의 유속에 적합하도록 할 것

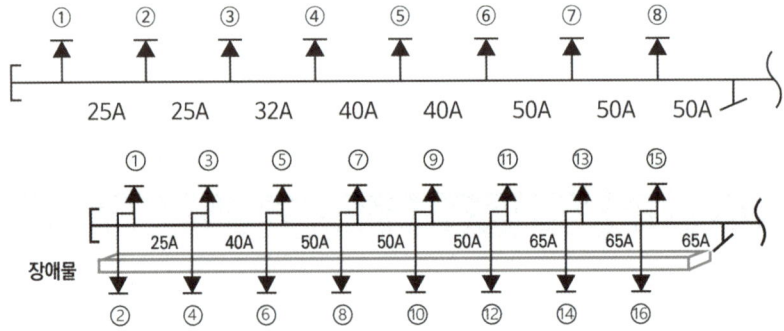

③ 폐쇄형 스프링클러헤드를 설치하고 반자 아래의 헤드와 반자 속의 헤드를 동일 급수관의 가지관상에 병설하는 경우에는 "나"란의 헤드 수에 따를 것

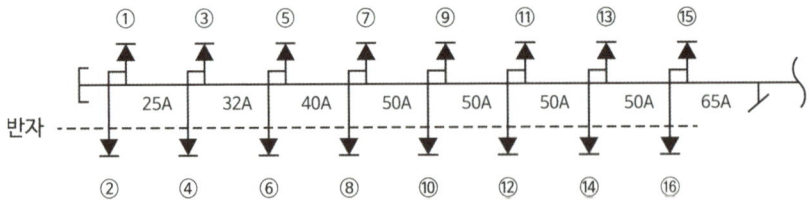

④ 무대부·특수가연물을 저장 또는 취급하는 장소의 경우로서 폐쇄형 스프링클러헤드를 설치하는 설비의 배관구경은 "다"란에 따를 것
⑤ 개방형 스프링클러헤드를 설치하는 경우 하나의 방수구역이 담당하는 헤드의 개수가 30개 이하일 때는 "다"란의 헤드수에 의하고, 30개를 초과할 때는 수리계산방법에 따를 것

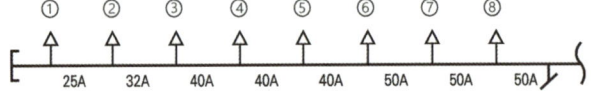

05 간이스프링클러설비 점검

1 수원량과 가압송수장치의 토출량

1) 수원량의 산정기준

   (1) 상수도직결형의 경우에는 수돗물

   (2) 기타 수원량

   ① 간이헤드에서 최소 10분

   $$수원량(m^3) = 간이헤드\ 2개\ \times\ 50L/min\ \times\ 10분$$

   ② 간이헤드에서 최소 20분

   $$수원량(m^3) = 간이헤드\ 5개\ \times\ 50L/min\ \times\ 20분$$

   ③ 수원량

구 분	방수량 × 시간 × 기준개수		
일반	50L/min	10분	2개
주차장	80L/min	10분	2개
근숙복	50L/min	20분	5개
근숙복주차장	80L/min	20분	5개

   ✅ **참고** 근숙복(영 별표4 제1호 마목 2)가 또는 6)과 8)에 해당하는 경우)
   2)가. 근린생활시설 사용하는 부분의 바닥면적 합계가 1천m² 이상인 것은 모든 층
   6) 숙박시설로 사용되는 바닥면적의 합계가 300m² 이상 600m² 미만인 시설
   8) 복합건축물(별표 2 제30호 나목의 복합건축물만 해당한다)로서 연면적 1천m² 이상인 것은 모든 층

2) 가압송수장치의 성능

   (1) 간이헤드 선단 방수압력은 0.1MPa 이상, 방수량은 50L/min 이상

   (2) 주차장에는 표준반응형 스프링클러헤드를 사용하여 헤드의 방수량은 80L/min 이상

구 분	방수량 × N = 펌프토출량
일반	50 × 2 = 100L/min
주차장	80 × 2 = 160L/min
근숙복	50 × 5 = 250L/min
근숙복주차장	80 × 5 = 400L/min

2 간이스프링클러설비의 배관 및 밸브

1) 간이스프링클러설비의 배관 및 밸브순서

(1) 상수도직결형방식

① 수도용 계량기, 급수차단장치, 개폐표시형 밸브, 체크밸브, 압력계, 유수검지장치(압력스위치 등 유수검지장치와 동등 이상의 기능과 성능이 있는 것을 포함), 2개의 시험밸브의 순으로 설치할 것

② 간이스프링클러설비 이외의 배관에는 화재 시 배관을 차단할 수 있는 급수차단장치를 설치할 것

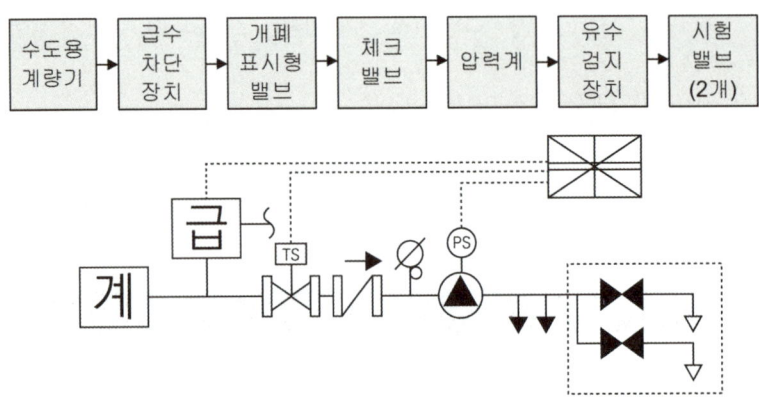

(2) 펌프 등의 가압송수장치

수원, 연성계 또는 진공계(수원이 펌프보다 높은 경우를 제외), 펌프 또는 압력수조, 압력계, 체크밸브, 성능시험배관, 개폐표시형 밸브, 유수검지장치, 시험밸브의 순으로 설치할 것

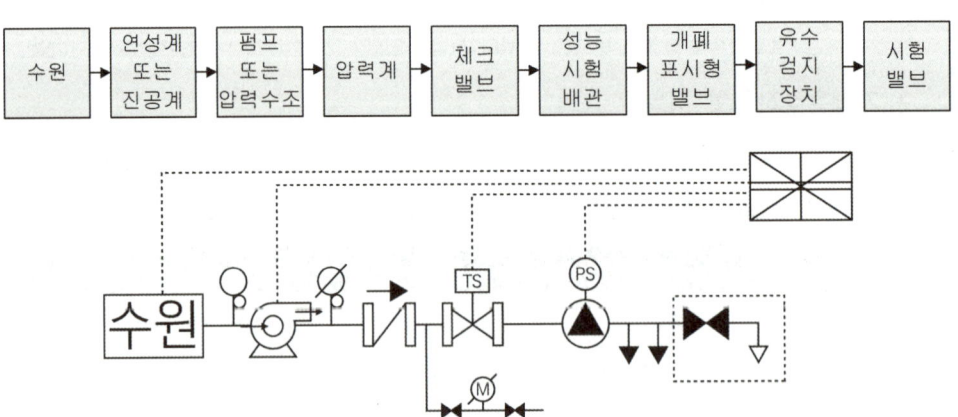

(3) 가압수조를 가압송수장치로 하는 경우

수원, 가압수조, 압력계, 체크밸브, 성능시험배관, 개폐표시형 밸브, 유수검지장치, 2개의 시험밸브의 순으로 설치할 것

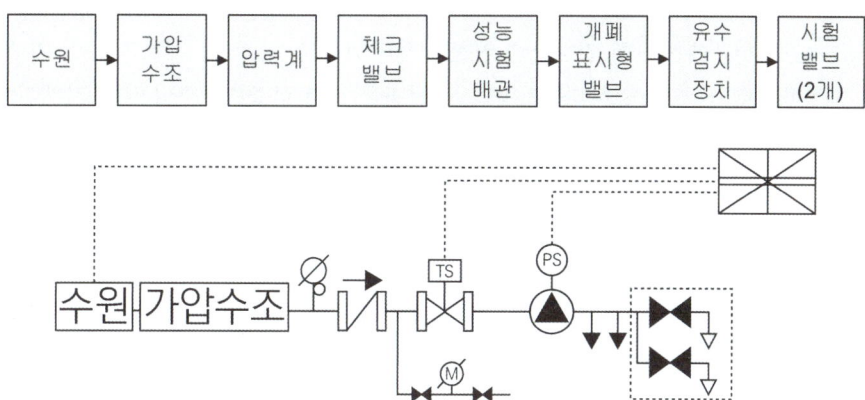

(4) 캐비닛형 가압송수장치

수원, 연성계 또는 진공계(수원이 펌프보다 높은 경우를 제외), 펌프 또는 압력수조, 압력계, 체크밸브, 개폐표시형 밸브, 2개의 시험밸브의 순으로 설치할 것. 다만 소화용수의 공급은 상수도와 직결된 바이패스관 또는 펌프에서 공급받아야 한다.

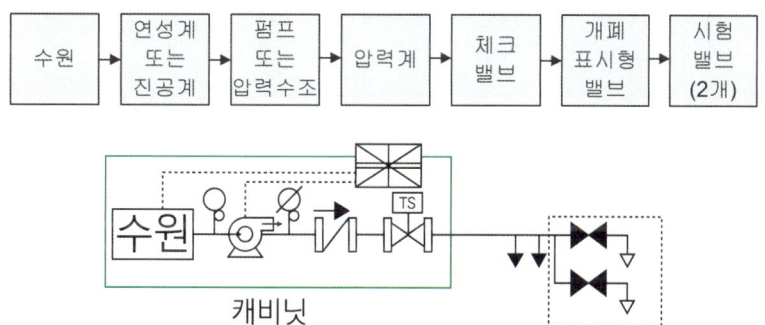

[캐비닛형 전면]

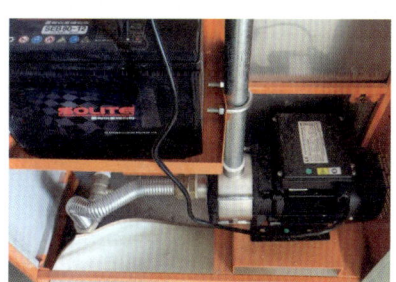
[비상전원 및 가압송수장치]

[압력스위치]

2) 급수배관 설치기준

　(1) 캐비닛형 및 상수도직결형을 사용하는 경우

　　주배관은 32mm, 수평주행배관은 32mm, 가지배관은 25mm 이상으로 할 것. 이 경우 최장배관은 2.2.6(캐비닛형 간이스프링클러설비를 사용할 경우 소방청장이 정하여 고시한 「캐비닛형 간이스프링클러설비의 성능인증 및 제품검사의 기술기준」에 적합한 것으로 설치해야 한다)에 따라 인정받은 길이로 하며 하나의 가지배관에는 간이헤드를 3개 이내로 설치해야 한다.

　(2) 기타의 경우

　　[표 2.5.3.3] 간이헤드 수별 급수관의 구경

구분 \ 관경	25	32	40	50	65	80	100	125	150
가	2	3	5	10	30	60	100	160	161 이상
나	2	4	7	15	30	60	100	160	161 이상

　　비고
　　1. 폐쇄형 스프링클러헤드를 사용하는 설비의 경우로서 1개 층에 하나의 급수배관(또는 밸브 등)이 담당하는 구역의 최대면적은 1,000m²를 초과하지 않을 것
　　2. 폐쇄형 간이헤드를 설치하는 경우에는 "가"란의 헤드 수에 따를 것
　　3. 폐쇄형간이헤드를 설치하고 반자 아래의 헤드와 반자 속의 헤드를 동일 급수관의 가지관 상에 병설하는 경우에는 "나"란의 헤드 수에 따를 것

3 간이스프링클러설비 점검

1) 작동시험방법

　(1) 시험밸브 개방
　(2) 감시제어반(수신기)에서 화재표시 및 음향경보 작동 확인
　(3) 상수도직결형의 경우 급수차단밸브 폐쇄 확인
　(4) 시험밸브의 방수압력 확인(압력계 또는 피토게이지로 측정)
　(5) 시험밸브 폐쇄
　(6) 감시제어반(수신기) 복구

2) 탬퍼스위치 점검방법

　(1) 개폐밸브 폐쇄
　(2) 감시제어반(수신기)에 탬퍼스위치 확인등(TS) 점등 및 부저 확인
　(3) 개폐밸브 개방
　(4) 감시제어반(수신기)에 탬퍼스위치 확인등 소등 및 부저 정지 확인

4 주택전용 간이스프링클러설비

1) 정의

"주택전용 간이스프링클러설비"란 「소방시설 설치 및 관리에 관한 법률 시행령」 별표4 제1호마목에 따라 **연립주택** 및 **다세대주택**에 설치하는 간이스프링클러설비를 말한다.

2) 설치기준(화재안전기술기준, 신설 2024.12.1.)

2.11.1 주택전용 간이스프링클러설비는 다음 기준에 따라 설치한다. 다만, 본 공고에 따른 주택전용 간이스프링클러설비가 아닌 간이스프링클러설비를 설치하는 경우에는 그렇지 않다.

2.11.1.1 상수도에 직접 연결하는 방식으로 수도용 계량기 이후에서 분기하여 수도용 역류방지밸브, 개폐표시형밸브, 세대별 개폐밸브 및 간이헤드의 순으로 설치할 것. 이 경우 개폐표시형밸브와 세대별 개폐밸브는 그 설치위치를 쉽게 식별할 수 있는 표시를 해야 한다.

2.11.1.2 방수압력과 방수량은 2.2.1에 따를 것

2.11.1.3 배관은 2.5에 따라 설치할 것. 다만, 세대 내 배관은 2.5.2에 따른 소방용 합성수지배관으로 설치할 수 있다.

2.11.1.4 간이헤드와 송수구는 2.6 및 2.8에 따라 설치할 것

2.11.1.5 주택전용 간이스프링클러설비에는 가압송수장치, 유수검지장치, 제어반, 음향장치, 기동장치 및 비상전원은 적용하지 않을 수 있다.

06 물분무소화설비

1 물분무헤드

1) 물분무헤드의 정의

　화재 시 직선류 또는 나선류의 물을 충돌·확산시켜 미립상태로 분무함으로써 소화하는 헤드

2) 물분무헤드의 종류

　(1) **충돌형** : 유수와 유수의 충돌에 의해 미세한 물방울을 만드는 물분무헤드

　(2) **분사형** : 소구경의 오리피스로부터 고압으로 분사하여 미세한 물방울을 만드는 물분무헤드

　(3) **선회류형** : 선회류에 의해 확산방출 또는 선회류와 직선류의 충돌에 의해 확산 방출하여 미세한 물방울로 만드는 물분무헤드

　(4) **디플렉터형** : 수류를 살수판에 충돌하여 미세한 물방울을 만드는 물분무헤드

　(5) **슬릿형** : 수류를 슬릿에 의해 방출하여 수막상의 분무를 만드는 물분무헤드

2 수원량의 산정기준

적응장소	수원량(ℓ)	기준면적(m^2)
특수가연물 저장, 취급	$10\ell/min \cdot m^2 \times Am^2 \times 20min$	최대 방수구역의 바닥면적을 기준으로, $50m^2$ 이하인 경우에 50을 적용
차고 또는 주차장	$20\ell/min \cdot m^2 \times Am^2 \times 20min$	
콘베이어벨트	$10\ell/min \cdot m^2 \times Am^2 \times 20min$	벨트 바닥면적(m^2)
절연유 봉입변압기	$10\ell/min \cdot m^2 \times Am^2 \times 20min$	바닥면적을 제외한 표면적(m^2)
케이블트레이, 케이블덕트	$12\ell/min \cdot m^2 \times Am^2 \times 20min$	투영된 바닥면적(m^2)

3 제어밸브의 종류와 기동장치

1) 수동식 개방밸브

　(1) 수동식 개방밸브란 수동식 개폐밸브를 설치한 것을 말한다.

　(2) 수동식 개방밸브의 수동식 기동장치

　　① 직접조작 : 개폐밸브 자체를 손으로 직접 돌리는 것

　　② 원격조작 : 전동으로 밸브를 개방하는 MOV(Motor Operating Valve)를 설치하고 수동기동스위치를 설치하여 원격으로 개방하는 방식

2) 자동식 개방밸브

(1) 자동식 개방밸브란 일제개방밸브(델류지밸브)를 말한다.
(2) 기동장치
① 수동식 기동장치 : 직접조작 또는 원격조작
② 자동식 기동장치
- 화재감지기에 의한 작동 방식
- 폐쇄형 스프링클러헤드에 의한 작동 방식

4 계통도(자동개방밸브(일제개방밸브))

1) 계통도(감지용 스프링클러헤드를 사용하는 경우)

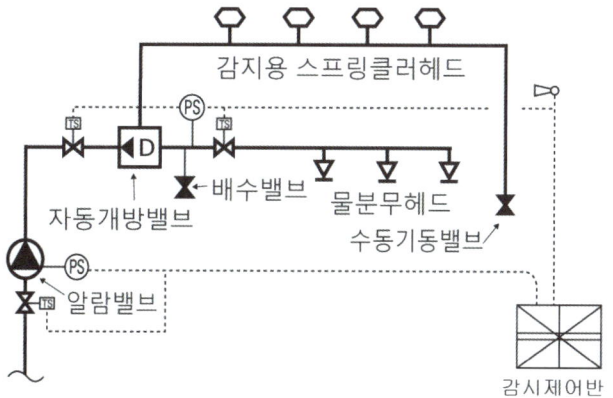

> 참고 화재감지기에 의한 작동방식은 일재살수식 스프링클러설비와 같다.

2) 관련 도시기호

분류	명칭	도시기호	분류	명칭	도시기호
배관	물분무	——WS——	헤드류	물분무헤드(평면도) **1점**	⊗
	배수관	——D——		물분무헤드(입면도)	▽
밸브류	경보델류지밸브 **12점**	◀D		감지헤드(평면도)	Ⓐ
	솔레노이드밸브 **12점**	S		감지헤드(입면도)	⬡

5 물분무소화설비 동작 흐름도

1) 감지용 폐쇄형 스프링클러헤드를 사용하는 경우

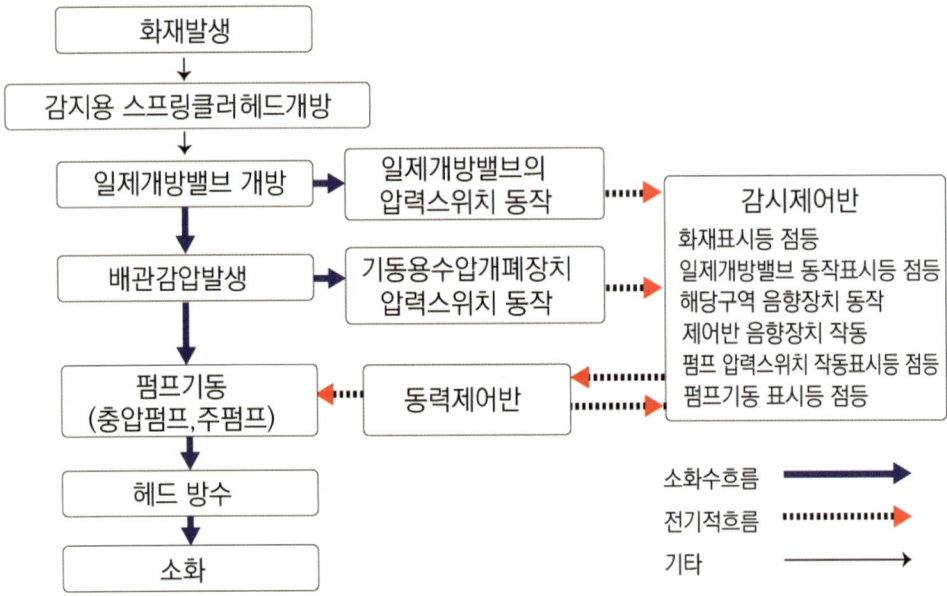

2) 화재감지기를 사용하는 경우

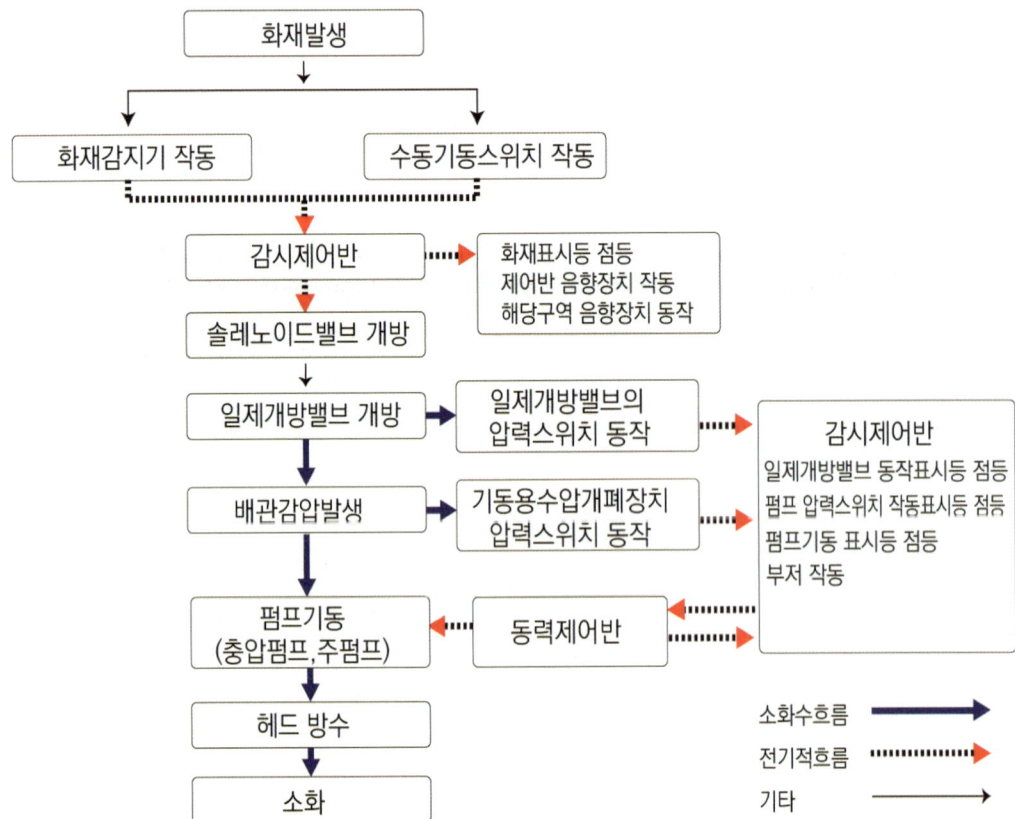

07 포소화설비 점검

1 포소화설비 계통도

1) 계통도

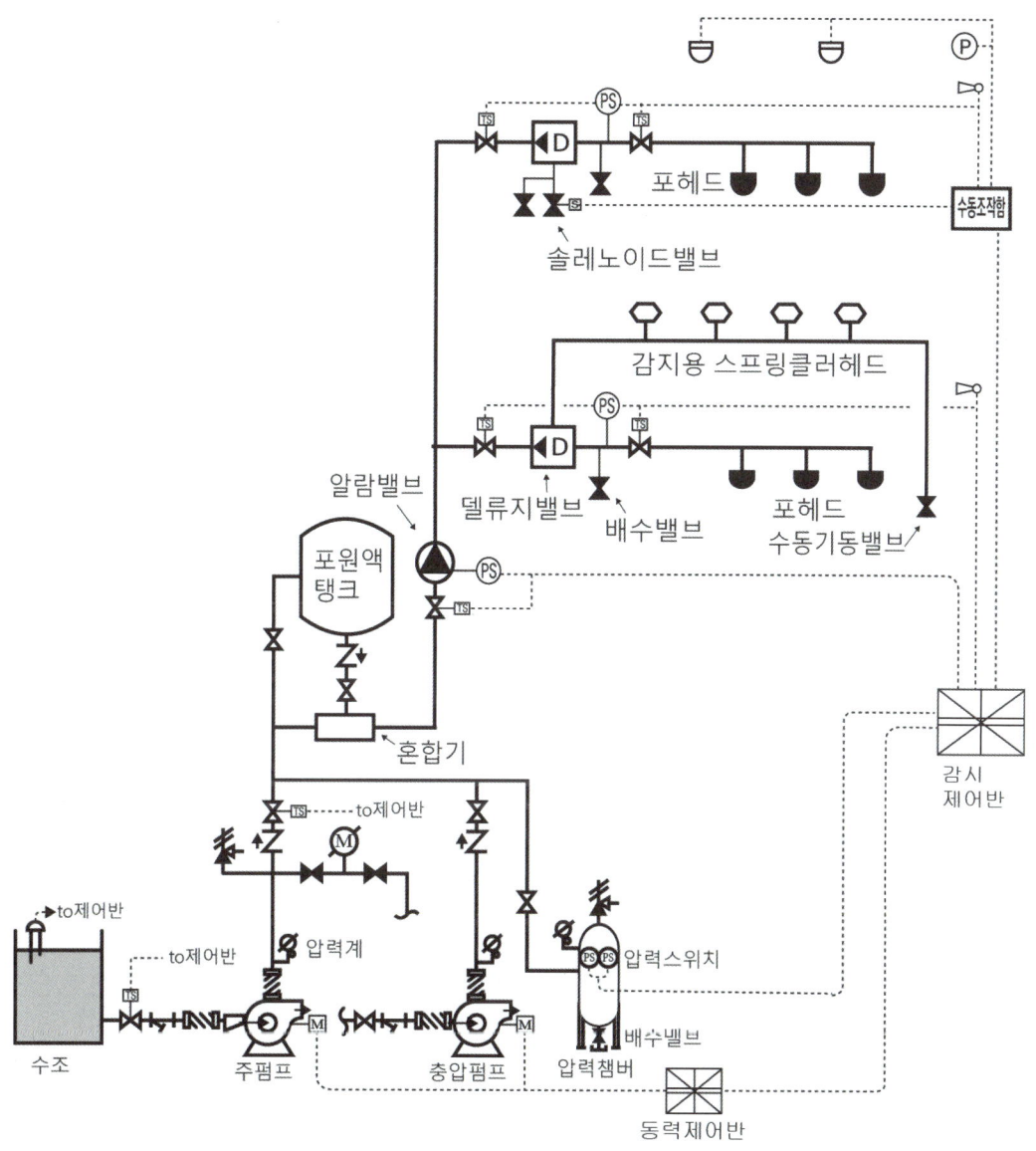

2) 관련 도시기호

분류	명칭	도시기호	분류	명칭	도시기호
배관	포소화	── F ──	헤드류	포헤드(평면도) **21설**	
	배수관	── D ──		포헤드(입면도) **17점**	
밸브류	경보밸브(습식)			감지헤드(평면도)	
	경보델류지밸브 **12점**	D		감지헤드(입면도)	
	프리액션밸브 수동조작함	SVP	혼합장치류	프레져프로포셔너	
	솔레노이드밸브 **12점**	S		라인프로포셔너	
저장탱크류	포말원액탱크	(수직) (수평)		프레져사이드 프로포셔너	
				기타	P

3) 기동장치에 설치하는 자동경보장치 화재안전기술기준(2.8.3)

(1) 방사구역마다 일제개방밸브와 그 일제개방밸브의 작동 여부를 발신하는 발신부를 설치할 것. 이 경우 각 일제개방밸브에 설치되는 발신부 대신 1개 층에 1개의 유수검지장치를 설치할 수 있다.

(2) 상시 사람이 근무하고 있는 장소에 수신기를 설치하되, 수신기에는 폐쇄형 스프링클러헤드의 개방 또는 감지기의 작동여부를 알 수 있는 표시장치를 설치할 것

(3) 하나의 소방대상물에 2 이상의 수신기를 설치하는 경우에는 수신기가 설치된 장소 상호간에 동시 통화가 가능한 설비를 할 것

※ 자동화재탐지설비에 따라 경보를 발할 수 있는 경우에는 음향경보장치를 설치하지 않을 수 있다.

2 포소화설비의 수원, 포수용액량, 약제량 및 토출량

1) 포워터스프링클러 설비(저발포)

구 분	계 산	
펌프의 토출량[ℓ/min]	N × 75ℓ/min·개	
수원량[ℓ](포수용액량)	N × 75ℓ/min·개 × 10min	
포약제량[ℓ]	N × 75ℓ/min·개 × 10min × S[약제농도]	
포워터스프링클러 헤드 개수[N]	바닥면적m^2 ÷ 8m^2/개	바닥면적 : 200m^2 초과는 200m^2 항공기 격납고는 가장 큰 격납고 전체면적

※ 포워터스프링클러헤드 표준방사량 75ℓ/min

2) 포헤드 설비

구 분	계 산		
펌프 토출량 [ℓ/min]	특수가연물 저장·취급하는 공장, 창고	Am^2 × 6.5ℓ/min·m^2	
	차고·주차장, 항공기격납고	Am^2 ×	단백포 : 6.5 합성계면 : 8.0 수성막포 : 3.7 ℓ/min·m^2
수원량[ℓ] (포수용액량)	펌프토출량 × 10min		
포약제량[ℓ]	펌프토출량 × 10min × S(약제농도)		
포헤드 수	바닥면적m^2 ÷ 9m^2/개	바닥면적 : 200m^2 이내의 헤드개수, 항공기 격납고는 가장 큰 격납고 전체면적	
	▶ 유효반경 R : 2.1m, [헤드 상호 간 거리(정방형)] S = 2·R·cos 45°		
설치기준	포헤드와 벽 방호구역의 경계선과는 헤드 간 거리의 2분의 1 이하의 거리를 둘 것		

3) 호스릴포소화설비 및 포소화전 설비

구 분	계 산
수원량[ℓ] (포수용액량)	N [최대 5개] × 300ℓ/min·개 × 20min
포약제량[ℓ]	N [최대 5개] × 300ℓ/min·개 × 20min × S[약제농도] • 바닥면적 200m² 미만인 건축물은 포약제량의 75%
펌프의 토출량 [ℓ/min]	N [최대 5개] × 300ℓ/min·개 • 포노즐 선단의 방수압력 : 0.35MPa • 차고·주차장(바닥면적 200m² 이하인 경우 230ℓ/min·개

4) 고발포용 고정포방출설비(전역방출방식)

구 분	계 산				
수원량[ℓ] (포수용액량)	Vm³ × Qℓ/min·m³ × 10min				
	V[관포체적]	방호대상물 높이보다 0.5m 위까지의 체적			
	Q ℓ/min·m³ 1m³에 대한 분당 포수용액 방출량	소방대상물	포의 팽창비	Q	
		항공기격납고	팽창비 80 이상 250 미만	2.00ℓ	
			팽창비 250 이상 500 미만	0.50ℓ	
			팽창비 500 이상 1000 미만	0.29ℓ	
		차고 또는 주차장	팽창비 80 이상 250 미만	1.11ℓ	
			팽창비 250 이상 500 미만	0.28ℓ	
			팽창비 500 이상 1000 미만	0.16ℓ	
		특수가연물 저장·취급장소	팽창비 80 이상 250 미만	1.25ℓ	
			팽창비 250 이상 500 미만	0.31ℓ	
			팽창비 500 이상 1000 미만	0.18ℓ	
포방출구수	Am² ÷ 500m²/개　　　(A : 방호구역의 바닥면적)				
포약제량	Vm³ × Qℓ/min·m³ × 10min × S[약제농도]				
펌프의 토출량	Vm³ × Qℓ/min·m³				
설치기준	① 개구부에 자동폐쇄장치(방화문 또는 불연재료로된 문으로 포수용액이 방출되기 직전에 개구부가 자동적으로 폐쇄될 수 있는 장치)를 설치할 것. 다만 외부로 새는 양 이상을 추가하여 방출하는 설비가 있는 경우는 제외한다. ② 고정포방출구는 방호대상물의 최고부분보다 높은 위치에 설치할 것. 다만 밀어 올리는 능력을 가진 것은 방호대상물과 같은 높이로 할 수 있다.				

5) 고발포용 고정포방출설비(국소방출방식)

구 분	설 명
수원량[ℓ] (포수용액량)	A(방호면적)m² × Q ℓ/min·m² × 10min Am² (방호면적) : 방호대상물 높이의 3배의 거리연장 면적(최소 1m) Q ℓ/min·m² | 방호대상물	방호면적 1m²에 대한 1분당 방출량
특수가연물	3ℓ
기타의 것	2ℓ	
포약제량[ℓ]	A(방호면적)m² × Q ℓ/min·m² × 10min × S[약제농도]
펌프의 토출량 [ℓ/min]	A(방호면적)m² × Q ℓ/min·m²

6) 압축공기포 소화설비

구 분	설 명
수원량[ℓ] (포수용액량)	A(면적)m² × Q ℓ/min·m² × 10min Q ℓ/min·m² | 방호대상물 등	방출량
특수가연물 / 알코올류, 케톤류	2.3 ℓ/min·m²
기타의 것 / 일반가연물, 탄화수소류	1.63 ℓ/min·m²	
분사헤드 수	• 유류탱크 주위 : 바닥면적 m² ÷ 13.9m² • 특수가연물저장소 : 바닥면적 m² ÷ 9.3m² • 분사헤드는 천장 또는 반자에 설치하되 측벽에도 설치 가능함
포약제량[ℓ]	A(면적)m² × Q ℓ/min·m² × 10min × S[약제농도]
펌프의 토출량 [ℓ/min]	A(면적)m² × Q ℓ/min·m²

3 위험물 저장탱크의 포소화약제량

1) 고정포방출구 방식

(1) 고정포방출구

$$Q_1 = A \cdot Q \cdot T \cdot S$$

Q_1 : 포소화약제의 양[ℓ]
A : 탱크의 액표면적[m^2]
Q : 단위포소화수용액의 양(방출률)[ℓ/min·m^2]
T : 방출시간[min]
S : 포소화약제의 사용농도[%]

(2) 보조포소화전

$$Q_2 = N \cdot 8000 \cdot S$$

Q_2 : 포소화약제의 양[ℓ]
N : 호스접결구의 수(최대 3개)
S : 포소화약제의 사용농도[%]

(3) 배관보정량(송액관에 필요한 포소화약제의 양) : 내경 75mm 초과 시 적용

$$Q_3 = A \cdot L \cdot S \cdot 1000$$

Q_3 : 배관 보정량[ℓ]
A : 배관 단면적[m^2]
S : 포소화약제의 사용농도[%]
L : 배관의 길이[m]

* 송액관 : 수원으로부터 포헤드, 고정포방출구 또는 이동식 노즐에 급수하는 배관

(4) 고정포방출구방식의 포소화약제 저장량

| 고정포 방출구 방식 | = | 고정포 방출구의 양 | + | 보조포 소화전의 양 | + | 송액관의 양 |

∴ $Q = Q_1 + Q_2 + Q_3$

2) 옥내포소화전방식, 호스릴방식의 포소화약제량

$$Q = N \cdot 6000 \cdot S$$

Q : 포소화약제의 양[ℓ]
N : 호스접결구의 수(최대 5개)
S : 포소화약제의 사용농도[%]

▶ 바닥면적 200m^2 미만은 75%를 적용

4 위험물 저장탱크의 포방출구

1) Ⅰ형 방출구

(1) 방출된 포가 액면 위에서 전개될 수 있도록 탱크 내부에 포의 통로가 있는 설비
(2) Cone Roof Tank에 설치하는 방식

2) Ⅱ형 방출구

(1) 방출된 포가 탱크 측판 내부로 흘러 내려서 액면에 전개되도록 반사판이 있는 설비
(2) Cone Roof Tank에 설치하는 방식

3) 특형 방출구

Floating Roof Tank의 측면과 굽도리판(Foam Dam)에 의하여 형성된 환상부분에 포를 방출하여 소화작용을 하도록 설치된 설비

4) Ⅲ형(표면하포주입방식) 방출구

(1) 포를 탱크 밑으로 주입하여 포가 탱크 내의 유류를 통해 표면으로 떠올라 소화하는 방식
(2) 60m 초과 탱크에 적합
(3) Cone Roof Tank만 사용

5) Ⅳ형(반표면하포주입방식) 방출구

표면하포주입방식의 개량형으로 탱크 하부에 호스를 이용하여 액면에서 포를 방출하는 방식

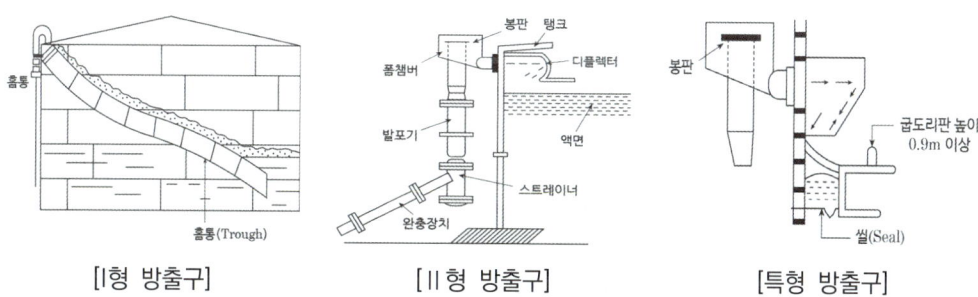

[Ⅰ형 방출구]　　　　[Ⅱ형 방출구]　　　　[특형 방출구]

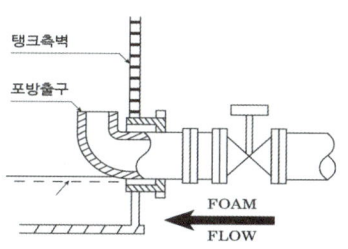

[Ⅲ형(표면하포주입방식) 방출구]

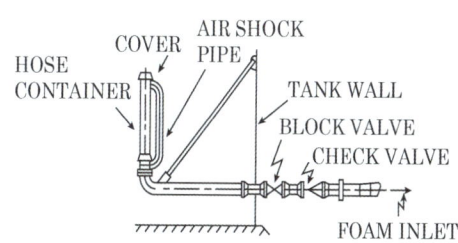

[Ⅳ형(반표면하포주입방식) 방출구]

※ 위험물안전관리법에 관한 방출구 종류에 따른 포수용액량

방호대상물	I형		II, III, IV형		특형	
	포수용액량 [ℓ/m2]	방출률 [ℓ/m²·min]	포수용액량 [ℓ/m²]	방출률 [ℓ/m²·min]	포수용액량 [ℓ/m²]	방출률 [ℓ/m²·min]
제4류 위험물 중 인화점이 21℃ 미만인 것	120	4	220	4	240	8
제4류 위험물 중 인화점이 21℃ 이상 70℃ 미만인 것	80	4	120	4	160	8
제4류 위험물 중 인화점이 70℃ 이상인 것	60	4	100	4	120	8

예제 1

문제 직경이 20m인 중유저장탱크에 II형 고정포방출구를 설치하는 경우 약제량을 계산하시오. (다만, 보조포소화전 3개 설치, 포소화약제 수성막포 3% 사용, 배관의 구경은 100mm로 총 길이는 100m)

답 1) 고정포방출구의 약제량

  ① 탱크의 액 표면적(A) : $\frac{\pi}{4} \times 20^2 = 314 \, m^2$

  ② 단위 포수용액의 양(Q) : $4 \, ℓ/m^2 \cdot min$ (위험물안전관리 세부기준)

  ③ 방출시간(T) : 25min (위험물안전관리 세부기준)

  ④ 소화약제농도(S) : 수성막포 3%

  ∴ $Q_1 = A \cdot Q \cdot T \cdot S = 314 \times 4 \times 25 \times 0.03 = 942 \, ℓ$

2) 보조포소화전의 약제량

  ∴ $Q_2 = N \cdot 8000 \cdot S = 3 \times 8000 \times 0.03 = 720 \, ℓ$

3) 배관보정량

  ∴ $Q_3 = A \cdot L \cdot S \cdot 1000 = \frac{\pi}{4} \times 0.1^2 \times 100 \times 0.03 \times 1000 = 23.56 \, ℓ$

4) 포소화약제의 저장량

  ∴ $942 \, ℓ + 720 \, ℓ + 23.56 \, ℓ = 1685.56 \, ℓ$

5 포헤드설비 점검방법

1) 일제개방밸브 점검순서(화재감지기를 사용하는 경우)

(1) 감시제어반에서 연동되는 다른 설비를 연동정지한다.
(2) 알람밸브에 연결된 모든 일제개방밸브의 2차 측 개폐밸브를 폐쇄한다.
(3) 포원액탱크의 흡입밸브 및 토출밸브를 폐쇄한다(포를 방사하는 경우에는 흡입밸브와 토출밸브를 개방하고 시행한다).
(4) 시험하려는 일제개방밸브의 배수밸브를 개방하여 놓는다.
(5) 일제개방 밸브를 다음 중 하나의 방법으로 작동한다.
　① 방호구역 내 A, B교차회로의 모두 감지기를 작동
　② 수동조작함의 수동조작스위치를 작동
　③ 일제개방밸브에 설치된 수동개방밸브를 개방
　④ 감시제어반(복합수신기)에서 일제개방밸브의 수동으로 작동
　⑤ 감시제어반(복합수신기)에서 감지기 동작시험을 통해 감지기 A·B를 동작

> **참고** 감지용 스프링클러헤드를 사용하는 경우 수동개방밸브(수동기동장치)를 개방한다.

(6) 솔레노이드밸브가 작동으로 중간챔버가 배수되어 일제개방밸브가 개방된다.
(7) 다음 사항을 확인한다.
　① 감지기 1개 작동 시 감시제어반의 화재표시등 점등 및 음향경보
　② 감지기 A, B 모두 작동 시 솔레노이드밸브 개방 및 감시제어반 해당밸브 개방 표시등 점등
　③ 기동용 수압개폐장치의 작동 여부 및 감시제어반 표시등 점등
　④ 가압송수장치의 자동 작동 여부 확인 및 감시제어반 표시등 점등
　⑤ 해당 방호구역의 음향경보장치의 작동 여부 확인
(8) 복구절차
　① 1차 개폐밸브를 잠그고 주펌프 기동으로 제어반의 펌프 압력스위치등이 소등되면 펌프를 수동으로 정지한다.
　② 배수밸브 개방상태이므로 배수가 완료되면 배수밸브를 폐쇄한다.
　③ 감시제어반에서 복구하고 각 표시등이 소등되는 것을 확인한다.
　④ 솔레노이드밸브(전동볼밸브) 수동복구방식의 경우 수동으로 복구한다.
　⑤ 세팅밸브를 개방하여 중간챔버에 급수한다.
　⑥ 세팅이 완료되면 배수밸브를 열어 배수확인 후 다시 폐쇄한다.
　⑦ 1차 측 및 2차 측 개폐밸브를 개방한다.
　⑧ 포원액탱크의 흡입밸브 및 토출밸브를 개방한다(포를 방사한 경우에는 배액밸브를 개방하여 배관 내의 포수용액을 모두 배출한다).

기출문제

17점 포소화약제 저장탱크 내 약제를 보충하고자 한다. 다음 그림을 보고 그 조작순서를 쓰시오. (단, 모든 설비는 정상상태로 유지되어 있었다)(6점)

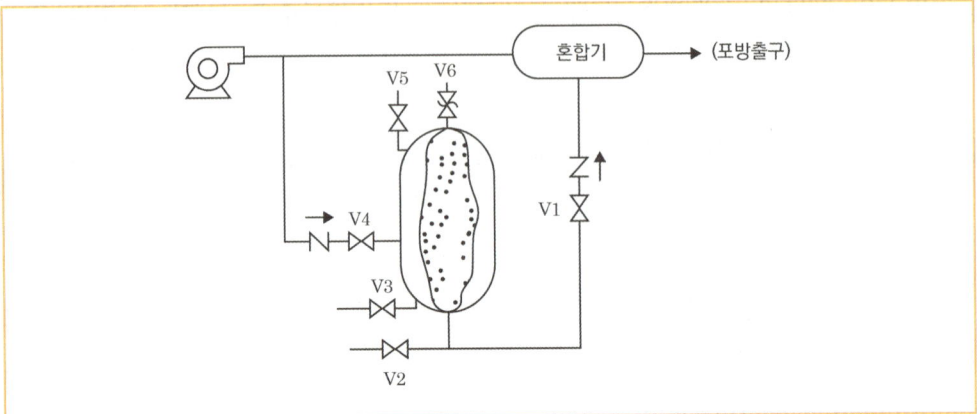

📋 **조작순서**
1) V1, V4를 폐쇄한다.
2) V3, V5를 개방하여 저장탱크 내부 물을 배수한다.
3) V6를 개방한다.
4) V2에 포소화약제의 송액장치를 접속한다.
5) V2를 개방하여 서서히 포소화약제를 주입한다.
6) 포소화약제가 보충되면 V2 및 V3를 폐쇄한다.
7) 펌프를 기동한다.
8) V4를 서서히 개방하여 저장탱크를 가압하고 가압 시 V5와 V6로부터 공기를 배출한 후 가압이 완료되면 V5와 V6를 폐쇄하고 펌프를 정지한다.
9) V1을 개방한다.

[포소화약제저장탱크-Ⅰ]

[포소화약제저장탱크-Ⅱ]

CHAPTER 03 가스계소화설비 점검

▶ 소방시설관리사 점검실무행정

01 가스계소화설비 공통(CO_2, 할론, 할로겐화합물 및 불활성기체소화설비)

1 전역방출방식 계통도

1) 계통도(가스압력식)

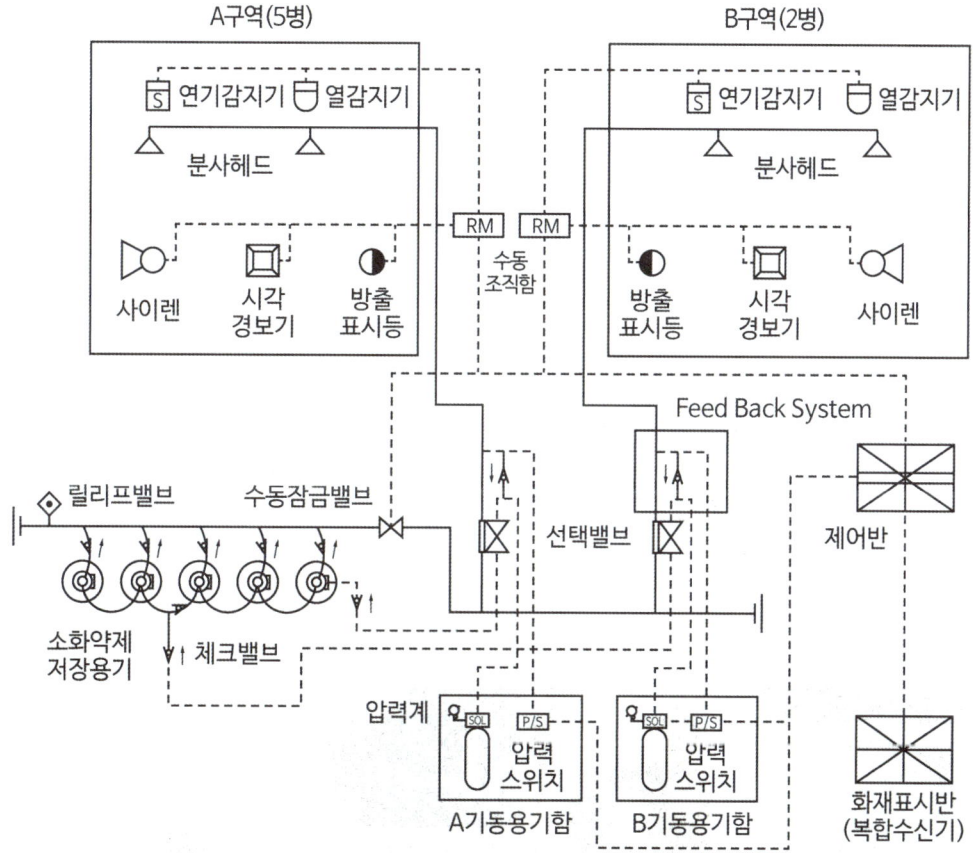

[이산화탄소소화설비의 전역방출방식 계통도]

2) 도시기호

분류	명칭	도시기호	분류	명칭	도시기호
밸브류	가스체크밸브 **16점**	▷	헤드류	분말·탄산가스·할로겐헤드 **21설**	⊕ △
	선택밸브	⋈		청정소화약제방출헤드 (평면도)	⊕
	릴리프밸브 (이산화탄소용)	◆		청정소화약제방출헤드 (입면도)	▲
저장용기류	저장용기 **1점**	(병 모양)	경보설비기기류	가스계소화설비의 수동조작함	RM
스위치류	압력스위치	PS		시각경보기 (스트로브) **17점, 21설**	◇
경보설비기기류	제어반	⊠		사이렌	◁
	표시반	▦		표시등	◐
	수신기	⊠		차동식 스포트형 감지기	∪
				연기감지기	S

2 점검장비

소방시설	점검장비	용도
이산화탄소, 분말, 할론, 할로겐화합물 및 불활성기체 소화설비	검량계	소화약제 저장용기의 약제량 측정을 위해 저장용기의 중량을 측정하는 기구
	기동관누설시험기	기동용 동관의 누설을 시험하기 위해 질소가스를 주입하는 시험기기
	그 밖에 소화약제의 저장량을 측정할 수 있는 점검기구	액화가스레벨메터 / LSI 액면표시지

3 작동순서

1) 전역방출방식 구성

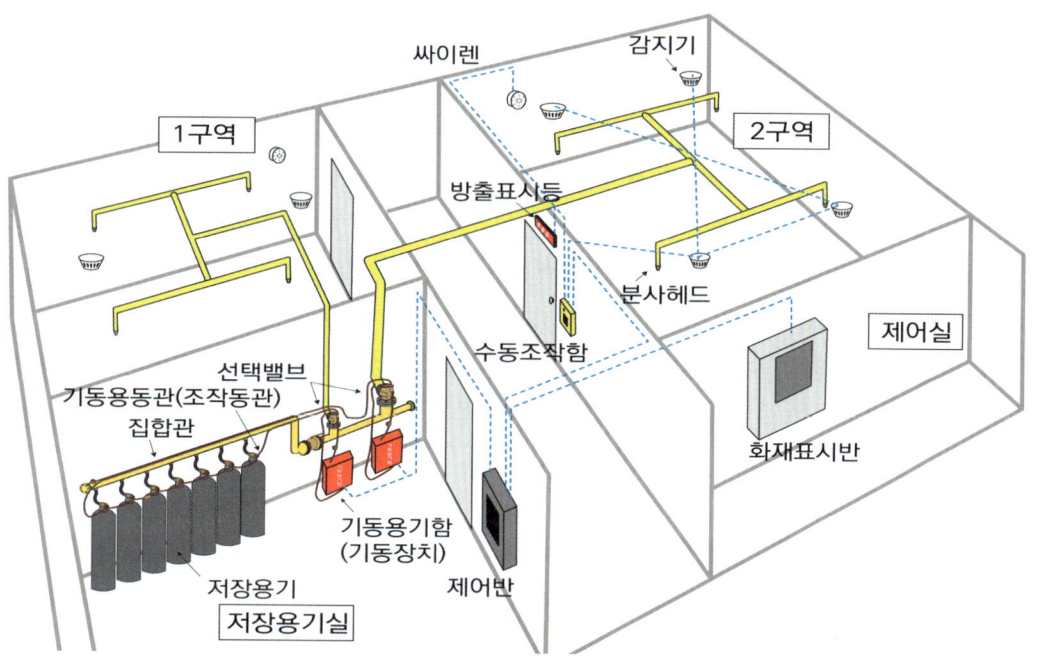

2) 작동순서(블록 다이어그램) **3쇄**

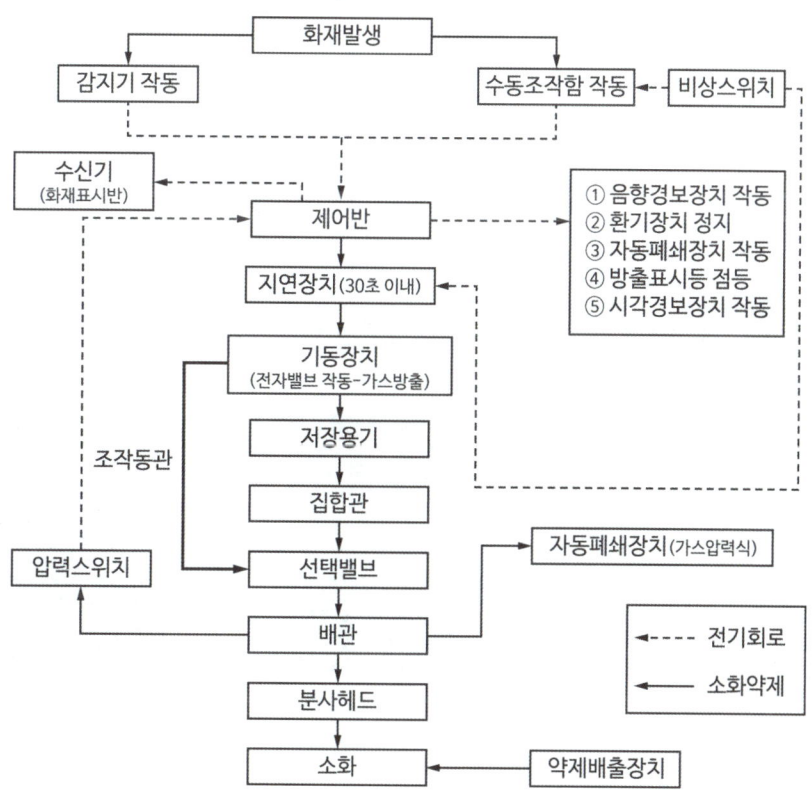

4 점검순서

1) 점검 전 조치 및 확인사항 ④설

(1) 제어반에서 연동정지 상태로 전환한다(솔레노이드 정지).
(2) 제어반에서 방호구역의 수를 확인한다.
(3) 각 방호구역의 기동용기함에서 기동용기로부터 동관을 분리한다.
(4) 기동용기의 솔레노이드에 안전핀을 꽂고 기동용기로부터 솔레노이드밸브를 분리한 후 안전핀을 뺀다.
(5) 저장용기의 니들밸브를 분리한다(니들밸브의 안전클립이 빠지지 않도록 주의한다).
(6) 점검 전 확인사항
   ① 기동용기함의 수가 방호구역의 수와 같은지 확인한다.
   ② 기동용 동관과 체크밸브(위치, 방향)가 적합하게 설치되었는지 확인한다.
   ③ 선택밸브를 동작이 원활한지 수동으로 개방한 후 복구한다.

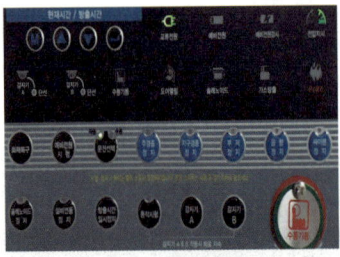
[제어반 연동정지]

[솔레노이드 안전핀 체결]

[솔레노이드밸브와 안전핀]

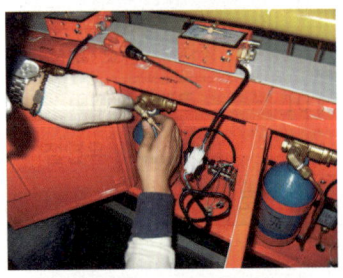
[기동용기로부터 동관분리]

[기동용기 분리]

[니들밸브 분리]

[기동용 동관 설치 상태]

가스체크밸브 흐름방향 →
[가스체크밸브]

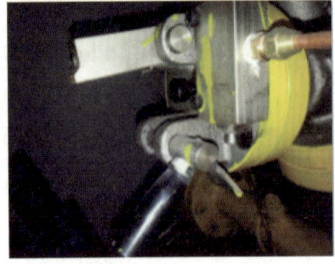
[선택밸브 개방된 모습]

2) 가스압력식 기동장치의 전자개방밸브 작동시험

　(1) 작동방법(전자개방밸브(솔레노이드밸브) 작동시험) **10설 24점**

　　제어반에서 연동정지 상태로 전환한 후 시행한다.

　　① 방호구역 내부의 A, B 감지기를 동시에 작동한다.

　　② 수동조작함의 기동스위치를 누른다.

　　③ 제어반에서 수동기동스위치를 누른다.

　　④ 제어반에서 해당구역 A, B 감지기를 회로동작시험으로 동시에 작동시킨다.

　　⑤ 전자개방밸브(솔레노이드밸브)의 누름스위치를 누른다.

　(2) 확인사항 **10설**

　　① 감지기 작동 시 제어반에서 화재표시등 및 해당 구역 감지기 작동 표시등 확인

　　② 제어반에서 음향장치, 환기장치 정지, 자동폐쇄장치 작동 표시등 확인

　　② A, B 감지기 모두 작동 시 제어반의 타이머 작동 및 타이머 적정시간(지연) 확인

　　③ 수동조작함 작동 시 제어반의 수동조작함 표시등 점등 및 음향장치 확인

　　④ 전자개방밸브(솔레노이드 밸브) 작동 시 제어반에서 전자개방밸브 개방 표시등 점등 확인

　　⑤ (1)의 방법으로 작동한 후 제어반의 타이머 작동 상태에서 수동조작함 및 제어반의 방출지연스위치를 눌러 타이머가 일시 정지되는지 확인한다.

　　⑥ 해당 방호구역의 음향장치(사이렌) 및 시각경보기 작동 확인

　　⑦ 해당 방호구역의 환기장치 정지 및 자동폐쇄장치 작동 확인

　　⑧ 기동용기함에서 압력스위치를 수동으로 조작하여 해당 방호구역의 방출표시등 점등 확인

[감지기 A, B 작동]　　[수동조작스위치 작동]　　[솔레노이드밸브 누름스위치 누름]

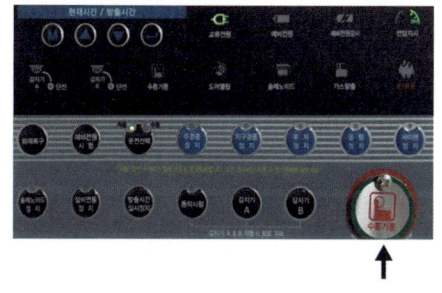 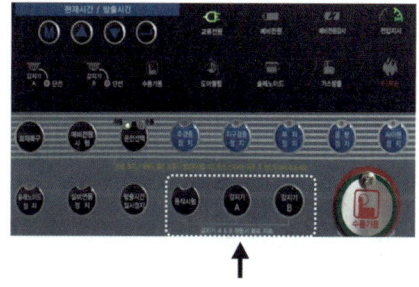

[제어반에서 수동기동스위치 작동]　　[제어반에서 감지기 작동시험]

3) 전자개방밸브(솔레노이드밸브) 복구방법

　(1) 제어반의 복구스위치를 누른다.
　(2) 제어반에서 연동정지 상태로 전환한다(솔레노이드 정지).
　(3) 파괴침에 안전핀을 꽂고 눌러 솔레노이드 밸브를 복구한다.
　(4) 기동관 누설시험, 약제량 측정 등을 실시한다.
　(5) 점검 완료 후 솔레노이드밸브를 기동용기에 연결한다(안전핀을 꽂은 상태).
　(6) 제어반은 연동상태로 전환한다.
　(7) 안전핀은 솔레노이드로부터 제거하여 원래 위치에 넣는다.

　　✅ **참고** 제어반을 복구한 후에만 솔레노이드밸브를 복구할 수 있다.

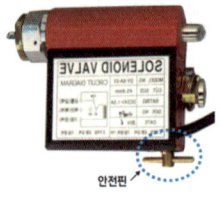 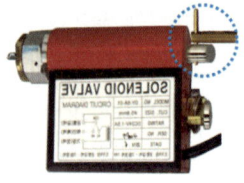 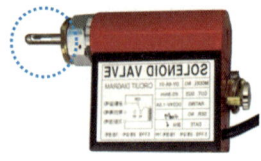

[솔레노이드밸브의 안전핀 위치]　　[탈착 시 안전핀 체결 위치]　　[솔레노이드밸브가 작동한 상태]

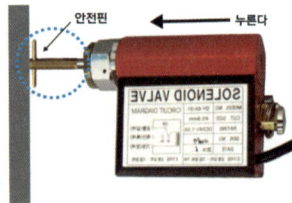 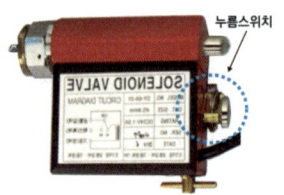 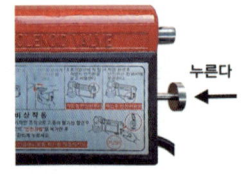

벽 또는 바닥
[솔레노이드 밸브 복구방법]　　[솔레노이드밸브 누름스위치]　　[안전클립 제거하고 누름스위치를 누름]

기출문제

3점 전역방출방식에서 화재 발생 시부터 헤드 방사까지의 동작흐름이 제시된 그림을 이용하여 Block Diagram으로 표시하시오.　　　　　　　　　　　답 생략

4점 불연성 가스계소화설비의 가스압력식 기동방식 점검 시 오동작으로 가스방출이 일어날 수 있다. 소화약제의 방출을 방지하기 위한 대책을 쓰시오.(20점)
　　　　　　　　　　　　　　　　　　　　　　　답 점검 전 조치사항 참조

10점 가스압력식 기동장치가 설치된 이산화탄소소화설비의 작동시험 관련 물음에 답하시오.(18점)　　　　　　　　　　　　　　　　　　　　　답 생략
　① 작동시험 시 가스압력식 기동장치의 전자개방밸브 작동 방법 중 4가지만 쓰시오.(8점)
　② 방호구역 내에 설치된 교차회로 감지기를 동시에 작동시킨 후 이산화탄소소화설비의 정상작동 여부를 판단할 수 있는 확인사항들에 대해 쓰시오.(10점)

24점 이산화탄소소화설비에서 솔레노이드밸브의 작동시험방법 4가지만 쓰시오. (4점) 답 생략

4) 기동용기함 점검

점검순서 1)에 의해 기동용기에서 솔레노이드밸브 및 기동관이 분리된 상태이고 저장용기의 니들밸브도 분리된 상태로 진행한다.

⑴ 기동관 누설시험 및 확인사항

　① 기동용기로부터 분리된 기동관에 기동관누설시험기를 연결한다.

　② 기동관누설시험기를 서서히 개방하여 시험공기를 기동관에 주입한다.

　③ 해당구역의 선택밸브가 개방되는지 확인한다.

　④ 체크밸브가 바르게 설치되어 해당구역 저장용기수에 맞게 니들밸브가 동작하는지 확인한다.

　⑤ 기동관에 누설이 없는지 비눗물을 도포하여 확인한다(누설부위에서는 기포 발생).

⑵ 기동용기의 기동가스량 점검

　① 이산화탄소 : 기동용기의 중량을 검량계로 측정 후 총 중량에서 각인되어 있는 용기중량과 밸브중량을 뺀 값이 기준에 적합한지 확인한다(0.6kg 이상).

$$\text{이산화탄소가스중량} = \text{총 중량} - \text{용기중량} - \text{밸브중량}$$

　② 질소 : 기동용기의 압력계가 정상범위에 있는지 확인한다.

⑶ 방출표시등 점검

선택밸브 2차 측과 연결된 압력스위치(보통 기동용기함 내에 설치됨)를 손으로 올려 해당구역의 방출표시등 점등 여부를 확인한다.

[기동관누설시험기 연결]

작동 전

작동 후

[선택밸브 개방]

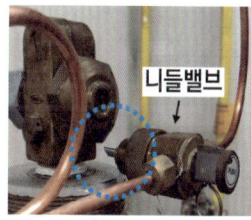
[니들밸브 작동]

[기동용기 중량 측정]

[질소용기 압력계 확인]

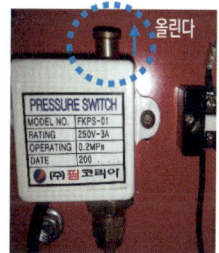
[압력스위치 작동]

[방출표시등 점등]

5) 저장용기 약제량 점검

   (1) 판정기준(점검표의 약제저장량 점검리스트 내용)

   ① 이산화탄소, 할론 : 약제량 손실 5% 초과 시 불량으로 판정

   ② 할로겐화합물 및 불활성기체 : 약제량 손실(불활성기체는 압력손실) 5% 초과 시 불량으로 판정. 불활성기체는 손실량에 압력게이지 값을 기록

   (2) 할로겐화합물 및 불활성기체 소화설비 화재안전기술기준

   2.3.2.5. 저장용기의 약제량 손실이 5%를 초과하거나 압력손실이 10%를 초과할 경우에는 재충전하거나 저장용기를 교체할 것. 다만, 불활성기체 소화약제 저장용기의 경우에는 압력손실이 5%를 초과할 경우 재충전하거나 저장용기를 교체해야 한다.

   (3) 가스량 점검(측정)방법 **6쎌**

   ① 압력계 확인

   불활성기체(이너젠가스) 소화약제는 기상(기체상태)으로 저장되므로 저장용기에 부착된 압력계를 읽어 압력손실 5% 초과 여부를 확인한다.

   ② 중량측정법

   검량계를 사용하여 각 저장용기의 총 중량을 측정한 후 용기중량과 밸브 중량을 뺀 값을 약제중량으로 하는 방법이다.

   ③ 액위측정법 **21쎌**

   ㉠ 액화하여 저장되는 경우 액위 측정계를 사용하여 용기 내부 소화약제의 액면의 높이를 측정한 후 액상과 기상의 밀도를 적용하여 소화약제량을 산정하는 방법이다.

   ㉡ 측정장치로는 액화가스레벨메터, 초음파액면측정기, 또는 LSI 액면표시지가 있다.

   ㉢ 소화약제가 액상과 기상으로 분리되어야 하므로 주위온도가 임계점 이상이거나 임계점에 가까우면 측정이 어렵다.

   ㉣ 주위온도가 높으면 액위측정이 곤란한 소화약제

구 분	이산화탄소	HFC-23
임계온도	31.35℃	25.9℃
액위측정이 가능한 한계온도	약 26℃	약 20℃

6) 중량측정법

　(1) **측정원리** : 약제 용기의 중량과 빈 용기의 중량차로 약제량 측정

　(2) **특징**

　　① 임계점과 관계없이 정확한 측정이 가능하다.

　　② 측정방법이 복잡하다.

　　③ 동관의 분리/결합 시 파손 및 누설 위험이 있다.

　　④ 용기는 중량물이므로 취급, 전도 등에 주의하여야 한다.

　(3) **중량 측정순서**

　　① 제어반에서 연동정지, 솔레노이드밸브 안전핀 체결, 기동용기 기동관을 분리한다.

　　② 저장용기의 니들밸브 분리 및 저장용기의 방출관을 분리한다.

　　③ 저장용기를 가대로부터 분리한다.

　　④ 검량계를 바닥이 평평하고 수평인 곳에 놓는다.

　　⑤ 검량계에 저장용기를 올리고 총중량을 측정한다.

　　⑥ 저장용기의 용기중량과 밸브 중량을 확인한다.

　　⑦ 약제량 계산

$$약제중량 = 저장용기 \; 총 \; 중량 - 용기중량 - 밸브중량$$

　　⑧ 약제량 손실 5% 초과 시 불량으로 판정한다.

"W75.7" → 75.7kg

[저장용기에 각인된 중량표시]

"W4.1" → 4.1kg

[밸브의 중량표시]

[저장용기 압력계 확인]

7) 액화가스 레벨메터(Level Meter, LD-45S) 측정방법

(1) 액화가스 레벨메터(Level Meter)의 구성부품과 부품의 명칭 **21쌀**

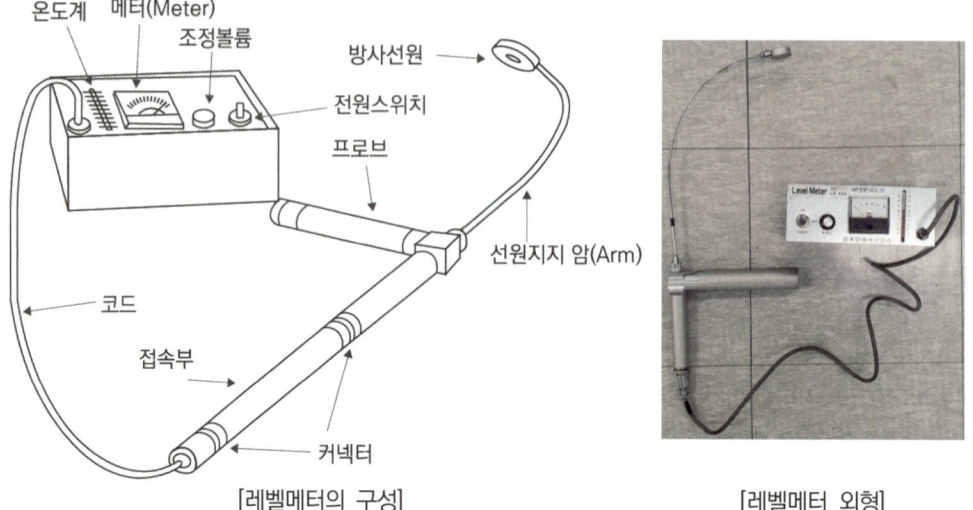

[레벨메터의 구성]　　　　　　　　[레벨메터 외형]

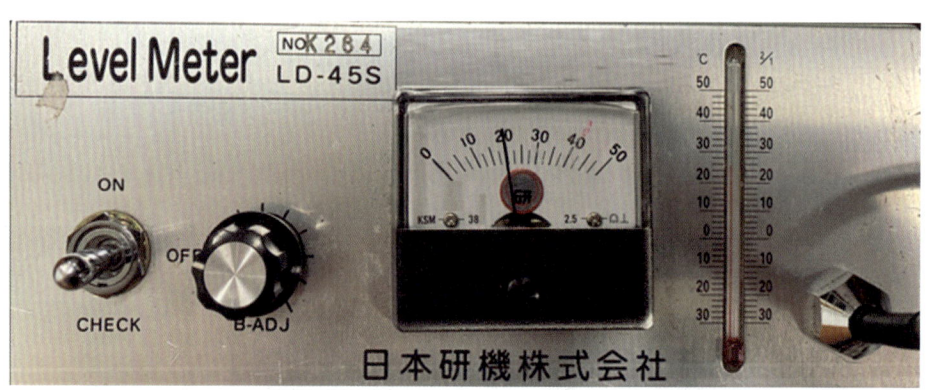

↑ 전원스위치　↑ 조정볼륨　↑ 메터(Meter)　↑ 온도계

(2) 사용방법

① 배터리 체크와 온도측정
- 전원스위치를 "Check" 위치로 전환한다.
- Meter의 지침이 내려갈 경우 건전지를 교체한다.
- 온도계의 온도를 기록한다.

② 측정순서
- 방사선원의 캡을 제거한다.
- 전원스위치를 "ON"으로 전환한다.
- 조정볼륨을 돌려 측정하기 좋은 위치에 지침이 오도록 조정한다.
- 방사선원과 검출기(프로브) 사이에 용기를 위치한 후 위 아래로 이동시킨다.

- 메터의 지시침 흔들림이 작은 부분과 큰 부분의 중간위치로 액면 높이를 표시한다.
- 측정이 완료되면 전원스위치를 "OFF"로 하고 방사선원에 캡을 씌운다.

③ 약제량 산정(모든 액위측정법에 적용)
- 레벨메터로 측정된 높이를 줄자를 이용하여 실측한다.
- 액체의 높이 = 측정높이 - 55mm
- 약제의 종류와 해당용기의 규격에 따른 환산표를 적용하여 총 중량을 환산하거나 전용환산기에 의하여 약제량을 산정한다.
- 직접 계산할 경우 다음에 의한다.

$$약제량 = A \times h \times \rho_\ell + A \times (L-h) \times \rho_g$$

여기서, A : 저장용기의 단면적(cm^2)
h : 액체의 높이 (cm)
L : 저장용기 높이(cm)
ρ_ℓ : 액체상태의 밀도(g/cm^3)
ρ_g : 기체상태의 밀도(g/cm^3)

(3) 액화가스 레벨메터(Level Meter)의 특징
① 방사선원(코발트60)을 주기적으로 교체하여야 한다(3년마다 교체).
② 방사선원에 의한 피폭을 주의하여야 한다.
③ 측정할 수 있는 저장용기의 직경이 제한적이다.

> **참고** 다음 사진은 제조사 (주)동화엔지니어링의 액화가스 레벨메터(레벨체커)이다. 방사선원을 사용하여 저장용기의 액위를 측정하는 방법은 같으나 본체의 조작 방법이 디지털 방식이다. 사진은 방사선원에 보호함을 씌운 모습이다.

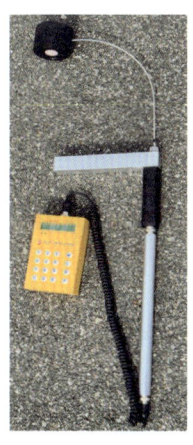

[레벨체커]

[저장용기 액위 측정]

[높이 측정]

기출문제

6점 가스계소화설비의 이너젠가스 저장용기, 이산화탄소저장용기, 기동용 가스용기의 가스량 산정(점검)방법을 각각 설명하시오.(20점) 　답 생략

21점 할론 1301 소화설비 약제저장용기의 저장량을 측정하려고 한다. 다음 물음에 답하시오.(12점)

(1) 액위측정법을 설명하시오.(3점) 　답 생략

(2) 아래 그림의 레벨메터(Level Meter) 구성부품 중 각 부품(㉠~㉢)의 명칭을 쓰시오.(3점) 　답 생략

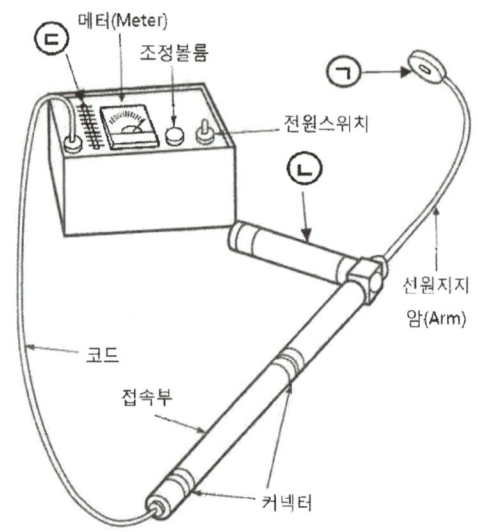

(3) 레벨메터(Level Meter) 사용 시 주의사항 6가지를 쓰시오.(6점)

답 ① 레벨메터 본체와 탐침은 충격에 아주 민감하므로 레벨메터 측정을 위한 조립 및 측정 시에 충격이 가해지지 않도록 주의할 것
② 측정 시에는 장갑을 착용하고 방사선원이 직접 피부에 닿지 않도록 주의할 것
③ 약제량 측정을 마친 경우 전원을 꺼 놓을 것
④ 측정장소의 주위온도가 높을 경우 액면의 판별이 곤란하게 되는 것에 주의할 것
⑤ 지시계(메터)는 둔감해지거나 10회 사용 후에는 재조정하여 사용할 것
⑥ 방사선원의 수명은 3년이므로 3년마다 교체할 것
⑦ 용기는 중량물이므로 거친 취급, 전도 등에 주의할 것
⑧ 방사선원은 노출되지 않도록 케이스(보호함)에 밀폐하여 보관할 것
⑨ 측정 시 선원지지 암이 수평이 되도록 할 것

8) 초음파 액면측정기(Portalevel® Max)

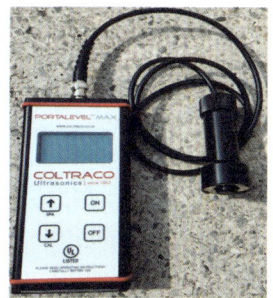
[초음파액면측정기 구성]

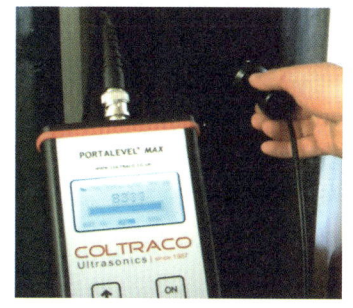
[측정모습]
※ 출처 : Coltraco 홈페이지

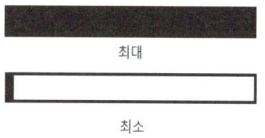
[가로막대 최대, 최소]

(1) 측정원리

　초음파를 방사 후 반사하여 되돌아오는 펄스를 검출하여 시간을 계측하여 액위를 측정

(2) 구성

　본체, 센서, 젤

(3) 측정순서

　① 본체에 센서를 연결한다.

　② 저장용기 측면의 측정부위에 젤을 바른다.

　③ 본체의 "ON"을 눌러 전원을 켜고 LCD창의 숫자가 0으로 안정될 때까지 기다린다.

　④ 센서를 용기의 높은 위치부터 센서의 흰색 점이 위로 오도록 부착하고 LCD창의 숫자를 읽는다. 단계적으로 아래로 이동하면서 숫자를 확인한다. 숫자가 낮게 나오는 위치와 높게 나오는 위치를 확인한다.

　⑤ 숫자가 높게 나타나는 부분에 센서를 부착하고 "CAL" 버튼을 누르면 LCD창의 가로막대(바)가 최대로 표시된다.

　⑥ 저장용기의 아래부터 위 또는 위부터 아래로 단계적으로 측정한다(센서를 점핑하면서 부착하여야 하고 부착한 상태로 끌지(드레그) 말아야 한다).

　⑦ 막대(바)가 최대에서 최소로 바뀌는 경계를 찾아 해당위치를 액면높이로 표시한다.

　⑧ 줄자를 이용하여 높이를 측정하고 환산표 등를 이용하여 약제량을 산정한다.

(4) 주의사항

　① 매 용기마다 보정(CAL)을 해야 한다.

　② 센서의 흰색 점이 항상 위쪽을 향하게 한다.

　③ 센서의 측정점을 이동할 때는 점핑하면서 부착하고 끌지(드레그)하지 않는다.

(5) 특징

　① 초음파를 사용하여 인체 위험성이 낮다.

　② 외부 온도 등 여러 인자들이 펄스의 반사에 영향을 줄 수 있다.

③ 소형, 경량으로 조작이 간단한다.

④ 고압식, 저압식, 기동용기 등 모든 형태의 액화용기 적용 가능

9) LSI(Level Strip Indigator)

(1) 작동원리

① 열에 의한 감응으로 표시지의 색이 검은색에서 흰색으로 변하는 원리 이용

② 액체와 기체 비열 차이

(2) 측정순서

① LSI를 부착할 부분을 깨끗하게 한다.

② LSI를 저장용기에 부착한다.

③ 뜨거운 물 또는 전열기구로 LSI 부착부위를 가열한다.

④ LSI의 색이 변화하고 색깔 차이가 선명해질 때를 기다린다.

⑤ LSI 색이 달라지는 경계를 액면높이로 표시한다.

⑥ 줄자를 이용하여 높이를 측정하고 약제량을 산정한다.

(3) 특징

① 고압식, 저압식, 기동용기 등 모든 형태의 액화용기 적용 가능

② 용기 외벽에 부착하는 타입이므로 액면을 정확하게 측정 가능

③ **비용의 최소화** : 유지보수에 필요한 별도의 비용 불필요

④ 사용 방법이 간단하여 누구나 사용가능하며 상시 액면 측정 가능

[LSI 부착모습]
※ 출처 : nofire.co.kr

5 가스계소화설비 주요 구성요소

1) 제어반

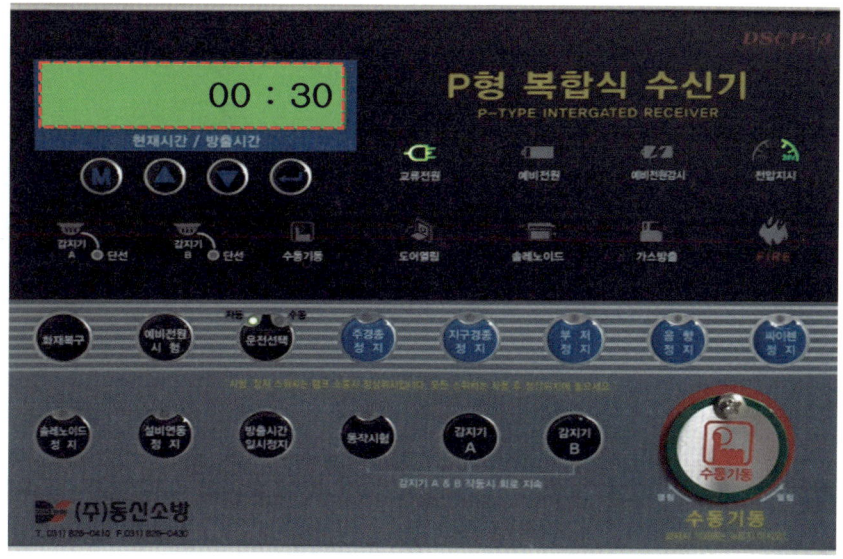

[제어반 표시등과 조작부의 예]

※ 제어반 주요 표시와 기능

(1) **감지기A** : 해당구역 A회로 감지기 작동 시 점등
(2) **감지기B** : 해당구역 B회로 감지기 작동 시 점등
(3) **수동기동** : 해당구역 수동조작함의 기동스위치 작동 시 점등
(4) **도어열림** : 해당구역 수동조작함의 기동스위치 커버 개방 시 점등
(5) **솔레노이드** : 해당구역 솔레노이드 작동 시 점등
(6) **가스방출** : 기동용기함의 압력스위치 동작 시 점등
(7) **화재복구 버튼** : 버튼을 누르면 제어반이 리셋(Reset)된다.
(8) **예비전원 시험 버튼** : 버튼을 누르면 예비전원의 전압이 표시된다.
(9) **운전선택 버튼** : 자동 또는 수동으로 운전상태를 전환할 수 있다.
(10) **솔레노이드 정지 버튼** : 솔레노이드 연동정지 버튼
(11) **설비 연동 정지 버튼** : 환기설비 등의 연동설비 정지 버튼
(12) **방출시간 일시정지 버튼** : 한번 누르면 방출시간 타이머의 작동을 일시정지한다.
(13) **동작시험 버튼** : 버튼을 눌러 점등된 상태에서 감지기A, 감지기B를 누르면 제어반에서 감지기회로를 작동시킬 수 있다.
(14) **수동기동 버튼** : 운전선택 자동/수동 동일하게 동작되며, 버튼을 누르면 방출지연시간 경과 후 솔레노이드밸브가 작동하여 소화가스가 방출된다.

> **참고** 제조사마다 약간씩 상이하며 위 제어반의 예에서 솔레노이드 정지기능이 "방출(연동)정지"기능이다.

2) 저장용기의 니들밸브

저장용기의 용기밸브를 개방하여주는 밸브. 기동용 가스압력에 의해 니들밸브의 파괴침이 튀어나와 용기밸브 내부 봉판을 뚫어 개방시킨다. 각 저장용기마다 설치한다.

[저장용기에 설치된 니들밸브]

[니들밸브 분리 및 작동시험]

3) 기동용기함(가스압력식 기동장치)

가스압력식 기동방식의 경우 기동용 가스용기와 기동용가스용기를 개방하는 솔레노이드 밸브 그리고 가스방출을 확인하는 압력스위치가 내장된 함으로서 방호구역마다 설치된다.

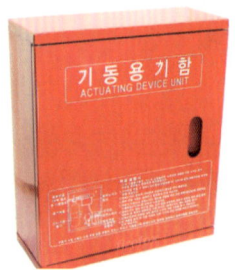
[기동용기함 외부]

[기동용기함 내부]

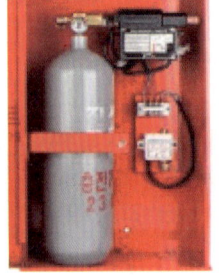
[질소용기가 설치된 예]

(1) 기동용기

저장용기의 니들밸브를 작동시키는 기동용 가스(질소 또는 CO_2)를 저장하는 용기

※ 기동용 가스용기 기준 비교

이산화탄소 소화설비	할론 소화설비	할로겐화합물 및 불활성기체
기동용 가스용기의 체적은 5L 이상으로 하고, 해당 용기에 저장하는 질소 등의 비활성기체는 6.0MPa 이상(21℃ 기준)의 압력으로 충전할 것	기동용 가스용기의 체적은 5L 이상으로 하고, 해당 용기에 저장하는 질소 등의 비활성기체는 6.0MPa 이상(21℃ 기준)의 압력으로 충전할 것 다만, 기동용 가스용기의 체적을 1L 이상으로 하고, 해당 용기에 저장하는 이산화탄소의 양은 0.6kg 이상으로 하며, 충전비는 1.5 이상 1.9 이하의 기동용 가스용기로 할 수 있다.	기동용 가스용기의 체적은 5L 이상으로 하고, 해당 용기에 저장하는 질소 등의 비활성기체는 6.0MPa 이상(21℃ 기준)의 압력으로 충전할 것 다만, 기동용 가스용기의 체적을 1L 이상으로 하고, 해당 용기에 저장하는 이산화탄소의 양은 0.6kg 이상으로 하며, 충전비는 1.5 이상 1.9 이하의 기동용 가스용기로 할 수 있다.

(2) 전자개방밸브(솔레노이드밸브)

전자석의 원리에 의해 전기가 투입되면 파괴침이 튀어나와 용기밸브의 봉판을 뚫어 가스를 용기로부터 방출시키는 기능을 한다. 밸브가 동작되면 확인신호를 제어반으로 송출한다.

[솔레노이드밸브 작동 전]

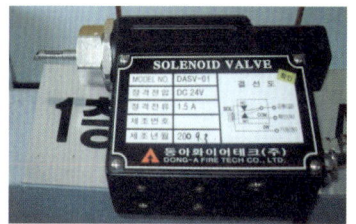
[솔레노이드밸브 작동 후]

(3) 압력스위치

저장용기의 소화약제가 방출되면 선택밸브 2차 측에 설치된 압력스위치가 가스압력에 의해 작동하여 전기적 신호로서 가스방출신호를 제어반에 송출하는 기능을 한다. 제어반에서는 압력스위치의 신호를 받으면 방출표시등을 점등한다. 일반적으로 압력스위치를 기동용기함 내부에 설치하고 선택밸브 2차 측에서 분기된 동관을 압력스위치에 연결하는 방식으로 설치된다.

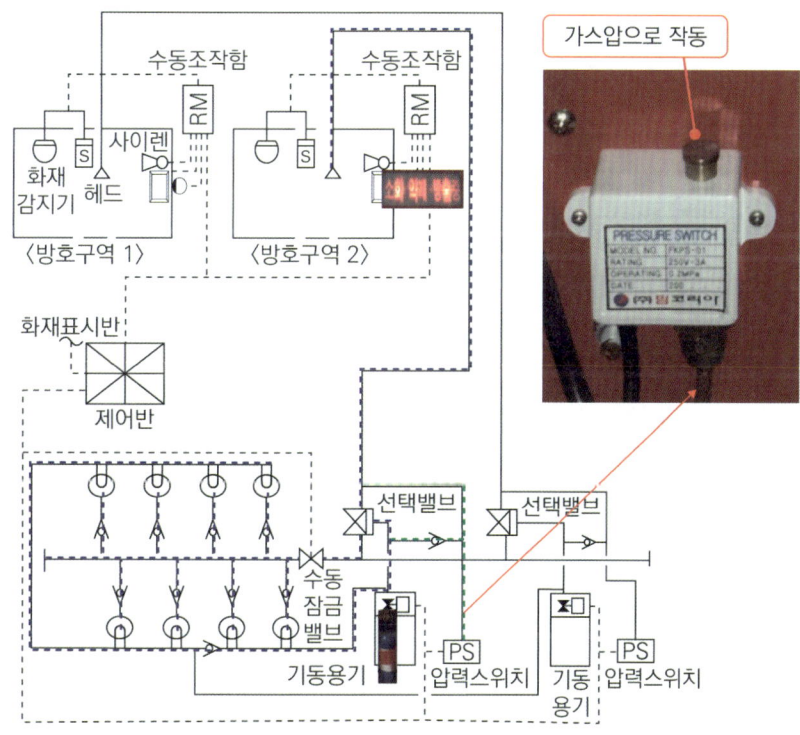
[압력스위치 설치도 및 방출표시등 작동]

> **참고** 압력스위치의 신호에 의해 제어반의 방출표시등, 수동조작함의 방출표시등, 출입문상단의 방출표시등이 점등된다.

4) 기동용 동관

가스압력식 기동방식에서 기동용기로부터 고압의 기동용 가스가 방출되면 동관을 통해 이동하여 선택밸브를 개방하고 저장용기의 니들밸브를 동작시킨다.

(1) 기동용 동관의 설치도

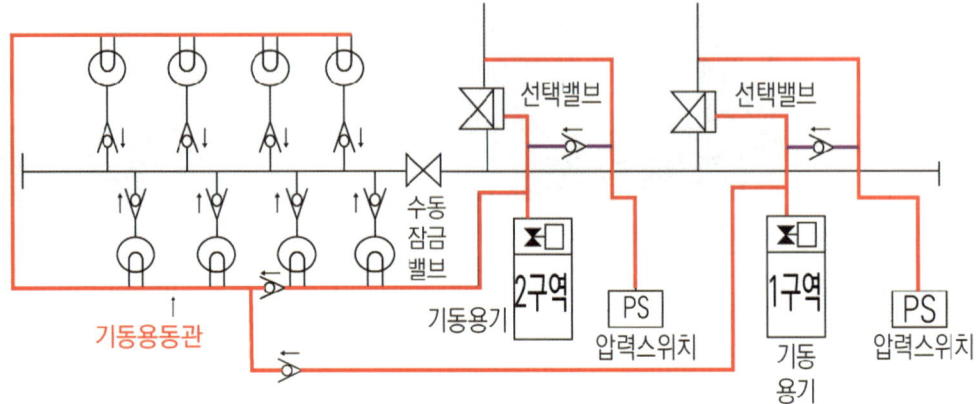

(2) 가스체크밸브

동관 내부를 흐르는 기동용 가스를 한쪽방향으로만 흐르게 하는 기능을 한다. 체크 기능을 이용하여 원하는 개수의 저장용기를 개방하도록 할 수 있다.

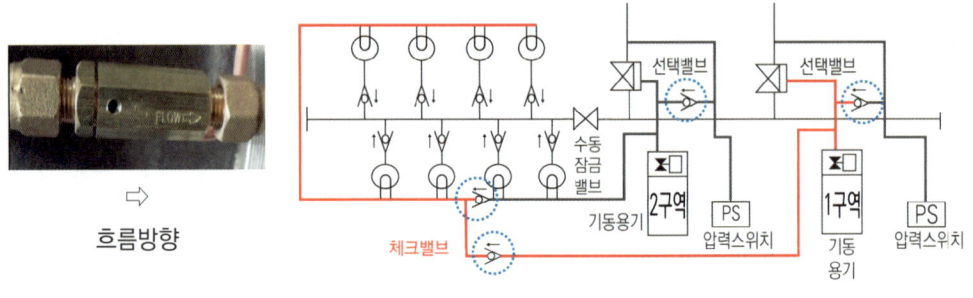

[가스체크밸브]   [1구역 기동용 동관의 기동가스 흐름]

(3) 릴리프밸브

기동용기로부터 가스가 비정상적으로 미세하게 동관으로 새는 경우 동관으로부터 가스를 배출하여 오작동에 의한 저장용기의 개방을 방지하는 기능을 한다. 정상적으로 높은 압력으로 기동가스가 방출되면 자동으로 릴리프밸브가 닫히게 된다.

[동관에 설치된 릴리프밸브]

(4) Feed Back 시스템(Return 시스템 또는 Loop방식)

기동용기의 가스가 부족하더라도 저장용기의 개방을 실패하지 않도록 저장용기로부터 방출된 소화가스의 일부를 기동용 동관으로 흐르게 하는 구성 방식이다. 소화가스가 부족한 기동용 가스 역할을 한다.

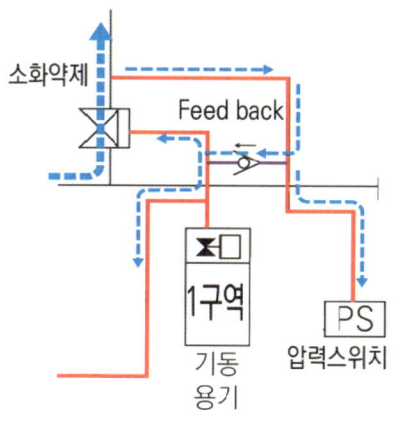

[Feed Back 구성도]

[Feed Back으로 설치된 모습]

5) 선택밸브

저장용기를 여러 방호구역이 겸용하는 경우 저장용기로부터 방출된 소화약제가 해당 방호구역으로만 방출될 수 있도록 제어하는 기능을 한다. 각 방호구역마다 설치한다.

[선택밸브 설치 모습]

[선택밸브 개방 전]

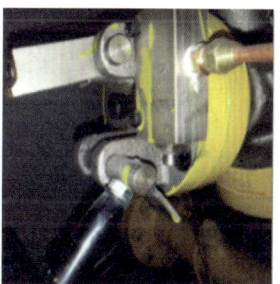

[선택밸브 개방 후]

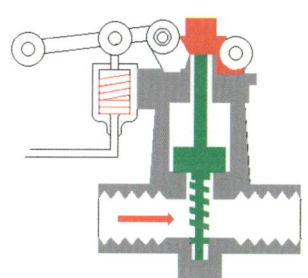

[선택밸브 작동 전]

[선택밸브 작동 후]

6) 안전장치(안전밸브)

저장용기 또는 배관에 설치되어 기준 이상의 과압 발생 시 이를 방출하여 용기 또는 배관 등을 보호하는 기능을 한다. 저장용기와 선택밸브 사이의 배관 및 고압가스용기의 용기밸브에 설치된다.

[집합관의 안전장치]

[저장용기의 안전밸브]

> **참고** 관련기준 개정(2024.8.1.) : 할로겐화합물 및 불활성기체소화약제 저장용기와 선택밸브 또는 개폐밸브 사이에는 배관의 최소사용설계압력과 최대허용압력 사이의 압력에서 작동하는 안전장치를 설치해야 하며, <u>안전장치를 통하여 나온 소화가스는 전용의 배관 등을 통하여 건축물 외부로 배출될 수 있도록 해야 한다.</u> 이 경우 안전장치로 용전식을 사용해서는 안 된다.

7) 수동조작함(수동식 기동장치)

방호구역 인근에 설치되어 화재 시 수동조작에 의해 소화약제가 방출되는 기능을 한다. 외부에는 전원표시등과 방출표시등이 있고 커버를 열면 리미트 스위치의 작동으로 음향경보가 되며 내부에 수동기동스위치와 함께 방출지연스위치(비상스위치, Abort 스위치)가 설치되어 있다. 내부에 복구스위치가 설치된 경우도 있다.

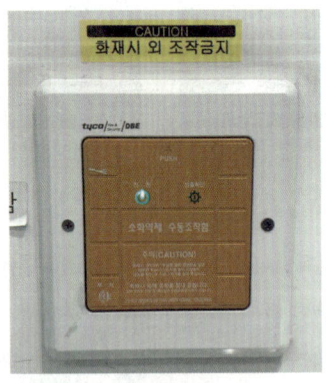
[수동조작함 외관]

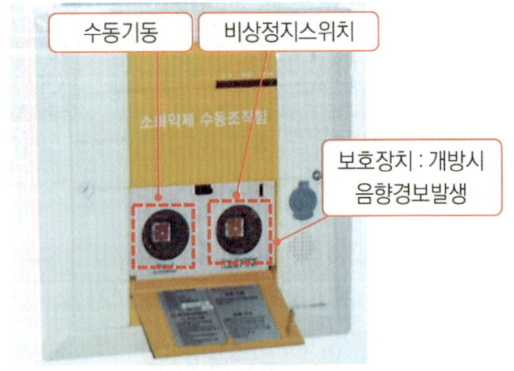
[커버를 연 모습]

8) 방출지연스위치(= 비상스위치) 17쌀

수동식기동장치 인근에 설치하여야 하는 자동복귀형 스위치로서 수동식 기동장치의 타이머를 일시 정지하는 기능을 하는 스위치를 말한다.

기출문제

17점 청정소화약제설비 점검과정에서 점검자의 실수로 감지기 A, B가 동시에 작동하여 소화약제가 방출되기 전에 해당 방호구역 앞에서 점검자가 즉시 적절한 조치를 취하여 약제방출을 방지했다. 아래 물음에 답하시오. (단, 여기서 약제방출 지연시간은 30초이며, 제3자의 개입은 없었다)(3점) **답**생략
① 조치를 취한 장치의 명칭 및 설치위치(2점)
② 조치를 취한 장치의 기능(1점)

19점 이산화탄소소화설비의 비상스위치 작동점검 순서를 쓰시오.(4점)
답 1) 제어반 연동정지, 솔레노이드 분리, 동관 분리 등 안전조치를 한다.
2) 수동조작함을 열고 수동조작스위치를 누르거나 감지기A, B를 동작시킨다.
3) 제어반에서 타이머 작동을 확인한다.
4) 비상스위치(방출지연스위치)를 눌러 누르는 동안 타이머가 일시정지하는지 확인한다.
5) 점검이 완료되면 안전조치한 것을 정상상태로 한다.

9) 전역방출방식의 자동폐쇄장치

(1) 화재안전기술기준

① 환기장치 등을 설치한 것은 소화약제가 방출되기 전에 해당 환기장치 등이 정지될 수 있도록 할 것

② 개구부가 있거나 천장으로부터 1m 이상의 아래 부분 또는 바닥으로부터 해당 층의 높이의 3분의 2 이내의 부분에 통기구가 있어 소화약제의 유출에 따라 소화효과를 감소시킬 우려가 있는 것은 소화약제가 방출되기 전에 해당 개구부 및 통기구를 폐쇄할 수 있도록 할 것

③ 자동폐쇄장치는 방호구역 또는 방호대상물이 있는 구획의 밖에서 복구할 수 있는 구조로 하고, 그 위치를 표시하는 표지를 할 것

(2) 환기장치 정지

환기장치는 평상시 작동하다가 화재감지기 또는 수동조작스위치의 화재신호에 의해 자동정지하여야 한다.

[환기장치 작동 중]

[환기장치 정지]

(3) 개구부 및 통기구 폐쇄

평상시 개방되어 있는 문은 화재신호로 자동으로 닫혀야 하며, 통기구는 화재 시 전기적인 신호로 닫히거나 또는 소화약제 가스압에 의하여 자동으로 닫혀야 한다. 가스압에 의해 동작하는 경우 피스톤릴리즈를 사용한다. 피스톤릴리즈는 소화가스배관과 동관으로 연결되어 있다.

[통기구 폐쇄]

[피스톤릴리즈 모습]

(4) 수동복구장치

방호구역의 밖에 설치하고 표지를 하여야 한다. 피스톤릴리즈의 잔압을 제거하여 복구하는 기능을 한다.

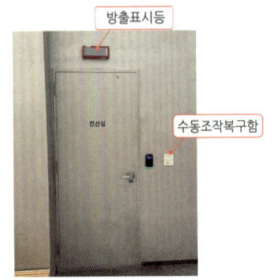
[방호구역의 복구함 예]

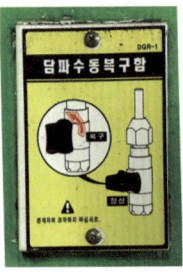
[수동복구함 외관]

[방호구역의 복구밸브]

10) 과압배출구

(1) 이산화탄소소화설비가 설치된 방호구역에는 소화약제 방출 시 과압으로 인한 구조물 등의 손상을 방지하기 위하여 과압배출구를 설치해야 한다.

(2) 할로겐화합물 및 불활성기체소화설비가 설치된 방호구역에는 소화약제 방출 시 과압으로 인한 구조물 등의 손상을 방지하기 위하여 과압배출구를 설치해야 한다.

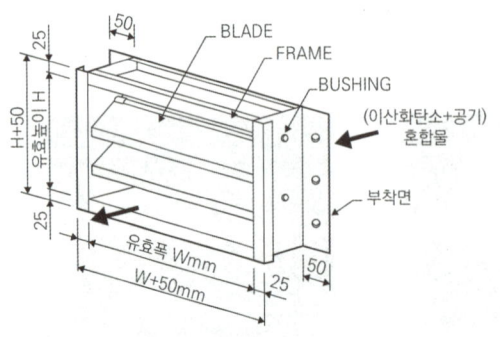
[과압배출구로 사용되는 댐퍼]

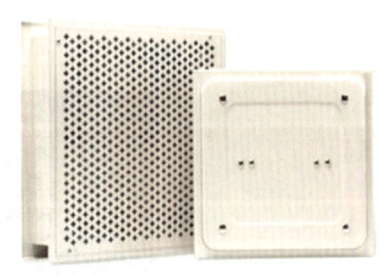
[과압배출구]

※ 출처 : 미도이엔씨

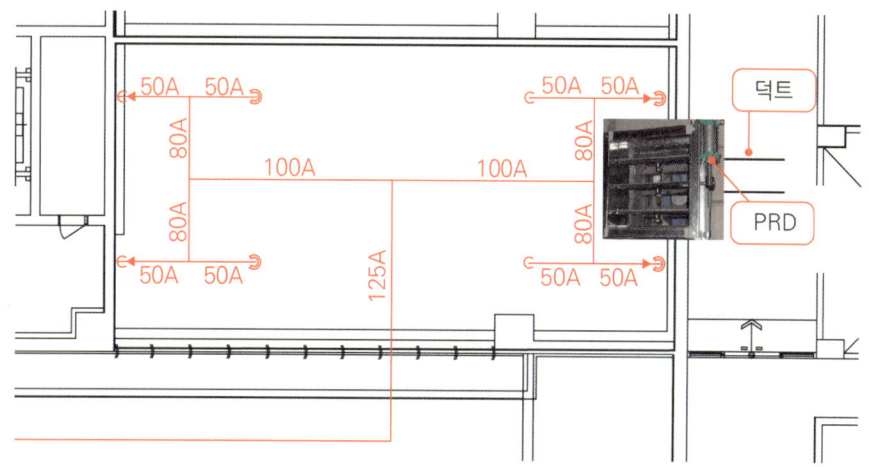

[평면도상 과압배출구 위치의 예]

11) 방출표시등

방호구역 출입문의 바깥쪽 상단에 설치하여 방호구역에 소화약제가 방출될 경우 이를 외부에 알리는 기능을 한다.

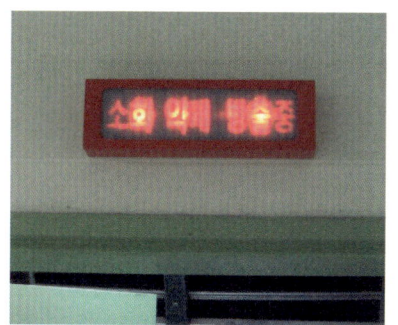

[방출표시등이 동작한 모습]

6 작동이상과 원인

1) 가스계소화설비가 정상적으로 동작하였으나 약제가 방출되지 않는 경우

　⑴ 기동용 가스가 없는 경우
　⑵ 저장용기에 소화약제가 없는 경우
　⑶ 기동용 솔레노이드 고장인 경우
　⑷ 기동용 솔레노이드의 파괴침이 손상된 경우
　⑸ 기동용 솔레노이드의 제어용 전선이 단선 또는 접촉불량인 경우
　⑹ 기동용 솔레노이드 밸브를 기동용기로부터 분리하여 놓은 경우
　⑺ 기동용 동관이 잘못 연결된 경우
　⑻ 기동용 동관의 가스체크밸브가 잘못 설치된 경우
　⑼ 기동용 동관이 분리된 경우

⑩ 선택밸브가 개방되지 않은 경우 등
⑪ 저장용기 니들밸브의 파괴침이 빠진 경우

2) 솔레노이드밸브가 동작하지 않는 경우
⑴ 제어반에서 연동정지 상태인 경우
⑵ 솔레노이드밸브에 안전핀이 체결된 경우
⑶ 솔레노이드밸브가 불량인 경우
⑷ 제어반에서 타이머릴레이를 분리한 경우
⑸ 제어반이 고장 난 경우
⑹ 제어반과 솔레노이드밸브 연결 배선이 단선 또는 접촉불량인 경우
⑺ 제어반과 솔레노이드밸브 배선의 결선을 잘못한 경우

3) 방출표시등이 점등되지 않는 경우
⑴ 압력스위치가 불량인 경우
⑵ 압력스위치 배선의 결선이 잘못된 경우
⑶ 방출표시등의 램프가 불량인 경우
⑷ 방출표시등의 배선이 단선 또는 접촉불량인 경우
⑸ 제어반이 고장인 경우

4) 소화약제가 오방출 된 경우
⑴ 감지기A, B가 습기, 물침투 등으로 오동작 한 경우
⑵ 수동조작함을 실수로 누른 경우
⑶ 제어반의 스위치를 오인하여 잘못 조작한 경우
⑷ 연동정지를 하지 않고 회로 동작시험을 한 경우
⑸ 낙뢰 등으로 제어반에 이상전압이 유도된 경우
⑹ 니들밸브의 안전클립을 제거하고 관리하여 실수로 니들밸브를 누른 경우
⑺ 저장용기 설치 또는 분리 시 실수로 방출된 경우
⑻ 배선 결선을 잘못하여 제어반의 다른 조작에 방출된 경우
⑼ 점검 시 기동용 솔레노이드를 탈착할 때 부주의로 작동한 경우

5) 소화약제 방출 시 다른 방호구역에도 소화약제가 방출된 경우
⑴ 다른 방호구역의 선택밸브가 누기되는 경우
⑵ 기동용 동관의 구성이 잘못되어 다른 방호구역의 선택밸브도 개방된 경우
⑶ 기동용 동관의 가스체크밸브가 잘못 설치되어 다른 방호구역의 선택밸브도 개방된 경우
⑷ 제어반의 결선이 잘못되어 다른 방호구역에도 솔레노이드 기동신호가 들어간 경우

7 모듈러시스템(독립배관방식의 가스계소화설비)

1) 모듈러타입 가스계소화설비

하나의 방호구역에 독립된 형태로 저장용기, 배관 및 헤드가 설치되는 소화설비로서 저장용기, 기동장치 및 제어부가 캐비닛에 수납된 상태로 제조되어 현장 설치가 편리한 소화설비이다.

[모듈러타입의 외관]

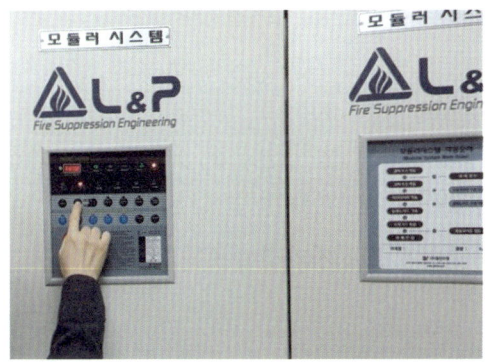

[모듈러타입의 제어반 조작모습]

[저장용기 개방용 솔레노이드밸브]

2) 특징

(1) 독립배관 방식의 가스계소화설비
(2) 전기식 기동장치 사용
(3) 소화약제 저장용기를 방호구역 내에 설치
(4) 기타 구성요소와 작동순서는 일반 전역방출방식의 소화설비와 같다.

3) 모듈러시스템과 캐비닛형자동소화장치의 차이점

(1) **화재표시반** : 제어부(수신부)가 캐비닛에 설치되어 있는 것은 동일하지만 모듈러 시스템은 소화설비로서 화재표시반인 건물의 주 수신기와 연동되어야 한다.

(2) **방출구와 배관** : 캐비닛형 자동소화장치의 방출구는 캐비닛에 부착되어야 하므로 배관이 설치되지 않는다. 반면 모듈러시스템은 일반 가스계소화설비와 같이 배관과 분사헤드가 프로그램에 의해 설계되어 설치되어야 한다.

(3) **착공신고** : 모듈러시스템은 소화설비로서 착공신고 대상이나 캐비닛형은 자동소화장치로서 착공신고 대상이 아니다.

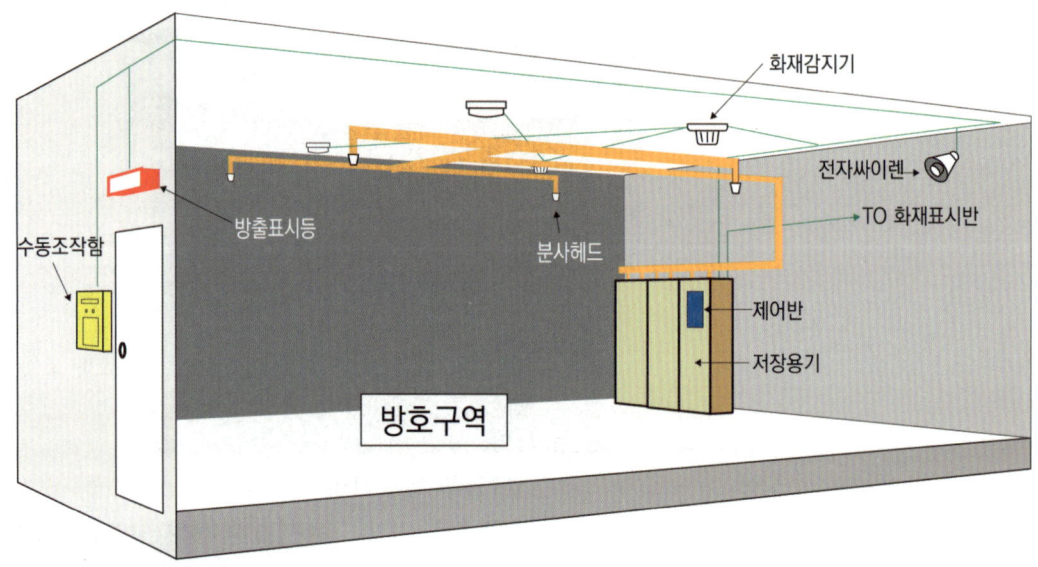

4) 전기식 기동장치

저장용기에 직접 전자개방밸브(솔레노이드밸브)를 부착하여 기동하는 방법이다. 전자개방밸브에 의해 개방된 저장용기의 소화약제 가스압력으로 나머지 저장용기를 개방한다. 독립배관방식이 아닌 경우에는 선택밸브에도 전자개방밸브를 설치한다.

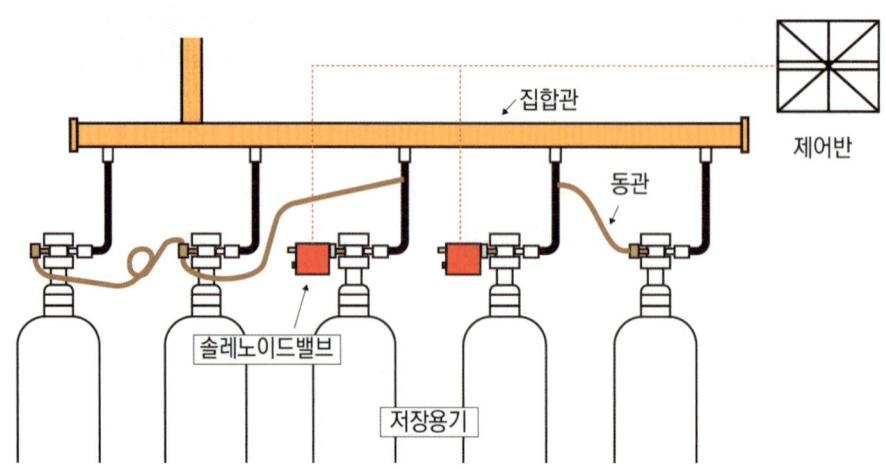

8 호스릴방식

1) 정의

분사헤드가 배관에 고정되어 있지 않고 소화약제 저장용기에 호스를 연결하여 사람이 직접 화점에 소화약제를 방출하는 이동식 이산화탄소소화설비

[호스릴 방식 외관]

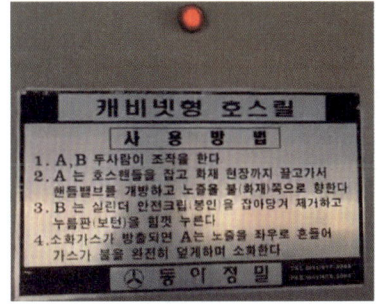 

[위치표시등과 표지]　　　　　[저장용기의 안전크립(봉인)]

2) 사용방법

　(1) A, B 두 사람이 조작을 한다.
　(2) A는 호스핸들을 잡고 화재 현장까지 끌고가서 핸들밸브를 개방하고 노즐을 불(화재) 쪽으로 향한다.
　(3) B는 실린더 안전크립(봉인)을 잡아당겨 제거하고 누름판(보턴)을 힘껏 누른다.
　(4) 소화가스가 방출되면 A는 노즐을 좌우로 흔들어 가스가 불을 완전히 덮게 하며 소화한다.

3) 위험성 및 주의사항

　(1) 방사 시 저온의 기체가 분출하므로 동상의 우려가 있다.
　(2) 분출압력이 높아 소음이 심하다.
　(3) 질식의 우려가 있으므로 외기에 개방된 장소에서 사용한다.

9 기타 이산화탄소 관련 사항

1) 액상방출 지연시간(Vapor Delay Time)
(1) 이산화탄소설비에서 배관 내 증기에 의해 분사헤드의 액상 방출이 지연되는 시간
(2) 저압식 이산화탄소 소화약제는 -18℃로 저장되어 있다가 배관을 통해 방출될 때 배관의 열을 흡수하여 기화되므로 분사헤드에서 액상으로 방출되기까지 시간지연이 발생한다.

2) 예비용기 시스템(Reserve System)
화재 시 이산화탄소 소화약제의 저장량에 추가로 소화약제 또는 설비를 확보하는 것
(1) 재증발로 재발화되는 것에 대한 방호목적
(2) 주 소화설비에 대한 백업(Back Up)용도
(3) 화재진압 후 소화설비 유지관리 용도

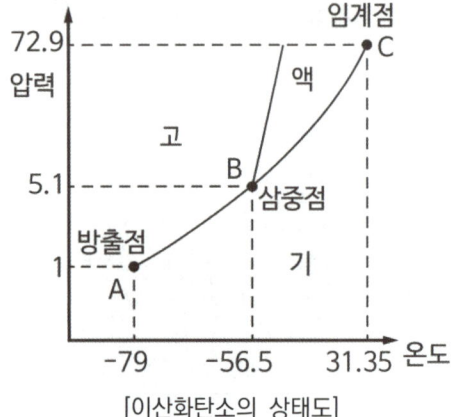

[이산화탄소의 상태도]   [이산화탄소에 의한 운무현상]

3) 운무현상(Cloud Optical Effect)
(1) 열역학 제1법칙(에너지보존법칙)에 의해 가압된 CO_2가 대기 중으로 방출되는 초기에는 일부 액체 CO_2가 주위의 열을 흡수하며 급격히 기화하며, 분사헤드의 오리피스 통과 시 줄-톰슨 효과에 의한 냉각으로 잔류 액체 이산화탄소는 냉각된다.
(2) 이산화탄소 중 일부는 고체인 드라이아이스 입자로 변한다(고압식(21℃)의 경우 25%, 저압식(-18℃)의 경우 45%).
(3) 온도가 상승하면서 드라이아이스가 소멸된 후에도 대기 중의 수분의 응축이 일어나 한동안 존재하며, 수분의 운무 및 드라이아이스(Dry Ice)는 시야를 차단하여 피난 시 장애가 된다.

기출문제

5점 이산화탄소소화설비가 오작동으로 방출되었다. 방출 시 미치는 영향에 대하여 농도별로 쓰시오.(20점)

답

이산화탄소의 농도(%)	생리적 반응
2	불쾌감이 있다. 호흡률 50% 증가한다.
4	눈의 자극, 두통, 귀울림, 현기증, 혈압상승
8	호흡 곤란
9	구토, 감정 둔화, 실신
10	시력장애, 1분 이내 의식 상실
20	중추신경마비, 단시간 내 사망

02 가스계소화약제 설계농도

1 이산화탄소 농도(%) 유도

1) NFPA무유출(No Efflux)과 자유유출(Free Efflux)

  (1) **무유출** : 완전 밀폐된 공간으로 소화약제가 방출되는 경우를 가정한 것. 할로겐화합물 소화설비와 같이 방사되는 소화가스양이 적은 경우 적용한다.

  (2) **자유유출** : 실내로 방출된 소화가스의 양만큼 실내 공기와 소화가스 혼합 기체가 외부로 배출된 경우를 가정한 것. 이산화탄소 또는 불활성기체와 같이 방사되는 소화가스의 양이 많고 방사압이 높은 경우 적용한다.

2) 소화약제의 부피(m^3)과 산소농도(O_2)

  (1) 약제 방출 선 산소부피 : $V \times 21(\%)$

  (2) 약제 방출 후 산소부피 : $(V+X) \times O_2(\%)$

  (3) 방호공간(V) 내 초기 산소량과 소화약제(X) 방출 후 산소량(체적)이 같으므로
  $$V \times 21(\%) = (V+X) \times O_2(\%)$$
  $$X = \frac{21-O_2}{O_2} \times V \text{ -------- ①}$$

3) 방사 후 이산화탄소의 농도(%)

(1) 이산화탄소의 부피(%)

$$CO_2(\%) = \frac{\text{방사된 } CO_2 \text{의 양}(m^3)}{\text{방호구역의 부피}(m^3) + \text{방사된 } CO_2 \text{의 양}(m^3)} \times 100$$

$$= \frac{X}{V+X} \times 100 --- ②$$

(2) "①"을 "②"을 대입

$$CO_2(\%) = \frac{\left(\frac{21-O_2}{O_2} \times V\right)}{V + \left(\frac{21-O_2}{O_2} \times V\right)} \times 100 = \frac{21-O_2}{21} \times 100$$

4) 방사 후 산소농도로 계산하는 이산화탄소의 농도(%)

$$C(\%) = \frac{21-O_2}{21} \times 100$$

여기서, C : CO_2 방사 후 실내의 CO_2의 농도(%)
O_2 : CO_2 방사 후 실내의 O_2의 농도(%)

2 소화약제량 산출식

1) 무유출(No Efflux) 약제량 산출식(할로겐화합물 소화설비)

(1) 약제농도(C) = $\dfrac{\text{가스체적}(W \times S)}{\text{방호구역 체적}(V) + \text{가스체적}(W \times S)} \times 100$

(2) 무유출 약제량(kg)

$$W(kg) = \frac{V}{S}\left(\frac{C}{100-C}\right)$$

여기서, V : 방호구역의 체적(m³)
C : 체적에 따른 소화약제의 설계농도(%)
S : 소화약제별 선형상수 $[K_1 + K_2 \times t]$(m³/kg)
t : 방호구역의 최소예상온도(℃)

2) 자유유출(Free Efflux) 약제량 산출식(이산화탄소 및 불활성기체소화설비)

(1) 방호구역 내 1m³ 당 방사되는 CO_2의 방사체적을 x(m³/m³), CO_2의 농도를 C(%)라 하면 자유유출의 경우 식(실험식) $e^x = \dfrac{100}{100-C}$ 이 얻어진다.

양변에 자연로그를 취하면. $x = \log_e\left(\dfrac{100}{100-C}\right)$ 가 되고

자연로그를 상용로그로 변환하면, $x = 2.303 \times \log\left(\dfrac{100}{100-C}\right)$ 이 된다.

(2) 이산화탄소소화설비의 약제량(kg) 산출공식

$$x = 2.303 \times \frac{1}{S} \times \log\left(\frac{100}{100-C}\right)$$

여기서, x : 방호구역 체적당 소화약제량(kg/m³)
C : 체적에 따른 소화약제의 설계농도(%)
S : 소화약제별 선형상수$[K_1 + K_2 \times t]$(m³/kg)
t : 방호구역의 최소예상온도(℃)

(3) 불활성기체소화설비의 약제량(m³) 산출공식

$$x = 2.303 \times \frac{Vs}{S} \times \log\left(\frac{100}{100-C}\right)$$

여기서, x : 공간 체적당 더해진 소화약제의 부피(m³/m³)
C : 체적에 따른 소화약제의 설계농도(%)
S : 소화약제별 선형상수$[K_1 + K_2 \times t]$(m³/kg)
t : 방호구역의 최소예상온도(℃)
Vs : 20℃에서 소화약제의 비체적(m³/kg)

3 이산화탄소 소화설비의 약제량 산정

1) 전역방출방식 약제량 산정기준(표면화재)

(1) 약제량(kg) 산정공식

$$W = (V \times \alpha) \times h + (A \times \beta)$$

여기서, W : 약제량(kg)
V : 방호구역의 체적(m³)
α : 방호구역 체적당 약제량(kg/m³)
A : 개구부의 면적(m²)
β : 개구부 면적당 가산량(kg/m²)
h : 보정계수(설계농도가 34% 이상인 방호대상물의 경우)

(2) 전역방출방식에 있어서 가연성액체 또는 가연성가스등 표면화재 방호대상물의 경우에는 다음 각 목의 기준에 따른다.

① 방호구역의 체적 1m³에 대하여 다음 표에 따른 양

방호구역 체적	방호구역의 체적 1m³에 대한 소화약제의 양	소화약제 저장량의 최저한도의 양
45m³ 미만	1.00kg	45kg
45m³ 이상 150m³ 미만	0.90kg	45kg
150m³ 이상 1,450m³ 미만	0.80kg	135kg
1,450m³ 이상	0.75kg	1,125kg

② 다음 표에 따른 설계농도가 34% 이상인 방호대상물의 소화약제량은 "①"의 기준에 따라 산출한 기본소화약제량에 보정계수를 곱하여 산출한다.

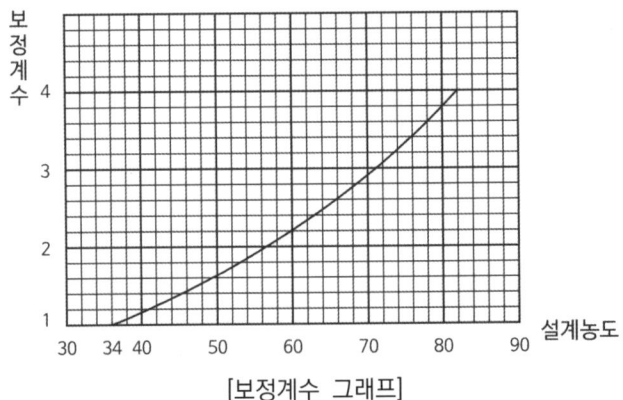

[보정계수 그래프]

[표] 가연성액체 또는 가연성가스의 소화에 필요한 설계농도

방호대상물	설계농도(%)
수소(Hydrogen)	75
아세틸렌(Acetylene)	66
일산화탄소(Carbon Monoxide)	64
산화에틸렌(Ethylene Oxide)	53
에틸렌(Ethylene)	49
에탄(Ethane)	40
석탄가스, 천연가스(Coal, Natural gas)	37
사이크로 프로판(Cyclo Propane)	37
이소부탄(Iso Butane)	36
프로판(Propane)	36
부탄(Butane)	34
메탄(Methane)	34

③ 방호구역의 개구부에 자동폐쇄장치를 설치하지 아니한 경우에는 "①" 및 "②"의 기준에 따라 산출한 양에 개구부면적 1m²당 5kg을 가산하여야 한다.

2) 전역방출방식 약제량 산정기준(심부화재)

전역방출방식에 있어서 종이·목재·석탄·섬유류·합성수지류 등 심부화재 방호대상물의 경우에는 다음 각 목의 기준에 따른다.

(1) 방호구역의 체적 1m²에 대하여 다음 표에 따른 양 이상으로 하여야 한다.

방호대상물	방호구역의 체적 1m³에 대한 소화약제의 양	설계농도 (%)
유압기기를 제외한 전기설비, 케이블실	1.3kg	50
체적 55m³ 미만의 전기설비	1.6kg	50
서고, 전자제품창고, 목재가공품창고, 박물관	2.0kg	65
고무류·면화류창고, 모피창고, 석탄창고, 집진설비	2.7kg	75

(2) 방호구역의 개구부에 자동폐쇄장치를 설치하지 아니한 경우에는 "①"의 기준에 따라 산출한 양에 개구부 면적 1m²당 10kg을 가산하여야 한다.

(3) 배관의 구경 : 설계농도가 2분 이내 30%의 농도에 도달하여야 한다.

3) 이산화탄소소화설비의 국소방출방식 약제량 산정기준

국소방출방식은 다음 각 목의 기준에 따라 산출한 양에 고압식은 1.4, 저압식은 1.1을 각각 곱하여 얻은 양 이상으로 할 것

(1) 윗면이 개방된 용기에 저장하는 경우와 화재 시 연소면이 한정되고 가연물이 비산할 우려가 없는 경우에는 방호대상물의 표면적 1m²에 대하여 13kg

$$W = A \times 13 kg/m^2 \times 할증계수$$

여기서, W : 약제량(kg)
A : 표면적(m²)
할증계수(고압식은 1.4, 저압식은 1.1)

(2) "(1)" 외의 경우에는 방호공간(방호대상물의 각 부분으로부터 0.6m의 거리에 따라 둘러싸인 공간)의 체적 1m³에 대하여 다음의 식에 따라 산출한 양

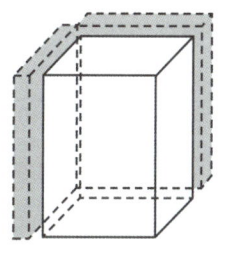
a=실제 설치된 벽 면적

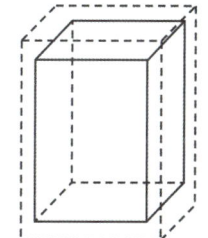
A=0.6 증가 시킨 가상의 벽 면적

[국소방출방식의 방호공간 계산]

① 약제량(kg) 산정공식

$$W = V \times Q \times 할증계수$$

② 방출계수(Q)의 산정

$$Q = 8 - 6\frac{a}{A}$$

여기서, W : 약제량(kg)
Q : 방호공간 1m³ 대한 소화약제량(kg)
a : 방호대상물 주위에 설치된 벽 면적의 합계(m²)
A : 방호공간의 벽면적[벽이 없는 경우에는 벽이 있는 것으로 가정한 당해 부분의 면적](m²)
할증계수(고압식은 1.4, 저압식은 1.1)

4) 가스계소화설비에서 충전비와 충전밀도

구 분	충전비	충전밀도
공 식	충전비 = $\dfrac{V(\ell)}{W(\text{kg})}$	충전밀도 = $\dfrac{W(\text{kg})}{V(\text{m}^3)}$
설 명	약제용기의 체적은 일정하므로 충전비가 커진다는 것은 약제량이 작다는 의미이며, 이산화탄소소화설비와 할론소화설비에 적용한다.	약제용기의 체적은 일정하므로 충전밀도가 커진다는 것은 약제량이 많다는 의미이며, 할로겐화합물 및 불활성기체 소화약제소화설비에 적용한다.

4 할로겐화합물 및 불활성기체 소화설비 약제량 산정

1) 소화약제량의 산정

(1) 할로겐화합물소화약제는 다음 식에 따라 산출한 양 이상으로 할 것

$$W = \frac{V}{S}\left(\frac{C}{100-C}\right)$$

여기서, W : 소화약제의 무게(kg)
V : 방호구역의 체적(m³)
C : 체적에 따른 소화약제의 설계농도(%)
S : 소화약제별 선형상수 $[K_1 + K_2 \times t]$ (m³/kg)
t : 방호구역의 최소예상온도(℃)

소화약제	K_1	K_2
FC-3-1-10	0.094104	0.00034455
HCFC BLEND A	0.2413	0.00088
HCFC-124	0.1575	0.0006
HFC-125	0.1825	0.0007
HFC-227ea	0.1269	0.0005
HFC-23	0.3164	0.0012
HFC-236fa	0.1413	0.0006
FIC-13I1	0.1138	0.0005
FK-5-1-12	0.0664	0.0002741

(2) 불활성기체소화약제는 다음 식에 따라 산출한 양 이상으로 할 것

$$x = 2.303 \times \frac{Vs}{S} \times \log\left(\frac{100}{100-C}\right)$$

여기서, x : 공간 체적당 더해진 소화약제의 부피(m^3/m^3)
C : 체적에 따른 소화약제의 설계농도(%)
S : 소화약제별 선형상수$[K_1 + K_2 \times t]$(m^3/kg)
t : 방호구역의 최소예상온도(℃)
Vs : 20℃에서 소화약제의 비체적(m^3/kg)

소화약제	K_1	K_2
IG-01	0.5685	0.00208
IG-100	0.7997	0.00293
IG-541	0.65799	0.00239
IG-55	0.6598	0.00242

(3) 체적에 따른 소화약제의 설계농도(%)는 상온에서 제조업제의 설계기준에 따라 인증받은 소화농도(%)에 다음 표에 따른 안전계수를 곱한 값 이상으로 할 것

설계농도(%) = 소화농도(%) × 안전계수

설계농도	소화농도	안전계수
A급	A급	1.2
B급	B급	1.3
C급	A급	1.35

2) 선형상수(m^3/kg) 14, 23, 24실

(1) 선형상수(m^3/kg)의 정의

특정온도에서 소화약제의 비체적(m^3/kg)

(2) K_1의 정의

㉠ 아보가드로의 법칙 : 0℃, 1atm에서 모든 기체 $1kmol$은 $22.4m^3$이다.

㉡ $K_1 = \dfrac{22.4m^3}{분자량 kg}$

(3) K_2의 정의

㉠ 샤를의 법칙 : 온도가 1℃ 올라갈 때마다 체적은 1/273씩 증가한다.

㉡ 임의의 온도 t℃에서의 비체적(m^3/kg)

$K_2 = K_1 \times \dfrac{t}{273}$

(4) 선형상수(m^3/kg)

$$S = K_1 + K_2 \times t = K_1 + K_1 \times \dfrac{t}{273}$$

여기서, S : 소화약제 선형상수[특정온도에서의 비체적](m^3/kg)

K_1 : 0℃에서 비체적($22.4m^3$/분자량 kg)

K_2 : 특정온도에서 비체적[$K_2 = K_1/273(m^3/kg \cdot ℃)$]

t : 특정온도(℃)

03 분말소화설비

1 분말소화설비 계통도

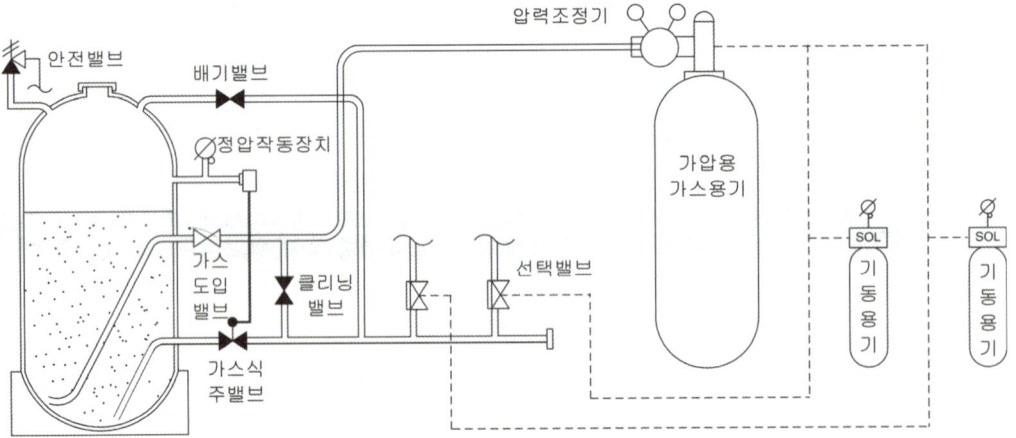

[분말소화설비 계통도]

2 작동순서(블록 다이어그램)

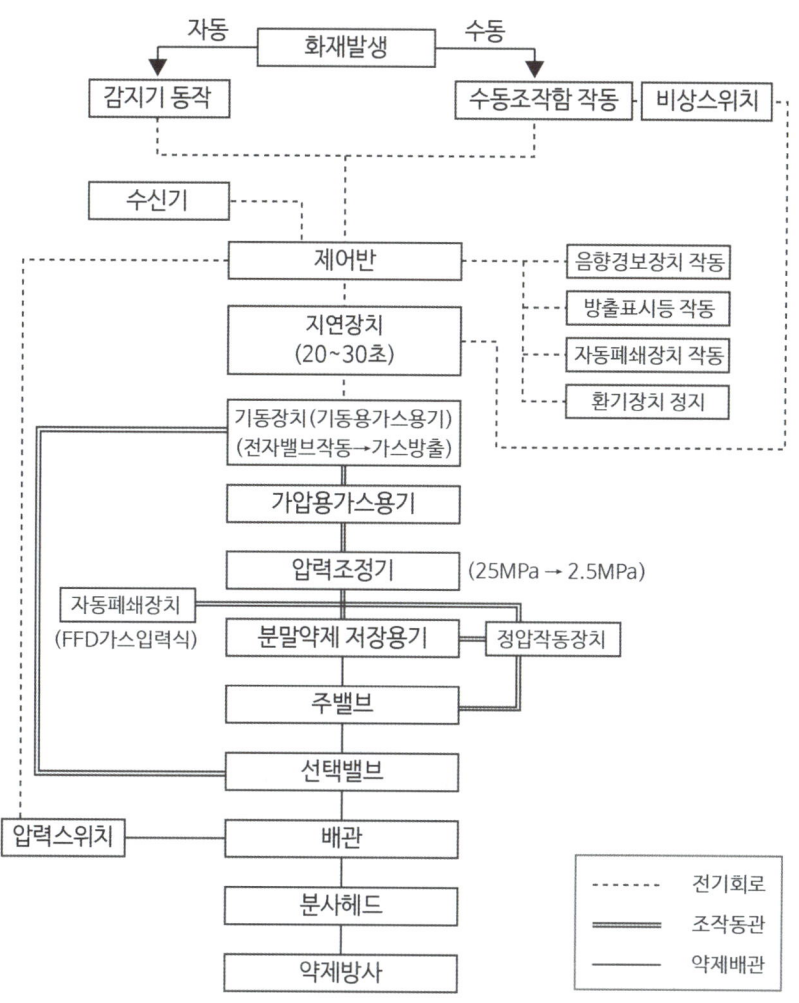

3 도시기호

분류	명칭	도시기호	분류	명칭	도시기호
헤드류	분말·탄산가스· 할로겐헤드 21쎌		밸브류	게이트밸브 (상시개방) 18점	
저장 용기류	분말약제 저장용기	P.D		게이트밸브 (상시폐쇄)	
밸브류	가스체크밸브 16점			선택밸브	

4 중요 구성요소

1) 정압작동장치

⑴ 정압작동장치의 정의

가압용 가스가 약제 저장용기 내에 유입되어 분말 약제와 혼합 유동된 후, 소정의 방사 압력이 되었을 때 주밸브를 개방시키는 장치

⑵ 정압작동장치의 작동방식

① 가스압력식 작동방식

약제저장용기의 내압에 의해 동작하는 압력스위치를 설치하고, 설정압력에 도달 시 압력스위치가 동작하여 전자 개방밸브를 개방, 방출 주밸브를 개방시킨다.

② 전기식(Time Relay식) 작동방식

약제저장용기가 적정압력에 도달하는 시간을 미리 설정하여 설정시간이 경과하면 타임릴레이가 작동하여 전자개방밸브를 동작, 주밸브를 개방시킨다.

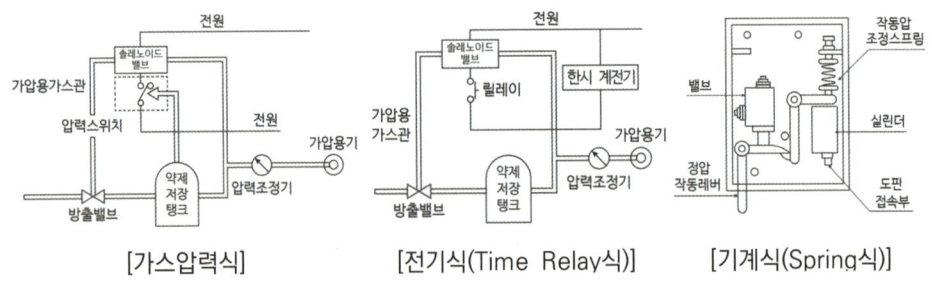

[가스압력식]   [전기식(Time Relay식)]   [기계식(Spring식)]

③ 기계식(Spring식) 작동방식

약제저장용기의 압력 상승으로 스프링 레버가 작동하여 주밸브를 개방시킨다.

2) 가압용 가스용기와 배관청소용 가스

⑴ 분말소화약제의 가스용기는 분말소화약제의 저장용기에 접속하여 설치

⑵ 가압용 가스 용기를 3병 이상 설치한 경우에는 2개 이상의 용기에 전자개방밸브를 부착

⑶ 가압용 가스 용기에는 2.5MPa 이하의 압력에서 조정이 가능한 압력조정기를 설치

⑷ 가압용 가스 또는 축압용 가스는 질소가스 또는 이산화탄소로 할 것

가압용 가스	· 질소가스는 소화약제 1kg마다 40ℓ 이상 · 이산화탄소는 소화약제 1kg에 대하여 20g 이상	+	배관 청소에 필요한 양 (이산화탄소만 해당)
축압용 가스	· 질소가스는 소화약제 1kg에 대하여 10ℓ 이상 · 이산화탄소는 소화약제 1kg에 대하여 20g 이상	+	배관 청소에 필요한 양 (이산화탄소만 해당)

※ 배관의 청소에 필요한 양의 가스는 별도의 용기에 저장할 것

5 분말소화설비 작동 후 클리닝방법

1) 분말소화설비의 구조

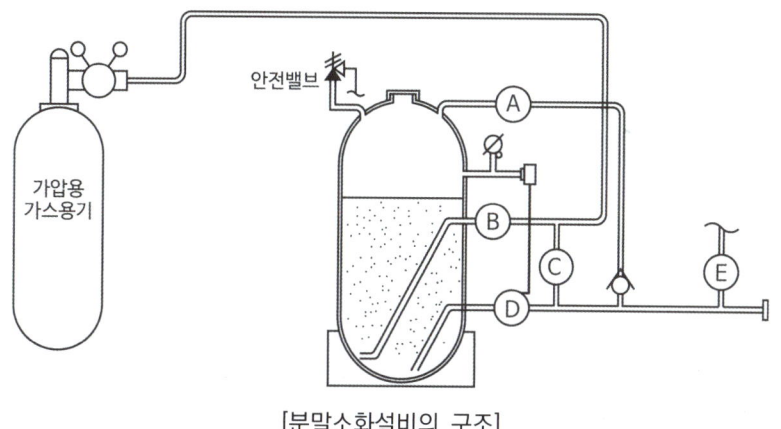

[분말소화설비의 구조]

2) 분말소화약제 저장탱크의 청소 시 밸브 개폐상태

   ⑴ A 배기밸브 : 폐쇄
   ⑵ B 가스도입밸브 : 폐쇄
   ⑶ C 클리닝밸브 : 개방
   ⑷ D 방출밸브 : 폐쇄
   ⑸ E 선택밸브 : 개방

3) 분말소화약제 저장탱크의 청소방법

   ⑴ 해당하는 방호구역의 "선택밸브(E)" 개방상태 확인
   ⑵ 약제저장용기의 "배기밸브(A)"를 개방하여 약제저장탱크 내 잔류가스를 배출
   ⑶ "약제방출밸브(D)"의 폐쇄상태 확인
   ⑷ "배기밸브(A)"를 폐쇄
   ⑸ "가스도입밸브(B)"를 폐쇄 후 "클리닝밸브(C)"의 개방
   ⑹ 클리닝을 위한 질소가스를 연결 및 질소가스 주입
   ⑺ 질소가스를 통해 방호구역의 헤드까지 배관 내 잔류한 분말약제의 청소
   ⑻ "클리닝밸브(C)"의 폐쇄 후 "가스도입밸브(B)"의 개방
   ⑼ 개방된 "선택밸브(E)"의 폐쇄

6 분말소화설비의 소화약제량

분말소화설비에 사용하는 소화약제는 제1종 분말·제2종 분말·제3종 분말 또는 제4종 분말이 있다. 다만, 차고 또는 주차장에는 제3종 분말 소화약제를 설치해야 한다.

1) 전역방출방식

$$W = (V \times \alpha) + (A \times \beta)$$

여기서, W : 약제량(kg)
 V : 방호구역의 체적(m^3)
 α : 방호구역 체적당 약제량(kg/m^3)
 A : 개구부의 면적(m^2)
 β : 개구부 면적당 가산량(kg/m^2)

소화약제의 종류	방호구역의 체적 $1m^3$에 대한 소화약제의 양	자동폐쇄장치가 없는 개구부 $1m^2$당 가산량
제1종 분말	0.6kg	4.5kg
제2종 분말 또는 제3종 분말	0.36kg	2.7kg
제4종 분말	0.24kg	1.8kg

2) 국소방출방식

$$W = V \times Q \times 1.1 \rightarrow 여기서, Q = \left(X - Y\frac{a}{A}\right)$$

여기서, W : 약제량(kg)
 V : 방호공간(방호대상물의 각부분으로 0.6m의 거리에 따라 둘러싸인 공간)
 Q : 방호공간 $1m^3$대한 소화약제량(kg)
 a : 방호대상물 주위에 설치된 벽 면적의 합계(m^2)
 A : 방호공간의 벽면적[벽이 없는 경우에는 벽이 있는 것으로 가정한 당해 부분의 면적](m^2)
 X 및 Y : 다음 표의 수치

소화약제의 종류	X의 수치	Y의 수치
제1종 분말	5.2	3.9
제2종, 제3종 분말	3.2	2.4
제4종 분말	2.0	1.5

3) 호스릴방식의 분말소화설비는 하나의 노즐에 대하여 다음 표 이상으로 할 것

소화약제의 종류	소화약제의 양
제1종 분말	50kg
제2종, 제3종 분말	30kg
제4종 분말	20kg

연습문제

분말소화설비의 화재안전기술기준상 다음 조건의 차고에 필요한 소화약제의 최소 저장량은 몇 kg인가?

─────〈조건〉─────
- 약제방출방식 : 전역방출방식
- 방호구역 체적 : 가로(20m) × 세로(25m) × 높이(3.5m)
- 개구부 면적 : 가로(2m) × 세로(3m)
- 개구부에는 자동폐쇄장치를 설치한다.

📋 차고 또는 주차장의 소화약제 : 제3종 분말

개구부 : 자동폐쇄장치가 설치

$$\begin{aligned}
약제량(kg) &= (V \times \alpha) + (A \times \beta) \\
&= 20 \times 25 \times 3.5 m^3 \times 0.36 kg/m^3 \\
&= 630 kg
\end{aligned}$$

CHAPTER 04 경보설비 점검

▶ 소방시설관리사 점검실무행정

01 자동화재탐지설비

1 자동화재탐지설비의 구성과 계통도

1) 수신기 종류별 구성

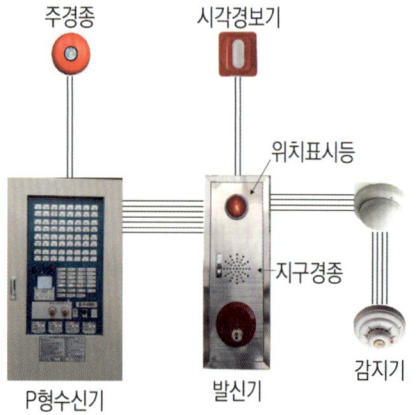

[P형수신기의 자동화재탐지설비 구성]

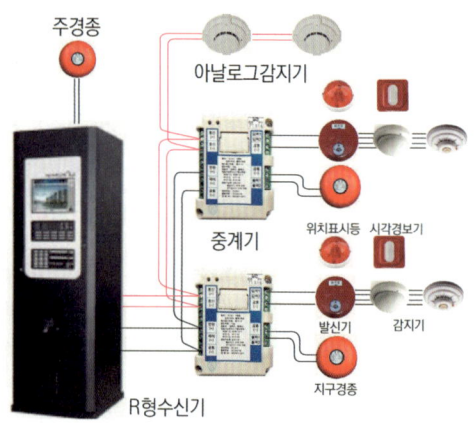

[R형수신기의 자동화재탐지설비 구성]

2) 계통도

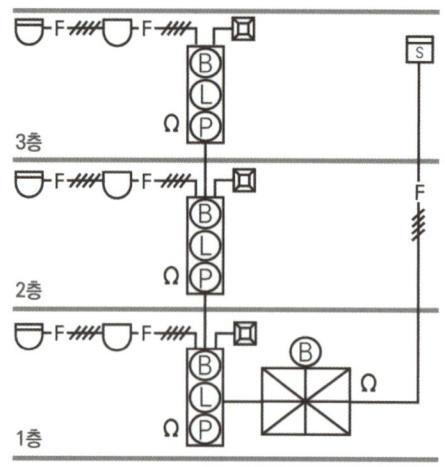

[P형수신기와 계통도]

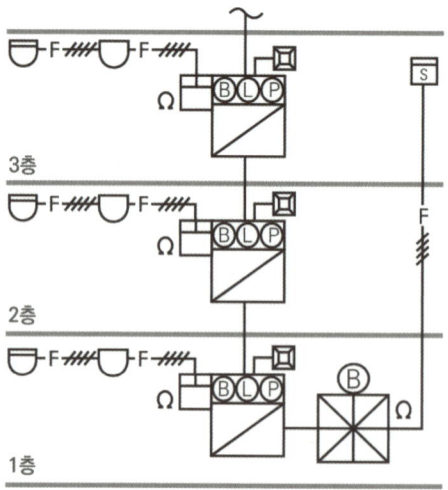

[R형수신기와 계통도]

3) 도시기호

분류	명칭		도시기호	분류	명칭	도시기호
배관	전선관	입상		경보설비기기류	사이렌	
		입하			모터사이렌	(M)
		통과			전자사이렌	(S)
기타	바닥은폐선		-----		기동누름버튼	(E)
	노출배선		───		이온화식 감지기 (스포트형) **21설**	S I
경보설비기기류	차동식 스포트형 감지기				광전식 연기감지기 (아날로그)	S A
	보상식 스포트형 감지기				광전식 연기감지기 (스포트형)	S P
	정온식 스포트형 감지기				감지기간선, HIV1.2mm×4(22C)	─F─///─
	연기감지기		S		감지기간선, HIV1.2mm×8(22C)	─F─///─///─
	감지선		⊙		경보부저	(BZ)
	공기관		───		회로시험기 **15점**	⊙
	열전대		▬▬		화재경보벨	(B)
	열반도체		∞		시각경보기 (스트로브) **17점, 21설**	
	차동식 분포형 감지기의 검출기		⋈		수신기	
	발신기세트 단독형		P B L		부수신기	
	발신기세트 옥내소화전내장형		P B L		중계기 **1점**	
	경계구역번호		△		표시판	◁
	비상용누름버튼		(F)		보조전원	TR
	비상전화기		(ET)		종단저항	Ω
	비상벨		(B)			

2 점검장비

소방시설	점검장비	용도
모든 소방시설	절연저항측정계	전기시설, 전선로 등의 절연저항 측정하는 기구
	전류전압측정계	전원회로 및 부속회로의 전류, 전압, 저항을 측정하는 기구
자동화재탐지설비, 시각경보기	열감지기시험기, 연감지기시험기,	감지기에 열 또는 연기를 가하여 감지기의 정상작동 여부를 시험하는 기구
	감지기시험기연결막대	높은 곳에 설치된 감지기를 시험하기 위해 감지기시험기에 연결하는 막대
	공기주입시험기	차동식 분포형 공기관식 감지기의 정상작동 상태를 시험하는 기구
	음량계	음향장치의 음량을 측정하는 기구

3 수신기 종류

수신기의 종류로는 P형 수신기, GP형 수신기, R형 수신기, GR형 수신기, P형 복합식 수신기, GP형 복합식 수신기, R형 복합식 수신기, GR형 복합식 수신기가 있다.

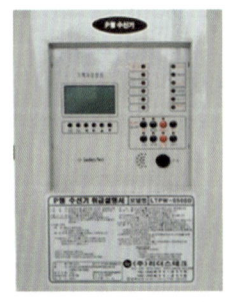
[P형 수신기]

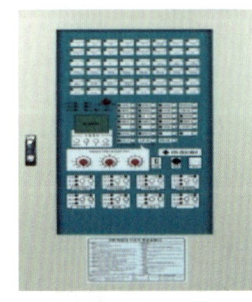
[P형 복합식 수신기]

[GR형 복합식 수신기]

4 P형 수신기의 구조와 기능

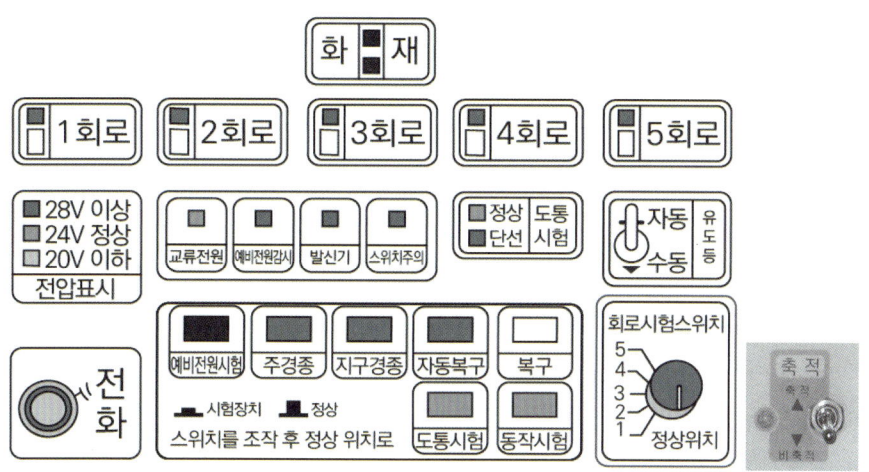

[P형 1급 수신기의 조작스위치]

※ 출처 : 소방안전원

1) P형 수신기에서 표시등의 종류 및 기능

(1) **화재표시등** : 수신기 전면 상단에 설치된 대표 화재발생 표시등
(2) **지구(회로) 표시등** : 감지기 또는 발신기의 해당 경계구역 표시등
(3) **전압상태 표시등** : 상용전원 및 예비전원의 전압을 표시하는 것으로 평상시에는 상용전원의 상태를 표시하며, 예비전원으로 전환 시에는 예비전원의 상태를 표시등
(4) **교류전원 표시등** : 교류전원(AC 220V) 사용 시 점등되는 표시등
(5) **예비전원 감시 표시등** : 예비전원의 문제 발생 시 점등되는 표시등
(6) **발신기 작동 표시등** : 발신기가 동작되었을 때 점등 표시등
(7) **스위치주의 표시등** : 정상작동 스위치를 OFF시켰을 때 점등되는 표시등(자동복구·도통·작동·주경종정지·지구경종정지 등이 OFF일 때 점등)
(8) **도통상태표시등** : 회로의 도통시험 시 단선유무를 확인하기 위한 표시등(정상, 단선)
(9) **축적표시등** : 축적위치에 있을 때 점등되는 표시등
(10) **기록장치(LCD 창)와 조작 스위치** : 조작스위치를 눌러 수신기 작동 이력을 LCD 창을 통해 확인할 수 있다.

> **참고** 2016.1.11.부터 수신기에 기록장치를 의무화하고 있다

2) 평상시 수신기 표시등 상태

(1) **점등** : 24V 정상 전압표시등, 교류전원 표시등, 축적표시등
(2) **소등** : 화재표시등, 지구표시등, 예비전원 감시 표시등, 발신기 작동 표시등, 스위치주의표시등, 도통상태 표시등

3) P형 수신기에서 조작스위치의 종류 및 기능

(1) **예비전원시험 스위치** : 예비전원의 전압을 확인하는 스위치

(2) **주경종 정지스위치** : 감지기나 발신기의 동작 시 주경종이 울리지 않도록 하는 스위치. 일시적인 정지기능으로서 새로운 경계구역의 화재신호를 수신하는 경우에는 자동적으로 주음향장치의 울림정지 기능을 해제하고 주음향장치가 울려야 한다.

(3) **지구경종 정지스위치** : 지구(경계구역)에 설치된 경종이 울리지 않도록 하는 스위치

(4) **자동복구스위치** : 신호가 수신될 때만 표시등 및 경보장치가 작동하도록 하는 스위치로서 신호가 들어오지 않으면 자동적으로 복구된다. 자동복구스위치를 누른 상태에서 작동시험을 하면 회로가 선택 될 때만 표시등 및 음향장치가 작동되고 다음 회로로 돌리면 그 이전 회로는 복구된다.

(5) **복구스위치** : 수신기를 대기상태(초기상태)로 만드는 스위치

(6) **도통시험스위치** : 감지기회로의 도통시험을 위한 스위치로서 스위치를 누른 후 회로선택스위치(회로시험스위치)를 돌려가며 도통상태 표시등을 보면서 점검

(7) **동작시험스위치** : 수신기의 작동상태를 점검하기 위한 스위치로서 스위치를 누른 후 회로선택스위치(회로시험스위치)를 순차적으로 돌려가며 화재표시등, 해당지구표시등, 주음향장치·지구음향장치작동 등이 정상적으로 작동하는지를 점검

(8) **회로선택스위치(회로시험스위치)** : 도통·작동시험 시 각 회로를 선택하는 스위치

(9) **축적/비축적 선택스위치** : 축적방식의 수신기의 경우 축적 여부를 선택하는 스위치

> **참고** 스위치가 조작되면 스위치 주의등이 점멸한다.

4) 축적 기능이 있는 수신기를 설치하는 경우

(1) 지하층·무창층 등으로서 환기가 잘되지 아니 않는 장소

(2) 지하층·무창층 등으로서 실내면적이 $40m^2$ 미만인 장소

(3) 감지기의 부착면과 실내 바닥과의 거리가 2.3m 이하인 장소로서 일시적으로 발생한 열·연기 또는 먼지 등으로 인하여 감지기가 화재신호를 발신할 우려가 있는 때

> **참고**
>
> **수신기의 형식승인 및 제품검사의 기술기준 제17조의2(기록장치) 〈신설 2016.1.11.〉**
> 1. 기록장치는 999개 이상의 데이터를 저장할 수 있어야 하며, 용량이 넘을 경우 가장 오래된 데이터부터 자동으로 삭제한다.
> 2. 수신기는 임의로 데이터의 수정이나 삭제를 방지할 수 있는 기능이 있어야 한다.
> 3. 저장된 데이터는 수신기에서 확인할 수 있어야 하며, 복사 및 출력도 가능하여야 한다.
> 4. 수신기의 기록장치에 저장하여야 하는 데이터는 다음 각 목과 같다. 이 경우 데이터의 발생시각을 표시하여야 한다.
>   가. 주전원과 예비전원의 on/off 상태
>   나. 경계구역의 감지기, 중계기 및 발신기 등의 화재신호와 소화설비, 소화활동설비, 소화용수설비의 작동신호

다. 수신기와 외부배선(지구음향장치용의 배선, 확인장치용의 배선 및 전화장치용의 배선을 제외한다)과의 단선 상태
라. 수신기에서 제어하는 설비로의 수동작동에 의한 신호, 출력신호와 수신기에 설비의 작동 확인표시가 있는 경우 확인신호
마. 수신기의 주경종스위치, 지구경종스위치, 복구스위치 등 기준 제11조(수신기의 제어기능)을 조작하기 위한 스위치의 정지 상태
바. 가스누설신호(단, 가스누설신호표시가 있는 경우에 한함)
사. 제15조의2 제2항에 해당하는 신호(무선식 감지기 · 무선식 중계기 · 무선식 발신기 · 무선식 경종 · 무선식 시각경보장치와 연결되는 경우에 한함)
아. 제15조의2 제3항에 의한 확인신호, 제15조의2 제4항에 의한 통신점검신호 및 재확인신호를 수신하지 못한 내역(무선식 감지기 · 무선식 중계기 · 무선식 발신기 · 무선식 경종 · 무선식 시각경보장치와 연결되는 경우에 한함)
자. 제12조 제9항 제4호 · 제5호의 예비경보 · 축적경보에 의한 신호(아날로그식 축적형인 수신기에 한함)
차. 제3조 제21의2호의 차단된 회로에 의한 신호
카. 제15조의3 제1항의 단선 · 단락에 의한 신호(아날로그식 감지기, 주소형 감지기 또는 중계기와 접속되는 경우에 한함)
타. 제15조의3 제2항의 단선 · 단락에 의한 신호(단선단락감시형에 한함)
파. 제15조의3 제4항의 고장에 의한 신호(아날로그식 또는 주소형 광전식 스포트형 감지기와 접속되는 경우에 한함)
하. 제15조의3 제5항의 고장에 의한 신호(광전식 스포트형 감지기 또는 이온화식 스포트형 감지기 중 보정식을 접속되는 경우에 한함)

기출문제

20점 수신기의 기록장치에 저장하여야 하는 데이터는 다음과 같다. (　)에 들어갈 내용을 순서에 관계없이 쓰시오.(4점)　　**답** 생략

○ (　　　　　　　　　　ㄱ　　　　　　　　　　)
○ (　　　　　　　　　　ㄴ　　　　　　　　　　)
○ 수신기와 외부배선(지구음향장치용의 배선, 확인장치용의 배선 및 전화장치용의 배선을 제외한다)의 단선 상태
○ (　　　　　　　　　　ㄷ　　　　　　　　　　)
○ 수신기의 주경종스위치, 지구경종스위치, 복구스위치 등 기준 수신기 형식 승인 및 제품검사의 기술기준 제11조(수신기의 제어기능)를 조작하기 위한 스위치의 정지 상태
○ (　　　　　　　　　　ㄹ　　　　　　　　　　)
○ 수신기 형식승인 및 제품검사의 기술기준 제15조의2 제2항에 해당하는 신호(무선식 감지기 · 무선식 중계기 · 무선식 발신기와 접속되는 경우에 한함)
○ 수신기 형식승인 및 제품검사의 기술수준 제15조의2 제3항에 의한 확인신호를 수신하지 못한 내역(무선식 감지기 · 무선식 중계기 · 무선식 발신기와 접속되는 경우에 한함)

5 P형 수신기 점검 2, 6쎌

1) 화재표시 작동시험

(1) **시험목적** : 지구표시등, 화재표시등 점등, 음향장치의 명동 확인

(2) 시험방법

① 수신기스위치 중 "동작시험스위치 + 자동복구스위치"를 누름

② 회로선택스위치를 차례로 회전시켜 회로마다 화재표시 작동시험 확인

(3) **가부판정** : 화재표시등 및 지구표시등 점등 여부, 음향장치 작동 여부, 회로 연결상태 정상 확인

2) 동시작동시험(회로수가 2회선 이상)

(1) **시험목적** : 2회로 이상 동작 시 수신기 기능의 정상 여부 확인

(2) 시험방법

① 수신기스위치 중 "동작시험스위치"를 누름

② 회로선택스위치 이용하여 2회로 동시작동시킴

(3) **가부판정** : 회선 동시 작동 시 수신기 기능이 정상적이어야 함

3) 회로도통시험

(1) **시험목적** : 감지기회로의 단선, 단락 및 접속 상태의 이상 유무를 확인

(2) 시험방법

① 수신기 스위치 중 "도통시험 스위치"를 누름

② 회로 선택스위치를 회전시킴

③ 각 회선의 계기 지시상태, 종단저항 접속 여부 확인

(3) **가부판정** 17쎌

① 전압계 약 2 ~ 5V(녹색) 지시 : 정상

② 전압계 0V(적색) 지시 : 단선

③ 전압계 18V 이상 지시 : 감지기가 동작한 경우 또는 회로가 단락된 경우

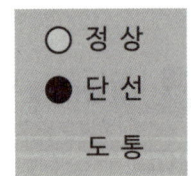

[도통상태표시등]

> **참고** 수신기에 도통시험스위치가 없는 경우는 회로 단선 시 해당 지구표시등이 점멸하여 표시되므로 점멸되는 지구표시등이 없다면 도통상태가 모두 정상인 것으로 판단할 수 있다.

4) 공통선시험 24쎌

(1) **시험목적** : 공통선이 담당하고 있는 경계구역의 회선수 확인

(2) 시험방법

① 수신기 내부 단자에서 공통선을 분리

② 도통시험스위치를 누르고 회로 선택스위치를 회전시켜 단선 표시되는 회선수를 파악

(3) **가부판정** : 단선 표시되는 회선수가 7회선 이하이면 정상

5) 절연저항시험

(1) **시험목적** : 절연저항계를 이용하여 수신기 회로와 외함 등의 저항값을 확인
(2) **시험방법**

수신기의 전원을 차단한 상태에서 절연저항계를 이용하여 수신기회로와 외함 사이 전로를 측정

(3) **가부판정** : 교류 입력 측과 외함 간의 절연저항값 20MΩ 이상이어야 함

6) 예비전원시험

(1) **시험목적** : 정전 시 상용전원에서 예비전원 자동절환 여부 확인 및 정상상태 복구 시 예비전원에서 상용전원으로 자동절환 여부 확인
(2) **시험방법**
  ① 수신기스위치 중 "예비전원 스위치"를 누름
  ② 전압계 지시 및 전원표시 절환 여부 확인(예비전원 표시 및 예비전원등 점등 확인)
(3) **가부판정** : 전압 DC 24V 지시 시 정상

7) 저전압시험

(1) **시험목적** : 전원전압이 저하한 경우에도 수신기가 정상적으로 작동되는지 확인
(2) **시험방법**
  ① 전압시험기(또는 가변저항기)를 사용하여 교류전원의 전압을 정격전압의 80%로 한다.
  ② 축전지설비의 경우 축전지의 단자를 절환하여 전압을 정격전압의 80% 이하로 한다.
  ③ 축적기능이 있는 것은 비축적 상태로 전환한다.
  ④ 자동복구스위치와 동작시험스위치를 누른다.
  ⑤ 회로선택스위치를 돌려 1회로씩 선택한다.
  ⑥ 회로마다 화재표시등, 지구표시등, 음향장치의 정상작동 여부를 확인한다.
(3) **가부판정** : 화재신호를 정상적으로 수신할 수 있어야 한다.

8) 회로저항시험

(1) **시험목적** : 감지기회로의 선로저항이 기준 이하인지 확인
(2) **시험방법**
  ① 수신기 단자대에서 배선의 길이가 가장 긴 회로의 공통선과 회로선을 분리한다.
  ② 분리한 회로의 말단에 설치된 종단저항을 단락시킨다.
  ③ 전류전압측정계를 사용하여 공통선과 회로선 사이 전로의 저항을 측정한다.
(3) **가부 판정** : 하나의 회로의 전로저항이 50Ω 이하이면 정상

9) 지구음향장치의 작동시험

(1) **시험목적** : 감지기와 연동하여 당해 지구음향장치 정상 작동 여부 확인

(2) 시험방법

① 수신기의 회로선택스위치로 점검하고자 하는 구역을 선택한다.

② 수신기의 동작시험스위치를 누른다.

③ 지구음향장치 작동을 확인한다.

(3) 가부판정

① 지구음향장치가 전층경보 또는 우선경보방식으로 정상작동하면 정상

② 음량은 음향장치의 중심에서 1m 떨어진 위치에서 90dB 이상일 것

6 전압강하식

1) 단상2선식·직류2선식 전압강하식

$$전압강하\ e = \frac{35.6\,LI}{1000\,A}\,[V]$$

L : 전선의 길이[m]
A : 전선의 최소 굵기[mm²]

$$I = \frac{P}{V\cos\theta}\,[A]$$

P : 전력[kW]　V : 전압[V]　$\cos\theta$: 역률

2) 3상3선식 전압강하식

$$전압강하\ e = \frac{30.8\,LI}{1000\,A}\,[V]$$

L : 전선의 길이[m]
A : 전선의 최소 굵기[mm²]

$$I = \frac{P}{\sqrt{3}\,V\cos\theta}\,[A]$$

P : 전력[kW]　V : 전압[V]　$\cos\theta$: 역률

7 P형 수신기 이상현상과 원인

1) 상용전원(교류전원)표시등이 소등된 경우

(1) 수신기의 점검 방법

① 수신기 본체의 커버를 연다.

② 수신기 내부의 전원스위치가 이상 유무(OFF상태) 확인

③ 내부 기판에 퓨즈의 단선표시 다이오드(Led)의 점등상태 확인

④ 전류전압측정계를 이용하여 수신기 전원입력단자의 전압 확인

(2) 상용전원(교류전원)표시등이 소등된 경우 원인

① 수신기의 전원 퓨즈(Fuse)가 단선된 경우

② 수신기 내부의 전원스위치 "OFF"된 경우

③ 수신기의 상용전원 단선된 경우
④ 수신기의 전원공급장치(Power Transformer)가 고장 난 경우
⑤ 표시램프 자체가 고장 난 경우
⑥ 수신기의 전원공급용 차단기가 Trip된 경우

[수신기의 전원 Fuse]

[전원스위치]

2) 예비전원 감시등이 점등된 경우 원인 **19점**
   (1) 예비전원 퓨즈(Fuse)가 단선된 경우
   (2) 예비전원 충전부가 불량인 경우
   (3) 예비전원이 불량인 경우(축전지 자체의 고장)
   (4) 예비전원의 충전부 연결커넥터 분리/접속 불량인 경우
   (5) 예비전원이 방전되어 충전 중 상태인 경우

3) 주화재표시등 또는 지구표시등이 미점등되는 경우 원인
   (1) 화재표시등 또는 지구표시등(LED)의 선로가 단선인 경우
   (2) 화재표시등 또는 지구표시등(LED)자체가 고장 난 경우
   (3) 수신기 전원퓨즈(Fuse)가 단선된 경우
   (4) 수신기 내부 동작 릴레이가 불량인 경우

4) 화재표시등과 지구표시등이 점등되어 복구되지 않을 경우 원인
   (1) 수동발신기가 동작된 경우
   (2) 감지기 자체가 불량인 경우
   (3) 감지기 선로가 단락된 경우

5) 화재표시등과 지구표시등이 정상작동 중 주경종 또는 지구경종이 동작되지 않는 경우 원인
   (1) 주경종이 동작되지 않는 경우
      ① 주경종의 누름스위치가 불량인 경우
      ② 주경종 자체의 불량인 경우

③ 주경종 선로가 불량인 경우
④ 수신기의 주경종 출력전압(DC 24V)불량[릴레이 또는 기판불량 등]인 경우
(2) 지구경종이 동작되지 않는 경우 **16점**
① 지구경종의 정지스위치 누름상태인 경우
② 지구경종의 누름스위치가 불량인 경우
③ 수신기에서 지구경종 출력선이 단선인 경우
④ 수신기에서 작동 릴레이(Relay)가 고장인 경우
⑤ 지구경종 자체가 불량인 경우

기출문제

2점 자동화재탐지설비 수신기의 화재표시 작동시험, 도통시험, 공통선시험, 예비전원시험, 동시 작동시험 및 회로저항시험의 작동시험방법과 가부 판정기준에 대하여 기술하시오.(30점)　　　　**답** 생략

6점 자동화재탐지설비 P형 1급 수신기의 화재작동시험, 회로도통시험, 공통선시험, 동시작동시험, 저전압시험의 작동시험방법과 가부판정의 기준을 기술하시오.(20점)　**답** 생략

24설 수신기 공통선시험의 목적과 판정기준을 각각 쓰시오 (2점)　　　　**답** 생략

17설 감지기회로의 도통시험과 관련하여 다음의 각 물음에 답하시오.(4점)
① 종단저항의 설치기준 3가지를 쓰시오.(2점)　　　　**답** 생략
② 회로도통시험을 전압계를 사용하여 시험 시 측정결과에 대한 가부판정기준을 쓰시오.(2점)　　**답** 수신기의 회로도통시험 참조

19점 수신기에서 예비전원 감시등이 소등상태일 경우 예상원인과 점검방법이다. (　)에 들어간 내용을 쓰시오.(4점)

예상원인	조치 및 점검방법
1. 퓨즈단선	(ㄴ)
2. 충전불량	(ㄷ)
3. (ㄱ)	(ㄹ)
4. 배터리 완전방전	

답 ㄱ. 배터리 불량,　　ㄴ. 퓨즈 교체
　　ㄷ. 충전부 수리 또는 교체　ㄹ. 배터리 교체

16점 P형 수신기에 연결된 지구경종이 작동되지 않는 경우 그 원인 5가지를 쓰시오.(10점)
답 생략

8 절연저항측정계

1) 절연저항계의 용도
전원회로 및 부속회로등의 절연저항을 측정하는 데 사용되는 계측기

2) 절연저항계 각 부분의 명칭

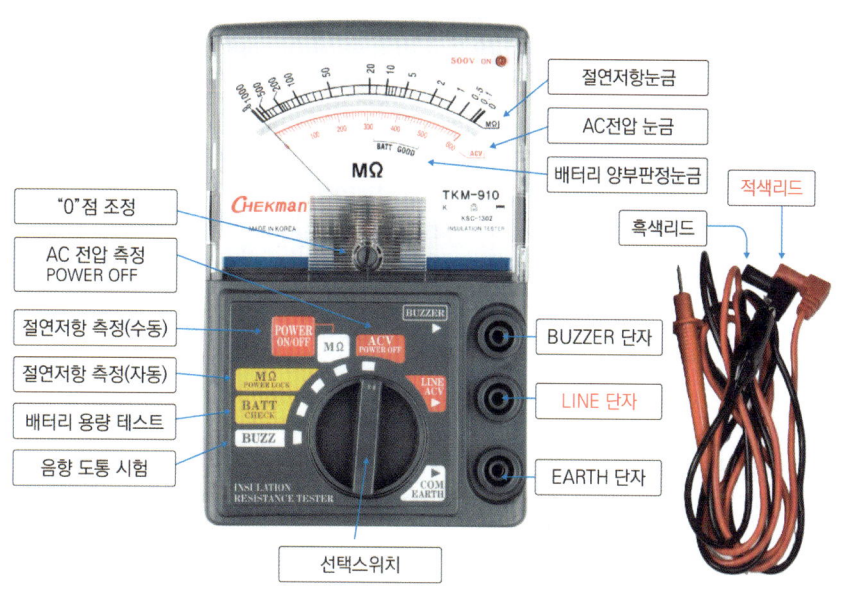

3) "0"점 조정("∞"눈금 조정)
(1) 지시침이 "∞"의 위치에 있는지 확인한다.
(2) 만약 지시침이 "∞"의 위치에 있지 않으면 "∞"의 위치에 오도록 0점 조절기를 돌려 지시침이 "∞"위치에 오도록 조정한다.

4) BATT CHECK(배터리 체크)
(1) 선택스위치를 BATT CHECK 위치로 전환한다.
(2) 지시침이 띠(BATT GOOD)에 머무르면 정상상태이다.
(3) 정상범위에 있지 않는 경우 건전지를 교체한다.

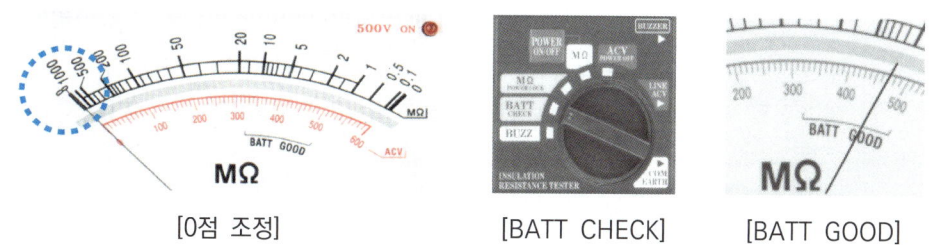

[0점 조정]   [BATT CHECK]   [BATT GOOD]

> **참고** 절연저항계 사용 전에 항상 0점 조정과 배터리 체크를 한다.

5) 절연저항 측정

절연저항 측정은 전로와 대지 사이 측정과 전로와 전로 사이(각상 간) 측정으로 나뉜다.

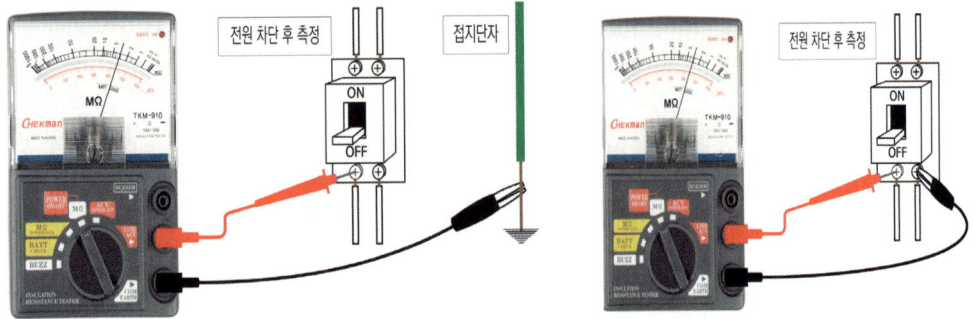

[대지(철재외함)와 전로 사이 측정]   [전로와 전로 사이 측정]

⑴ 측정 전 측정 간선 등의 전원을 차단(차단기 OFF)한다.
⑵ 절연저항계의 "0"점 조정과 배터리 체크를 한다.
⑶ 선택스위치를 절연저항측정($M\Omega$)에 위치시키고 적색리드를 절연저항계의 LINE단자에 흑색리드를 절연저항계의 EARTH 단자에 연결한다.
⑷ **전로와 대지 사이 측정** : 흑색리드 집게를 접지 측 단자에 물리고(접지 단자가 없을 경우 철재 외함, 수도꼭지 등 접지대용으로 사용할 만한 곳에 물린다) 적색리드 봉을 측정될 회로나 전원에 접촉한다.
⑸ **전로와 전로 사이 측정** : 측정할 전로에 연결된 모든 부하(전등, 전기기기 등)를 분리한 후 한 전로에는 흑색리드 집게를 접촉하고, 다른 전로에는 적색리드 봉을 접촉한다.
⑹ 측정버튼(POWER ON/OFF)을 누르면 LED가 발광하며 지시침이 움직인다. 지시침이 지시하는 $M\Omega$눈금을 절연저항으로 읽는다(연속적으로 측정할 경우는 선택스위치를 절연저항측정(자동)($M\Omega$ POWER LOCK) 위치에 놓고 측정한다).
⑺ 측정 종료 후 선택스위치를 ACV(POWER OFF) 위치로 돌려놓는다.
⑻ 전원 OFF된 차단기류를 정상 복구시킨다.

> ☑ **참고** 절연저항을 측정할 때는 반드시 측정될 회로의 전원이 꺼져 있는지 확인한다.

비상벨설비 또는 자동식 사이렌설비, 비상방송설비, 자동화재탐지설비의 화재안전기술기준

전원회로의 전로와 대지 사이 및 배선 상호 간의 절연저항은 「전기사업법」 제67조에 따른 기술기준이 정하는 바에 의하고, 부속회로의 전로와 대지 사이 및 배선 상호 간의 절연저항은 1경계구역마다 직류 250V의 절연저항측정기를 사용하여 측정한 절연저항이 0.1MΩ 이상이 되도록 할 것

6) 교류전압 측정

(1) 선택스위치를 ACV(POWER OFF) 위치로 전환하고 적색 리드를 절연저항계의 LINE 단자에 흑색리드를 절연저항계의 EARTH 단자에 연결한다.
(2) 측정할 교류회로 양단에 흑색리드 집게와 적색리드 봉을 각각 접촉한다.
(3) 지시침이 가리키는 적색의 ACV 눈금상의 수치를 읽는다.

7) 도통시험(BUZZ)

(1) 측정 전 측정될 회로의 전원을 차단한다.
(2) 선택스위치를 BUZZ 위치로 전환하고 적색 리드를 절연저항계의 BUZZ단자에 흑색 리드를 절연저항계의 EARTH 단자에 연결한다.
(3) 측정될 회로에 흑색리드 집게와 적색리드 봉을 접촉한다.
(4) 부저가 울리면 도통상태이고 부저가 울리지 않으면 단선상태이다.
(5) 측정 종료 후 선택스위치를 ACV(POWER OFF) 위치로 돌려놓는다.

8) 절연저항계의 사용 시 주의사항

(1) 절연저항 측정 중에는 테스트리드에 고전압이 발생하므로 피측정물, EARTH, LINE, 테스트리드선단에 절대로 손을 대지 않는다.
(2) 절연저항 측정 직후 테스트리드와 피측정물이 고전압에 대전되어 있는 경우가 있으므로 측정 직후에는 손을 대지 않는다.
(3) 절연저항 측정 시에는 피측정물의 전원을 반드시 끈다.
(4) 측정 중에는 기능 선택스위치를 돌리지 않는다.
(5) LED가 점등 중이면 본 기기에서 고전압이 발생하고 있으므로 주의를 한다.
(6) 가연성, 폭발성 가스 또는 유사한 분위기의 장소에는 절연저항계를 사용하지 않는다.
(7) 장시간 이상을 사용하지 않을 경우에는 배터리를 분리하고 보관한다.

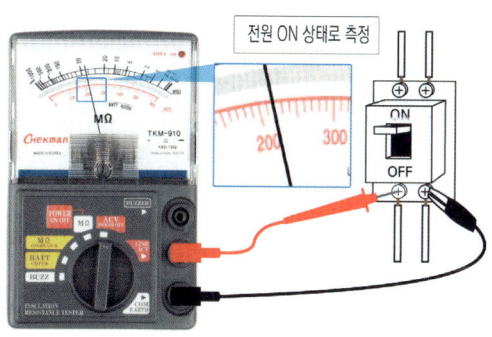
[교류전압 측정]

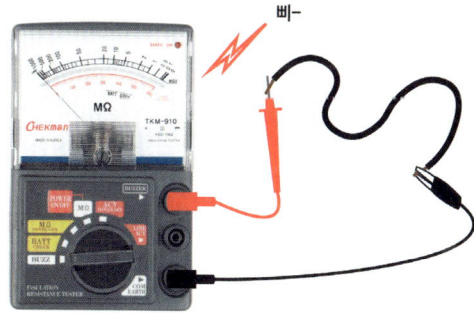
[도통시험(BUZZ)]

기출문제

16점 P형 1급 수신기(10회로 미만)에 대한 절연저항시험과 절연내력시험을 실시하였다.(9점)

(1) 수신기의 절연저항시험방법(측정개소, 계측기, 측정값)을 쓰시오.(3점)

> **답** [수신기의 형식승인 및 제품검사의 기술기준] 제19조(절연저항시험)
> ① 수신기의 절연된 충전부와 외함 간의 절연저항은 직류 500V의 절연저항계로 측정한 값이 5MΩ(교류입력 측과 외함 간에는 20MΩ) 이상이어야 한다. 다만, P형, P형 복합식, GP형 및 GP형 복합식의 수신기로서 접속되는 회선수가 10 이상인 것 또는 R형, R형 복합식, GR형 및 GR형 복합식의 수신기로서 접속되는 중계기가 10 이상인 것은 교류입력 측과 외함 간을 제외하고 1회선당 50MΩ 이상이어야 한다.
> ② 절연된 선로 간의 절연저항은 직류 500V의 절연저항계로 측정한 값이 20MΩ 이상이어야 한다.

(2) 수신기의 절연내력시험방법을 쓰시오.(3점)

> **답** [수신기의 형식승인 및 제품검사의 기술기준] 제20조(절연내력시험)
> 절연저항의 규정에 의한 시험부위의 절연내력은 60Hz의 정현파에 가까운 실효전압 500V(정격전압이 60V를 넘고 150V 이하인 것은 1000V, 정격전압이 150V를 넘는 것은 그 정격전압에 2를 곱하여 1천을 더한 값)의 교류전압을 가하는 시험에서 1분간 견디는 것이어야 한다.

(3) 절연저항시험과 절연내력시험의 목적을 각각 쓰시오.(3점)

> **답** 절연저항시험과 절연내력시험의 목적
> ① 절연저항시험의 목적 : 절연 여부를 확인하여 누전, 감전, 화재를 예방하는 목적
> ② 절연내력시험의 목적 : 전로의 절연강도가 충분한가를 판정하기 위한 목적. 이상전압, 개폐 시의 순간 과전압이 전로에 가해졌을 때에도 절연이 파괴되지 않고 안전한가를 확인하기 위한 시험이다.

9 전류전압측정계(멀티미터, 멀티테스터)

1) 전류전압측정계의 용도

전원회로 및 부속회로 등의 약전류회로의 전류, 전압, 저항 측정에 사용되는 계측기

2) 전류전압측정계 각부의 명칭(아날로그방식인 경우)

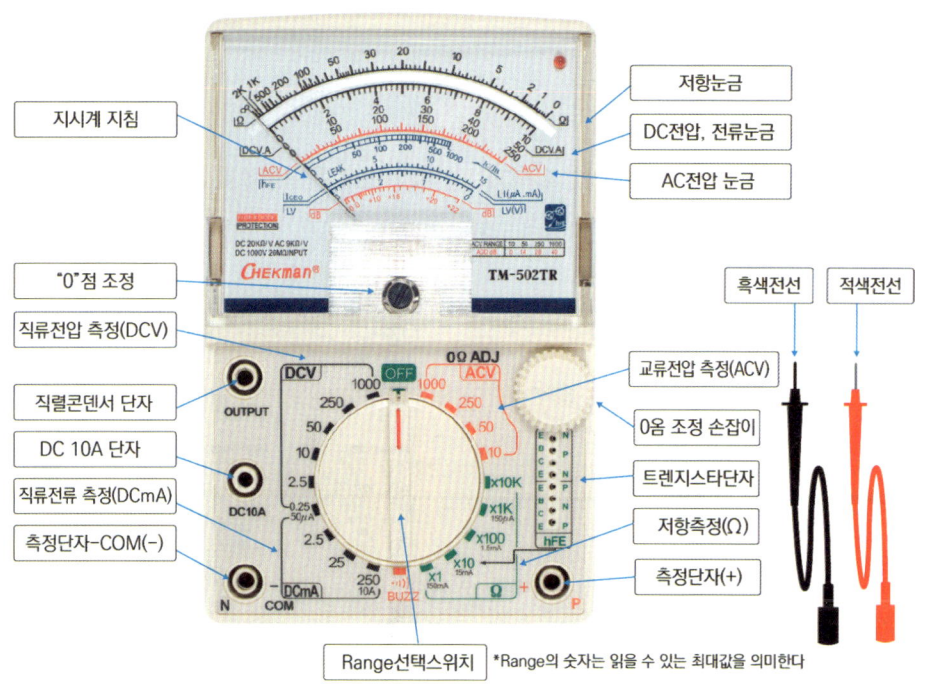

3) "0"점 조정 **2점**

측정을 하기 전에 반드시 바늘의 위치가 0점에 고정되어 있는가를 확인하여야 한다.
(1) 지시침이 "∞"의 위치에 있는지 확인한다.
(2) 만약 지시침이 "∞"의 위치에 있지 않으면 "∞"의 위치에 오도록 0점 조절기를 돌려 지시침이 "∞"위치에 오도록 조정한다.

4) 배터리 체크

측정을 하기 전에 배터리 체크를 눌러 정상인지 확인한다.

5) 직류(DC) 전압의 측정

(1) 흑색전선을 측정기의 -측 단자에 적색전선을 +측 단자에 접속시킨다.
(2) 선택스위치를 DC V에 고정시킨다.
(3) 피측정회로에 측정기의 흑색과 적색의 도선을 병렬로 접속시킨다.
(4) 지시계의 지침(또는 디스플레이에 표시되는 DC 전압의 수치)을 읽는다.

6) 직류(DC) 전류의 측정

　(1) 흑색전선을 측정기의 -측 단자에 적색전선을 +측 단자에 접속시킨다.
　(2) 선택스위치를 DC mA에 고정시킨다.
　(3) 피측정 회로에 측정기의 흑색과 적색의 도선을 직렬로 접속시킨다.
　(4) 지시계의 지침(또는 디스플레이에 표시되는 DC 전압의 수치)을 읽는다.

7) 교류(AC) 전압의 측정

　(1) 흑색전선을 측정기의 -측 단자에 적색전선을 +측 단자에 접속시킨다.
　(2) 선택스위치를 AC V에 고정시킨다.
　(3) 피측정 회로에 측정기의 흑색과 적색의 도선을 병렬로 접속시킨다.
　(4) 지시계의 지침(또는 디스플레이에 표시되는 AC 전압의 수치)을 읽는다.

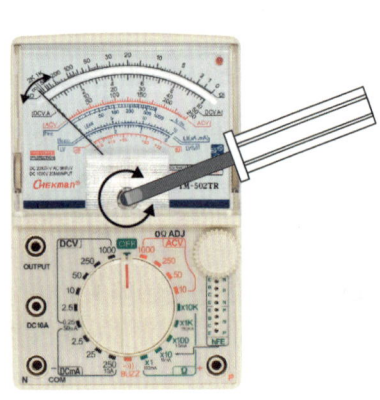

[0점 조정]

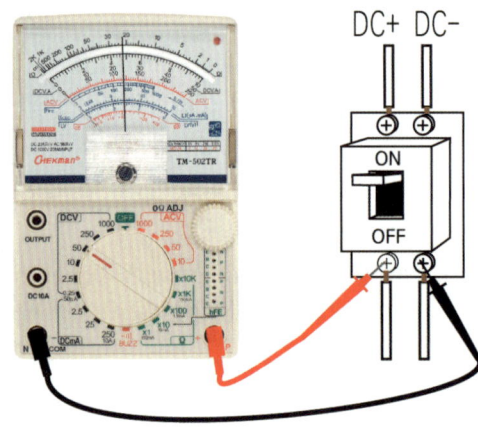

[DC V 직류전압 측정]

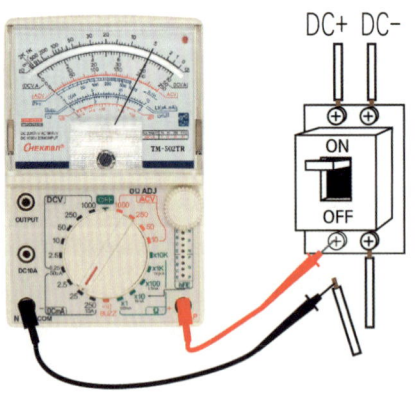

[DC mA 직류전류 측정]

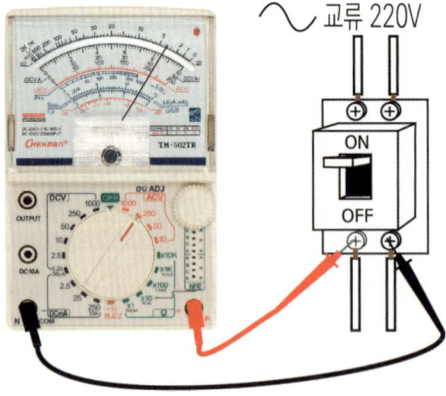

[AC V 교류전압 측정]

8) 교류 전류의 측정(클램프식 전류전압측정계(후크메타) 사용)

[ACA교류전류측정]

⑴ 선택스위치를 AC A의 위치에 고정시킨다.
⑵ 클램프메타(후크메타)의 집게부분을 열어 전선을 노란색 구멍에 위치시킨다.
⑶ 디스플레이에 표시되는 전류의 수치를 읽는다.

9) 저항값의 측정

저항은 저항값의 측정 및 선이나 회로의 연속성(∞ 또는 0Ω)을 테스트할 때 측정한다.

 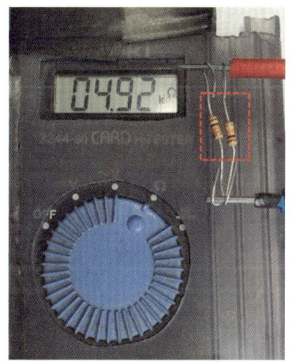 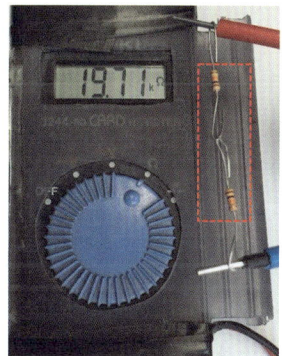

[저항값의 측정]   [병렬연결 시]   [직렬연결 시]

⑴ 흑색전선을 측정기의 -측 단자에 적색전선을 +측 단자에 접속시킨다.
⑵ 선택스위치를 Ω의 위치에 고정시킨나.
⑶ 피측정 저항의 양끝에 도선을 접속시키고 Ω의 눈금(또는 디스플레이에 표시되는 수치)을 읽는다.
⑷ 아날로그방식의 경우 읽는 법
"×숫자"는 배수를 의미한다. 지시침이 가리키는 눈금의 숫자에 "×100"의 경우는 100을 곱하고 "×10K"는 10,000을 곱한 값이 측정된 저항값이다.

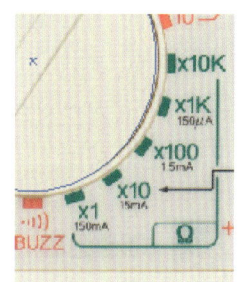

[옴의 숫자표시]

10) 콘덴서의 품질시험 2점

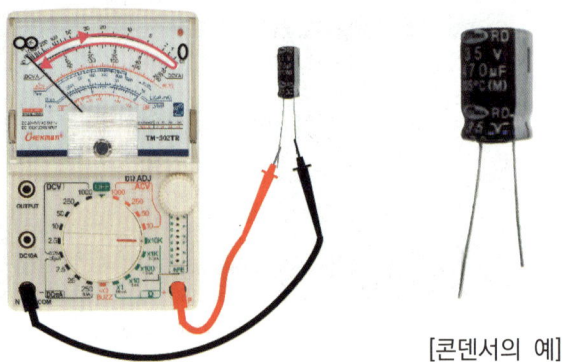

[콘덴서의 예]

(1) 흑색전선을 측정기의 -측 단자에 적색전선을 +측 단자에 접속시킨다.
(2) 극성선택스위치를 ΩRange에서 10KΩ의 위치로 한다.
(3) 리드선을 콘덴서의 양단에 접속시킨다.
(4) 판정
   ① 정상 콘덴서 : 지침이 순간적으로 흔들리다가(높게 올랐다가) 서서히 무한대(∞) 위치로 돌아온다.
   ② 불량 콘덴서(단선) : 지침이 움직이지 않는다.
   ③ 단락된 콘덴서 : 바늘이 0Ω 위치에서 멈추고 무한대(∞)로 돌아오지 않는다.
   ④ 콘덴서 특성불량 : 지침이 높게 올랐다가 무한대 위치로 돌아오는 중간에서 멈추거나 또는 무한대 근처에서 멈추어 무한대 위치로 완전히 돌아오지 않는다.

11) 사용상 주의사항 2점

(1) 제품의 최대 허용전압을 초과하지 말아야 한다.
(2) 측정 시 사전에 0점 조정 및 전지(Battery) 체크를 할 것
(3) 측정범위가 미지수일 때는 눈금의 최대범위에서 시작하여 범위를 낮추어 갈 것
(4) 선택스위치가 DC mA에 있을 때는 고전압이 걸리지 않도록 할 것(시험기의 분로저항이 손상될 우려가 있음)
(5) 어떤 장비의 회로저항을 측정할 때에는 측정 전 장비용 전원을 반드시 차단하여야 한다.
(6) 콘덴서가 포함된 회로에서는 콘덴서에 충전된 전류는 방전시켜야 한다.
(7) 리드선의 피복상태를 보고 측정한다. 피복이 벗겨진 상태에서 측정하다간 감전될 수 있다.

기출문제

2점 전류전압 측정계의 0점 조정, 콘덴서의 품질시험방법 및 사용상의 주의사항에 대하여 설명하시오.(20점)   **답** 생략

10 발신기와 간선

1) 발신기 16점

[발신기 외형]

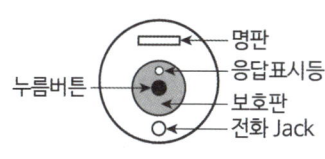
[발신기 구조]

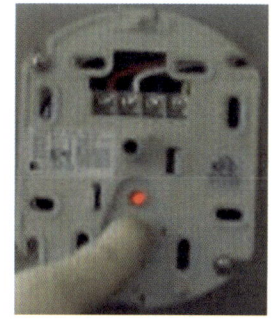
[발신기 작동과 응답등 점등]

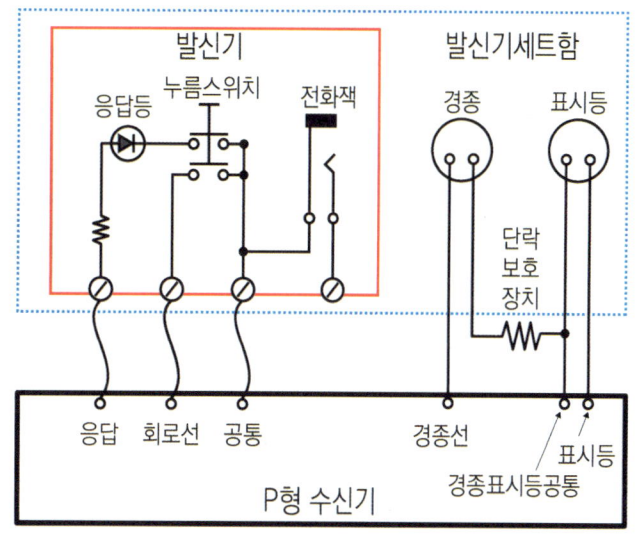
[수신기와 발신기SET함 결선도]

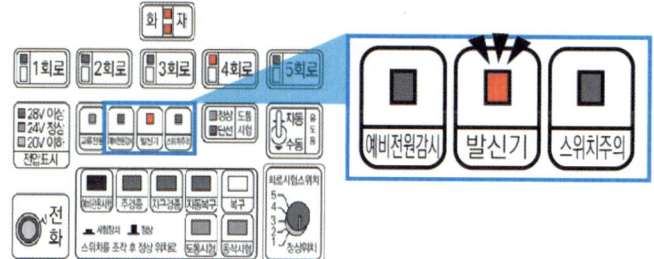
[발신기를 누를 경우 수신기에서 확인되는 부분]

✅ **참고** 복구할 경우에는 발신기 버튼을 먼저 복구한 후 수신기를 복구한다.

기출문제

16점 화재 시 감지기가 동작하지 않고 화재 발견자가 화재구역에 있는 발신기를 눌렀을 경우, 자동화재탐지설비 수신기에서 발신기 동작상황 및 화재구역을 확인하는 방법을 쓰시오.(3점)

답 1) 발신기 동작상황 확인
   ① 화재표시등, 지구표시등 및 발신기(응답)등 점등
   ② 주음향장치 및 지구음향장치 작동
2) 화재구역 확인
   지구표시등의 회로번호 확인 및 해당 경계구역일람도에서 해당 회로번호의 경계구역 위치를 확인한다.

2) 발신기 세트함

발신기 세트함(속보세트함)에는 발신기, 지구경종 및 위치표시등이 설치된다.

[발신기함 외부]

[옥내소화전 상단의 발신기함 외부]

[발신기함 내부 결선 모습]

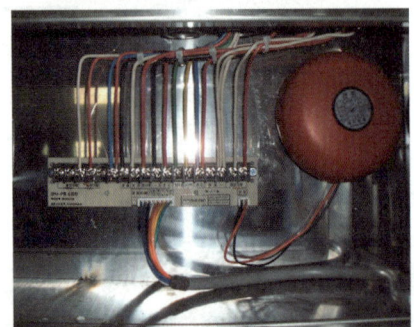
[옥내소화전 상단의 발신기함 내부]

3) 수신기와 발신기의 배선

[수신기 내부 단자]

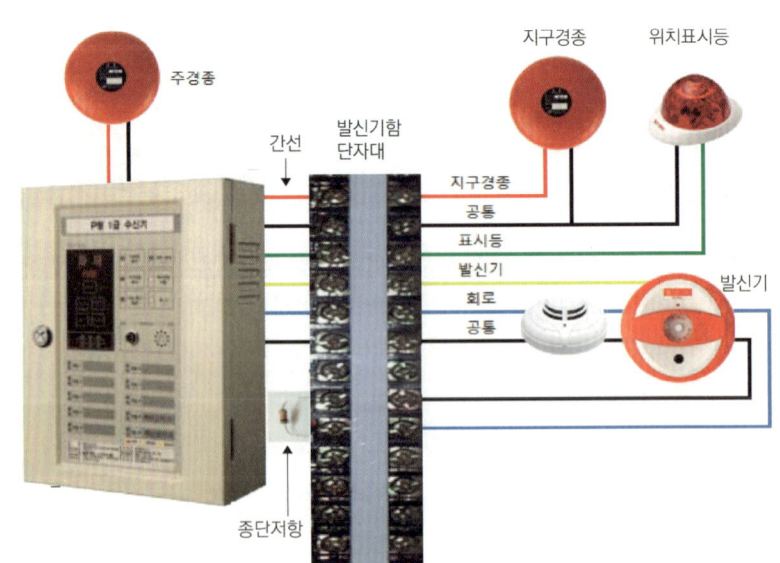

4) 경보방식

(1) 일제경보방식 : 화재 신호 시 건축물 전층에 지구음향경보가 작동하는 방식
(2) 우선경보방식 : 화재 신호 시 화재층과 일부층만 지구음향경보가 작동하는 방식
    ① 2층 이상의 층에서 발화 시 경보되는 층 : 발화층 및 그 직상 4개 층
    ② 1층 발화 시 경보되는 층 : 1층, 2 ~ 5층, 지하 전 층
    ③ 지하층에서 발화 시 경보되는 층 : 발화층, 직상층, 기타의 지하층
(3) 우선경보방식 대상 : 층수가 11층(공동주택의 경우에는 16층) 이상인 특정소방대상물

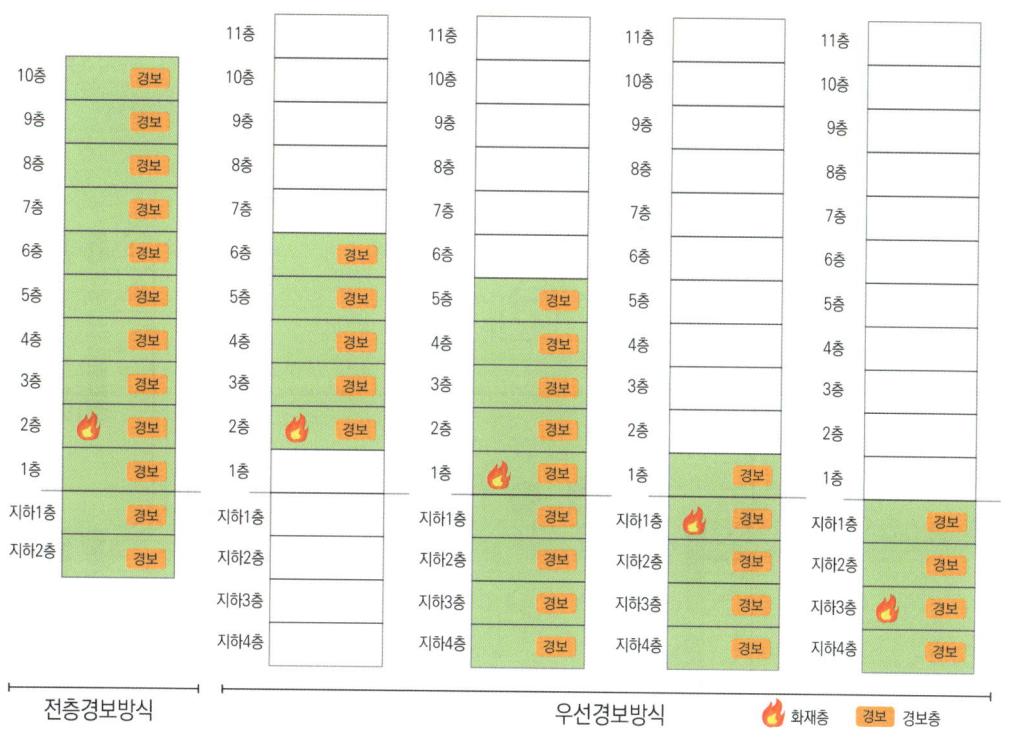

[화재 시 경보층]

5) 경보방식에 따른 간선의 가닥수 산정(경종·표시등 공통선을 사용한 경우) 22쌀

배선	일제경보방식	우선경보방식
① 회로선	경계구역마다 1가닥	경계구역마다 1가닥
② 회로공통선	회로선 7회선마다 1가닥	회로선 7회선 1가닥
③ 응답선	1가닥	1가닥
④ 경종,표시등 공통	1가닥 (조건에 따라 추가)	1가닥 (조건에 따라 추가)
⑤ 경종선	1가닥	층별 1가닥
⑥ 표시등선	1가닥	1가닥

※ 경종선에는 화재로 인하여 하나의 층의 지구음향장치 배선이 단락되어도 다른 층의 화재통보에 지장이 없도록 각 층 배선상에 유효한 조치를 하였다.

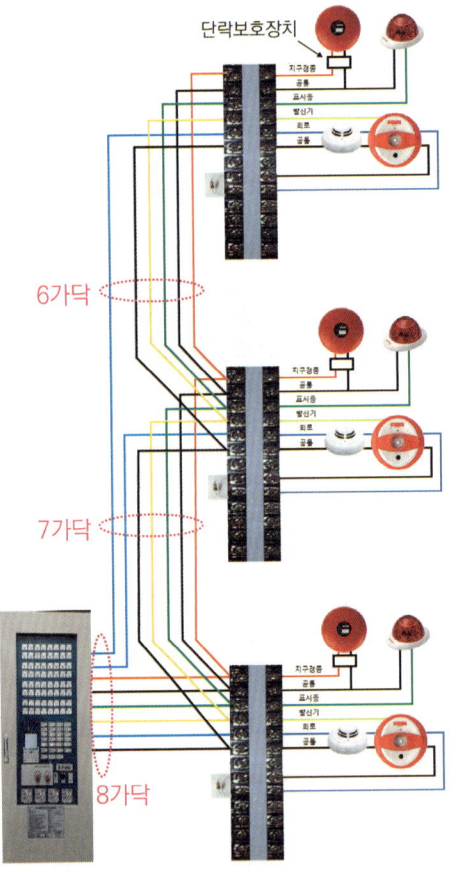

[일제경보방식의 간선 예]

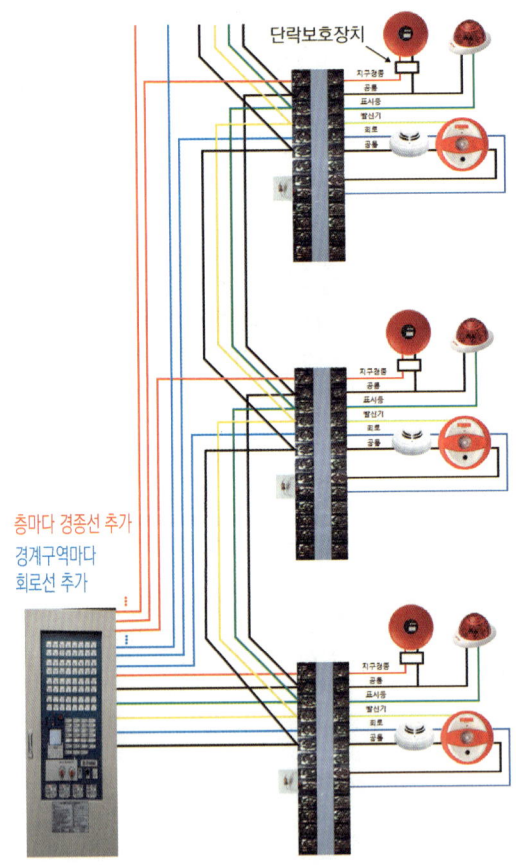

[우선경보방식의 간선 예]

기출문제

22설 지하 2층, 지상 11층인 철근콘크리트 구조의 신축 건축물에 자동화재탐지설비를 설치하고자 한다. 조건을 참고하여 물음에 답하시오.

> 〈조건〉
> ○ 각 층의 바닥면적은 650m²이고, 한 변의 길이는 50m를 넘지 않는다.
> ○ 각 층의 층고는 4m이고, 반자는 없다.
> ○ 각 층은 별도로 구획되지 않고, 복도는 없는 구조이다.
> ○ 지하 2층에서 지상 11층까지는 직통계단 1개소와 엘리베이터 1개소가 있다.
> ○ 각 층의 계단실 면적은 15m², 엘리베이터 승강로의 면적은 10m²이다.
> ○ 각 층에는 샤워시설이 있는 50m²의 화장실이 1개소 있다.
> ○ 각 층의 구조는 모두 동일하고, 건물의 용도는 사무실이다.
> ○ 각 층에는 차동식 스포트형 감지기 1종, 계단과 엘리베이터에는 연기감지기 2종을 설치한다.
> ○ 수신기는 지상 1층에 설치한다.
> ○ 조건에 주어지지 않은 사항은 고려하지 않는다.

지상 1층에 P형1급 수신기를 설치할 경우, 모든 경계구역으로부터 수신기에 연결되는 배선내역을 쓰고 각각의 최소 전선가닥수를 구하시오. (단, 모든 감지기 배선의 종단저항은 해당 층의 발신기세트 내부에 설치하고, 경종과 표시등은 하나의 공통선을 사용한다) (5점)

답 1) 층별 경계구역수 : (650(화장실 면적 포함) - 15 - 10) ÷ 600 = 1.04 ≒ 2구역
2) 수직 경계구역 : 지하계단 1구역, 지상계단((11 × 4m) ÷ 45m = 0.98) 1구역, 엘리베이터 1구역
3) 개정된 기준을 적용하여 경종선은 층마다 1가닥을 적용하였고, 경종공통선을 사용하여 층별로 분기한 후 층마다 경종선 단락보호장치를 설치한 것으로 가닥수를 산정하였다. 최소 가닥수이므로 지하 1층과 지하 2층의 경종선은 1가닥으로 산정한다.

구 분	계단	E/V	지하 2층	지하 1층	1층	2층	3층	4층	5층	6층	7층	8층	9층	10층	11층	합계
① 회로선	2	1	2	2	2	2	2	2	2	2	2	2	2	2	2	29
② 회로공통선						29 ÷ 7 = 4.14										5
③ 발신기선						1										1
④ 경종, 표시등 공통						1										1
⑤ 경종선			1	1	1	1	1	1	1	1	1	1	1	1	1	12
⑥ 표시등선						1										1

회로선 29가닥, 회로공통 5가닥, 경종선 12가닥(경종선마다 단락보호장치 설치), 표시등선 1가닥, 경종표시등 공통선 1가닥, 발신기선 1가닥

11 감지기 배선과 종단저항

1) 배선 기준

(1) 감지기 사이의 회로의 배선은 송배선식으로 할 것

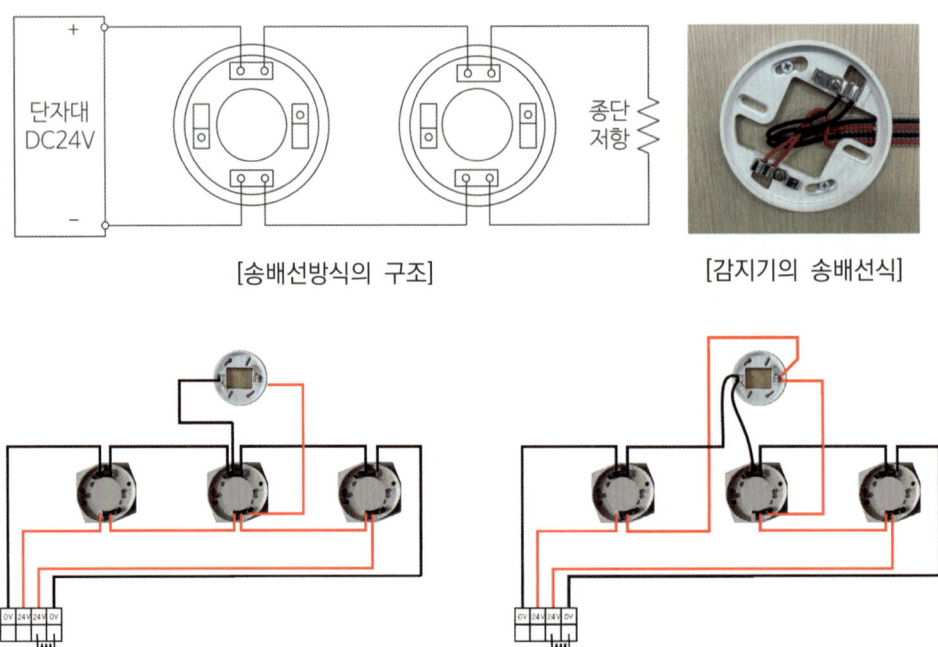

[송배선방식의 구조]　　　　　　　　[감지기의 송배선식]

[배선을 분기하여 감지기를 증설한 경우(x)]　　　[송배선식으로 감지기 증설(O)]

> 참고 송배선식이란 전선을 중간에 분기하지 않는 배선방식을 말한다.

(2) 감지기 상호 간 또는 감지기로부터 수신기에 이르는 감지기회로의 배선은 다음의 기준에 따라 설치할 것

① 아날로그식, 다신호식 감지기나 R형 수신기용으로 사용되는 것은 전자파 방해를 받지 않는 실드선 등을 사용해야 하며, 광케이블의 경우에는 전자파 방해를 받지 아니하고 내열성능이 있는 경우 사용할 것. 다만, 전자파 방해를 받지 않는 방식의 경우에는 그렇지 않다.

② "①" 외의 일반배선을 사용할 때는 「옥내소화전설비의 화재안전기술기준(NFTC 102)」에 따른 내화배선 또는 내열배선으로 사용할 것

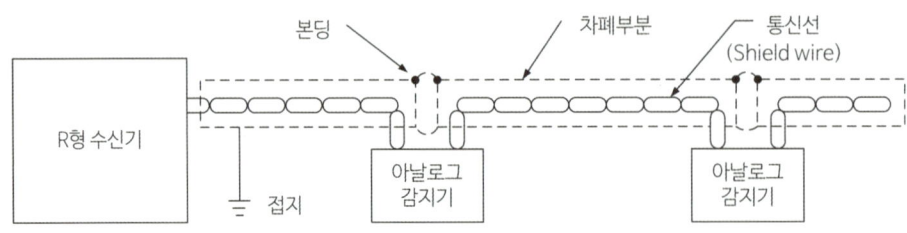

[쉴드선(Sheld Wire)의 배선방법]

2) 종단저항

　(1) 종단저항 설치 목적

　　감지기 회로의 도통시험을 위하여 감지기 회로를 송배선식으로 설치하고 회로의 끝에 종단저항을 설치한다.

　(2) 종단저항 설치방법

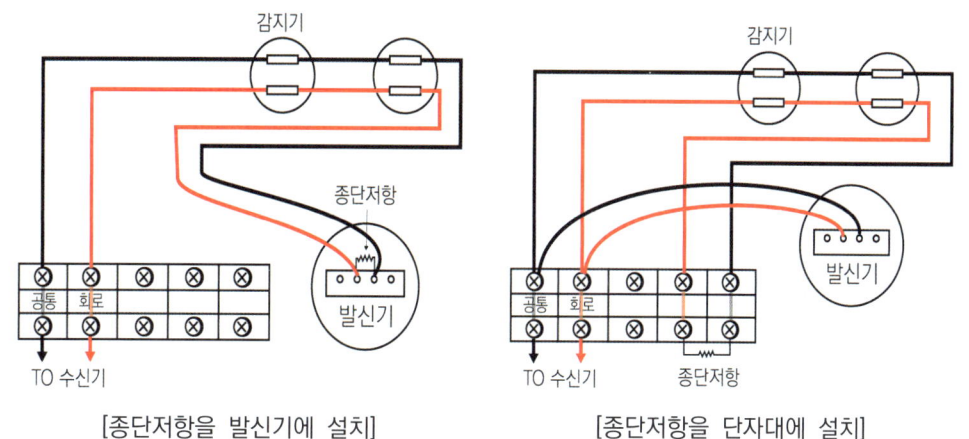

[종단저항을 발신기에 설치]　　　　　[종단저항을 단자대에 설치]

3) LEAD 타입의 종단저항 10kΩ ± 5% 읽는 법

[종단저항 10$K\Omega$]

구 분		첫 번째 띠	두 번째 띠	세 번째 띠	네 번째 띠
		숫자	숫자	10의 승수	(허용오차)
검은색		0	0	10^0	
갈색		1	1	10^1	
빨간색		2	2	10^2	1%
주황색		3	3	10^3	2%
노란색		4	4	10^4	
초록색		5	5	10^5	
파란색		6	6	10^6	
보라색		7	7	10^7	
회색		8	8	10^8	
흰색		9	9	10^9	
금색					5%
은색					10%

12 감지기회로의 감시전류와 동작전류 24설

1) P형 1급 수신기와 감지기와의 배선회로

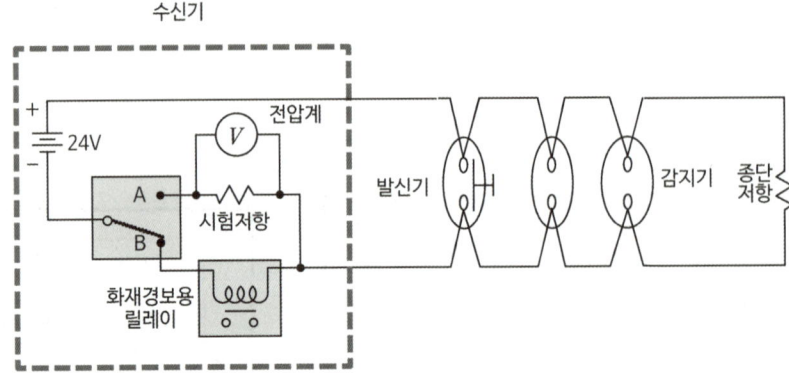

P형 1급 수신기와 감지기와의 배선회로에서 종단저항이 R_1, 감지기회로저항이 R_2, 릴레이 저항이 R_3이라고 하면, 평상시 감시전류와 감지기 동작 시 동작전류는 옴의 법칙에 따라 구한다.

2) 평상시 감시전류

$$\text{감시전류 } I = \frac{V}{R} \times 1{,}000 \text{mA}$$

여기서, 전체저항 R = $R_1 + R_2 + R_3$ [Ω]
회로전압 V = 24V

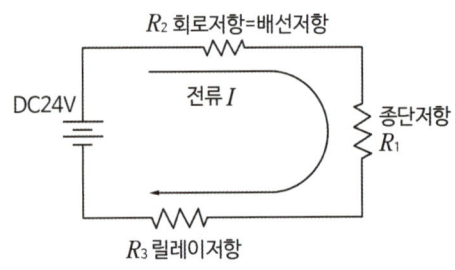

평상시에는 종단저항(10KΩ)과 전로저항(50Ω)과 미소한 릴레이 저항을 합한 큰 저항 때문에 미소전류가 흐르므로 화재경보용 릴레이가 동작하지 않는다.

3) 감지기 동작 시 동작전류

$$\text{동작전류 } I = \frac{V}{R} \times 1{,}000 \text{mA}$$

여기서, 전체저항 R = $R_2 + R_3$ [Ω]
회로전압 V = 24V

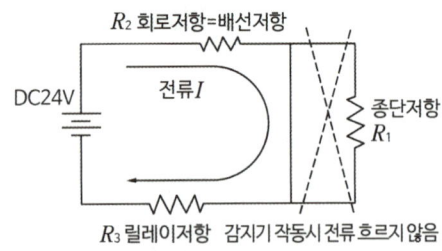

감지기 동작시 저항이 작아지므로 화재경보용
릴레이가 동작할 수 있는 큰 동작전류가 흐르게 된다.

기출문제

24설 평상시 감지기회로에 흐르는 감시전류(mA), 말단 감지기가 동작했을 때 감지기회로에 흐르는 동작전류(mA)를 각각 계산하시오.(3점)   **답** 생략

13 감지기회로의 전압

1) 회로 도통시험 시 전압

수신기의 도통시험스위치를 조작하면 스위치가 A로 이동하여 시험저항의 전압이 전압계에 표시된다.

$$전압\ V = 24[V] \times \frac{시험저항}{R_1 + R_2 + 시험저항}$$

① 정상 : 전압 2~5V
② 단선 시 : 전로저항이 ∞이므로 V ≒ 0V
③ 단락 시 : 전압이 시험저항에만 걸리므로
　　V ≒ 24V

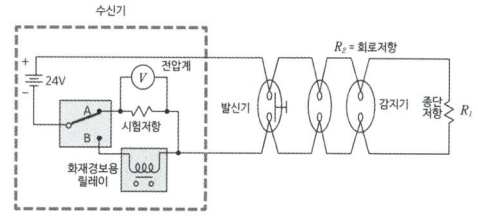

☑ 참고 저항전로저항은 50Ω 이하, 종단저항은 10KΩ(10,000Ω), 릴레이저항과 시험저항은 각각 약 1KΩ이다.

2) 전압전류측정계로 감지기회로의 전압을 측정하여 상태를 판정하는 경우

(1) 측정위치

수신기의 감지기 회로 단자 또는 발신기함의 단자에서 감지기회로의 전압 측정

(2) 판정

① 정상 : 전압 19 ~ 22V
② 단선 시 : 24[V]
③ 단락 시 : 0 ~ 4V(감지기가 동작한 경우 포함)

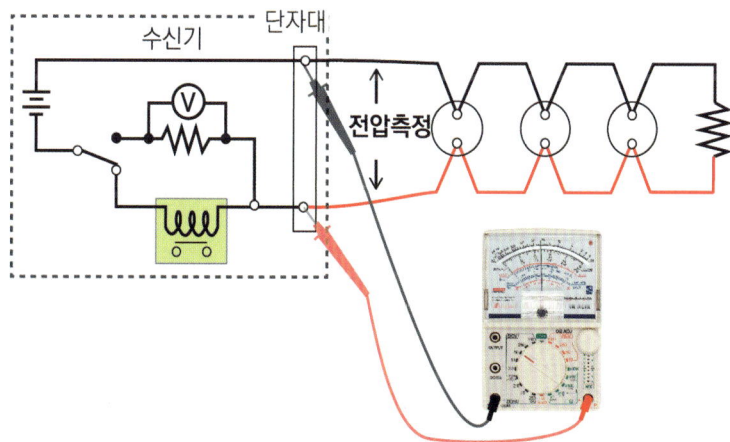

[전압전류측정계로 감지기회로의 전압 측정]

14 교차회로방식

1) 교차회로방식

"교차회로방식"이란 하나의 방호구역 내에 2 이상의 화재감지기 회로를 설치하고 인접한 2 이상의 화재감지기에 화재가 감지되는 때에 소화설비가 작동하는 방식을 말한다.

2) 목적

화재감지기의 오동작에 의한 소화설비의 작동을 방지하기 위하여 채택하는 방식이다. 소화설비의 작동에 대한 신뢰도를 높이기 위한 하나의 방법으로서 신뢰도가 높은 「자동화재탐지설비 및 시각경보장치의 화재안전기술기준(NFTC 203)」 2.4.1 단서의 각 감지기을 설치하는 경우에는 교차회로방식으로 설치하지 않고 1회로로 구성한다.

3) 교차회로방식을 적용하지 않는 감지기

(1) 축적방식의 감지기
(2) 광전식 공기흡입형 감지기
(3) 복합형 감지기
(4) 다신호방식의 감지기
(5) 불꽃감지기
(6) 정온식 감지선형 감지기
(7) 아날로그식의 감지기
(8) 광전식 분리형 감지기

4) 교차회로방식 설치방법

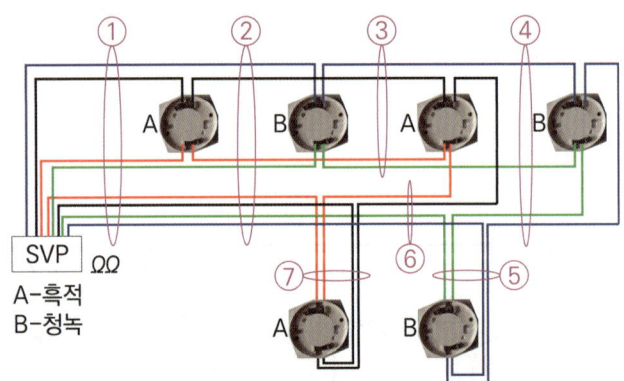

5) 교차회로방식을 적용하는 소화설비

캐비닛형 자동소화장치, 준비작동식유수검지장치를 사용하는 스프링클러설비, 일제개방밸브를 사용하는 스프링클러설비, 이산화탄소소화설비, 할론소화설비, 할로겐화합물 및 불활성기체 소화설비, 분말소화설비

> **참고** 물분무, 포, 미분무소화설비에는 감지기 교차회로방식의 규정은 없으나 화재감지기에 의할 경우 교차회로방식으로 구성한다. 고체에어로졸소화설비는 광전식 공기흡입형 감지기와 아날로그방식의 광전식 스포트형 감지기를 설치하므로 교차회로방식으로 구성하지 않는다.

6) 축적기능 여부

교차회로방식에 사용되는 감지기는 축적 기능이 없는 것으로 설치해야 한다.

15 음향장치의 음량점검

1) 음량계

   음향장치의 음량의 적정 여부를 측정하는 장치

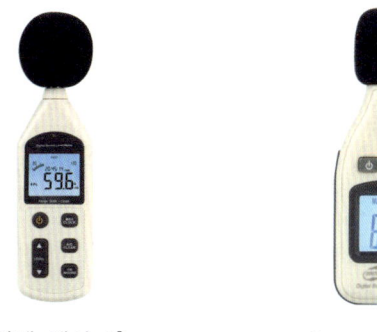

[음량계 예시 1]   [음량계 예시 2]

2) 음량계의 사용방법

   ⑴ 음량계 전원스위치를 ON으로 한다.
   ⑵ LEVEL버튼을 눌러 측정범위 설정한다.
   ⑶ F/S버튼을 눌러 FAST로 설정한다.
   ⑷ MIN/MAX버튼을 눌러 음향장치 작동 시 최고의 음량이 유지(HOLDMAX)되도록 한다.
   ⑸ 비상경보설비의 음향장치를 작동시킨 후 음향장치로부터 1m 떨어진 곳에서 음량을 측정한다.

3) 판정

   경종의 부착 지점으로부터 1m 떨어진 위치에서 90dB 이상이면 정상

> **화재안전기술기준에서 음향장치의 음량기준**
> ① 자동화재탐지설비, 스프링클러설비, 간이스프링클러설비, 화재조기진압용 스프링클러설비, 미분무소화설비, 고체에어로졸소화설비의 화재안전기술기준
>   음향의 크기는 부착된 음향장치의 중심으로부터 1m 떨어진 위치에서 90dB 이상이 되는 것으로 할 것
> ② 비상경보설비의 화재안전기술기준
>   음향장치의 음향의 크기는 부착된 음향장치의 중심으로부터 1m 떨어진 위치에서 음압이 90dB 이상이 되는 것으로 해야 한다.
> ③ 가스누설경보기의 화재안전기술기준
>   가스누설 경보음향의 크기는 수신부로부터 1m 떨어진 위치에서 음압이 70dB 이상일 것

16 경계구역

1) 개념

    특정소방대상물 중 화재신호를 발신하고 그 신호를 수신 및 유효하게 제어할 수 있는 구역

2) 경계구역 설정

   (1) 수평적 경계구역 기준

   ① 하나의 경계구역이 2개 이상의 건축물에 미치지 아니하도록 할 것
   ② 하나의 경계구역이 2개 이상의 층에 미치지 아니하도록 할 것(500m² 이하 시 2개 층 가능)
   ③ 하나의 경계구역의 면적 : 600m² 이하, 한 변의 길이 : 50m 이하
   ④ 주 출입구에서 그 내부 전체가 보이는 것 : 1,000m² 이하 가능(한 변의 길이 50m 범위 내)

   ※ 터널 : 하나의 경계구역의 길이 100m 이하 (지하구는 경계구역 기준 없음)

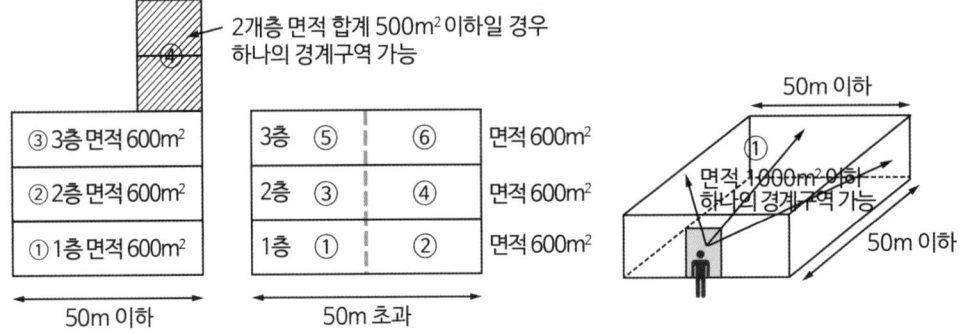

   (2) 수직적 경계구역 기준

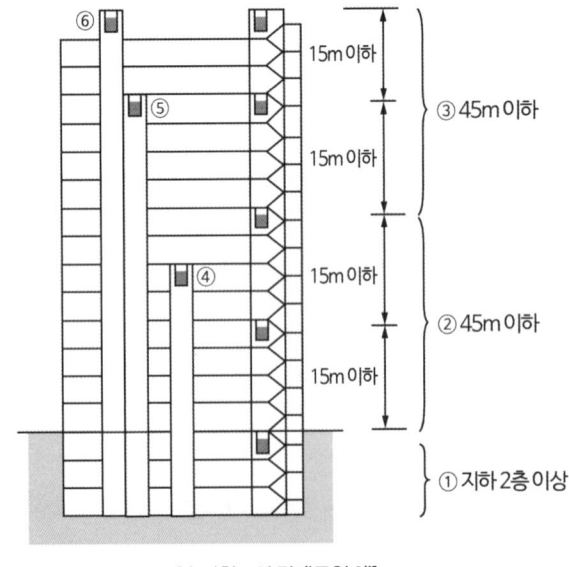

[수직회로의 경계구역 예]

① 계단, 경사로, 엘리베이터 권상기실, 린넨슈트, 파이프덕트 : 별도 경계구역 설정

② 계단 및 경사로 : 하나의 경계구역 높이 45m 이하

③ 지하층의 계단 및 경사로(지하층 1층 제외) : 별도 경계구역 설정

(3) 외기 개방 시 기준

외기에 면하여 상시 개방된 차고·주차장·창고 : 외기에 면하는 각 부분으로부터 5m 미만의 범위 안에 있는 부분은 경계구역의 면적 미산입

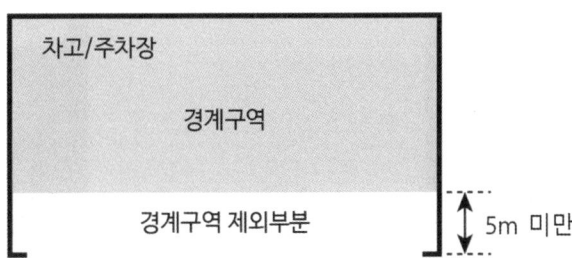

(4) 기동용 감지기 설치 시 기준

스프링클러설비 또는 물분무등소화설비·제연설비의 화재감지장치로서 화재감지기를 설치한 경우의 경계구역은 당해 소화설비의 방사구역과 동일하게 설정 가능

(예 : 폐쇄형 스프링클러설비의 바닥면적 3,000m² 방호구역을 1경계구역으로 설정 가능)

3) 경계구역의 산정 시 주의사항

(1) 감지기설치 면제 장소까지 포함해서 산출(목욕실, 세면장 등 면적 산출 시 포함)

(2) 경계구역 면적 제외 장소

개방된 경계부분 및 별개의 경계구역 설정 장소 : 계단, 경사로, E/V샤프트, 파이프덕트 등

(3) 경계구역 면적 산정 시 벽 중심선을 기준으로 산정

17 R형 수신기 구성

1) R형 수신기 외형

[R형 복합식 수신기 자립형의 예]

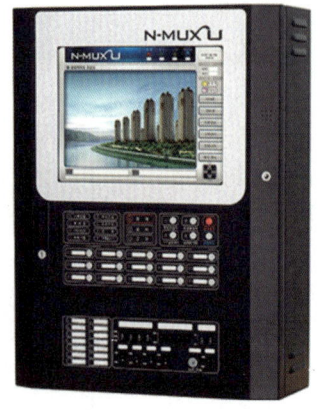

[R형 복합식 수신기 벽부형의 예]

※ 출처 : 존스콘트롤즈인터내셔널코리아(주)(= (구)Tyco, DBE 동방전자산업(주) 제품카탈로그

2) R형 수신기와 P형 수신기 비교

구 분	P형 수신기	R형 수신기
정의	감지기 또는 발신기로부터 발하여지는 신호를 직접 공통신호로 수신하여 화재의 발생을 당해 소방대상물의 관계자에게 경보하여 주는 것을 말한다.	감지기 또는 발신기로부터 발하여지는 신호를 직접 또는 중계기를 통하여 고유신호로서 수신하여 화재의 발생을 당해 소방대상물의 관계자에게 경보하여 주는 것을 말한다.
신호전달	개별신호선 방식에 의한 공통신호방식 (접점신호)	다중통신방법에 의한 고유신호방식 (통신신호)
설치대상	소규모 건물	대규모 건물
경제성	소규모 건물 : 저비용 대규모 건물 : 고비용	소규모 건물 : 고비용 대규모 건물 : 저비용
중계기	불필요	필요
유지관리	배선의 가닥수가 많아 규모가 커질수록 유지관리가 어렵다.	대상물의 규모가 커져도 통신선이 증가하지 않으므로 유지관리가 쉽다.
화재표시방식	창구식, 지도식	창구식, 지도식, 디지털방식(LCD이용 문자표시, 그래픽 표시), CRT(브라운관)방식

✅ **참고** R형 수신기의 대표적인 제조사는 존스콘트롤즈와 지멘스(SIEMENS)이다. 수신기는 형식승인 대상으로서 제조사마다 주요 기능이 같다. 본서에서는 존스콘트롤즈 수신기를 예를 들어 주요 기능을 설명한다.

3) R형 수신기 구성도

P형 수신기 간선에서 경계구역 별로 추가되는 회로선과 층별로 추가되는 경종선을 R형 수신기에서는 통신선 2가닥으로 처리할 수 있어 간선의 수가 줄어들게 된다. 기타 발신기선, 표시등선, 전화선과 공통선은 P형 수신기 간선과 같다. 아날로그감지기는 통신선 2가닥으로 통신과 전원을 모두 공급 받는다.

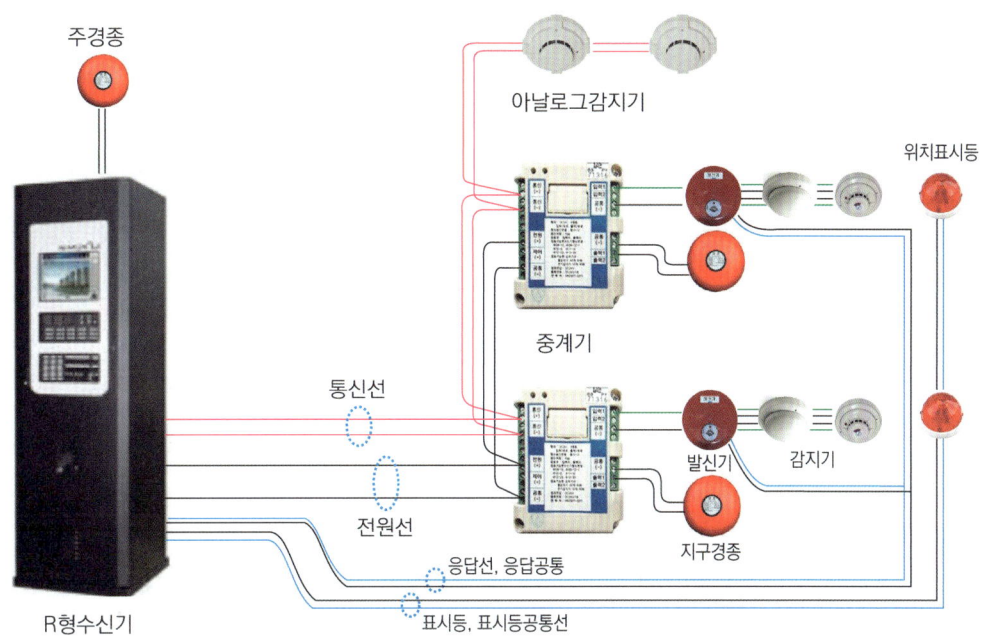

[R형 수신기와 발신기함 결선 예]

4) 중계기

통신을 위해 사용되는 중계기마다 접속할 수 있는 입출력회로가 다양하다. 다음 모니터에 표시된 것은 입력2, 출력2의 중계기이며 각각 감시·제어 및 시험을 수행할 수 있다.

✓ 참고 중계기는 감시1 × 제어1 중계기, 감시2 × 제어2 중계기, 감시4 × 제어4 중계기를 주로 사용한다.

5) 수신기와 중계기를 구성하는 방법(예시 : 존스콘트롤즈 R형 수신기)

(1) 중앙집중 감시방식

중계반을 이용하지 않고 중앙집중 감시방식을 적용한 간선 계통도의 예시도

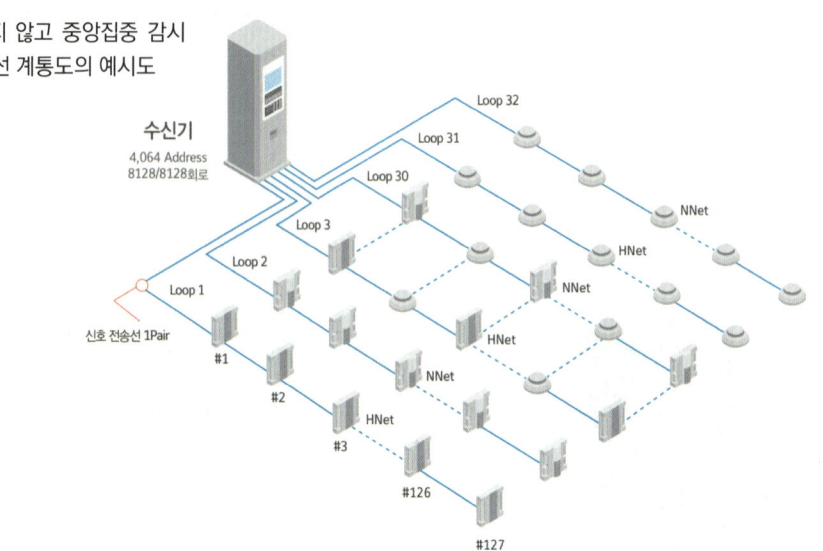

※ 이미지 출처 : 존스콘트롤즈 제품 카탈로그

(2) 중계반 사용방식

- 중계반이란 수신기와 중계기 간 통신거리가 1.2km 이상일 경우 또는 신호전송선 수량을 줄이고자 할 경우 사용
- RS422(2Pair) 또는 RS485(1Pair) 통신 방식 선택 사용 가능

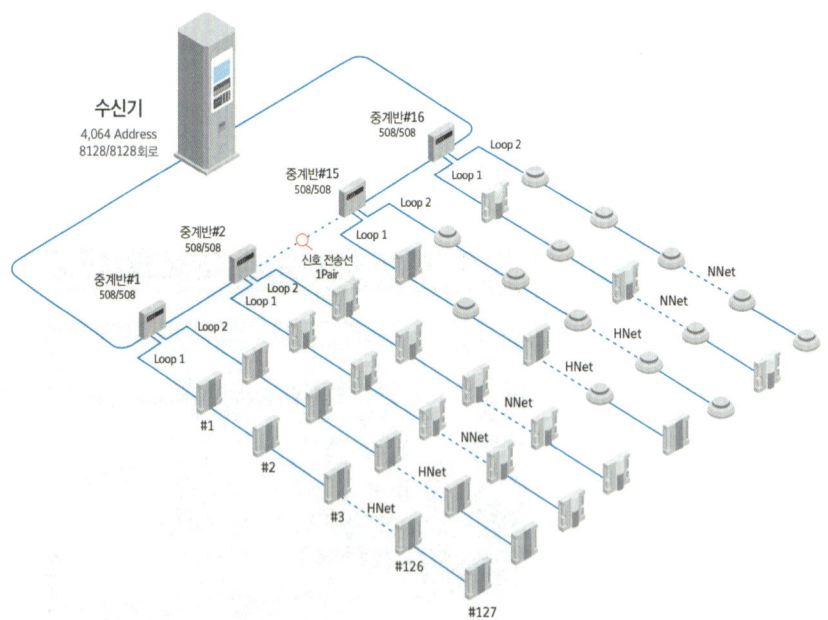

※ 중앙집중 감시방식과 중계반 사용방식을 혼합하여 사용할 수 있습니다.

※ 이미지 출처 : 존스콘트롤즈 제품 카탈로그

> **참고** 하나의 통신선을 LOOP(또는 채널)라 하며, 하나의 통신선에 주소를 부여한 중계기 등을 최대 127개까지 연결할 수 있다.

18 R형 수신기 전면표시부와 스위치

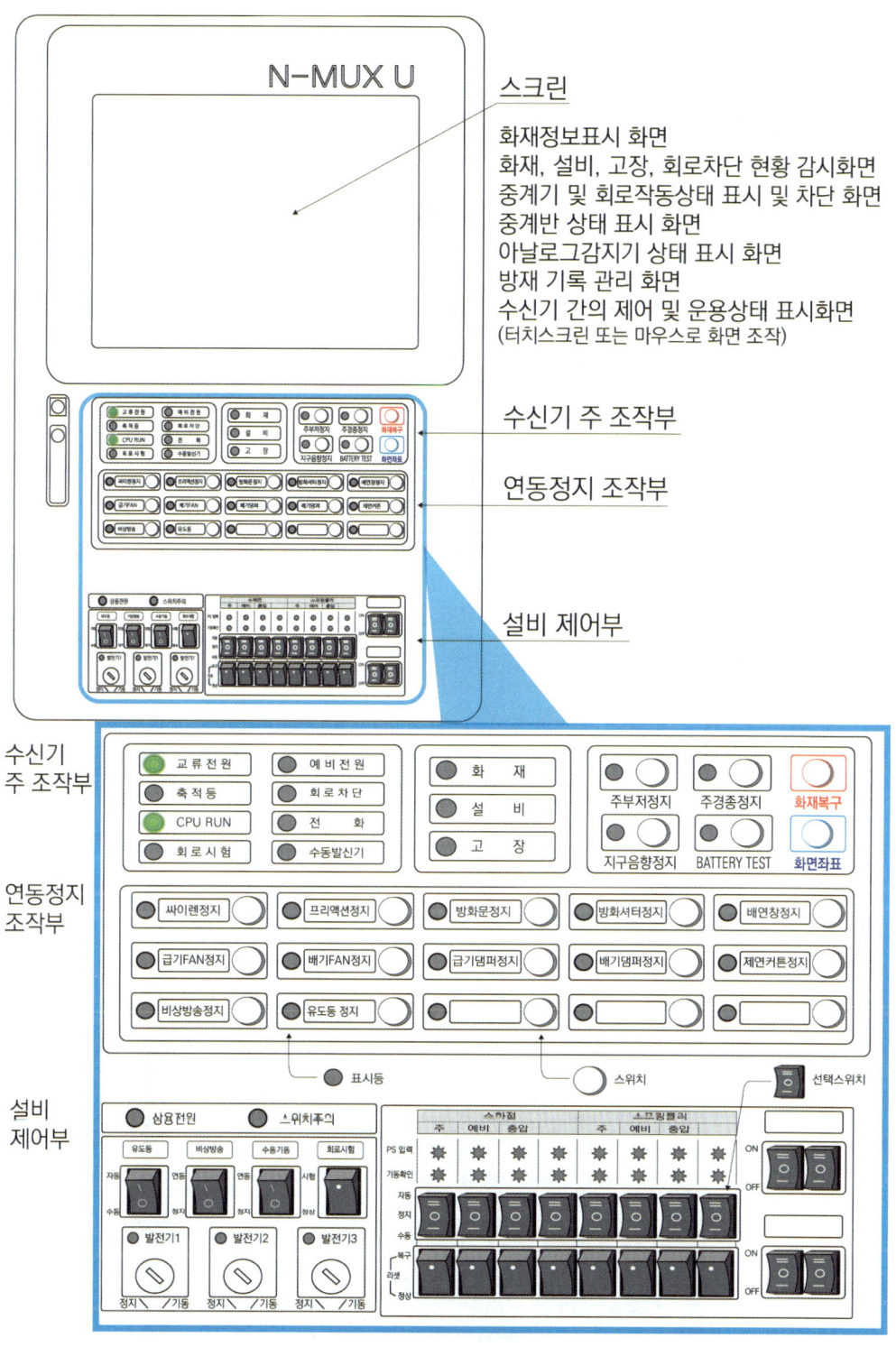

> ✔ **참고** 스위치를 누르거나 이상이 있으면 해당 표시등이 점멸한다. R형 수신기의 조작부·제어부의 표시등·스위치는 P형 수신기와 같으나, 자기 진단 기능이 있어 회로 단선을 자동으로 감지하여 스크린에 표시한다.

19 R형 수신기 점검

1) 스크린 확인사항

(1) 화재정보표시 화면(HOME화면)

← 화재, 설비, 고장, 회로차단 시 표시됨(동작한 개수를 숫자로 표시)
← 전압표시(상용전압/배터리전압)
← 상태표시(축적/비축적 상태표시)
← 자동복구/홀딩 표시
← HOME스위치 : 최초화면으로 이동
← 전화면스위치 : 이전화면으로 이동
← 주변정보스위치 : 주변정보 보기
← 고객센터스위치 : 고객센터 정보
← 현재내역 : 현재 작동한 내역 확인
← 메인메뉴로 이동스위치
← Start, End스위치

↑1보 : 첫 번째 화재정보, ↑2보 : 두 번째 화재정보

① 상용전압과 예비전원(배터리)전압 상태가 정상인지 확인한다.
② 점검 시 최상단과 하단의 화재신호 또는 이상신호가 없는지 확인한다.
③ 이상 확인은 현재내역 또는 메인메뉴에서 확인한다.
④ 이상 원인을 찾아 제거하거나 제거할 수 없는 경우 이상상태를 기록하고 해당선로를 분리하거나 수신기에서 회로차단 설정을 하고 점검을 실시한다.

(2) 메인메뉴

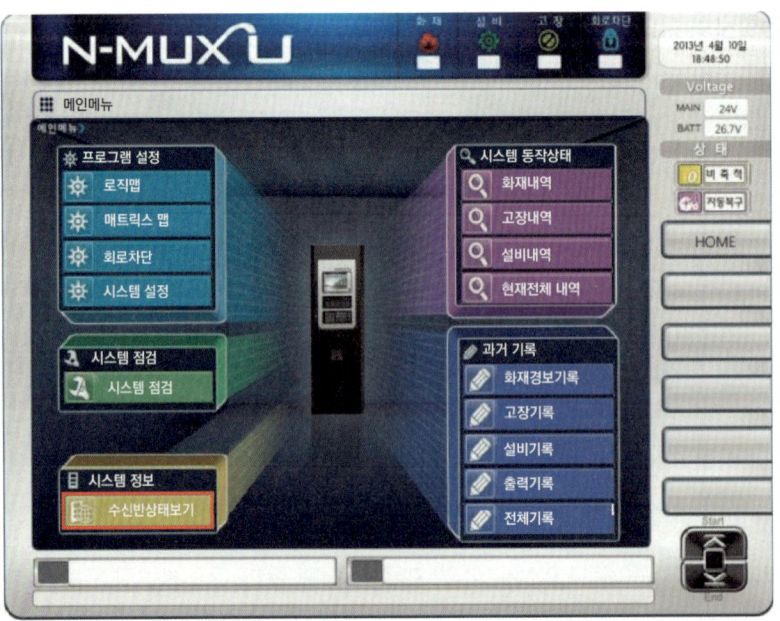

※ 이미지 출처 : 존스콘트롤즈 제품 카탈로그

(3) 회로, 설비, 고장, 회로차단 현황 감시 화면

① 메인메뉴 화면　　　　　　　　　② 수신반 상태보기

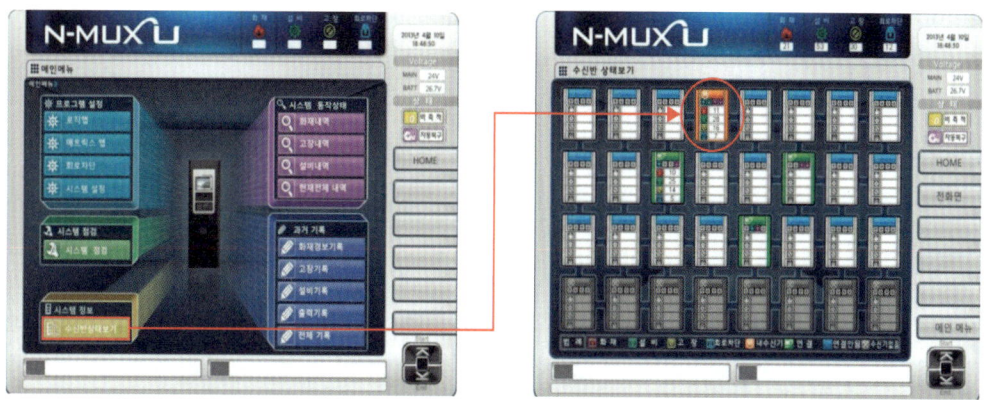

메인메뉴의 시스템정보(수신반상태보기) 터치　　작동한 수신기, 중계반 터치 → 해당 loop 터치

※ 이미지 출처 : 존스콘트롤즈 제품 카탈로그

③ 이상이 있는 부분에 불꽃표시 또는 X 표시가 되므로 표시된 중계기를 찾아 터치

※ 이미지 출처 : 존스콘트롤즈 제품 카탈로그

④ 수신기에서 감지기 등 작동시험방법
- ③의 중계기 화면에서 시험하고자 하는 감지기를 터치한 후 "시험시작"을 터치한다.
- 주경종, 지구경종 등 연동장치 동작을 확인한다.

CHAPTER 04 경보설비 점검 **275**

- 작동시험 종료 : 화면에서 시험한 감지기를 터치한 후 "시험종료"를 터치한다.

> **참고** 작동시험 시 스프링클러설비, 제연설비 등 연동설비가 동작하므로 수신기 전면 제어부에서 연동정지상태로 하고 작동시험을 실시한다. 다른 제조사의 경우는 메뉴얼을 참조하여 시행한다.

2) 축적/비축적 설정방법

메인메뉴 → 프로그램설정의 "시스템 설정" → 축적/비축적 선택, 축적시간 변경 등 → 변경한 설정을 적용시키기 위해 복구버튼을 눌러준다.

3) 수신기 점검사항

R형 수신기는 P형 수신기 점검사항 중 회로도통시험과 공통선시험을 제외한 점검을 P형 수신기와 같은 방법으로 점검한다. 통신이상, 단선 등은 R형 수신기와 중계기의 자기진단 기능에 의해 모니터에 표시가 되므로 점검 시 "현재내역", "과거내역"을 확인한다.

기출문제

18점 R형 복합형 수신기 화재표시 및 제어기능(스프링클러설비)의 조작, 시험 시 표시창에 표시되어야 하는 성능시험 항목에 대하여 세부 확인사항 5가지를 쓰시오.(10점)

답
1) 기동용수압개폐장치의 압력스위치 회로 작동 표시
2) 수조 및 물올림탱크의 저수위감시 회로 작동 표시
3) 유수검지장치 또는 일제개방밸브의 압력스위치 회로 작동 표시
4) 일제개방밸브를 사용하는 설비의 화재감지기 회로 작동 표시
5) 개폐밸브 폐쇄상태 확인 회로 작동 표시

18점 R형 복합형 수신기 점검 중 1계통에 있는 전체 중계기의 통신램프가 점멸되지 않을 경우 발생 원인과 확인 절차를 각각 쓰시오.(6점)

답

발생 원인	확인 절차
수신기 불량	수신기 내 통신단자의 전압이 측정되지 않으면 수신기 수리 및 단자대 교체
통신카드 불량	수신기의 통신카드 접속부분 청소 및 정상인 통신카드를 이용하여 통신카드 고장 여부 판단 및 통신카드 교체
선로 결선 불량	전류전압측정계로 중계기 단자 전압 확인 및 선로 정비
통신선로 단선	전류전압측정계로 중계기 단자 전압 확인 및 선로 정비

20 중계기

1) 중계기

감지기 또는 발신기 작동에 의한 신호 또는 가스누설경보기의 탐지부(이하 "탐지부"라 한다)에서 발하여진 가스누설신호를 받아 이를 수신기, 가스누설경보기, 자동소화설비의 제어반, 다른 중계기에 발신하며 소화설비·제연설비 그밖에 이와 유사한 방재설비에 제어신호를 발신하는 것을 말한다.

2) 중계기의 종류

(1) 집합형 중계기

외부로부터 직접 전원을 공급받고 예비전원이 있는 중계기로서 대용량의 회로를 수용할 수 있어 대규모, 대단지 건축물의 1~3개 층마다 설치되는 중계기를 말한다.

(2) 분산형 중계기

수신기로부터 전원을 공급받고 1~4개의 입력 회로를 수용하는 소용량의 중계기로서 건축물의 매층 발신기함이나 전용함마다 설치되는 중계기를 말한다.

구 분	집합형 중계기	분산형 중계기
전원	• 중계기용 전원장치가 있어 외부로부터 직접 전원을 공급받는다. • 예비전원을 설치하여야 한다. • 정류기를 설치한다.	• 수신기로부터 주전원 및 비상전원을 공급 받는다. • 정류기 미설치
입력전원	AC 110V/220V	DC 24V
회로 수용능력	대용량	소용량
설치방식	• 설치수량이 상대적으로 적다. • 전기 PIT실등에 설치 • 1~3개 층당 1개설치	• 설치수량이 많다. • 발신기함 등에 내장한다. • Local 기기별로 1개씩 설치한다.
신뢰도	주 전원 공급 차단 시 내장된 예비전원에 의해 정상적으로 작동한다.	중계기 전원 선로 사고 시 해당 Loop의 전체 중계기 미동작
회로증설	통신카드를 추가하거나 교체한다.	중계기를 증설한다.
선로의 용량	감지기, 경종 등 입출력 장치와 중계기 간 거리가 짧고 중계기 직근에서 전원을 공급받으므로 전압강하를 무시할 수 있다.	수신기와 중계기의 거리가 먼 경우 전선의 용량을 증가시키거나 전원장치를 설치하여야 한다.
적용대상	• 전압강하가 우려되는 장소 • 수신기와 입출력 기기의 거리가 먼 대규모, 대단지, 초고층 건축물	• 전기피트가 좁은 건축물 • 아날로그감지기를 실별로 설치하는 건축물

> **참고**

중계기 형식승인 및 제품검사의 기술기준 제3조 구조 및 기능(개정·시행 2024.4.9.)

14. 수신기, 가스누설경보기의 탐지부, 가스누설경보기의 수신부, 자동소화설비의 제어반 또는 다른 중계기 등(이하 "수신기·제어반등"이라 한다)으로부터 전력을 공급받는 방식인 중계기는 다음 각 목에 적합하여야 한다.
    가. 중계기로부터 외부부하에 직접 전력을 공급하는 각각의 회로에는 퓨즈 또는 브레이커 등을 설치하여 전력 공급 중 퓨즈가 녹아 끊어지거나 브레이커 등이 차단되는 경우에는 자동적으로 수신기에 퓨즈의 끊어짐이나 브레이커의 차단 등에 대한 신호를 보낼 수 있어야 하며 차단 후 차단된 회선 이외의 다른 회선에 영향을 미치지 않아야 한다. 다만, 단선단락 자동검출형 중계기인 경우에는 퓨즈 또는 브레이커 등을 설치하지 않을 수 있다.
    나. 지구음향장치를 울리게 하는 것은 수신기에서 조작하는 경우를 제외하고는 울림을 계속할 수 있어야 한다.
    다. 화재신호에 영향을 줄 염려가 있는 조작부를 설치하지 않아야 한다.
15. 수신기·제어반등으로부터 전력을 공급받지 않는 방식인 중계기는 제14호 나목 및 다목과 다음 각 목에 적합하여야 한다. 다만, 주전원이 건전지인 무선식 중계기는 제외한다. 〈개정 2017.12.6.〉
    가. 전원입력회로 및 외부부하에 직접 전력을 공급하는 각각의 회로에는 퓨즈 또는 브레이커 등을 설치하여 전력을 공급 중 주전원의 정지, 퓨즈의 끊어짐, 브레이커의 차단 등에 대한 신호를 보낼 수 있어야 하며 차단 후 차단된 회선 이외의 다른 회선에 영향을 미치지 아니하여야 한다. 다만, 단선단락 자동검출형 중계기인 경우에는 외부부하에 직접 전력을 공급하는 각각의 회로에 퓨즈 또는 브레이커 등을 설치하지 아니할 수 있다.
    나. 내부에 예비전원이 있어야 한다. 다만, 방화상 유효한 조치를 마련한 것은 그러하지 아니하다.
    다. 중계기는 최대부하에 연속하여 견딜 수 있는 용량을 가져야 한다.
    라. 주전원이 정지한 경우에는 자동적으로 예비전원으로 전환되고, 주전원이 정상상태로 복귀한 경우에는 예비전원으로부터 주전원으로 전환되는 장치가 설치되어야 한다.
    마. 정류기의 직류측에 자동복귀형 스위치를 설치하고 그 스위치의 조작에 의하여 전류가 흐르도록 부하를 가하는 경우 그 단자전압을 측정할 수 있는 장치를 설치하거나 예비전원의 저전압(제조사 설계 값을 말한다) 상태를 자동적으로 확인할 수 있는 장치를 설치하여야 한다. 〈개정 2017.12.6.〉
    바. 내부에 주전원의 양극을 동시에 개폐할 수 있는 전원스위치를 설치할 수 있다. 〈개정 2017.2.6.〉
16. 수신개시로부터 발신개시까지의 시간이 5초 이내이어야 한다.
17. 수신기·제어반등으로부터 전력을 공급받지 않는 방식인 중계기 중 주전원이 건전지인 무선식 중계기의 경우 다음 각 목에 적합하여야 한다. 〈신설 2017.12.6.〉
    가. 중계기로부터 외부부하에 직접 전력을 공급하는 각각의 회로에는 퓨즈 또는 브레이커 등을 설치하여 전력 공급 중 퓨즈가 녹아 끊어지거나 브레이커 등이 차단되는 경우에는 자동적으로 수신기에 퓨즈의 끊어짐이나 브레이커의 차단 등에 대한 신호를 보낼 수 있어야 하며 차단 후 차단된 회선 이외의 다른 회선에 영향을 미치지 아니하여야 한다. 다만, 단선단락 자동검출형 중계기인 경우에는 퓨즈 또는 브레이커 등을 설치하지 아니할 수 있다.
    나. 중계기는 최대부하에 연속하여 견딜 수 있는 용량을 가져야 한다.
    다. 화재신호에 영향을 줄 염려가 있는 조작부를 설치하지 않아야 한다.
    라. 회선별 접속 가능한 감지기·탐지부·중계기를 접속하는 경우 기능에 이상이 생기지 아니하여야 한다.

3) 중계기의 통신 2설

(1) 중계기의 다중통신(Multiplexing)

① 많은 입출력 신호를 고유신호로 변환하여 2가닥의 신호선으로 전송하는 방식

② P형 수신기의 단순신호를 중계기를 이용하여 디지털신호로 변경하여 전송하는 방법

③ 양방향 통신으로 많은 데이터를 고유신호로 변환하여 수신기로 통보와 송출을 하여 경보한다.

(2) 다중통신 전송방식의 종류

① 주파수 분할 다중화 방식(FDM : Frequency Division Multiplexing)

다수의 좁은 주파수대역 신호를 넓은 주파수 대역을 가진 하나의 전송로를 통하여 동시에 전송하는 방식

② 시 분할 다중화 방식(TDM : Time Division Multiplexing)

하나의 전송로를 시간으로 분할하여 다중화 하는 방식(R형 수신기 사용)

(3) 다중통신 전송방식의 특징

① 선로수가 적게 들어 경제적이다.

② 증설, 이설 및 유지관리가 용이하다.

4) R형 수신기의 신호처리 방식(변조방식)

(1) 변조(Modulation)의 개념

① 정보를 저장 및 전송하기 위해 전기적 신호로 변환하는 것

② 시스템에 신호는 저주파수 또는 작은 신호로서 전송이 어렵기 때문에 변조하여 전송

(2) PCM방식(Pulse Code Modulation)

① 아날로그 신호를 디지털신호로 변환하는 기본변조방식

② PCM 변조는 표본화, 양자화, 부호화의 과정

③ 아날로그 신호를 0,1로 디지털신호로 변환하고, 8bit Pulse로 변환시켜 송·수신하는 방식

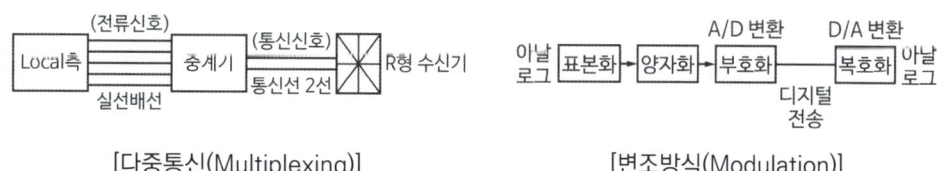

[다중통신(Multiplexing)]   [변조방식(Modulation)]

기출문제

2설 자동화재탐지설비에서 다중전송방식(Multiplexing)의 특징을 기술하시오.   답 생략

5) 중계기의 구조

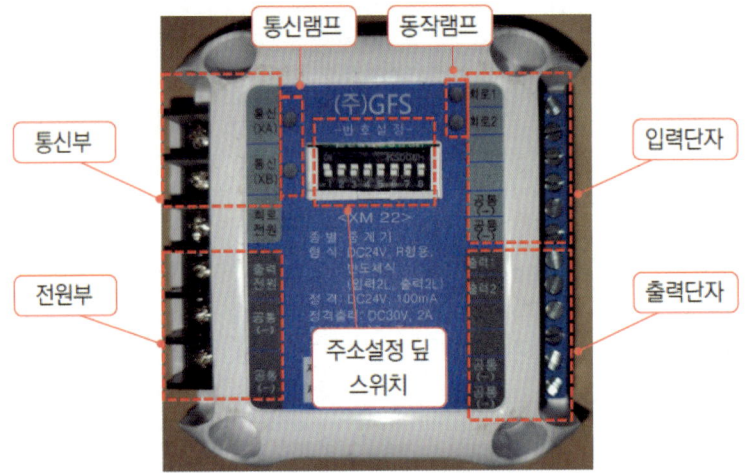

[중계기의 구조 예시]

⑴ 통신LED램프 : 통신 중에는 점멸한다(미 점멸 시 고장).
⑵ 입력단자 동작램프 : 감지기, 압력스위치 등 입력장치 작동 시 점등
⑶ 통신부(통신단자) : 통신선(+, -)을 연결한다.
⑷ 전원부(전원단자) : 중계기 전원선(+, -)을 연결한다.
⑸ 딥(DIP Switch)스위치 : 중계기의 번호를 설정하는 기능을 한다.
⑹ 단자 전압
　① 통신단자(COM+, -) : 평상시와 화재 시 27V(제조사마다 다르다)
　② 전원단자(POWER+, -) : 약 24 ~ 27V
　③ 입력단자 : 평상시 약 21 ~ 23V, 감지기 동작 시 약 5V
　④ 출력단자 : 평상시 0V, 화재 시 24V
　　✅ 참고　제조사마다 LED램프 점등, 점멸 표시가 다르므로 제조사의 사양을 확인한다.

6) 딥스위치(DIP Switch) 설정방법

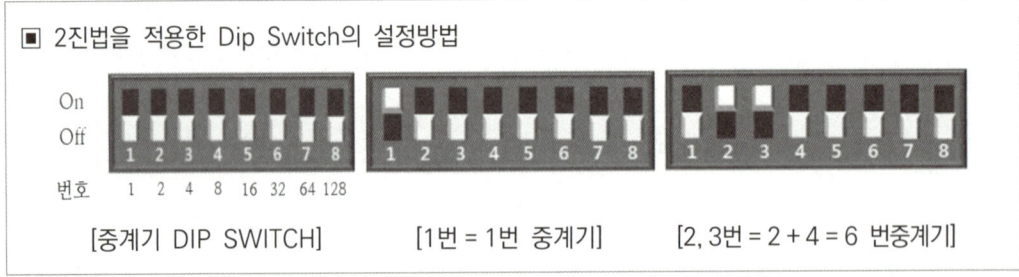

✅ 참고　위 설정방법은 일반적인 경우이다. 제조사에 따라 딥스위치 번호순서가 다른 경우가 있으므로 제조사의 설명서를 확인한 후 입력한다.

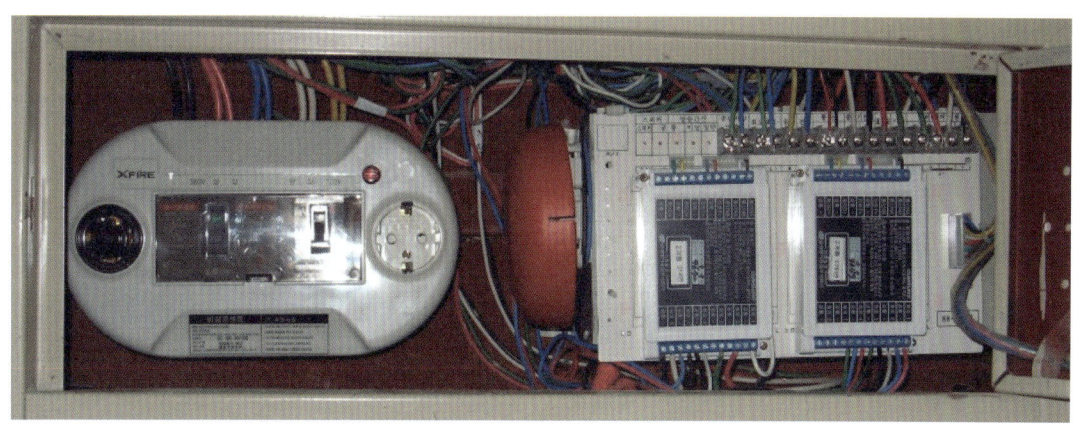

[옥내소화전 상부 발신기함에 설치된 중계기 모습]

기출문제

18점 중계기 점검 중 감지기가 정상 동작 하여도 중계기가 신호입력을 못 받을 때의 확인 절차를 쓰시오.(5점)

답 1) 중계기 입력단자의 감지기회로를 분리하고 회로단자와 공통단자를 단락시켜 본다.
　　① 수신기에 화재신호가 확인되면 감지기회로 또는 감지기 이상으로 판단한다.
　　② 수신기에서 화재신호가 확인되지 않으면 중계기 고장이거나 통신불량이다.
　2) 감지기회로 이상으로 판단되면 전류전압측정기를 DCV로 전환하고 중계기의 입력단자의 회로단자와 공통단자에 감지기배선이 연결된 상태로 전류전압측정기의 리드선을 접촉하여 전압을 측정하고 전압에 따라 감지기회로를 보수한다.
　3) 단락 시 수신기에서 화재신호가 확인되지 않으면 회로단자와 공통단자에 감지기배선을 분리하고 전류전압측정계로 전압을 측정한다.
　　① 24V가 안 나오면 중계기고장이거나 통신불량이다.
　　② 24V가 나올 경우 중계기는 정상이므로 중계기 번호의 프로그램상의 누락이나 불일치 여부를 확인한다.

19점 자동화재탐지설비(NFSC 203)에 관하여 다음 물음에 답하시오.(17점)

1) 다음 표에 따른 설비별 중계기 입력 및 출력 회로수를 각각 구분하여 쓰시오.(4점)

설비별	회로	입력(감시)	출력(제어)
자동화재탐지설비	발신기, 경종, 시각경보기	(ㄱ)	(ㄴ)
습식 스프링클러설비	압력스위치, 탬퍼스위치, 사이렌	(ㄷ)	(ㄹ)
준비작동식 스프링클러설비	감지기A, 감지기B, 압력스위치, 탬퍼스위치, 솔레노이드, 사이렌	(ㅁ)	(ㅂ)
할로겐화합물 및 불활성기체소화설비	감지기A, 감지기B, 압력스위치, 지연스위치, 솔레노이드, 사이렌, 방출표시등	(ㅅ)	(ㅇ)

답 ㄱ. 1회로　ㄴ. 2회로　ㄷ. 2회로　ㄹ. 1회로
　ㅁ. 4회로　ㅂ. 2회로　ㅅ. 4회로　ㅇ. 3회로

21 아날로그감지기

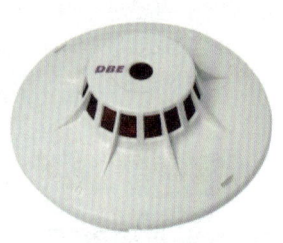
[열아날로그감지기]

[광전식 아날로그 연기감지기]

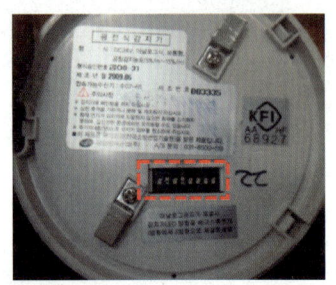
[아날로그감지기의 DIP SWITCH]

1) 아날로그감지기의 동작 특성 18점

(1) 열 또는 연기의 발생량을 상시 감지하여 수신기에 측정한 변화값을 각각 다른 전류치 또는 전압치로 송출하고, 감지기 별로 수신기에 입력된 프로그램에 의해 단계적으로 출력한다.

(2) 감지기는 측정값을 전기신호로 수신기에 송출할 뿐이며 화재 여부 판단은 수신기에서 하게 된다.

(3) 수신기의 경보는 크게 3단계로서 예비경보, 화재경보, 설비연동이다.

2) 아날로그감지기의 자기 진단 기능

(1) **오염 시** : 장애신호를 발신

(2) **탈락 시** : 이상경보신호를 발신

(3) **고장 시** : 고장신고를 발신

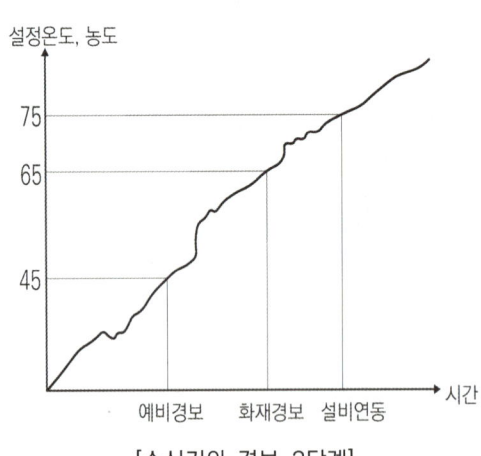
[수신기의 경보 3단계]

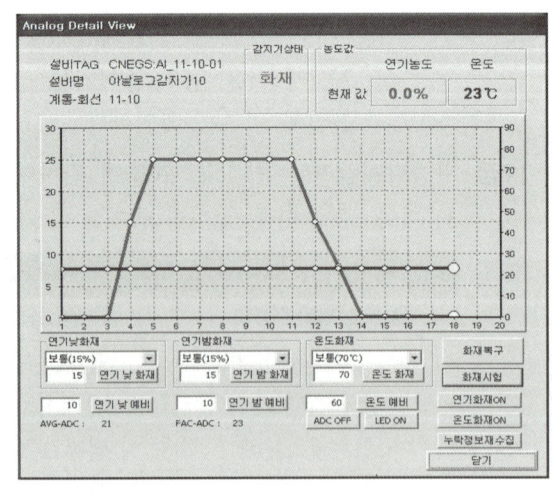
[아날로그감지기 표시창 2]

3) 아날로그감지기 배선(실드선)

⑴ 감지기 상호 간 또는 감지기로부터 수신기에 이르는 감지기회로의 배선 기준

아날로그식, 다신호식 감지기나 R형 수신기용으로 사용되는 것은 전자파 방해를 받지 않는 실드선 등을 사용해야 하며, 광케이블의 경우에는 전자파 방해를 받지 아니하고 내열성능이 있는 경우 사용할 것. 다만 전자파 방해를 받지 않는 방식의 경우에는 그렇지 않다.

⑵ 실드선 종류

FR-CVV-SB 또는 SP AWG #16, #18을 사용한다.

① FR-CVV-SB : 비닐절연 비닐시스 난연성 제어용 케이블(노출 배선 가능)
  (Fire Resistance-Control Vinyl절연 Vinyl시스 -Shielding Braid(동선편조 차폐))

② H-CVV-SB : 비닐절연 비닐시스 내열성 제어용 케이블(노출 배선 가능)
  (Heat-Control Vinyl절연 Vinyl시스 -Shielding Braid)

③ TSP#16AWG 또는 TSP#18AWG : TSP전선(전선관 내 설치)
  (Twist Shield Pair #16(16번째) American Wire Gauge(게이지 : 치수))
  (AWG : 전선의 직경과 전류 용량을 나타내는 표준 측정 시스템, #18 : AWG규격에서 18번째를 의미한다. 숫자가 작을수록 직경이 커진다)

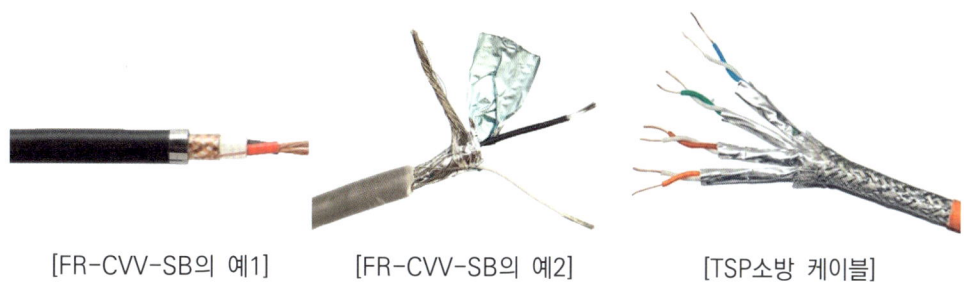

[FR-CVV-SB의 예1]   [FR-CVV-SB의 예2]   [TSP소방 케이블]

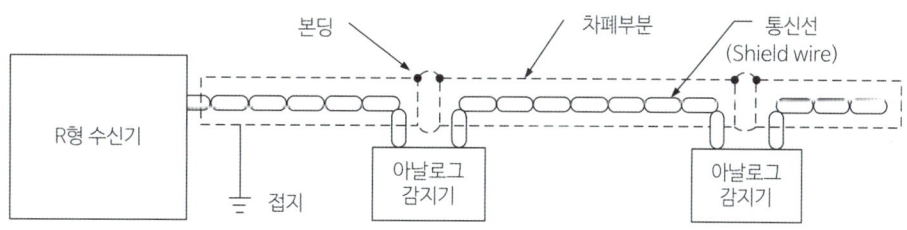

[실드선(Shield Wire)의 배선방법]

4) 아날로그감지기 수신반 회로수 산정방법 **18점**

아날로그감지기는 감지기 마다 주소기능이 있어 수신기에서 감지기 1개마다 하나의 회로수로 산정한다.

5) 아날로그감지기 시공방법 **18점**

(1) 수신기로부터 통신선 2가닥으로 감지기와 연결하며 각 감지기마다 고유의 주소(어드레스)를 부여한다. 2가닥의 통신선을 통해 통신과 전원을 공급받으며 하나의 통신선 회로에 여러 개의 아날로그감지기를 연결할 수 있다.

(2) 통신선은 전자유도장애 최소화를 위하여 쉴드선을 사용한다.

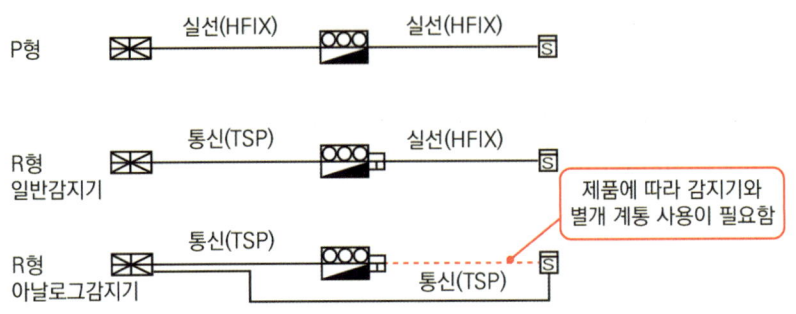

[아날로그감지기의 배선 예1]

기출문제

18점 아날로그방식 감지기에 관하여 다음 물음에 답하시오.(9점) 생략
 ① 감지기의 동작특성에 대하여 설명하시오.(3점)
 ② 감지기의 시공방법에 대하여 설명하시오.(3점)
 ③ 수신반 회로수 산정에 대하여 설명하시오.(3점)

21점 건축물의 소방점검 중 다음과 같은 사항이 발생하였다. 이에 대한 원인과 조치방법을 각각 3가지씩 쓰시오.(12점)
 1) 아날로그감지기 통선선로의 단선표시등 점등(6점)

원인	조치방법
아날로그 통신선로 단선	통신선로 정비
감지기 어드레스 주소 오류	어드레스 주소 수정
아날로그감지기 자체 불량	아날로그감지기 교체

22 열감지기시험기 작동방법

1) 열감지기시험기의 용도

스포트형 열감지기(차동식, 정온식, 보상식) 스포트형의 작동시험을 하기 위한 기구

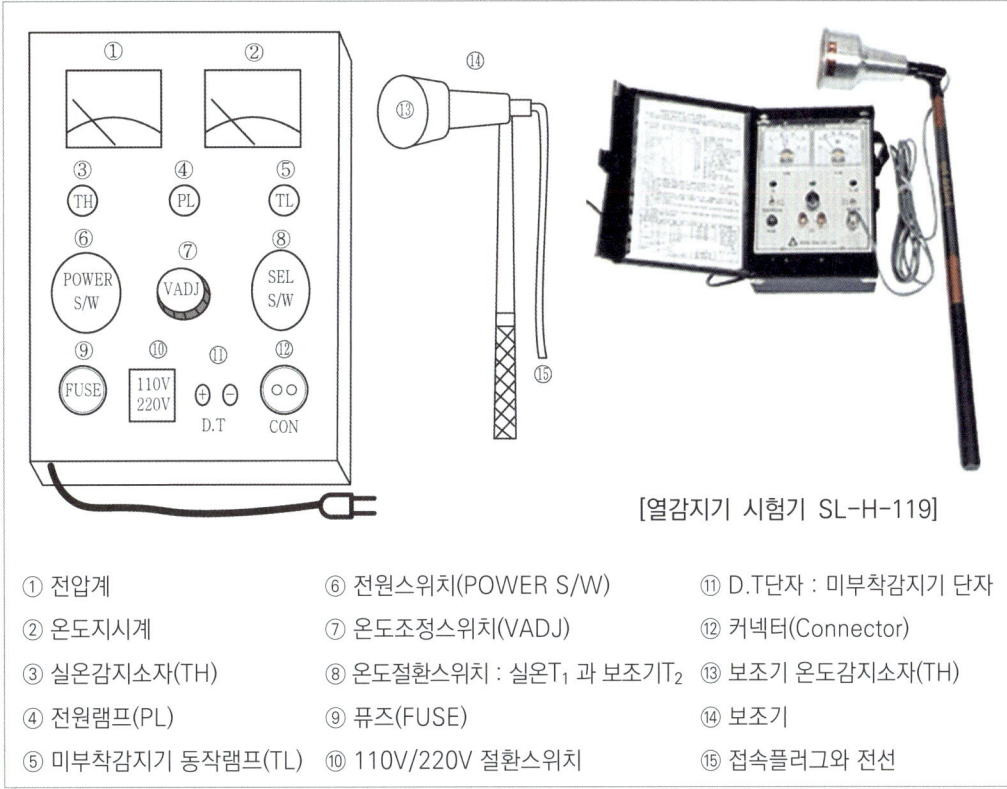

[열감지기 시험기 SL-H-119]

① 전압계
② 온도지시계
③ 실온감지소자(TH)
④ 전원램프(PL)
⑤ 미부착감지기 동작램프(TL)
⑥ 전원스위치(POWER S/W)
⑦ 온도조정스위치(VADJ)
⑧ 온도절환스위치 : 실온T_1과 보조기T_2
⑨ 퓨즈(FUSE)
⑩ 110V/220V 절환스위치
⑪ D.T단자 : 미부착감지기 단자
⑫ 커넥터(Connector)
⑬ 보조기 온도감지소자(TH)
⑭ 보조기
⑮ 접속플러그와 전선

2) 부착된 감지기 시험방법

(1) 점검준비

1. 보조기의 접속플러그 ⑮를 커넥터에 ⑫에 접속한다.
2. 현장전압을 확인하여 절환스위치 ⑩을 현장전압에 맞도록 절환한다.
3. 시험기의 전원플러그를 주전원에 접속한다.
4. 전원스위치 ⑥을 ON시키고, 전원램프(Pilot Lamp) ④의 점등을 확인한다.

(2) 시험방법

1. 온도절환스위치 ⑧을 T_1에 놓고 실온을 측정한 다음
2. T_2로 올려서 보조기 ⑭의 온도가 필요 측정온도에 도달하도록, 온도조정스위치 ⑦을 시계방향으로 조정한다(이때 전압계의 전압은 50~60V 사이에서 조정한다).
3. 필요 측정온도가 지시되면 보조기 ⑭로 감지기를 덮어씌운다.
4. 감지기가 동작할 때까지의 시간을 측정한다.
5. 감지기 제조사에서 제시하는 동작시간 이내인지를 비교하여 판정한다.

3) 미부착감지기 시험방법

⑴ 점검준비

1. 미부착감지기를 전선을 이용하여 D.T 단자 ⑪에 연결한다.
2. 보조기의 접속플러그 ⑮를 커넥터 ⑫에 접속한다.
3. 현장전압을 확인하여 절환스위치 ⑩을 현장전압에 맞도록 절환한다.
4. 시험기의 전원플러그를 주전원에 접속한다.
5. 전원스위치 ⑥을 ON시키고, 전원램프(Pilot Lamp) ④의 점등을 확인한다.

⑵ 시험방법 **3점**

1. 온도절환스위치 ⑧을 T_1에 놓고 실온을 측정한 다음
2. T_2로 올려서 보조기 ⑭의 온도가 필요 측정온도에 도달하도록, 온도조정스위치 ⑦을 시계방향으로 조정한다(이때 전압계의 전압은 50~60V 사이에서 서서히 조정한다).
3. 필요 측정온도가 지시되면 보조기 ⑭로 감지기를 덮어씌운다.
4. 감지기 동작 시 T.L Lamp ⑤가 점등된다.
5. 감지기가 동작할 때까지의 시간을 측정한다.
6. 감지기 제조사에서 제시하는 동작시간 이내인지를 비교하여 판정한다.

4) 주의사항

⑴ 전원전압과 측정기의 전압이 같은지 확인한다.
⑵ 온도조절용 손잡이는 무리한 조작을 삼가고 서서히 조작한다.
⑶ 동작시험 후 보조기는 완전히 냉각시킨 후 수납상자에 넣는다.
⑷ 시험종료 후 전원스위치는 반드시 "OFF" 위치에 둔다.

기출문제

4점 열감지기시험기(SH-H-119형)에 대하여 다음 물음에 답하시오.(20점)

⑴ 미부착 감지기와 시험기의 접속 방법을 그리시오.

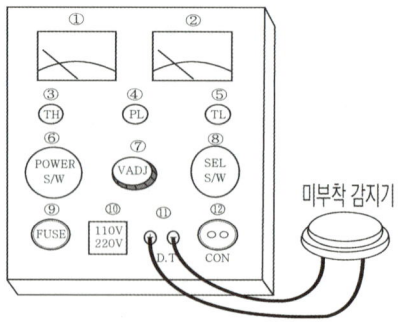

⑵ 미부착 감지기의 시험방법을 쓰시오. **답** 생략
⑶ 미부착 감지기의 동작상태 확인방법을 쓰시오. **답** 생략

23 연기감지기시험기 작동방법

1) 연기감지기시험기의 용도

스포트형 연기감지기(이온화식, 광전식)의 작동시험을 하기 위한 기구

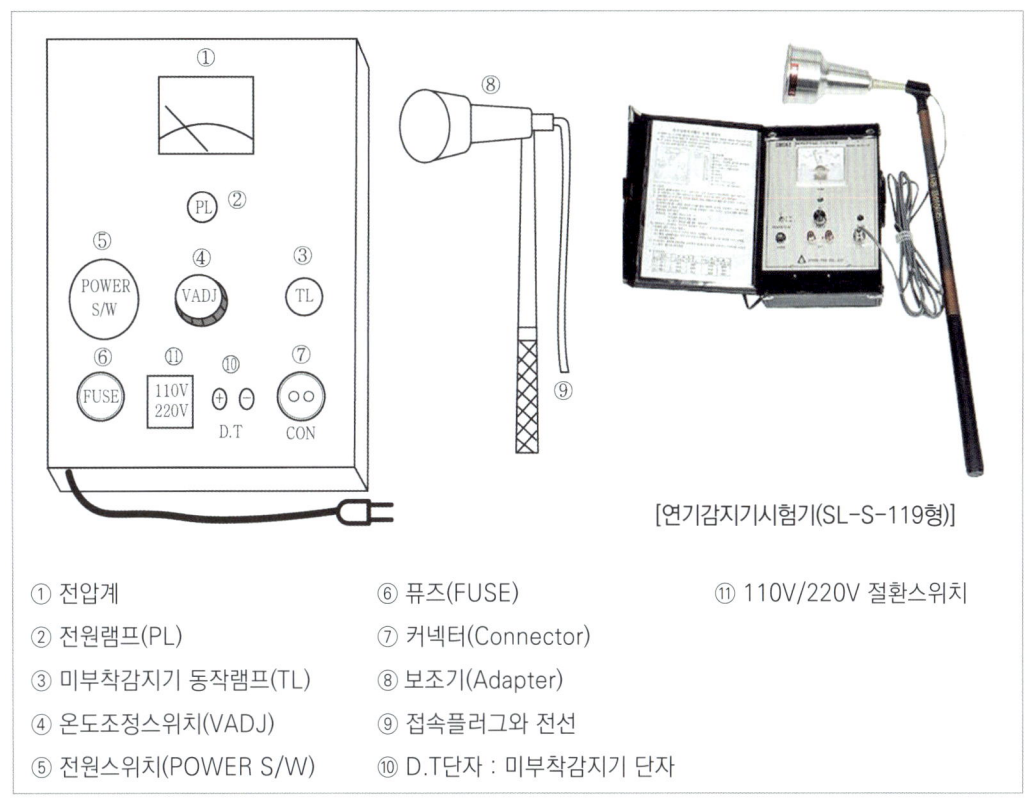

① 전압계
② 전원램프(PL)
③ 미부착감지기 동작램프(TL)
④ 온도조정스위치(VADJ)
⑤ 전원스위치(POWER S/W)
⑥ 퓨즈(FUSE)
⑦ 커넥터(Connector)
⑧ 보조기(Adapter)
⑨ 접속플러그와 전선
⑩ D.T단자 : 미부착감지기 단자
⑪ 110V/220V 절환스위치

[연기감지기시험기(SL-S-119형)]

2) 부착된 감지기 시험방법

(1) 점검 준비

1. 보조기의 접속플러그 ⑨를 커넥터에 ⑦에 접속한다.
2. 측정장소의 전압을 확인 후, 절환스위치 ⑪을 측정장소의 전압에 맞도록 절환한다.
3. 시험기의 전원플러그를 주전원에 접속한다.
4. 전원스위치 ⑤을 ON시켜
5. 전압계 ①의 전압표시와 표시등(Pilot Lamp) ②의 점등을 확인한다.

(2) 시험

1. 온도조정스위치 ④로 히터(Heater)의 강약을 조절한다.
2. 감지기의 규격에 맞도록 시험기를 가열하고 발연재료(향)을 적정하게 넣는다.
3. 발연하여 규정값에 도달하면 보조기로 감지기를 누연이 없도록 덮어씌운다.
4. 감지기가 동작할 때까지의 시간을 측정한다.
5. 감지기 제조사에서 제시하는 동작시간 이내인지를 비교하여 판정한다.

3) 미부착감지기 시험방법

　(1) 점검준비

　　1. 미부착감지기를 전선을 이용하여 D.T 단자 ⑩에 연결한다.

　　2. 보조기의 접속플러그 ⑨를 시험기의 커넥터 ⑦에 접속한다.

　　3. 측정장소의 전압을 확인 후, 절환스위치 ⑪을 측정장소의 전압에 맞도록 절환한다.

　　4. 시험기의 전원플러그를 주전원에 접속한다.

　　5. 전원스위치 ⑤을 ON시키고, 전압계 ①의 전압표시와 표시등(Pilot Lamp) ②의 점등을 확인한다.

　(2) 시험

　　1. 온도조정스위치 ④로 히터(Heater)의 강약을 조절한다.

　　2. 감지기의 규격에 맞도록 시험기를 가열하고 발연재료(향)을 적정하게 넣는다.

　　3. 발연하여 규정값에 도달하면 보조기로 감지기를 누연이 없도록 덮어씌운다.

　　4. 동작 시 미부착감지기 동작램브 ③이 점등된다.

　　5. 감지기가 동작할 때까지의 시간을 측정한다.

　　6. 감지기 제조사에서 제시하는 동작시간 이내인지를 비교하여 판정한다.

4) 주의사항

　(1) 취부면이 기류의 영향을 받지 않도록 방호조치를 한다.

　(2) 발연재료가 연소할 때 규정값에 도달하면 곧 실험한다.

　(3) 측정현장과 측정기의 전압이 같은지 확인한다.

　(4) 고온 또는 저온의 장소에 설치되어 있는 연기감지기는 떼어내어 상온값으로 회복시킨 후 측정한다.

　(5) 이온화식 감지기는 분해하지 않는다(방사선원(Am^{241}) 내장).

5) 기타 감지기 시험기의 예

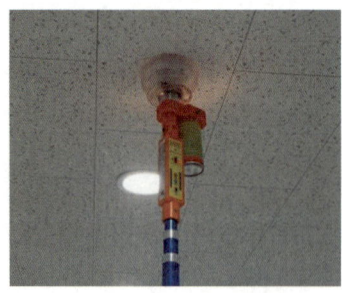
[열연기감지기 시험기]

[연기감지기시험기 작동 모습]

[연기스프레이]

24 공기관식 차동식 분포형 감지기 점검

1) 공기관식 차동식 분포형 감지기 구조

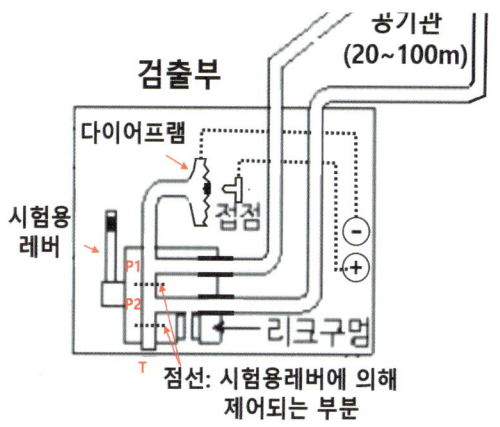
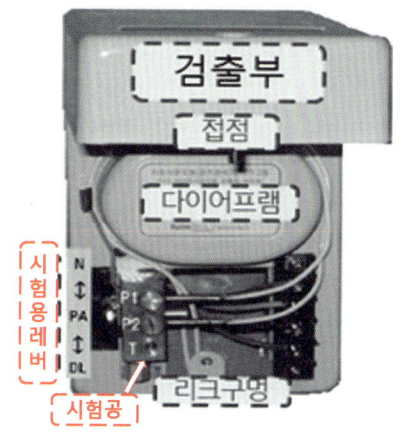

[차동식 분포형 감지기 구조]

[시험용 레버]

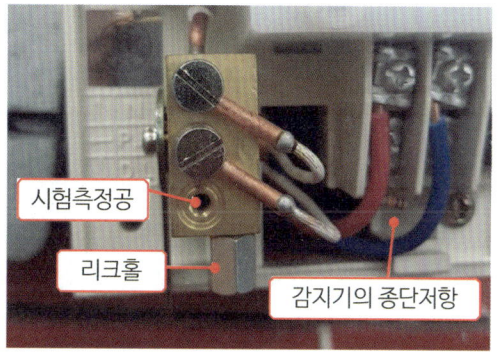

[공기관의 검출부]

2) 공기관식 차동식 분포형 감지기 시험의 개요

(1) 화재작동시험, 화재작동계속시험을 하였을 때 결과값이 정상이면 점검을 종료하며, 이상이 있을 경우 그 원인을 찾기 위하여 3정수 시험을 실시한다.

(2) 3정수시험이란 유통시험, 접점수고시험 그리고 리크저항시험을 말하며 모두 마노미디를 사용하는 시험이다.

3) 시험용 레버(시험코크)의 위치와 시험종류

(1) (N) 위치

정상적으로 감지기가 동작하는 상태이다. 평상시에는 N의 위치로 한다.

(2) (P.A)시험 위치

화재작동시험, 화재작동계속시험, 유통시험

(3) (D.L)시험 위치

접점수고시험, 리크저항시험

4) 시험용 레버(시험코크)의 조작에 따른 검출부 계통도

(1) 정상위치(N, Normal, 평상시 위치)

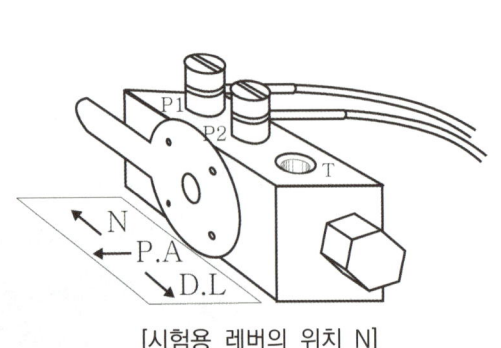
[시험용 레버의 위치 N]

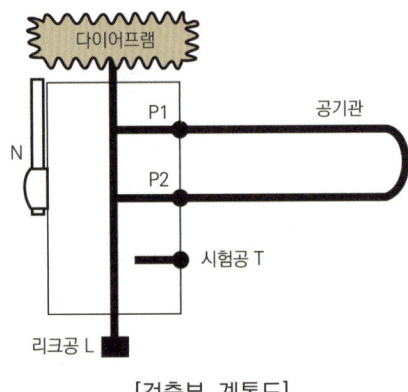
[검출부 계통도]

(2) (P.A)시험 위치(P : Pipe, A : Active)

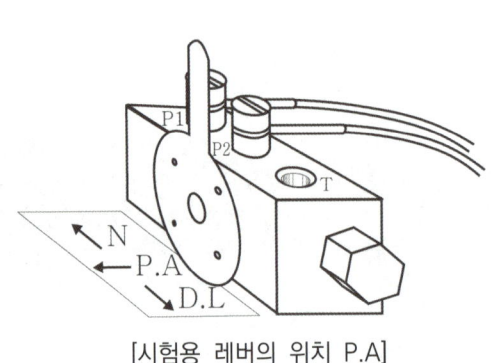
[시험용 레버의 위치 P.A]

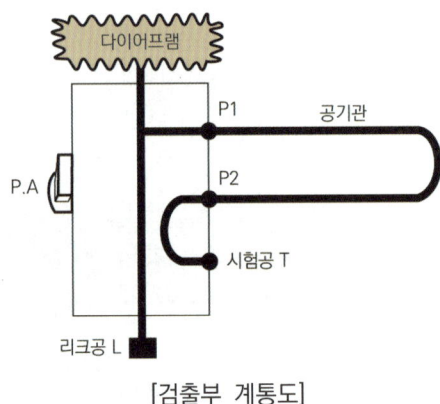
[검출부 계통도]

(3) (D.L)시험 위치(D : Diaphragm, L : Leak)

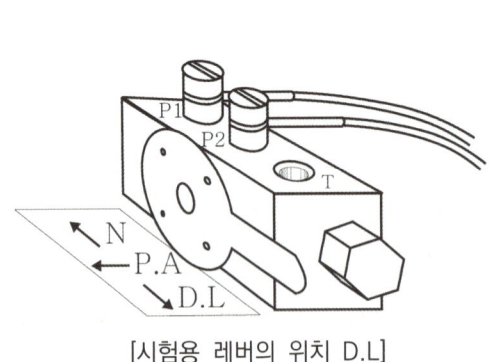
[시험용 레버의 위치 D.L]

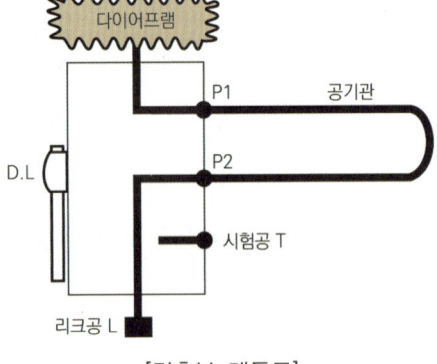
[검출부 계통도]

> **참고** 시험용 레버의 위치와 공기관의 계통도를 기억해두면 각 시험방법을 이해하는 데 도움이 된다. 정상위치일 때 계통은 영문자 P의 모양, P.A위치에서는 영문자 R의 모양 그리고 D.L위치에서는 오옴(Ω)의 모양을 연상하여 "N-P(나쁜), PA-R(파리), DL-Ω(들어옴)"으로 암기해보자.

5) 화재작동시험(공기주입시험)

　(1) 화재작동시험의 시험목적

　　　공기관식 감지기의 제조사 사양에 맞는 공기량을 공기주입시험기로 공급하여 감지기의 정상작동, 작동시간 및 경계구역의 표시가 적정한지 여부를 확인하는 시험

　(2) 화재작동시험의 시험방법

　　　① 검출부의 시험공(T)에 공기주입시험기를 접속한다.

　　　② 시험코크를 조작하여 시험위치(P · A위치)에 놓다.

　　　③ 검출부에 표시된 공기량을 공기관에 주입한다.

　　　④ 공기를 주입한 후 화재신호 발생까지의 시간(작동시간)을 측정한다.

　　　⑤ 적정하지 않은 경우 접점수고시험, 리크저항시험, 유통시험을 시행한다.

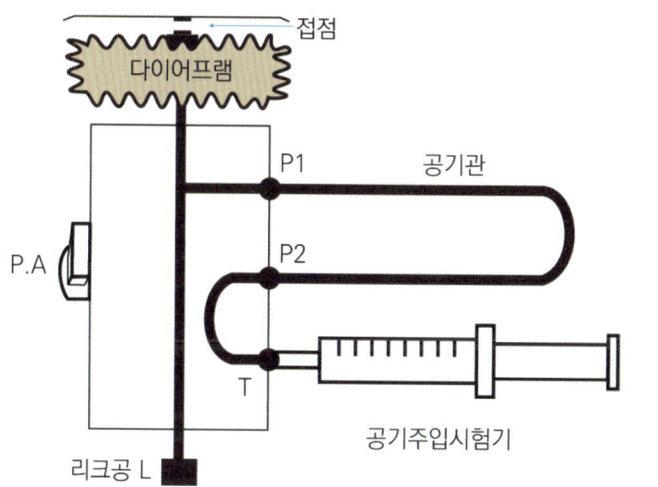

[공기주입 모습]

　(3) 화재작동시험에 따른 판정방법

　　　① 작동시간은 제원표 수치범위 이내일 것

　　　② 경계구역 표시가 수신반과 일치할 것

　　☞ Siemens 제품의 공기관식 차동식 분포형 감지기의 펌프시험 수치표

공기관의 길이(m)	송기량(cc)		시간(sec)	
	1종	2종	작동시간	계속시간
20 이상 ~ 60 미만	0.6	1.4	0.5 ~ 3	10 ~ 40
60 이상 ~ 80 미만	1.1	2.2	1 ~ 5	20 ~ 55
80 이상 ~ 100 미만	1.4	3.0	2 ~ 7	30 ~ 70

☑ 참고 화재작동시험과 작동계속시험을 할 때는 수신기에서 자동복구스위치를 누른 상태에서 시행한다. 자동복구상태에서는 다이어프램의 접점이 붙었을 때만 화재표시 및 경보가 작동하고 접점이 떨어지면 자동으로 복구된다.

(4) 화재작동시간에 이상이 있는 경우
　① 기준치 이상인 경우(동작시간이 느린 경우) **23점**
　　㉠ 공기관의 누설, 폐쇄된 경우
　　㉡ 공기관의 길이가 긴 경우
　　㉢ 리크저항값이 작은 경우(리크홀이 크다)
　　㉣ 접점수고 값이 높은 경우
　② 기준치 미달인 경우(동작시간이 빠른 경우)
　　㉠ 공기관의 길이가 짧은 경우
　　㉡ 리크저항값이 높은 경우(리크홀이 작다)
　　㉢ 접점수고 값이 낮은 경우

6) 작동계속시험

(1) 작동계속시험의 시험목적
　감지기가 작동하여 리크밸브에 의하여 공기가 누설되어 접점이 분리될 때까지의 시간을 측정하는 시험

(2) 작동계속시험의 시험방법 **19점**
　① 검출부의 시험구멍에 공기주입시험기를 접속한다.
　② 시험코크를 조작하여 시험위치(P·A위치)에 놓는다.
　③ 검출부에 표시된 공기량을 공기주입시험기로 주입한다.
　④ 공기를 주입한 후 화재신호 발생 순간 공기공급을 중단하고 다이어프램 접점이 해제될 때까지의 시간(작동지속시간)을 측정한다.

(3) 작동계속시험에 따른 판정방법
　작동지속시간이 검출부에 표시된 시간 이내인지를 확인한다.

(4) 작동계속시험에 이상이 있는 경우
　① 기준치 이상인 경우(지속시간이 긴 경우)
　　㉠ 공기관이 폐쇄된 경우
　　㉡ 공기관의 길이가 긴 경우
　　㉢ 리크저항값이 큰 경우(리크홀이 작다)
　　㉣ 접점수고 값이 낮은 경우
　② 기준치 미달인 경우(지속시간이 짧은 경우) **19점**
　　㉠ 공기관의 길이가 짧은 경우
　　㉡ 공기관이 누설된 경우
　　㉢ 리크저항값이 낮은 경우(리크홀이 크다)
　　㉣ 접점수고값이 높은 경우

7) 유통시험

(1) 유통시험의 시험목적

작동시험, 작동지속시험을 통해 확인된 공기관의 누설 또는 폐쇄 등의 이상 유무를 확인하는 시험

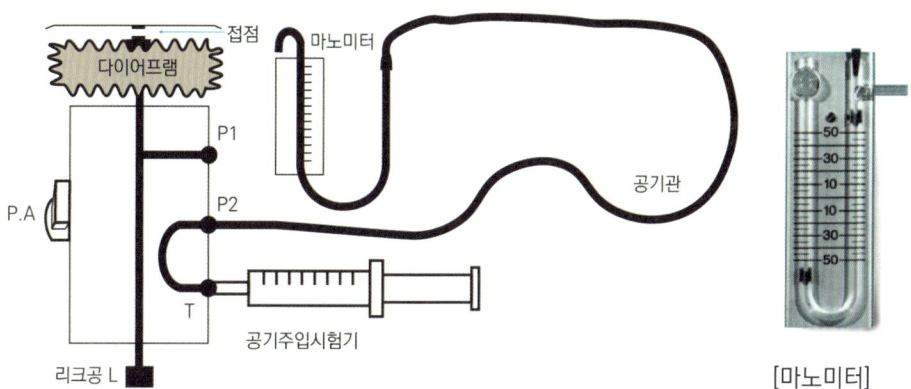

[마노미터]

(2) 유통시험의 시험방법

① 검출부 단자 P1에 접속된 공기관을 분리하여 그 끝에 마노미터를 접속한다.

② 검출부의 테스트홀에 공기주입시험기를 접속한다.

③ 시험코크를 조작하여 시험위치(P·A위치)에 놓는다.

④ 시험기로 공기를 주입하고 마노미터의 높이를 약 100mm 상승시킨 후 공기주입을 멈추어 수위를 정지시킨다.

⑤ 테스트홀에서 시험기를 분리 후 마노미터의 높이가 1/2 감소될 때까지 시간을 측정하여 유통시간을 확인한다.

(3) 유통시험에 따른 판단방법

① 마노미터 높이의 감소시간이 짧은 경우 : 공기관이 누설

② 마노미터 높이의 감소시간이 긴 경우 : 공기관의 폐쇄 또는 변형

8) 접점수고시험(Diaphram시험)

(1) 접점수고시험의 시험목적

다이어프램의 접점이 형성되는 접점압력의 적정 여부를 확인하는 시험

(2) 접점수고시험의 시험방법 **9점**

① 검출부의 단자(P1)에서 공기관 한쪽을 분리한 후 그 단자(P1)에 고무호스, 공기주입기, 마노미터 순서로 접속한다.

② 시험코크를 조작하여 시험위치(D·L위치)에 놓는다.

③ 시험기를 통하여 미량의 공기를 서서히 주입한다.

④ 감지기의 접점이 접속(화재표시등)될 때 마노미터의 수위(접점수고값)를 읽는다.

(3) 접점수고시험에 따른 판단방법 **9점**

접점수고치가 각 검출부에 지정되어 있는 값의 범위 내에 있는지를 확인한다.

접점수고 값에 따른 문제점	
접점수고값이 규정보다 낮은 경우	감도 예민, 비화재보 발생
접점수고값이 규정보다 높은 경우	감도 둔감, 실보 발생

9) 리크시험(Leak저항 시험)

(1) 리크시험의 시험목적

리크홀의 공기저항 정도를 확인하는 시험

(2) 리크시험의 시험방법

① 검출부의 단자(P2)의 공기관을 분리하고 그 단자(P2)에 고무호스, 마노미터, 공기주입기를 접속한다.

② 시험코크를 조작하여 시험위치(D·L위치)에 놓는다.

③ 공기주입시험기를 통하여 공기를 서서히 주입하여 마노미터의 높이를 약 100mm 정도에서 정지시킨 후 리크홀로 공기가 배출되어 마노미터의 높이가 50mm가 될 때까지 시간을 측정한다.

④ 측정한 시간이 각 검출부에 지정되어 있는 범위에 속하는지 확인한다.

(3) 리크시험에 따른 판정방법

판정	원인	문제점
리크저항 기준치 이상인 경우	감도 예민	비화재보 발생
리크저항 기준치 미달인 경우	공기 과누설로 감도 둔함	실보 발생

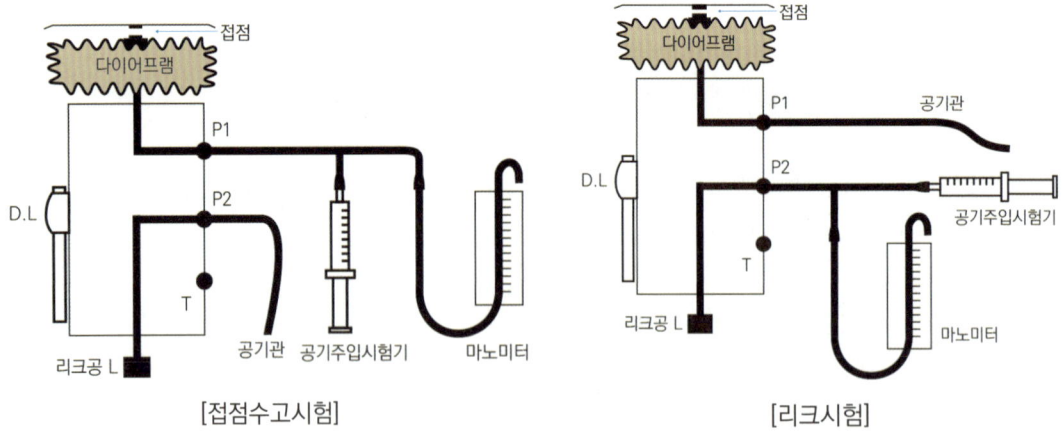

[접점수고시험]   [리크시험]

25 공기주입시험기

1) 용도

차동식 분포형 감지기의 작동시험 및 공기관의 누설검사 등에 이용되는 기구

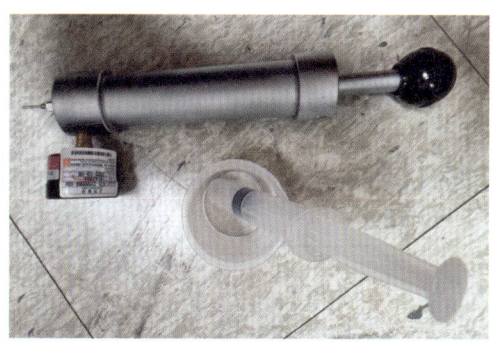

[공기주입시험기]

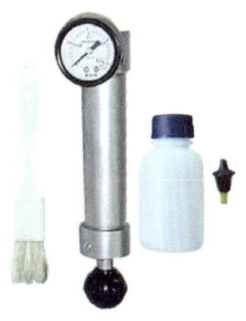

[공기주입시험기 구성]

2) 작동시험방법 **3점**

(1) 공기주입기의 끝(주입구)에 니플 연결
(2) 공기주입기의 손잡이를 돌려 빼놓음
(3) 니플을 공기관식 감지기의 시험공 T에 접속
(4) 손잡이를 밀어 공기 주입
(5) 감지기가 동작되어 수신기에 표시등 및 음향장치 작동을 확인한다.
(6) 누설시험유를 물과 섞어 공기관의 연결부위에 도포하여 누설 여부를 확인한다.

3) 주의사항 **3점**

(1) 대상물 가압 시 드레인밸브를 열어 공기제거 후 다시 드레인밸브를 잠근다.
(2) 테스트압 가압 후 제어밸브를 잠그고 압력계를 확인하며 유지상태를 확인한다.
(3) 시간 경과 후 상태 확인 및 드레인밸브를 열어 압력을 해제하고 복구한다.

> **참고** 점검장비인 공기주입시험기에는 압력계가 설치되어 있어 공기주입압력과 유지압력을 확인할 수 있으나 주입하는 공기의 양은 측정할 수 없다. 따라서 일반적으로 공기관식 차동식 분포형 감지기의 시험은 주입공기의 양을 측정할 수 있는 주사기를 사용한다.

기출문제

3점 공기주입시험기를 이용한 공기관식 감지기의 작동시험방법과 주의사항에 대하여 기술하시오.(10점)   📝생략

9점 다음 그림은 차동식 분포형 공기관식 감지기의 계통도를 나타낸 것이다. 각 물음에 답하시오.(25점)

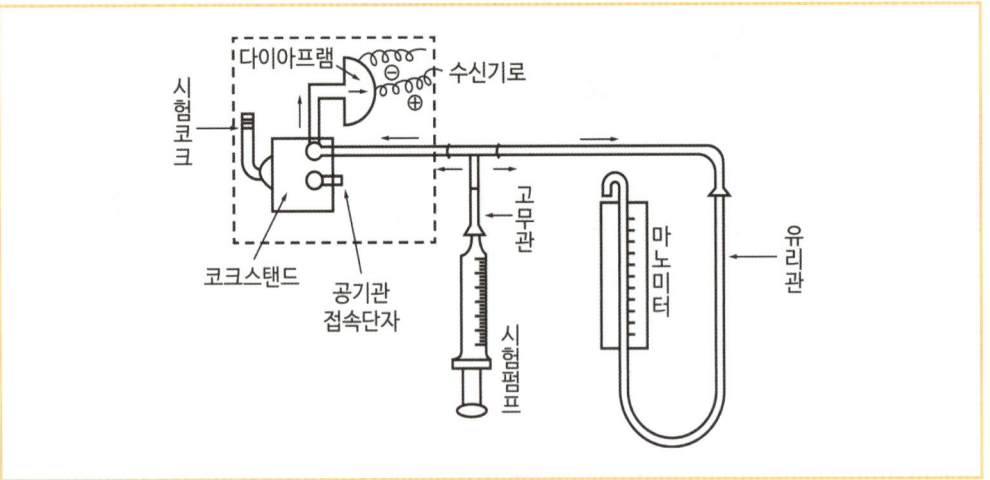

(1) 동작 시험방법을 쓰시오.(5점)   📝생략
(2) 동작에 이상이 있는 경우를 2가지 쓰시오.(20점)   📝생략

19점 ① 공기관식 차동식 분포형 감지기의 작동계속시험방법에 관하여 ( )에 들어갈 내용을 쓰시오.(4점)

| 1. 검출부의 시험구멍에 (ㄱ)을/를 접속한다. |
| 2. 시험코크를 조작해서 (ㄴ)에 놓는다. |
| 3. 검출부에 표시된 공기량을 (ㄷ)에 투입한다. |
| 4. 공기를 투입한 후 (ㄹ)을/를 측정한다. |

📝 ㄱ. 공기주입시험기   ㄴ. 시험위치 P.A   ㄷ. 공기관
ㄹ. 작동계속시간(감지기 동작 후 감지기 동작이 해제될 때까지의 시간)

② 작동계속시험 결과 작동지속시간이 기준치 미만으로 측정되었다. 이러한 결과가 나타나는 경우의 조건 3가지를 쓰시오.(3점)   📝생략

23점 차동식 분포형 공기관식 감지기의 화재작동시험(공기주입시험)을 했을 경우 동작 시간이 느린 경우(기준치 이상)의 원인 5가지를 쓰시오.(5점)   📝생략

26 불꽃감지기 점검

1) 불꽃감지기와 전원반

[불꽃감지기-Ⅰ]

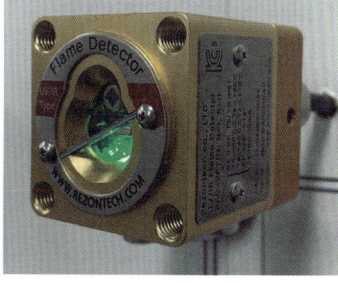
[불꽃감지기-Ⅱ]

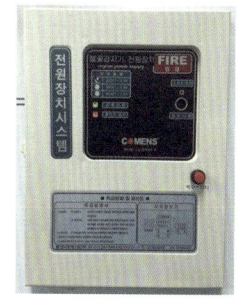
[불꽃감지기 전원반]

2) 불꽃감지기 설치방법

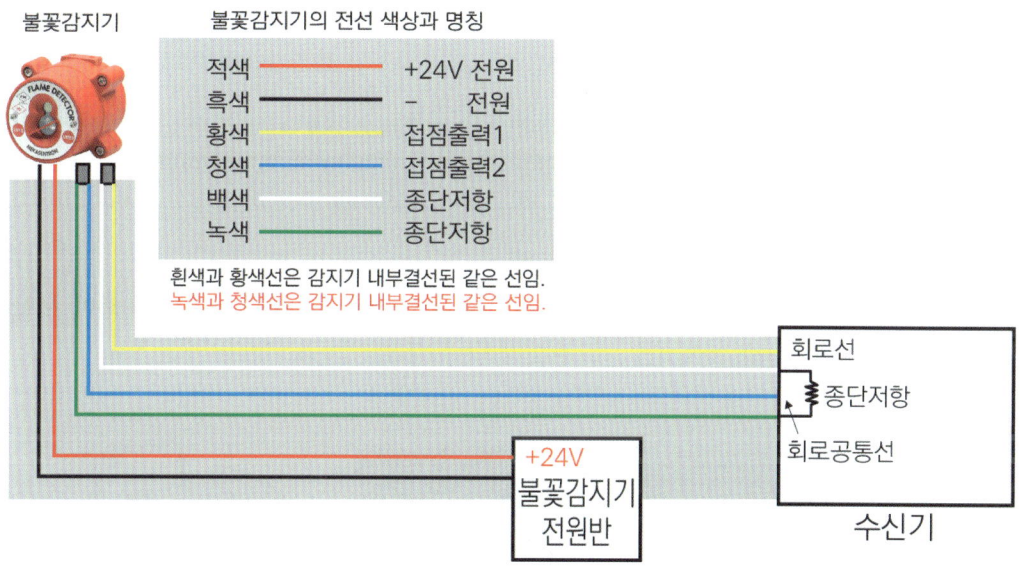

※ 출처 : (주)아이알티코리아

3) 불꽃감지기 점검방법

⑴ 수신기에서 연동설비를 정지상태로 놓는다.

⑵ 불꽃감지기를 라이터등을 이용하여 작동시킨다.

⑶ 수신기에서 화재표시등, 지구표시등, 음향장치의 작동을 확인한다.

⑷ 불꽃감지기 전용전원반을 복구한다.

⑸ 수신기를 복구한다.

> **참고** 불꽃감지기에 전용전원반을 설치하지 않으면 전기 노이즈에 의해 오동작 및 기기 손상 우려가 있으므로 반드시 불꽃감지기 전용전원반을 사용하여야 한다.

4) 불꽃감지기 작동방법

(1) 라이터를 이용하는 방법

대부분 1 ~ 3m 정도로 감지기에 근거리까지 접근이 가능할 때 사용하는 방법으로 라이터의 불꽃을 최대한 크게 하고 황색 불꽃이 생기도록 흔들어줘야 한다.

(2) 토치램프를 이용하는 방법

대부분 5 ~ 10m의 거리에서 작동 여부를 테스트할 때 사용하는 방법으로 불꽃이 감지기의 설정된 시간 이상 지속되어야 하고, 토치램프를 거꾸로 하여 황색 불꽃이 생기도록 흔들어 주어 적정한 화염이 형성되어 감지하게 된다.

(3) 연료를 태울 용기(불판)를 이용한 방법(감지기의 형식승인 및 제품검사 기술기준)

일반적으로 라이터나 토치램프로 감지기의 시험을 하기에 부적합한 거리의 경우, 연료를 담을 용기를 사용, 연소시켜 발생하는 화염 정도의 크기에서 감지기의 작동 여부를 시험한다.

구 분	작동시험거리(L)	연소로(불판)의 크기	연 료
옥내형 또는 옥내·옥외형	유효감지거리의 1.2배	33cm × 33cm	n-헵탄
도로형	유효감지거리의 1.4배	70cm × 70cm	n-헵탄

(4) 전용의 테스터기를 이용하는 방법

방폭지역 등으로 불을 피워 시험하기 어려운 현장에 테스트기를 이용하여 시험한다. 단점은 가격이 고가이다.

[불꽃토치이용]

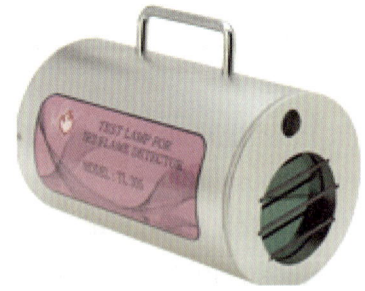
[전용 테스터기 – 레존텍]

27 정온식 감지선형 감지기 점검

1) 정온식 감지선형 감지기 구조 및 설치방법

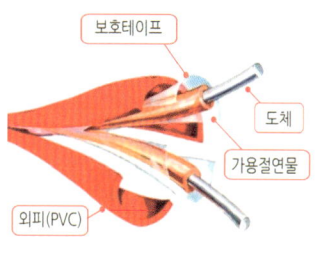 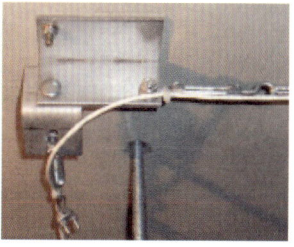 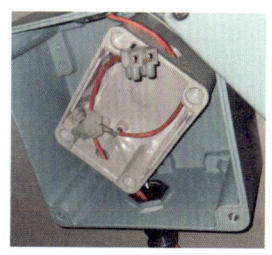

[감지선형 감지기의 구조]　　[감지선형 감지기의 보조선]　　[감지선형 감지기의 종단저항]

2) 색상과 공칭작동온도

　(1) 백색 : 80℃ 이하

　(2) 청색 : 80℃ 이상 120℃ 이하

　(3) 적색 : 120℃ 이상

3) 정온식 감지선형 감지기 작동 시 발화지점 표시

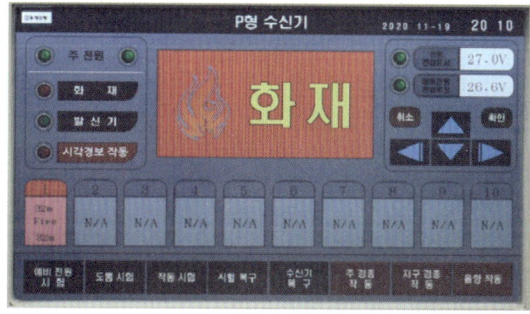 

[감지기 작동 시 수신기 표시 예]　　[발화지점 표시]

※ 출처 : 한국소방마이스터 고등학교

4) 점검순서

　(1) 수신기에서 설비 연동을 정지상태로 놓는다.

　(2) 단자함에서 양극을 단락시킨다.

　(3) 수신기에서 화재표시등, 지구표시등, 음향장치의 작동 등을 확인한다.

　(4) 수신기의 복구버튼을 누른다.

28 정온식 광센서형 감지기 점검

1) 정온식 광센서형 감지기 구조(※ 출처 : 지멘스 카탈로그)

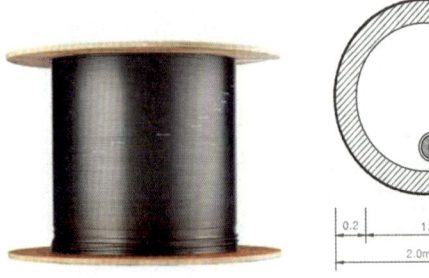

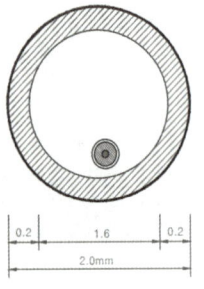

형식승인번호	감10-69(FOS-R1) / 차동식, 1종 감10-67(FOS-F2) / 정온식, 아날로그식
동작온도범위	−40 ~ 90℃ (연속 운전), 150℃(48시간)
사용습도범위	0 ~ 100%
차동식기능	7.5℃/min의 상승률에서 1분 내에 동작
정온식기능	공칭작동온도 30℃ ~ 80℃
광케이블	멀티모드, 62.5 / 125㎛, 아크릴 코팅
튜브	스테인레스 튜브 2.0mm OD / 1.6mm ID
무게	8kg/km

[광센서형 감지기 외형]   [제품 단면]   [사양]

 스테인레스 튜브관에 광섬유가 내장되어 있다.

2) 광센서 감지기의 구성

R형 수신기, 광센서 중계기, 광센서 감지기로 구성된다.

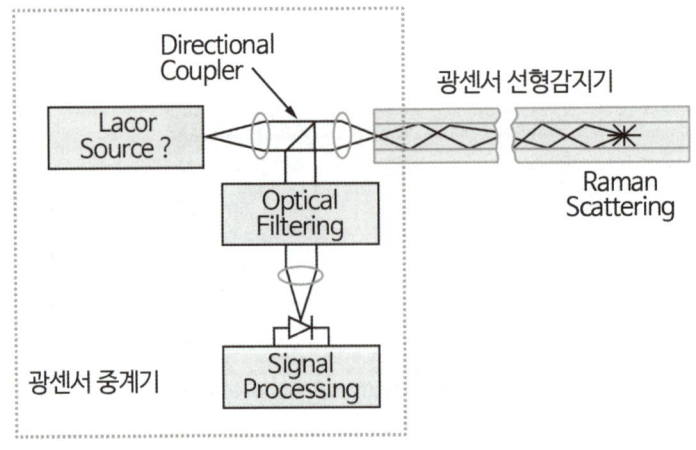

[광센서 중계기와 광센서 선형 감지기]

3) 점검방법

(1) 수신기에서 설비 연동를 정지상태로 놓는다.
(2) 광센서형 감지기는 실시간으로 수신기에 온도가 표시되는 방식이므로 온도 값이 설치된 길이만큼 표시가 되고 있는지 확인한다.
(3) 수신기에서 화재작동시험을 하거나 광센서형 감지기가 설치된 장소에서 열감지기 시험기를 사용하여 열을 가한다.
(4) 정상적으로 화재표시가 되고 음향경보가 발하는지 확인한다.
(5) 수신기를 복구한다.

29 광전식 공기흡입형(Air Sampling Detector) 감지기 점검

1) 광전식 공기흡입형 감지기 설치도

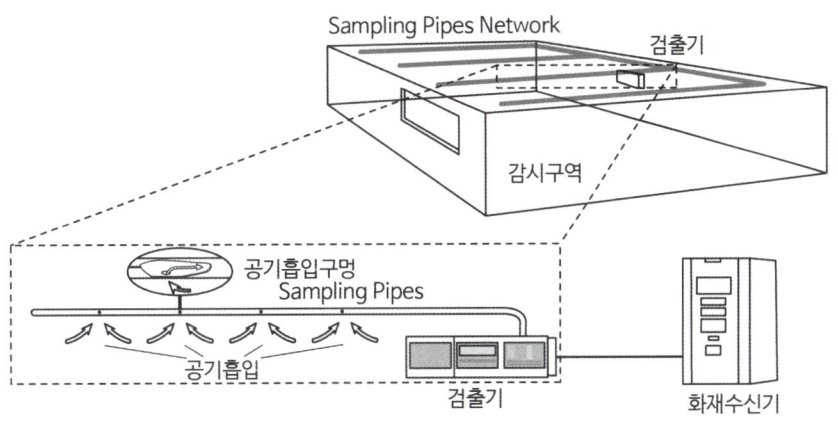

[공기흡입형 감지기 설치도]

2) 광전식 공기흡입형 감지기 구성

(1) **구성요소** : 흡입배관, 공기흡입펌프(Aspirator), 감지부, 제어부, 필터
(2) **동작원리** : 흡입된 공기 중에 함유된 연소생성물의 성분을 분석하여 화재신호를 발한다.

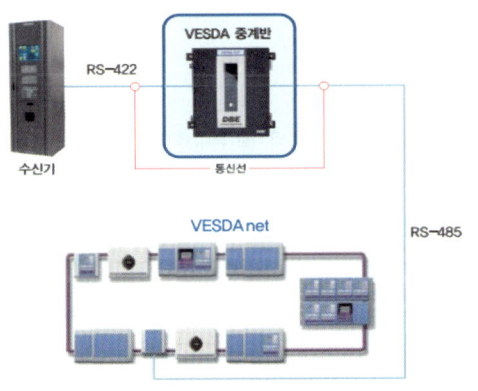

[R형 수신기와 공기흡입형 감지기 구성 예]

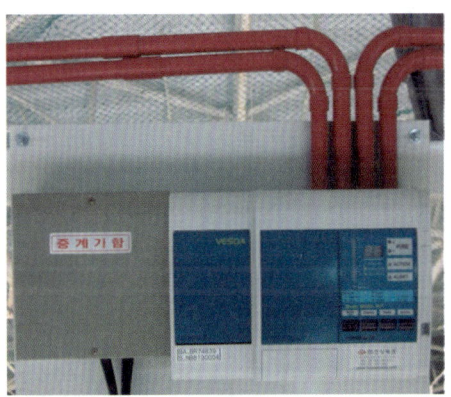

[검출기(제어부) 설치모습]

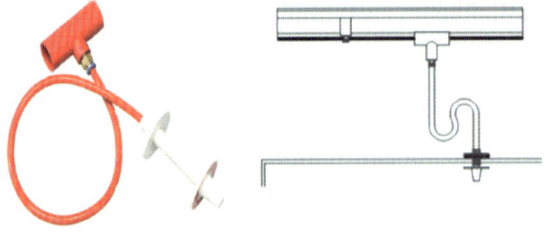

[공기흡입구 설치 예]

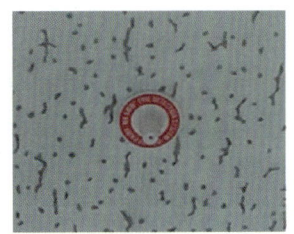

[반자의 공기흡입구 모습]

☑ **참고** P형 수신기에 설치할 경우 검출부의 예비, 경보, 화재신호 중 화재신호만을 받게 된다.

3) 광전식 공기흡입형의 화재신호

(1) 공기흡입형 감지기의 검출기(제어반)은 아날로그방식으로 연기의 농도에 따라 다단계의 경보를 발한다.

(2) **경보단계** : (4단계) Alert, Action, Fire1, Fire2

4) 흡입배관 개수와 길이

하나의 검출부에 연결되는 흡입관은 흡입기의 용량에 따라 제한된다. 제품의 모델마다 다르나 일반적으로 하나의 검출부에 4개의 흡입관이 설치되고 4개의 흡입관 길이를 합한 총 길이(예 : 400m)를 기준으로 각각의 흡입관의 길이를 정한다.

5) 광전식 공기흡입형 감지기의 점검순서

(1) 수신기에서 설비 연동을 정지상태로 놓는다.
(2) 공기 배관망에 설치된 가장 먼 샘플링 지점에 시험용 연기를 분사한다.
(3) 120초 이내에 수신기에서 화재표시등, 지구표시등, 음향장치의 작동을 확인한다.
(4) 환기를 한 후 검출부(제어반)을 복구한다.
(5) 수신기를 복구한다.

30 광전식 분리형 감지기 점검

1) 광전식 분리형 감지기의 설치도 예

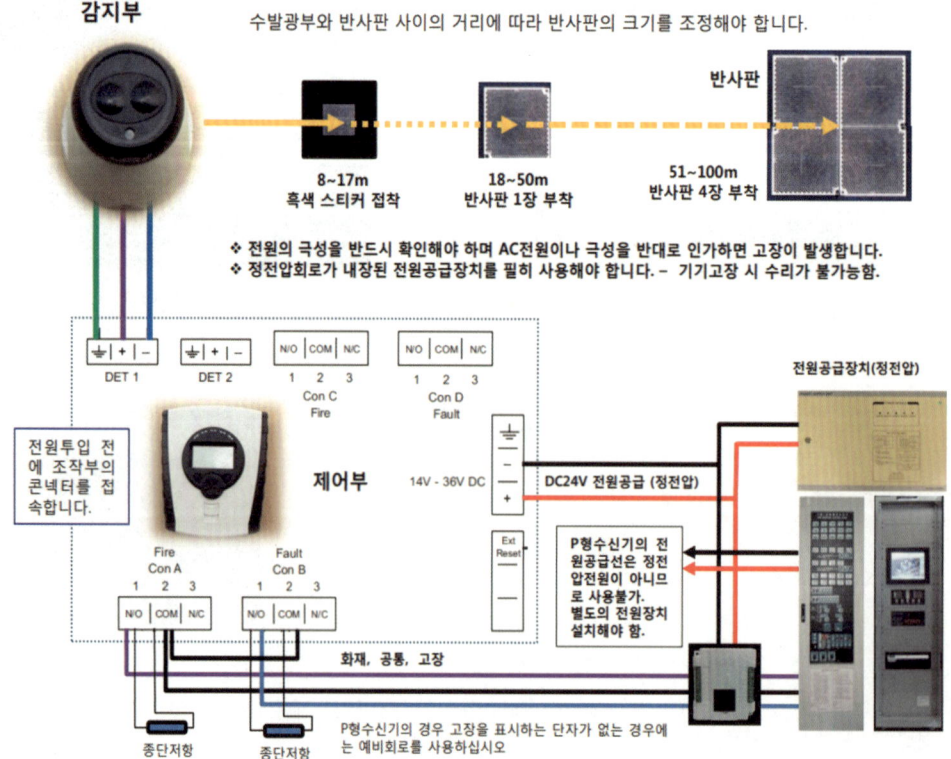

2) 광전식 분리형 감지기의 동작원리

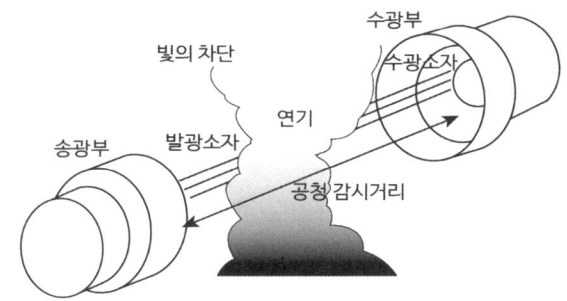

(1) Mie의 분산법칙에 의해 빛이 흡수되거나 반사되는 원리를 응용한 것
(2) 연기 입자에 의해 광선이 감쇄되어 수광량이 감소되는 현상을 감지한다.

화재 발생 ➡ 경계구역 내 연기확산 ➡ 빛의 감쇄 ➡ 수광량 감소 ➡ 제어회로 ➡ 화재신호 발생

3) 광전식 분리형 감지기의 점검순서
  (1) 수신기에서 설비 연동을 정지상태로 놓는다.
  (2) 송광부와 수광부 또는 송·수광부와 반사판 사이의 감시축을 차단한다.
  (3) 수신기에서 화재표시등, 지구표시등, 음향장치의 작동을 확인한다.
  (4) 제어부를 복구한다.
  (5) 수신기를 복구한다.

4) 광전식 분리형 감지기 작동시험 예(수광부·송광부 일체형)

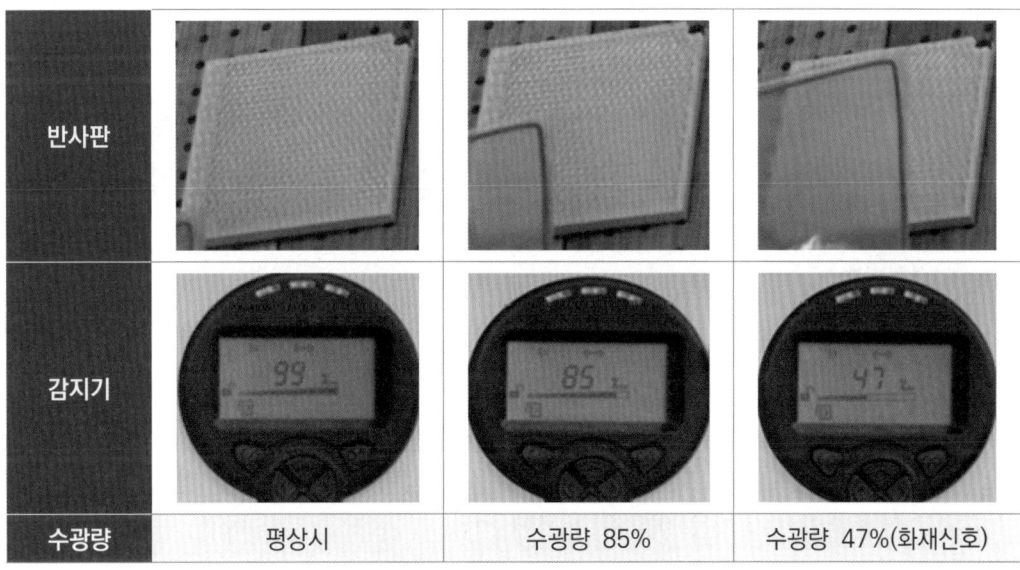

광전식 분리형 감지기 작동시험

31 시각경보기

1) 시각경보기 외형

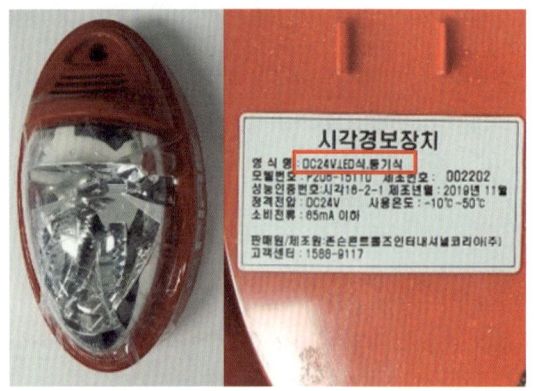
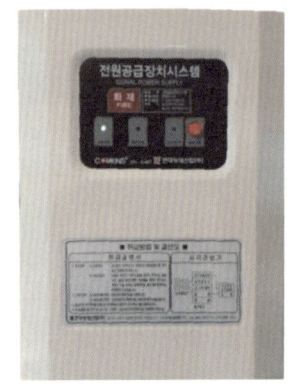

[시각경보기]　　　　　　　　　　　　[시각경보기 전원반]

2) 시각경보기 전원반(전원공급장치) 결선 예

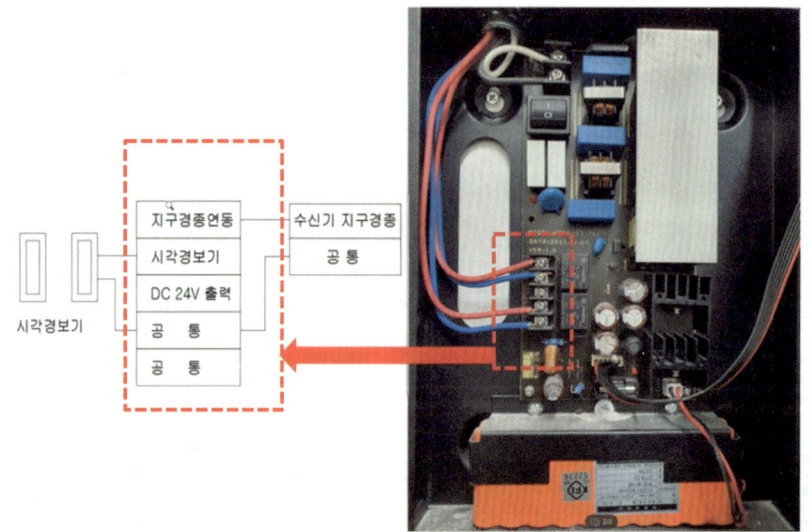

3) 점검방법

　(1) 수신기에서 음향경보, 비상방송, 설비연동 등을 정지상태로 놓는다.
　(2) 수신기에서 회로선택스위치를 임의로 선택하고 작동시험버튼을 누른다.
　(3) 지구경종 정지를 해제하여 지구경종 명동과 시각경보기 작동을 확인한다.
　(4) 수신기의 작동과 관계없이 시각경보기의 작동을 확인하고자 할 경우에는 시각경보기 전원반의 수동기동 버튼을 누른다.
　(5) 수신기의 스위치를 정상상태하고 복구한다.

02 화재알림설비

1 화재알림설비의 구성

1) IoT(사물인터넷, Internet of Tings)

사물에 센서를 부착하여 인터넷을 통해 실시간으로 데이터를 주고받는 기술. 소방시스템에 적용하여 인터넷 활용으로 화재감지, 경보, 연동 기능의 작동 여부를 원격으로 24시간 관리하고 소방서에 통보하는 시스템을 말한다.

2) 화재알림형 수신기(수신기 형식승인 및 제품검사의 기술기준)

(1) "화재알림형 수신기"란 화재알림형 감지기나 발신기에서 발하는 화재정보신호 또는 화재신호 등을 직접 수신하거나 화재알림형 중계기를 통해 수신하여 화재의 발생을 표시 및 경보하고, 화재정보신호 및 화재신호 등을 자동으로 저장하며, 자체 내장된 속보기능에 의해 화재발생 등을 자동적으로 통신망을 통하여 음성 등으로 소방관서에 통보하고 문자로 관계인에게 통보하는 장치를 말한다.

(2) "속보기능"이란 화재발생 및 해당 소방대상물의 위치 등을 통신망을 통해 음성 등으로 소방관서에 통보하고 문자로 관계인에 통보하는 것을 말한다.

(3) "보정식"이란 접속된 화재알림형 감지기의 화재정보신호를 수신하여 일정농도 이상의 연기가 일정시간 이상 연속하는 것을 전기적으로 검출하여 작동 감도를 자동적으로 보정하는 방식의 수신기를 말한다

3) 화재알림형 수신기의 속보기능(감지기의 형식승인 및 제품검사의 기술기준)

화재알림형 수신기는 소방관서에는 음성 등으로, 관계인에게는 문자로 전달할 수 있는 속보기능을 갖추어야 하며, 다음 각 목에 적합하여야 한다. 〈신설 2023.12.07.〉

(1) 음성 등으로 속보하는 경우

① 20초 이내에 소방관서에 자동적으로 신호를 발하여 통보하되, 3회 이상 속보할 수 있어야 하고, 다이얼링 후 소방관서와 전화접속이 이루어지지 않는 경우에는 최초 다이얼링을 포함하여 10회 이상 반복적으로 접속을 위한 다이얼링이 이루어져야 한다. 이 경우 매회 다이얼링 완료 후 호출은 30초 이상 지속되어야 한다.

② ①에 의한 속보는 당해 소방대상물의 위치, 관계인연락처, 화재발생 및 화재알림형 수신기에 의한 신고임을 포함한 내용을 음성으로 통보하여야 하며, 음성속보방식 외에 데이터 또는 코드전송방식 등을 이용한 속보기능을 부가로 설치 할 수 있다. 이 경우 데이터 및 코드전송방식은 「자동화재속보설비의 속보기의 성능인증 및 제품검사의 기술기준」 별표1에 따라 소방관서 등에 구축된 접수시스템에 적합하여야 한다.

⑵ 문자로 속보하는 경우

관계인에게 문자로 20초 이내에 화재예비경보발생, 화재축적경보발생, 화재발생 중 해당하는 내용을 통보할 것. 이 경우 속보내용은 소방대상물의 위치, 화재알림형 수신기에 의한 신고임을 포함하여야 한다.

4) 화재알림형 감지기(감지기의 형식승인 및 제품검사의 기술기준)

⑴ "화재알림형 감지기"란 열·연기 복합형 또는 열·연기·불꽃 복합형 감지기로서 화재 시에 발생하는 열, 불꽃 또는 연기를 자동으로 감지하여, 화재알림형 수신기에 주위의 온도 또는 연기의 량의 변화에 따라 각각 다른 전류 또는 전압 등(이하 "화재정보신호값"이라고 한다)의 출력을 발신하고, 불꽃을 감지하는 경우 화재신호를 발신하며, 자체 내장된 음향장치에 의하여 경보하는 것을 말한다.

⑵ 화재알림형 감지기 종류

① 화재알림형 열·연기 복합형 : 주위의 온도 또는 연기의 량의 변화에 따른 화재정보신호값의 출력을 발하고, 자체 내장된 음향장치에 의하여 경보하는 감지기를 말한다.

② 화재알림형 열·연기·불꽃 복합형 : 주위의 온도 또는 연기의 량의 변화에 따른 화재정보신호값의 출력을 발하고, 제3호(불꽃감지기)의 성능을 가지며 자체 내장된 음향장치에 의하여 경보하는 감지기를 말한다.

☑ 참고 감지기의 형식을 구분할 때 화재알림설비 적용 여부에 따라 화재알림형, 비화재알림형으로 구분한다.

⑶ 화재알림형 감지기의 일반기능

① 작동되는 경우 내장된 음향장치의 명동에 의하여 화재경보음을 발할 수 있는 기능이 있어야 한다.

② ①의 규정에 의한 화재경보음은 감지기로부터 1m 떨어진 위치에서 85dB 이상으로 경보할 수 있어야 하며 화재경보음이 단속음인 경우에는 단속주기가 그림 1 또는 그림 2에 적합하여야 한다. 이 경우 화재경보음에 음성안내를 포함할 수 있다(그림 생략).

③ 제5조의2 제5호(주전원이 건전지인 경우에 한함) : 건전지를 주전원으로 하는 감지기는 건전지의 성능이 저하되어 건전지의 교체가 필요한 경우에는 음성안내를 포함한 음향 및 표시등에 의하여 72시간 이상 경보할 수 있어야 한다. 이 경우 음향경보는 1m 떨어진 거리에서 70dB(음성안내는 60dB) 이상이어야 한다.

④ 제5조의2 제6호(주전원이 건전지인 경우에 한함, 무선식은 제외)

2 화재알림설비의 구성도

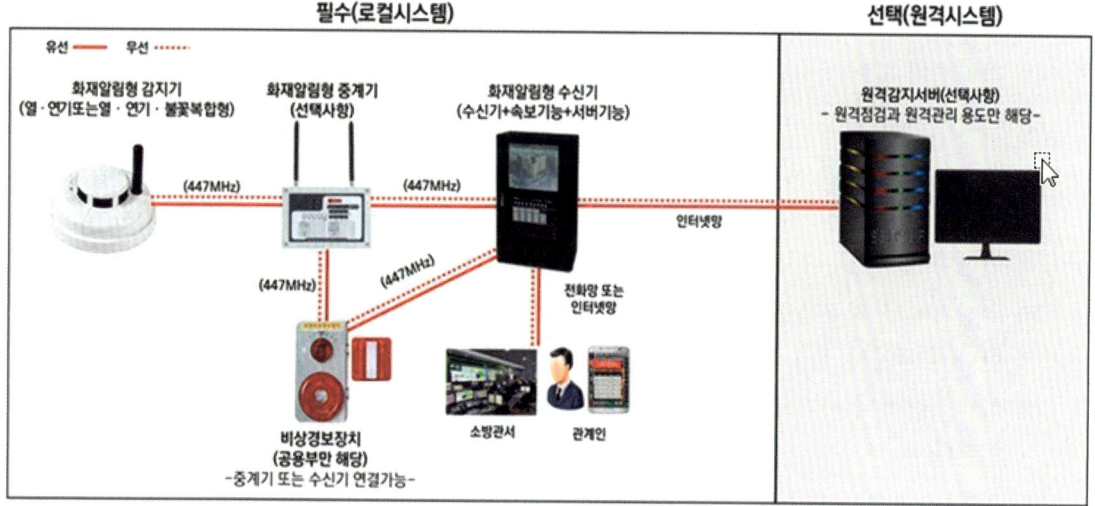

[화재알림설비 전체 시스템 구성도]

※ 출처 : 소방청, 안전신문

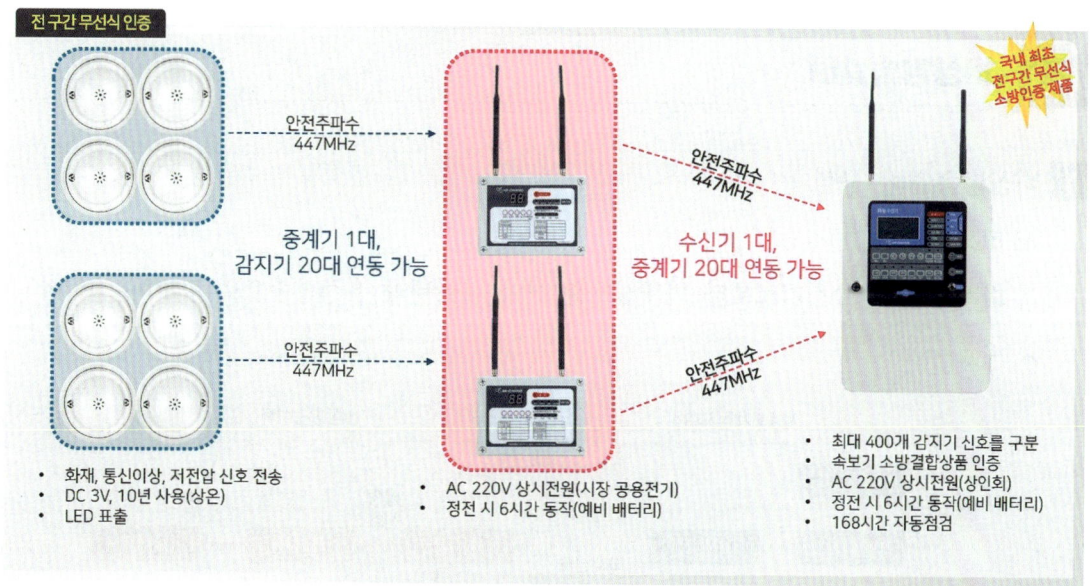

[화재알림형 감지기와 수신기의 설치 예]

※ 출처 : 디지털허브 인터넷홈페이지

3 화재알림설비의 점검방법

(1) 관할 소방서(119 상황실)와 관계인에게 점검 중임을 알린다.
(2) 수신기에서 지구음향장치를 정지로 한다.
(3) 감지기에 감지기시험기를 사용하여 열과 연기를 가한다.
(4) 감지기에서 경보음이 발하는지 확인하고 음량측정기로 음량을 측정한다(중심에서 1m 떨어진 위치에서 85dB 이상).
(5) 화재알림형 수신기에 화재표시, 음향경보, 경계구역 표시가 정상적으로 동작하는지 확인한다.
(6) 수신기에서 지구음향장치 정지를 해제하여 정상으로 놓고, 지구음향장치의 음량을 측정한다(중심에서 1m 떨어진 위치에서 90dB 이상).
(7) 화재알림형 수신기의 속보기능에 의해 관할 소방서와 관계인에게 정보가 전달되는지 확인한다.
(8) 관할 소방서(119 상황실)과 관계인과 연락하여 정보가 정확히 전달되었는지 확인한다.

☑ 참고 발신기를 눌러 위의 과정을 다시 실행한다.

03 비상방송설비

1 비상방송설비 구성

1) 비상방송설비

화재발생 시 수신기로부터 화재신호를 받아 사이렌과 음성방송으로 경보하는 설비

2) 구성도

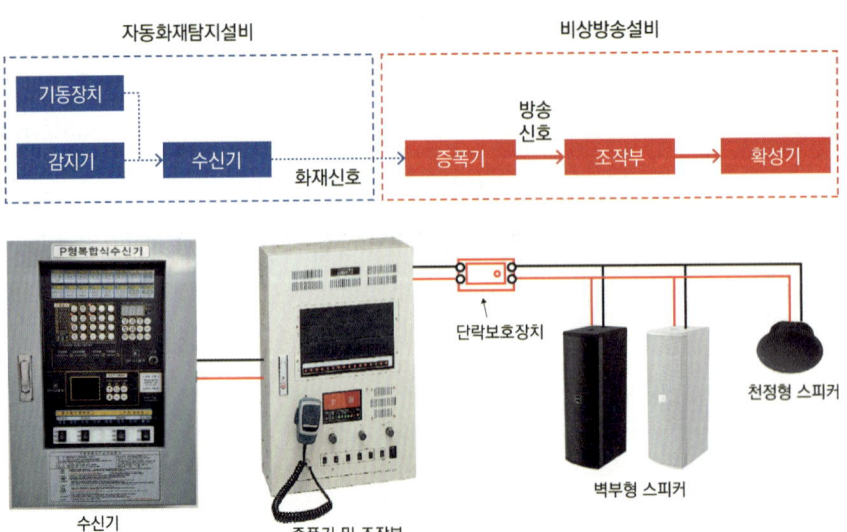

3) 구성요소

(1) **확성기** : 소리를 크게 하여 멀리까지 전달될 수 있도록 하는 장치(스피커)
(2) **음량조절기** : 가변저항을 이용하여 전류를 변화시켜 음량을 크게 하거나 작게 조절할 수 있는 장치
(3) **증폭기** : 전압전류의 진폭을 늘려 감도를 좋게 하고 미약한 음성전류를 커다란 음성전류로 변화시켜 소리를 크게 하는 장치
(4) **조작부** : 기기를 제어할 수 있도록 조작스위치, 지시계, 표시등 등을 집결시킨 부분
(5) **각 층 스피커 회로의 단락보호장치** : 다음 중 하나의 방법으로 하나의 층의 스피커 또는 배선이 단락이 되어도 다른 층의 화재 방송에 지장이 없도록 한다.

　① 각 층 배선용 차단기 설치 : 단락보호퓨즈를 층별로 설치
　② 층별 회로마다 다채널 앰프 설치 : 층마다 앰프 설치
　③ 라인체커 설치 : 릴레이 회로를 이용한 차단기 설치

[스피커의 예]

[조작부의 예]

[증폭기의 예]
※ 출처 : 인터엠 홈페이지

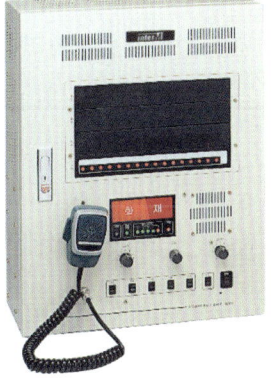
[조작부, 증폭기 일체형의 예]

[단락보호장치 설치 예]

[단락보호장치 정상 상태]

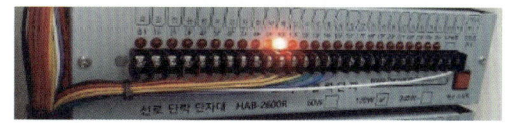
[단락보호장치에 단락회로 표시(적색 LED점등)]

2 비상방송설비 결선(음량조절기가 설치된 경우)

평상시에는 일반선에 의해 전원이 공급되어 음량조절기에 의해 음량이 조절되나 화재 시에는 절치스위치가 비상선으로 전환되어 음량조절기를 통하지 않고 화재신호가 방송된다.

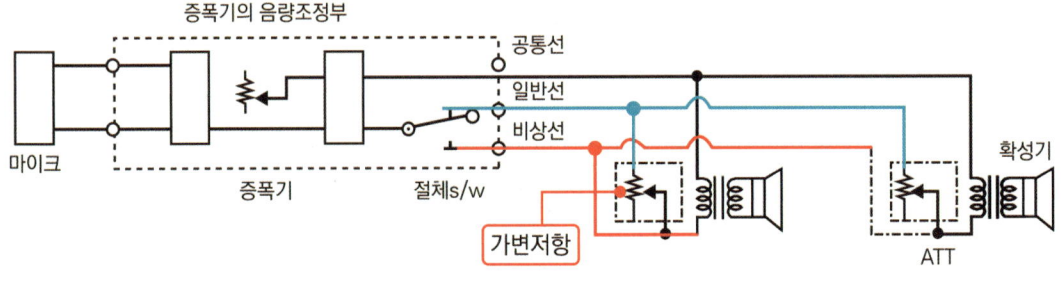

[음량조절기가 설치된 경우의 배선]

3 비상방송설비 점검방법

1) 화재신호에 의한 방송설비 작동시험

(1) 단락보호장치의 감시LED가 모두 정상상태인지 확인한다.
(2) 시험하고자 하는 층의 감지기에 감지기시험기를 사용하여 작동시킨다.
(3) 화재수신기에 화재표시등과 지구표시등 점등 확인 및 지구음향장치 작동 확인 후 정지
(4) 비상방송설비에서 화재표시가 되고 10초 이내에 해당 층에 방송이 출력되는지 확인
(5) 우선경보방식의 경우 방송되어야 하는 층에 출력이 나가는지 조작부에서 확인
(6) 방송스피커에서 사이렌이 울린 후 음성으로 피난안내방송이 되는지 확인
(7) 점검이 완료되면 수신기를 복구한다.

> **참고** 음성방송은 2004년 6월 4일 이후부터 적용되었다. 그 이전에 건축허가 받은 건축물은 사이렌만 방송되어도 된다.

2) 확성기 단락시험방법(하나의 층의 단락 시 다른 층 정상 방송 확인방법)

(1) **인원배치** : 화재층, 다른 층(직상층), 조작부 각 1인 배치
(2) 수신기에서 지구음향장치는 정지상태, 방송설비는 연동상태로 한다.
(3) 화재층의 확성기(스피커)를 벽이나 천장으로부터 분리하여 스피커에 연결된 전선을 노출시킨다. 또는 층별로 방송단자함이 설치된 경우 방송단자함에서 준비한다.
(4) 화재층에서 감지기를 동작하거나 발신기를 조작한다.
(5) 화재층과 다른 층에서 방송이 출력되는 상태에서 화재층의 스피커 또는 방송단자함을 5초 이상 단락시킨다.
(6) 단락 시에도 다른 층의 확성기 음량이 변화가 없는지 확인한다.
(7) 단락과 해제를 반복하여 다른 층의 음량변화 여부를 확인한다.

⑻ 수신기를 복구한다.

⑼ 점검이 완료되면 단락보호장치를 확인하여 퓨즈를 교체하여야 할 경우 교체한다.

3) 확성기 음량이 작은 경우 원인

⑴ 확성기가 고장 난 경우

⑵ 배선이 잘못되어 음량조절기에 의해 조절된 음량으로 비상방송이 출력되는 경우

⑶ 확성기의 배선에 이상이 있어 저항이 증가한 경우(접촉 불량 등)

⑷ 증폭기의 음량조정부가 음량이 작도록 조정된 경우

⑸ 증폭기 불량의 경우

04 자동화재속보설비

1 자동화재속보설비 구성

1) 자동화재속보설비

⑴ 속보기란 수동작동 또는 자동화재탐지설비 수신기와 연동으로 관계인에게 화재 발생을 경보함과 동시에 소방관서에 자동적으로 통신망을 통해 화재 발생 및 위치 등을 음성으로 통보하여 주는 것

⑵ 문화재용 자동화재속보설비의 속보기란 속보기에 감지기를 직접 접속(자동화재탐지설비 1개의 경계구역에 한한다)하는 방식의 것

⑶ '통신망'이란 유선, 무선 또는 유무선 겸용 방식으로 음성 또는 데이터 등을 전송하는 집합체

[유선식 자동화재속보기]

[무선식 자동화재속보기]

2) 주요기능(속보기의 성능인증 및 제품검사의 기술기준)

⑴ 속보기의 구조 및 외함 주요 내용

① 내부에 예비전원(알칼리계 또는 리튬계 2차축전지, 무보수밀폐형 축전지) 설치 및 예비전원의 인출선 또는 접속단자는 오접속 방지 위해 색상으로 극성을 구분할 것

② 속보기 전면 : 주전원, 예비전원 상태표시 장치, 작동표시장치, 음향경보장치 설치
③ 화재표시 복구스위치 및 음향장치 정지 스위치 설치할 것
④ 작동 시 작동 여부 표시장치 및 그 작동시간과 작동회수를 표시할 수 있는 장치를 할 것
⑤ 수동통화용 송수화기를 설치할 것
⑥ 표시등에 전구를 사용하는 경우에는 2개를 병렬로 설치(발광다이오드의 경우는 제외)

(2) 속보기의 절연저항시험
① 절연된 충전부와 외함 간의 절연저항은 직류 500볼트의 절연저항계로 측정한 값이 5메가옴(교류입력 측과 외함 간에는 20메가옴) 이상이어야 한다.
② 절연된 선로 간의 절연저항은 직류 500볼트의 절연저항계로 측정한 값이 20메가옴 이상이어야 한다.

(3) 절연내력시험
절연저항을 측정한 부분의 절연내력은 60헤르츠의 정현파에 가까운 실효전압 500볼트(정격전압이 60볼트를 초과하고 150볼트 이하인 것은 1,000볼트, 정격전압이 150볼트를 초과하는 것은 그 정격전압에 2를 곱하여 1000을 더한 값)이 교류전압을 가하는 시험에서 1분간 견디는 것이어야 하며, 기능에 이상이 생기지 않아야 한다.

(4) 속보기의 기능
① 작동신호를 수신하거나 수동으로 동작시키는 경우 20초 이내에 소방관서에 자동적으로 신호를 발하여 통보하되, 3회 이상 속보할 수 있어야 한다.
② 주전원이 정지한 경우에는 자동적으로 예비전원으로 전환되고, 주전원이 정상상태로 복귀한 경우에는 자동적으로 예비전원에서 주전원으로 전환되어야 한다.
③ 예비전원은 자동적으로 충전되어야 하며, 자동 과충전 방지장치가 있어야 한다.
④ 화재신호를 수신하거나 수동으로 동작시키는 경우 자동적으로 화재표시등이 점등되고 음향장치로 화재를 경보하여야 한다.
⑤ 연동 또는 수동으로 소방관서에 화재발생 음성정보를 속보 중인 경우에도 송수화장치를 이용한 통화가 우선적으로 가능하여야 한다.
⑥ 예비전원을 병렬로 접속하는 경우에는 역충전 방지 등의 조치를 하여야 한다.
⑦ 예비전원은 감시상태를 60분간 지속한 후 10분 이상 동작(화재속보 후 화재표시 및 경보를 10분간 유지하는 것을 말한다)이 지속될 수 있는 용량이어야 한다.
⑧ 속보기는 연동 또는 수동 작동에 의한 다이얼링 후 소방관서와 전화접속이 이루어지지 않는 경우에는 최초 다이얼링을 포함하여 10회 이상 반복적으로 접속을 위한 다이얼링이 이루어져야 한다. 이 경우 매회 다이얼링 완료 후 호출은 30초 이상 지속되어야 한다.
⑨ 속보기의 송수화장치가 정상위치가 아닌 경우에도 연동 또는 수동으로 속보가 가능하여야 한다.

⑩ 음성으로 통보되는 속보내용을 통하여 해당 특정소방대상물의 위치, 관계인 2명 이상의 연락처, 화재발생 및 속보기에 의한 신고임을 확인할 수 있어야 한다.

⑪ 속보기는 음성속보방식 외에 데이터 또는 코드전송방식 등을 이용한 속보기능을 설치할 수 있다.

> **참고** 소방서에 통보되는 녹음내용은 속보기 설치 후 직접 녹음하여야 한다. 녹음방법은 제조사마다 다르므로 설명서를 참조하고 설명서는 속보기와 가까운 곳에 비치한다. 2024년 4월 19일 아날로그식 축적형 수신기에 접속하는 속보기 기준이 추가되었다.

2 자동화재속보설비 점검방법

1) 속보기의 전원공급 정상 여부를 확인한다.
2) 예비전원 점검스위치를 눌러 자동적으로 예비전원으로 전환되고 전압이 정상인지 확인한다. 또는 속보기의 전원스위치를 OFF시켜 예비전원으로 자동전환되는지 확인한다.
3) 관할소방서(119 상황실)과 관계인에게 점검사실을 통보한다.
4) 다음 중 하나의 방법으로 수신기를 동작시킨다.
   (1) 감지기를 감지기시험기로 작동시킨다.
   (2) 발신기를 누른다.
   (3) 수신기에서 회로선택스위치를 돌려 임의 회로를 선택한 후 동작시험버튼을 누른다.
5) 수신기의 화재표시등, 지구표시등, 음향장치의 작동을 확인한다(속보기 동작하면 주음향, 지구음향은 정지한다).
6) 속보기가 동작하여 자동으로 119에 신고가 되는지 확인한다(관계인에게도 통보가 가는 경우 관계인에게도 확인한다).
7) 관할 소방서(119)와 관계인에게 신고내용이 정확하게 전달되었는지 확인한다.
8) 수신기를 복구한다.

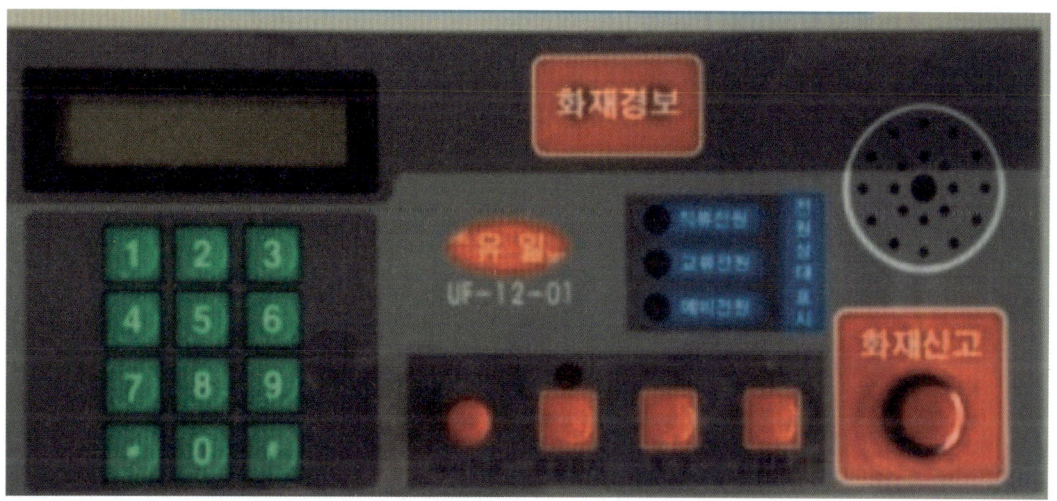

[자동화재속보기 전면부의 예]

05 가스누설경보기

1 가스누설경보기 구성

1) 가스누설경보기

가스누설경보기란 LNG, LPG, CO 등 가스의 누설, 체류를 탐지하여 소방대상물의 관계자에게 경보를 발함으로써 가스폭발이나 화재를 방지하고 누설된 가스로 인한 중독사고를 미연에 방지하여 주는 장치이다.

2) 구성

(1) 분리형 : 수신부와 탐지부가 분리되어 있는 구조
(2) 단독형 : 수신부와 탐지부 일체형

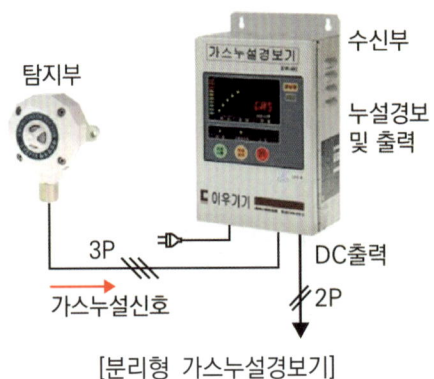

[분리형 가스누설경보기]

[단독형 가스누설경보기]

※ 출처 : (주)신우전자

3) 탐지부 설치위치

(1) LNG, CO : 천장으로부터 탐지부의 하단까지의 거리가 0.3m 이하가 되도록 설치
(2) LPG : 바닥면으로부터 탐지부의 상단까지의 거리가 0.3m 이하가 되도록 설치

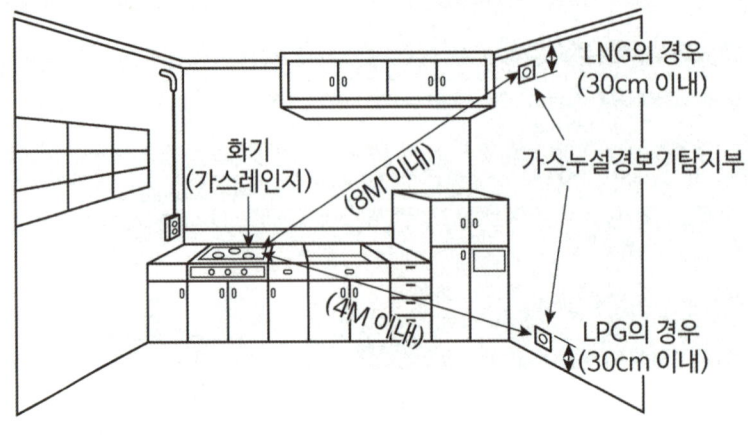

[탐지부 설치위치]

4) 절연저항시험 및 절연내력시험(가스누설경보기의 성능인증 및 제품검사의 기술기준)

(1) 절연저항시험

① 가스누설경보기의 절연된 충전부와 외함 간의 절연저항은 DC 500V의 절연저항계로 측정한 값이 5MΩ(교류입력 측과 외함 간에는 20MΩ) 이상이어야 한다. 다만, 회선수가 10 이상인 것 또는 접속되는 중계기가 10 이상인 것은 교류입력 측과 외함 간을 제외하고는 1회선당 50MΩ 이상이어야 한다.

② 절연된 선로 간의 절연저항은 DC 500V의 절연저항계로 측정한 값이 20MΩ 이상이어야 한다.

절연저항계	측정 개소	절연 저항
직류 500V	절연된 충전부와 외함 간	5MΩ 이상
	교류입력 측과 외함 간	20MΩ 이상
	회선수가 10 이상인 것 또는 접속 중계기가 10 이상인 것	50MΩ 이상
	절연된 선로 간	20MΩ 이상

(2) 절연내력시험

절연저항 시험부위의 절연내력은 60Hz의 정현파에 가까운 실효전압 500V(정격전압이 60V를 초과하고 150V 이하인 것은 1kV, 정격전압이 150V를 초과하는 것은 그 정격전압에 2를 곱하여 1kV를 더한 값)의 교류전압을 가하는 시험에서 1분간 견디는 것이어야 한다.

측정 개소	전압	시간
절연된 충전부와 외함 간	실효전압 500V의 교류전압 (정격전압 60V 초과 ~ 150V : 1kV, 정격전압 150V 초과 : 정격전압 x 2 + 1kV)	1분
교류입력 측과 외함 간		
회선수가 10 이상인 것 또는 접속 중계기가 10 이상인 것		
절연된 선로 간		

2 가스누설경보기 점검방법

1) 탐지부와 수신부의 설치 위치가 적합한지 확인한다.
2) 수신부의 주전원 공급상태, 예비전원 전환 상태 및 전압을 확인한다.
3) 탐지부에 시험 가스를 분사한다.
4) 수신부에 화재표시 및 음향경보 작동을 확인한다.
5) 가스차단기가 설치된 경우 가스차단기가 작동하여 가스가 차단되는지 확인한다.
6) 음량측정기로 음량을 측정한다(수신부로부터 1m 떨어진 위치에서 음압이 70dB 이상).
7) 탐지부 주위를 환기한 다음 수신부를 복구한다.

06 누전경보기 점검

1 누전경보기 구성

1) 누전경보기

내화구조가 아닌 건축물로서 벽, 바닥 또는 천장의 전부나 일부를 불연재료 또는 준불연재료가 아닌 재료에 철망을 넣어 만든 건물의 전기설비로부터 누설전류를 탐지하여 경보를 발하며, 변류기와 수신부로 구성된 것

2) 누전경보기의 구성

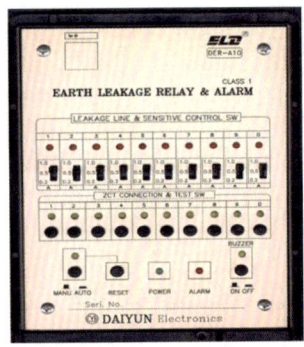

[누전경보기 수신부]

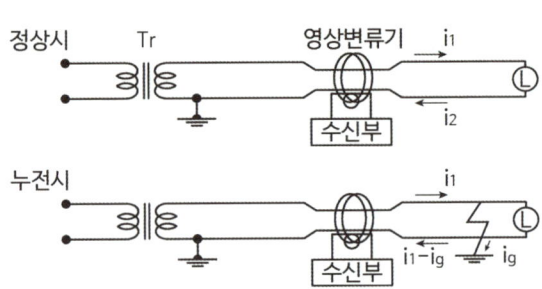

유입되는 전류의 합 = 유출되는 전류의 합 → 키르히호프의 법칙

(1) 누전경보기

사용전압 600 [V] 이하인 경계전로의 누설전류를 검출하여 당해 소방 대상물의 관계자에게 경보를 발하는 설비로서 변류기와 수신부로 구성된 것

(2) 수신부

변류기로부터 검출된 신호를 수신하여 누전의 발생을 해당 특정소방대상물의 관계인에게 경보하여 주는 것(차단기구를 갖는 것 포함)

(3) 차단기구(과전류차단기)

경계전로에 누설전류가 흐르는 경우 이를 수신하여 그 경계전로의 전원을 자동적으로 차단하는 장치

(4) 변류기

경계전로의 누설전류 자동적으로 검출하여 이를 누전경보기의 수신부에 송신하는 것

3) 동작원리

   (1) 영상변류기

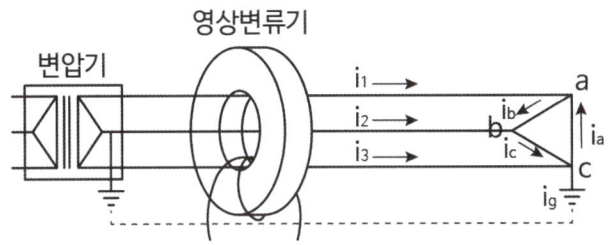

키르히호프 법칙에 의해
 a : $i_1 + i_a = i_b$
 b : $i_2 + i_b = i_c$
 c : $i_3 + i_c = i_a$
누전 시 : $i_3 + i_c = i_a + i_g$

   ① 정상 시 : $i_1 + i_2 + i_3 = 0$
   ② 누전 시 : $i_1 + i_2 + i_3 = i_g$
   ③ 누설전류 i_g로 인한 자속에 의해 유기전압 발생
   ④ 유기되는 전압 $E = 4.44 f N_2 \phi_g \times 10^{-8}(V)$

   (2) 수신기

   ① 증폭기에 의해 미소전류 증폭
   ② 계전기를 동작시켜 음향장치의 작동
   ③ 음향장치 : 경보를 발함

4) 누전경보기의 종류

정격전류	60A 초과	60A 이하
경보기의 종류	1급	1급, 2급

정격전류가 60A를 초과하는 전로가 분기되어 각 분기회로의 정격전류가 60A 이하로 되는 경우 당해 분기회로마다 2급 누전경보기 설치 가능

[영상변류기]

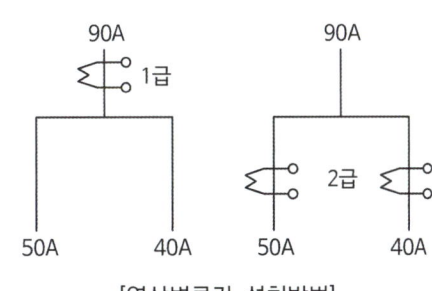

[영상변류기 설치방법]

2 누전경보기의 형식승인 및 제품검사의 기술기준

1) 절연저항시험
(1) 측정장치 : DC 500V의 절연저항계
(2) 측정위치

절연저항계	구 분	측정 개소	절연 저항
직류 500V	수신부	① 절연된 충전부와 외함 간 ② 차단기구의 개폐부 • 열린 상태 : 같은 극의 전원단자와 부하 측 단자 사이 • 닫힌 상태 : 충전부와 손잡이 사이	5MΩ 이상
	변류기	• 절연된 1차 권선과 2차 권선 간 • 절연된 1차 권선과 외부 금속부 간 • 절연된 2차 권선과 외부 금속부 간	5MΩ 이상

2) 절연내력시험

구 분	측정 개소	전 압	시 간
수신부	① 절연된 충전부와 외함 간 ② 차단기구의 개폐부 • 열린 상태 : 같은 극의 전원단자와 부하 측 단자 사이 • 닫힌 상태 : 충전부와 손잡이 사이	실효전압500V의 교류전압 (정격전압 30V 초과~150V : 1kV, 정격전압 150V 초과 : 정격전압 × 2 + 1kV)	1분
변류기	① 절연된 1차 권선과 2차 권선 간 ② 절연된 1차 권선과 외부 금속부 간 ③ 절연된 2차 권선과 외부 금속부 간	실효전압 1,500V의 교류전압 (경계전로의 전압 250V 초과 : 경계전로전압 × 2 + 1kV)	

3) 음향장치
(1) 사용전압 80%에서 음향을 발생할 것
(2) 음향장치의 중심으로부터 1m 위치 70dB 이상, 고장표시는 60dB 이상

3 누전경보기 수신부 점검

시험 종류	시험방법
동작시험	스위치를 시험위치에 두고 회로시험스위치로 각 구역을 선택하여 누전 시와 같은 작동이 이루어지는지 확인
도통시험	스위치를 시험위치에 두고 회로시험스위치로 각 구역을 선택하여 변류기와의 접속 이상 유무를 점검
누설전류 측정시험	스위치를 누르고 회로시험스위치 해당구역을 선택하면 누전되고 있는 전류량이 표시부에 숫자로 나타남

4 누전계 사용방법

1) 누전계의 용도
전기선로의 누설전류 및 일반전류를 측정하는 데 사용되는 기구

2) 누설전류의 측정방법

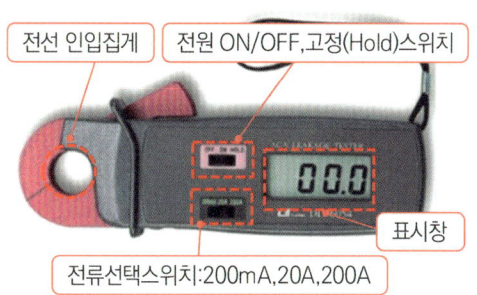

[누전계의 구조]

⑴ 전원스위치를 ON 위치로 전환한다.
⑵ 전류 선택스위치를 최대로 선택한다.
⑶ 전선 인입집게 손잡이를 눌러서 전선을 전선인입집게(변류기) 내로 관통시킨 후 측정값을 읽는다.
⑷ 측정값을 고정하고자 할 경우에는 고정(Hold) 스위치를 누른다.

3) 누전계의 사용 시 주의사항
⑴ 측정 범위 외에는 사용하지 말 것
⑵ 측정 시 전선인입집게(변류기)의 불완전 접촉(접촉 불량)이 발생하지 않도록 할 것

CHAPTER 05 피난구조설비 점검

01 피난기구 점검

1 개구부 점검

개구부의 위치, 규격 및 높이 등이 기준에 적합한지 점검한다.

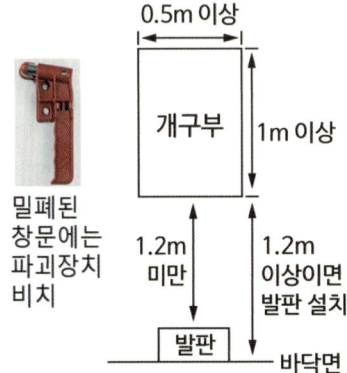

[피난, 소화활동상 유효한 개구부]

- 가로 0.5m 이상 세로 1m 이상
- 바닥에서 1.2 이상이면 발판 설치
- 밀폐된 창문에는 파괴 장치 비치

2 완강기 점검

1) 완강기의 지지대 점검

지지대란 화재 시 피난용으로 사용되는 완강기와 간이완강기를 소방대상물에 고정 설치해 줄 수 있는 기구로서 형식승인 제품 여부와 4개 이상의 앙카볼트로 고정하였는지 그리고 심하게 부식되지 않았는지 여부를 확인한다.

2) 지지대의 구조 기준 중 주요사항(완강기의 형식승인 및 제품검사의 기술기준)

 (1) 지지대는 부착 형태에 따라 천장부착형·(내·외)벽부착형·바닥부착형 등으로 구분한다.
 (2) 지지대는 소방대상물과의 고정부분, 완강기 또는 간이완강기 설치부분, 작동부분 등으로 구성되어야 한다. 다만, 외벽부착형과 간이완강기의 경우 작동부분을 생략할 수 있다.
 (3) 지지대의 작동부분은 완강기 또는 간이완강기를 설치하여 사용 시 고정될 수 있는 구조이어야 한다.
 (4) 지지대는 소방대상물과 4개 이상의 앵커볼트로 고정시킬 수 있어야 하며, 고정부분의 부착면부터 완강기 설치고리 중심까지의 길이는 40cm 이상 외벽부착형인 경우는 10cm 이상으로 한다.

(5) 완강기 설치부분의 회전각도는 90° 이상이어야 한다. 다만, 외벽부착형인 경우는 그러하지 아니한다.

(6) 천장부착형 지지대는 쉽게 사용상태로 조작할 수 있어야 하며, 조작로프 등이 있는 경우, 로프 등을 당기는 데 소요되는 힘이 100N 이하이어야 한다.

3) 지지대에 표시 사항

(1) 품명 및 형식

(2) 형식승인번호

(3) 용도(완강기용, 간이완강기용)

(4) 제조연월 및 제조번호

(5) 제조업체명 또는 상호

(6) 최대사용하중, 최대사용자수, 회전각도

(7) 사용할 수 있는 완강기의 형식번호(표준강하속도를 갖는 시험장치로 충격시험하는 경우 제외)

(8) 설치방법 및 취급상의 주의사항

   가. 앵커볼트의 규격, 설치개수, 설치깊이 등을 표시한다.

   나. 지지대의 설치 및 시공방법과 취급 및 유지관리방법 등을 표시한다.

(9) 품질보증에 관한 사항(보증기간, 보증내용, A/S방법, 자체검사필증 등)

[내벽부착형지지대 구성]

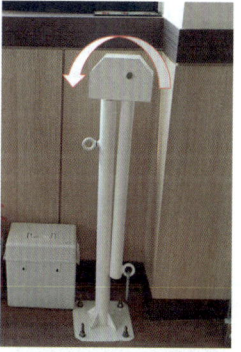

[바닥부착형 지지대]

[외벽부착형 지지대]

[간이완강기 지지대]

※ 출처 : 한국소방공사 홈페이지

4) 완강기 점검

완강기의 구성품이 모두 비치되어 있는지 여부, 설치된 층에 맞는 길이의 완강기가 설치되었는지 여부, 완강기표지 및 사용방법 표지가 설치되었는지 확인한다.

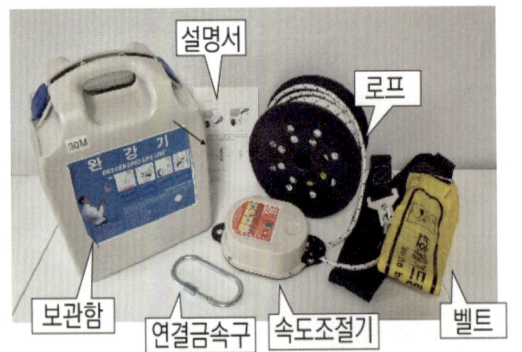

[완강기의 구성품]

[축광식 완강기 표지]

[완강기 설치 모습]

[완강기 발판 설치 모습]

3 구조대 점검

구조대의 설치위치, 구조대의 길이(층수)가 설치된 층에 적합한지 여부, 구조대의 상단 높이와 개구부의 하단 높이 동일 여부, 지상층에 피난공간 확보 여부, 지상층에 하부지지장치 설치 여부(경사식) 등을 확인한다.

[경사식 구조대 예시]

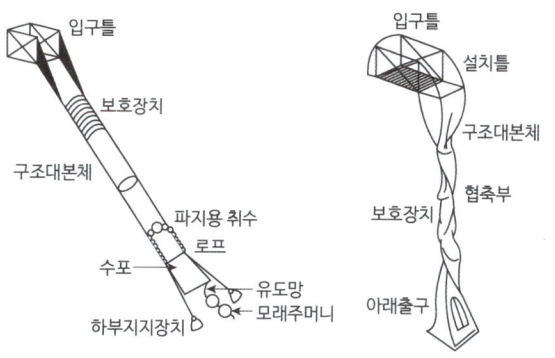
[경사강하식구조대 구성]   [수직강하식구조대 구성]

[구조대 외형]

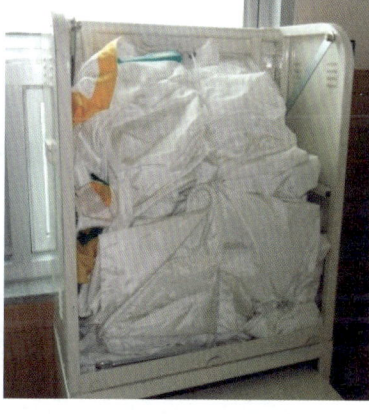
[구조대 내부]

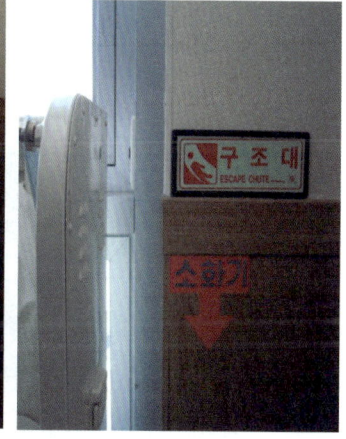
[축광식표지]

4 공기안전매트 점검

1) 공기안전매트 설치대상
"의무관리대상 공동주택"의 경우에는 하나의 관리주체가 관리하는 공동주택 구역마다 공기안전매트 1개 이상을 추가로 설치할 것

2) 공동주택 피난기구 설치 제외
(1) 피난기구의 화재안전기술기준 : 갓복도식 아파트 또는 인접(수평 또는 수직)세대로 피난할 수 있는 아파트
(2) 공동주택의 화재안전기술기준 : 옥상으로 피난이 가능하거나 수평 또는 수직 방향의 인접세대로 피난할 수 있는 구조인 경우에는 추가로 설치하지 않을 수 있다.

3) 공기안전매트 종류
(1) 펜(FAN)식(상용전원 사용) : 아파트 구역에서는 상용전원을 사용하는 펜식 공기안전매트를 사용할 수 있다.
(2) 발전기식(엔진, 펜 포함) : 상용전원을 사용하지 않고 엔진구동에 의해 공기를 공급하는 방식
(3) 실린더식 : 실린더의 압축공기로 공기안전매트에 공기를 공급하는 방식

4) 공기안전매트 점검

[공기안전매트 점검 모습]

기출문제

5점 피난기구의 점검착안 사항에 대하여 쓰시오.(20점)   답 생략

02 인명구조기구 점검

1 인명구조기구 종류

종류	정의
방열복	고온의 복사열에 가까이 접근하여 소방활동을 수행할 수 있는 내열피복
공기호흡기	소화 활동 시 화재로 인하여 발생하는 각종 유독가스 중에서 일정시간 사용할 수 있도록 제조된 압축공기식 개인 호흡장비(보조마스크 포함)
인공소생기	호흡 부전 상태인 사람에게 인공호흡을 시켜 환자를 보호하거나 구급하는 기구
방화복	화재진압 등의 소방 활동을 수행할 수 있는 피복(헬멧, 보호장갑, 안전화 포함)

[방열복]

[방화복]

[공기호흡기]

[인공소생기]

2 용도 및 장소별 인명구조기구와 설치기준

1) 특정소방대상물의 용도 및 장소별로 설치해야 할 인명구조기구는 표에 따라 설치할 것

특정소방대상물	인명구조기구의 종류	설치수량
1. 지하층을 포함하는 층수가 7층 이상인 관광호텔 및 5층 이상인 병원	• 방열복 또는 방화복(안전모, 보호장갑 및 안전화를 포함) • 공기호흡기 • 인공소생기	각 2개 이상 비치할 것. 다만 병원의 경우에는 인공소생기를 설치하지 않을 수 있다.
2. 문화 및 집회시설 중 수용인원 100명 이상인 영화상영관 3. 판매시설 중 대규모 점포 4. 운수시설 중 지하역사 5. 지하가 중 지하상가	• 공기호흡기	층마다 2개 이상 비치할 것. 다만 각 층마다 갖추어 두어야 할 공기호흡기 중 일부를 직원이 상주하는 인근 사무실에 갖추어 둘 수 있다.
6. 물분무등소화설비 중 이산화탄소소화설비를 설치해야 하는 특정소방대상물	• 공기호흡기	이산화탄소소화설비가 설치된 장소의 출입구 외부 인근에 1대 이상 비치할 것

2) 화재 시 쉽게 반출 사용할 수 있는 장소에 비치할 것
3) 인명구조기구가 설치된 가까운 장소의 보기 쉬운 곳에 "인명구조기구"라는 축광식 표지와 그 사용방법을 표시한 표지를 부착하되, 축광식 표지는 소방청장이 정하여 고시한 「축광표지의 성능인증 및 제품검사의 기술기준」에 적합한 것으로 할 것
4) 방열복은 소방청장이 정하여 고시한 「소방용 방열복의 성능인증 및 제품검사의 기술기준」에 적합한 것으로 설치할 것
5) 방화복(안전모, 보호장갑 및 안전화를 포함한다)은 「소방장비관리법」 및 「표준규격을 정해야 하는 소방장비의 종류고시」에 따른 표준규격에 적합한 것으로 설치할 것

3 인명구조기구 점검항목

1) 점검표의 점검항목
   ○ 설치 장소 적정(화재 시 반출 용이성) 여부
   ○ "인명구조기구" 표시 및 사용방법 표지 설치 적정 여부
   ○ 인명구조기구의 변형 또는 손상이 있는지 여부
   ● 대상물 용도별·장소별 설치 인명구조기구 종류 및 설치개수 적정 여부

03 유도등 점검

1 유도등의 종류

1) 유도등의 종류

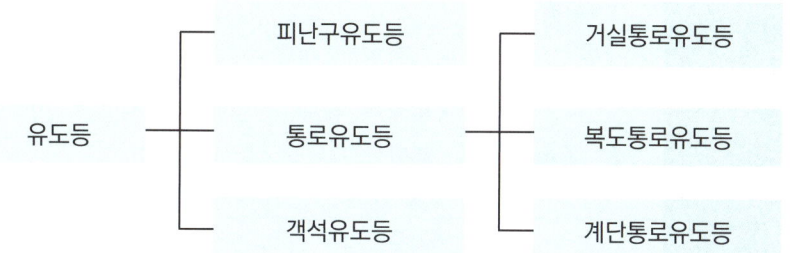

2) 유도등의 설치위치와 종류

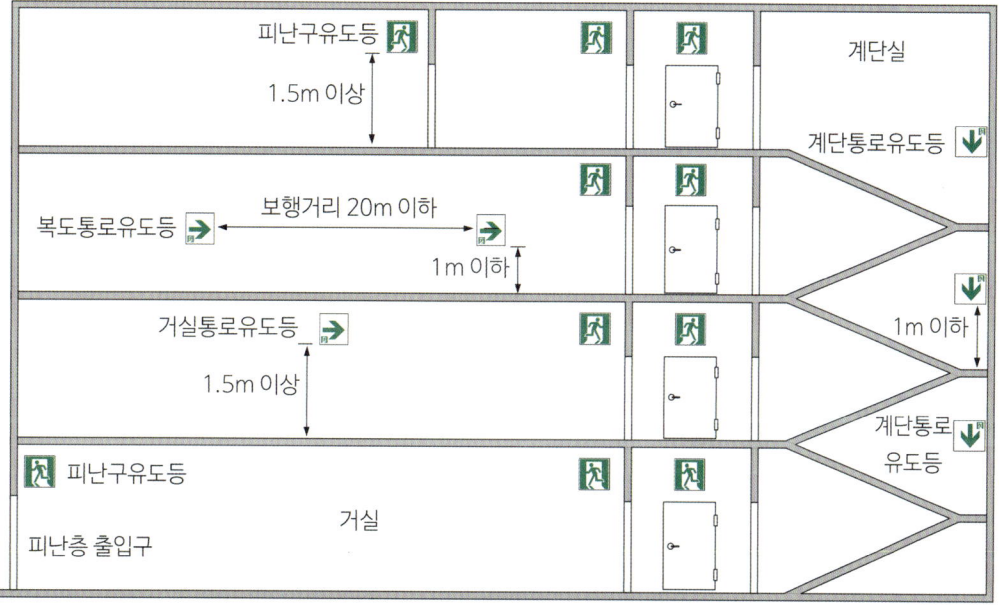

[특정소방대상물에 설치해야 하는 유도등의 종류]

3) 피난구유도등

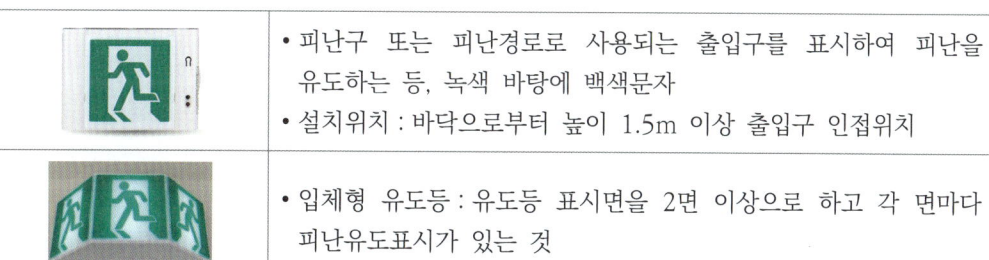

	• 피난구 또는 피난경로로 사용되는 출입구를 표시하여 피난을 유도하는 등, 녹색 바탕에 백색문자 • 설치위치 : 바닥으로부터 높이 1.5m 이상 출입구 인접위치
	• 입체형 유도등 : 유도등 표시면을 2면 이상으로 하고 각 면마다 피난유도표시가 있는 것

4) 통로유도등

(1) 피난통로를 안내하기 위한 유도등으로 복도통로유도등, 거실통로유도등, 계단통로유도등, 백색 바탕에 녹색문자를 사용

(2) 통로유도등의 종류

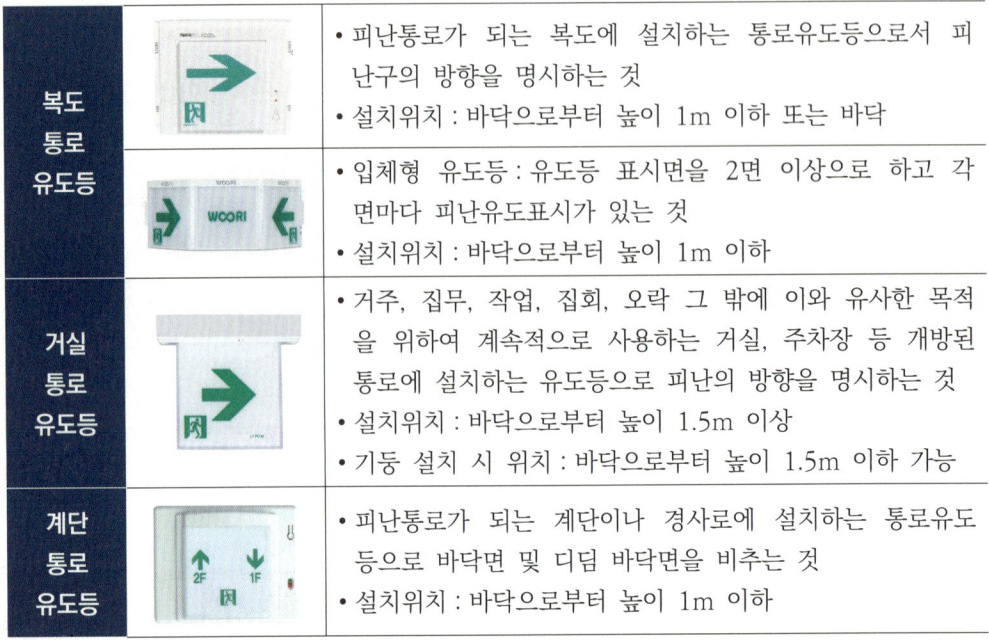

복도 통로 유도등		• 피난통로가 되는 복도에 설치하는 통로유도등으로서 피난구의 방향을 명시하는 것 • 설치위치 : 바닥으로부터 높이 1m 이하 또는 바닥
		• 입체형 유도등 : 유도등 표시면을 2면 이상으로 하고 각 면마다 피난유도표시가 있는 것 • 설치위치 : 바닥으로부터 높이 1m 이하
거실 통로 유도등		• 거주, 집무, 작업, 집회, 오락 그 밖에 이와 유사한 목적을 위하여 계속적으로 사용하는 거실, 주차장 등 개방된 통로에 설치하는 유도등으로 피난의 방향을 명시하는 것 • 설치위치 : 바닥으로부터 높이 1.5m 이상 • 기둥 설치 시 위치 : 바닥으로부터 높이 1.5m 이하 가능
계단 통로 유도등		• 피난통로가 되는 계단이나 경사로에 설치하는 통로유도등으로 바닥면 및 디딤 바닥면을 비추는 것 • 설치위치 : 바닥으로부터 높이 1m 이하

5) 객석유도등

- 객석의 통로, 바닥 또는 벽에 설치하는 유도등
- 설치개수 : $= \dfrac{\text{객석통로의 직선부분 길이}(m)}{4} - 1$

2 유도등의 절연저항과 절연내력시험

1) 절연저항시험

유도등의 교류입력 측과 외함 사이, 교류입력측과 충전부 사이 및 절연된 충전부와 외함 사이의 각 절연저항의 DC 500V의 절연저항계로 측정한 값이 5MΩ 이상이어야 한다.

2) 절연내력시험

유도등의 절연내력은 60Hz의 정현파에 가까운 실효전압 500V(정격전압이 60V를 초과하고 150V 이하인 것은 1kV, 정격전압이 150V를 초과하는 것은 그 정격전압에 2를 곱하여 1kV를 더한 값)의 교류전압을 가하는 시험에서 1분간 견디는 것이어야 한다.

3 배선 1, 8점

1) 2선식 배선

   유도등의 전기회로에 점멸기를 설치하지 않고 항상 점등 상태를 유지하는 것

2) 3선식 배선

   유도등의 전기회로에 점멸기를 설치하여 평상시 유도등은 소등된 상태 및 예비전원은 상시 충전상태로 있다가 화재신호 또는 수동조작에 의해 점등되는 배선

3) 3선식 배선의 적용 장소

   (1) 외부의 빛에 의해 피난구 또는 피난방향을 쉽게 식별할 수 있는 장소
   (2) 공연장, 암실 등으로서 어두워야 할 필요가 있는 장소
   (3) 특정소방대상물의 관계인 또는 종사원이 주로 사용하는 장소

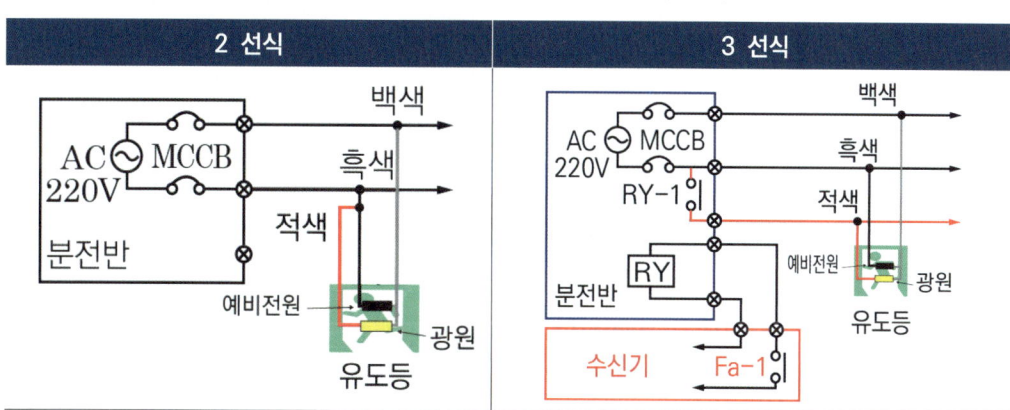

4 유도등 점검

1) 점등상태 점검

   (1) 2선식 배선
   ① 항상 점등되어 있는지 여부
   ② 녹색 전원표시등 점등, 예비전원 감시등 소등상태 여부 확인
   ③ 점검스위치를 작동하여 예비전원에 의한 점등 여부 확인

   (2) 3선식 배선 1, 8점
   ① 소등된 상태에서 다음 각 경우에 점등되는지 확인
     ㉠ 자동화재탐지설비의 감지기 또는 발신기가 작동되는 때
     ㉡ 비상경보설비의 발신기가 작동되는 때
     ㉢ 상용전원이 정전되거나 전원선이 단선되는 때
     ㉣ 방재업무를 통제하는 곳 또는 전기실의 배전반에 수동으로 점등하는 때
     ㉤ 자동소화설비가 작동되는 때

② 녹색 전원표시등 점등, 예비전원 감시등 소등상태 여부 확인

③ 점검스위치를 작동하여 예비전원에 의한 점등 여부 확인

2) 유도등의 예비전원감시등이 점등된 경우 원인 **8점**

　(1) 예비전원 자체가 불량인 경우

　(2) 예비전원 충전부가 불량인 경우

　(3) 예비전원이 충전부에 접촉 불량인 경우

　(4) 예비전원이 없는 경우

　(5) 예비전원이 완전 방전된 경우

　(6) 상용전원 정전 또는 상용전원 차단으로 예비전원에 의해 점등되어 예비전원이 방전된 후 재충전이 안 된 경우

[유도등 전면 표시등과 스위치]

[점검스위치 작동모습]

[예비전원 감시등 점등(예비전원 불량) 예]

기출문제

1점 유도등의 3선식 배관과 2선식 배선을 간략하게 설명하고, 점멸기를 설치할 경우 점등되어야 할 때를 기술하시오.(10점) 　답 생략

8점 유도등에 대한 다음 물음에 답하시오.(30점)
　(1) 유도등의 평상시 점등상태(6점) 　답 생략
　(2) 예비전원감시등이 점등되었을 경우의 원인(12점) 　답 생략
　(3) 3선식 유도등이 점등되어야 하는 경우(12점) 　답 생략

16점 복도통로유도등과 계단통로유도등의 정의와 각 조도기준을 쓰시오.(8점) 　답 생략

5 유도등 조도시험(유도등의 형식승인 및 제품검사의 기술기준) 16점

통로유도등 및 객석유도등은 그 유도등은 비상전원의 성능에 따라 유효점등시간 동안 등을 켠후 주위조도가 0lx인 상태에서 다음과 같은 방법으로 측정하는 경우 그 조도는 각각 다음 각 호에 적합하여야 한다.

1) 계단통로유도등

계단통로유도등은 바닥면 또는 디딤바닥 면으로부터 높이 2.5m의 위치에 그 유도등을 설치하고 그 유도등의 바로 밑으로부터 수평거리로 10m 떨어진 위치에서의 법선조도가 0.5lx 이상이어야 한다.

2) 복도통로유도등 및 거실통로유도등

복도통로유도등은 바닥면으로부터 1m 높이에, 거실통로유도등은 바닥면으로부터 2m 높이에 설치하고, 그 유도등의 중앙으로부터 0.5m 떨어진 위치(그림 1 또는 그림 2에서 정하는 위치)의 바닥면 조도와 유도등의 전면 중앙으로부터 0.5m 떨어진 위치의 조도가 1lx 이상이어야 한다. 다만, 바닥면에 설치하는 통로유도등은 그 유도등의 바로 윗부분 1m의 높이에서 법선조도가 1lx 이상이어야 한다.

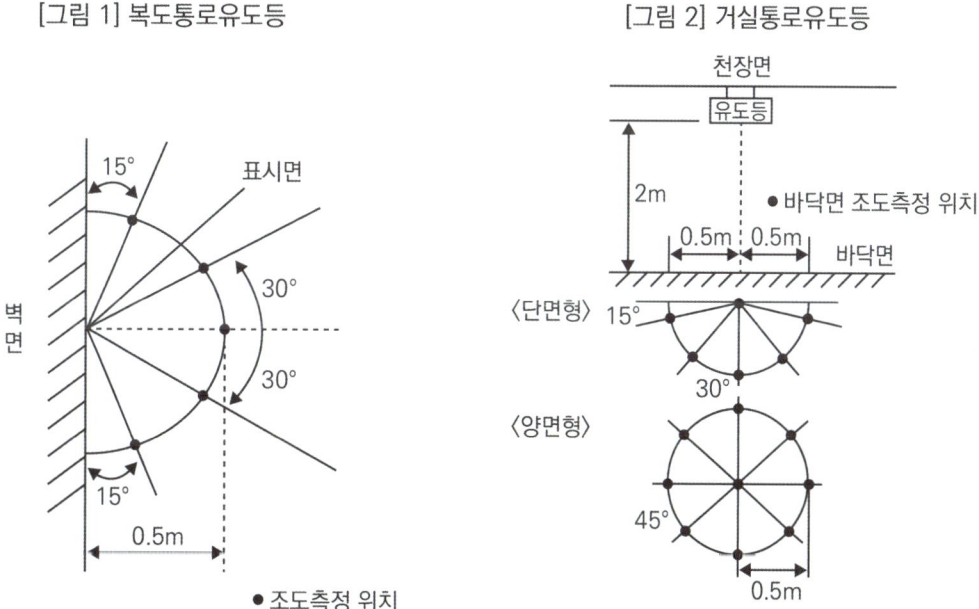

[그림 1] 복도통로유도등   [그림 2] 거실통로유도등

3) 객석유도등

객석유도등은 바닥면 또는 디딤 바닥면에서 높이 0.5m의 위치에 설치하고 그 유도등의 바로 밑에서 0.3m 떨어진 위치에서의 수평조도가 0.2lx 이상이어야 한다.

6 조도계 사용방법

1) 조도계의 용도

   비상조명등 및 유도등의 조도를 측정하는 기구

2) 조도계의 사용방법

[조도계의 예]

   (1) 조도계의 전원 스위치를 ON한다.
   (2) 빛이 노출되지 않는 상태에서 지시눈금이 "0"의 위치인가를 확인한다.
   (3) 측정단위를 Range스위치를 이용하여 선택한다.
   (4) 감광부분을 측정하고자 하는 위치에 놓는다.
   ① 통로유도등
   ㉠ 벽체부착형 통로유도등 : 유도등 바로 밑으로부터 수평으로 0.5m 지점
   ㉡ 바닥매립형 통로유도등 : 유도등 직상부 1m 지점
   ② 객석유도등 : 통로 중심선으로부터 0.5m 직상부 지점
   ③ 비상조명등 : 비상조명등이 설치된 각 부분의 바닥부분에서 측정
   (5) 빛을 조사시켜 지침이 안정화되었을 때 조도계의 지시값을 읽는다.

3) 조도계 사용 시 주의사항

   (1) 빛의 강도를 모를 경우는 최대치 범위부터 차례대로 낮춰가며 측정한다.
   (2) 감광부분은 직사광선등 과도한 광도에 노출되지 않도록 한다.
   (3) 전원스위치를 올려도 전원표시등이 점등되지 않으면 내부의 건전지를 교체한다.
   (4) 오랫동안 사용하지 않을 경우 내부의 건전지를 빼서 보관한다.
   (5) 측정 시 주변 조명을 끄고 측정한다.
   (6) 측정자가 빛을 가리지 않도록 주의한다.

7 음성점멸 유도등

[음성점멸유도등 설치 예]   [음성점멸유도등 설치 예]

※ 출처 : 현대방재

1) 관련 법규
「장애인·노인·임산부 등의 편의증진 보장에 관한 법률 시행령 [별표 2]」

2) 공공건물 및 공중이용시설의 시각 및 청각장애인 경보·피난설비 설치기준
(1) 시각 및 청각장애인등이 위급한 상황에 대피할 수 있도록 청각장애인용 피난구유도등·통로유도등 및 시각장애인용 경보설비 등을 설치하여야 한다.
(2) 장애인등이 추락할 우려가 있는 경우에는 난간 등 추락방지설비를 갖추어야 한다.

3) 시각 및 청각장애인 경보·피난설비 의무 설치 대상
(1) **제1종 근린생활시설** : 지역자치센터·파출소 등, 지역아동센터(300㎡ 이상))
(2) **제2종 근린생활시설** : 공연장, 안마시술소
(3) **문화 및 집회시설**
(4) **종교시설** : 종교집회장(500㎡ 이상)
(5) **판매시설** : 도매시장·소매시장·상점(1000㎡ 이상)
(6) **의료시설** : 병원·격리병원
(7) **교육연구시설** : 학교(유치원 제외), 교육원·직업훈련소·학원 등(500㎡ 이상), 도서관(1,000㎡ 이상)
(8) **노유자시설** 중 사회복지시설
(9) **수련시설** : 생활권수련시설, 자연권수련시설
(10) **업무시설** : 국가 또는 지방자치단체의 청사, 국민건강보험공단·국민연금공단·한국장애인고용공단·근로복지공단 및 그 지사(1,000㎡ 이상)
(11) **숙박시설** : 일반숙박시설 및 생활숙박시설, 관광숙박시설
(12) **방송통신시설** : 방송국 등(1,000㎡ 이상), 전신전화국 등(1,000㎡ 이상)
(13) **장례식장**

8 피난유도선 점검방법

1) 피난유도선

햇빛이나 전등불에 따라 축광(축광방식)하거나 전류에 따라 빛을 발하는(광원점등방식) 유도체로서 어두운 상태에서 피난을 유도할 수 있도록 띠 형태로 설치되는 피난유도시설

2) 종류

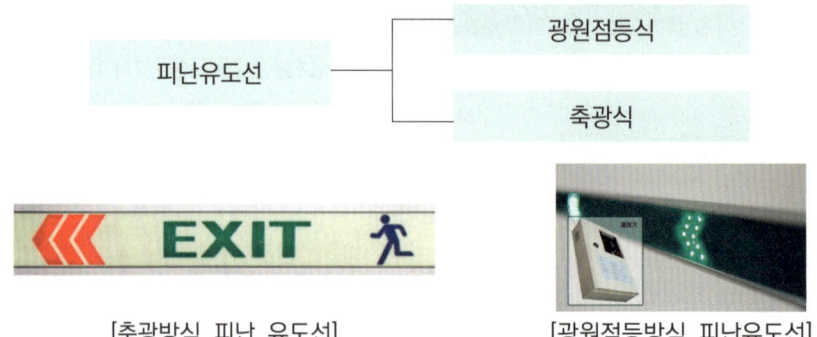

[축광방식 피난 유도선]　　　[광원점등방식 피난유도선]

3) 광원점등식 피난유도선의 구성

수신기 화재신호의 수신 및 수동조작에 의하여 표시부에 내장된 광원을 점등시켜 표시부의 피난방향 안내 문자 또는 부호 등이 쉽게 식별되도록 피난을 유도하는 기능의 피난유도선

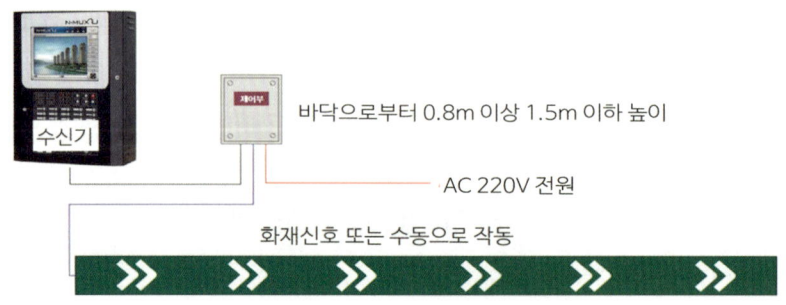

[광원점등방식 피난유도선의 설치도]

4) 광원점등식 피난유도선 점검방법

(1) 제어부의 교류전원등의 점등과 예비전원감시등이 소등된 정상상태인지 확인한다.
(2) 화재감지기 작동 또는 발신기를 작동시킨다.
(3) 수신기에 화재표시와 음향장치 작동을 확인한다.
(4) 수신기와 연동되어 피난유도선이 점등되는 것을 확인한다.
(5) 수신기를 복구한다.
(6) 제어부의 수동기동스위치를 눌러 피난유도선이 점등하는지 확인한다.
(7) 제어부의 전원스위치를 OFF하여 예비전원에 의해 피난유도선을 점등시킨다.

9 퍼킨제 효과(Purkinje Effect)

1) 개념

    (1) **퍼킨제 현상** : 주위의 밝기 변화에 따라 물체색의 명도가 변화되어 보이는 현상
    (2) 빛이 약한 경우 눈이 장파장보다 단파장의 빛에 민감해져 파장이 긴 붉은색은 어둡게, 파장이 짧은 보라색은 비교적 밝고 선명하게 보이는 현상

2) 파장에 따른 빛의 특성

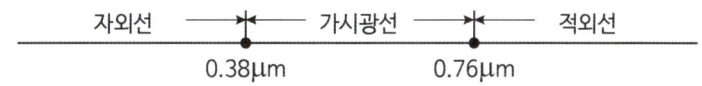

    (1) 단파장은 감쇄가 많아 도달거리가 짧으나 산란 및 굴절이 적어 윤곽이 뚜렷함
    (2) 장파장은 산란 및 굴절이 잘되나 감쇄가 적어 도달거리가 김

3) 빛 강도에 따른 비시감도

    (1) 밝은 곳에서 노랑, 어두운 곳에서 청록을 가장 밝게 느낌
    (2) 명순응된 눈의 최대비시감도 : 555nm
    (3) 암순응된 눈의 최대비시감도 : 510nm

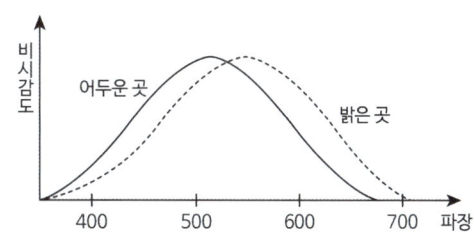

4) 활용

    (1) 유도등의 문자 및 바탕색 결정
        ① 피난구 유도등은 위치확인이 중요하므로 녹색 바탕에 흰색 문자
        ② 통로유도등은 방향지시가 중요하므로 흰색 바탕에 녹색 화살표
    (2) 유도등 색상
        ① 화재 시 정전 및 연기로 인해 주위 조도 낮아지므로 녹색이 가시도가 높음
        ② NFPA에서는 빛이 존재하는 경우의 피난을 전제로 하므로 적색을 사용

04 비상조명등설비 점검

1 개념

1) 비상조명등

화재발생 등에 따른 정전 시에 안전하고 원활한 피난활동을 할 수 있도록 거실 및 피난통로 등에 설치되어 자동 점등되는 조명등

2) 휴대용비상조명등

화재발생 등으로 정전 시 안전하고 원활한 피난을 위하여 피난자가 휴대할 수 있는 조명등

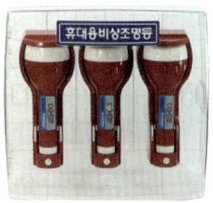

2 비상조명등의 종류

1) **전용형** : 상용 광원과 비상용 광원이 각각 별도로 내장되어 있거나 비상시에 점등하는 비상용 광원만 내장되어 있는 비상조명등

2) **겸용형** : 동일한 광원을 상용 광원과 비상용 광원으로 겸하여 사용하는 비상조명등

3) 적응장소에 따른 분류

　(1) **방폭형** : 폭발성 가스가 용기 내부에서 폭발하였을 때 용기가 그 압력에 견딜 수 있고 화염 및 열이 용기 외부로 새어나가지 않는 구조

　(2) **방수형** : 물 등에 견딜 수 있도록 만든 구조

4) 상용 전구 수에 따른 분류 : 단구형, 쌍구형

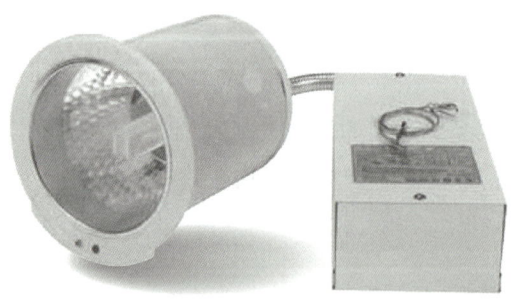

[고정 비상조명등(전용형)]　　　　　　　　[전용형 비상조명등]
※ 출처 : 유니온라이트

3 예비전원 내장형 비상조명등의 구조

1) 교류전원표시등

   교류전원의 공급상태를 표시하는 등으로서 전원 공급 시 점등

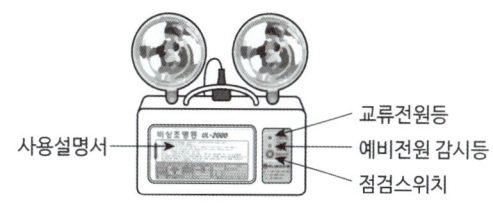

[비상조명등 각부 명칭]

2) 예비전원감시등

   예비전원의 상태를 표시하는 등으로 예비전원에 이상이 있으면 점등

3) 점검스위치(자동복귀형 점멸기)

   상용전원에서 예비전원으로 전환되는지를 확인하는 스위치로서 작동 시 교류전원표시등이 소등되고 조명등이 점등

4 성능기준

1) 광학적 성능 : 비상시 유효점등시간(20분 또는 60분) 및 평균조도 1lx 이상을 유지할 것
2) 내열성능 : 전선은 내열성능(NFSC 102 별표 참조) 이상의 전선을 사용하고 등 기구는 불연성 재료로 구성할 것
3) 즉시 점등성 : 비상전원에 의해 즉시 점등되는 구조일 것
   (1) 형광등의 경우 : 스타트 전구 없이 즉시 점등되는 형식의 Rapid Start Type이어야 함
   (2) 비상전원이 축전지일 경우 : 백열등의 경우는 축전지로 작동이 되나 형광등의 경우는 축전지로 동작되기 위해서는 직류를 교류로 변환시켜주는 인버터회로를 내장하여야 함
   (3) 전원의 자동절환 : 정전 시 비상전원으로 자동 절환되고, 상용전원이 공급되면 자동으로 복구되는 구조일 것
4) 절연저항 : DC 500V 절연저항계로 5MΩ 이상
5) 비상조명등 점검방법
   (1) 비상조명등의 시험스위치를 눌러 정상적으로 점등되는지 확인한다.
   (2) 배터리 감시등은 정상상태에서는 소등되어 있고 이상이 있을 경우 점등되므로 점등된 경우 배터리를 교체하는 등 조치를 취한다.

5 휴대용비상조명등 설치기준

1) 설치장소

구 분	설치조건	설치개수
• 숙박시설 • 다중이용업소	객실 또는 영업장 안의 구획된 실마다 잘 보이는 곳 (외부 설치 시 출입문 손잡이로부터 1m 이내 부분)	1개 이상
• 지하상가 • 지하역사	보행거리 25m 이내	3개 이상
• 대규모 점포 • 영화상영관	보행거리 50m 이내	

6 설치 제외

1) 비상조명등

   (1) 거실의 각 부분으로부터 하나의 출입구에 이르는 보행거리가 15m 이내인 부분
   (2) 의원·경기장·공동주택·의료시설·학교의 거실

2) 휴대용비상조명등

   (1) 지상 1층 및 피난층으로서 복도·통로 또는 창문 등의 개구부를 통하여 피난이 용이한 경우
   (2) 숙박시설로서 복도에 비상조명등을 설치한 경우

7 휴대용비상조명등 점검방법

1) 거리와 설치수량이 기준에 적합한지 확인한다.
2) 휴대용비상조명등을 거치대에서 꺼내어 자동으로 정상점등되는지 확인한다.

[숙박시설 설치 예]

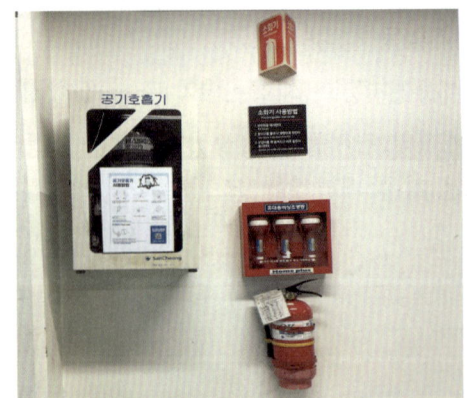

[대규모점포의 설치 예]

CHAPTER 06 소화용수설비 점검

01 상수도소화용수설비

1 개요

소화용수설비는 화재를 진압하는 데 필요한 물을 공급하거나 저장하는 설비로서 상수도 소화용수설비와 소화수조 및 저수조로 구분된다.

2 상수도소화용수설비

1) 설치기준

  (1) 호칭지름 75mm 이상의 수도배관에 호칭지름 100mm 이상의 소화전을 접속할 것
  (2) 소화전은 소방자동차 등의 진입이 쉬운 도로변 또는 공지에 설치할 것
  (3) 소화전은 특정소방대상물의 수평투영면의 각 부분으로부터 140m 이하가 되도록 설치할 것
  (4) 지상식 소화전의 호스접결구는 지면으로부터 높이가 0.5m 이상 1m 이하가 되도록 설치할 것

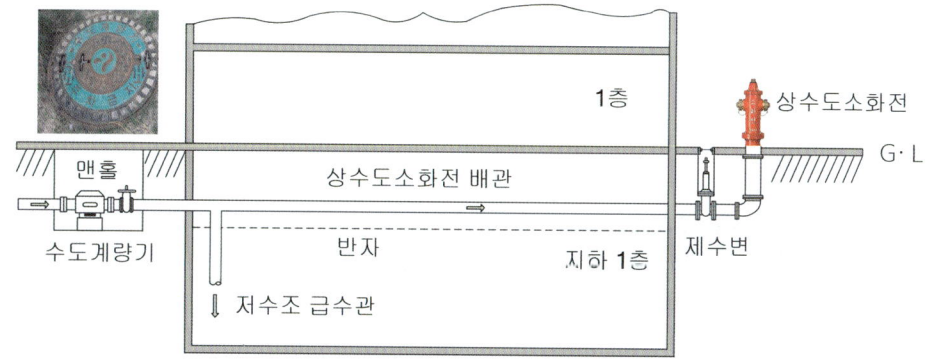

[상수도소화용수설비 계통도]

2) 점검방법

상수도소화전을 개방하여 방수가 원활한지 확인한다.
제수변이 잠겨 방수가 되지 않는 경우 제수변을 개방하여 유지관리한다.

02 소화수조 · 저수조

1 소화수조 등

1) 채수구 또는 흡수관투입구는 소방차가 2m 이내의 지점까지 접근할 수 있는 위치에 설치한다.
2) 소화수조 또는 저수조의 저수량
    (특정소방대상물의 연면적 ÷ 다음의 기준 면적)(소수점 이하 올림) × $20m^3$

구 분	기준 면적
1층 및 2층의 바닥면적 합계가 15,000m^2 이상	7,500m^2
그 밖의 소방대상물	12,500m^2

2 수조설치 제외

소화수조를 설치하여야 할 특정소방대상물에 있어 유수의 양이 $0.8m^3/min$ 이상인 경우

3 채수구 설치기준

1) 소방용 호스 또는 소방용 흡수관에 구경 65mm 이상의 나사식 결합금속구를 설치한다.

소요 수량	20m^3 이상 40m^3 미만	40m^3 이상 100m^3 미만	100m^3 이상
채수구의 수	1개	2개	3개

2) 지면으로부터의 높이가 0.5m 이상 1m 이하의 위치에 설치하고 "채수구" 표지를 한다.

4 흡수관 투입구

1) 한 변이 0.6m 이상이거나 직경이 0.6m 이상인 것으로 한다.
2) 흡수관투입구의 수

소요수량	80m^3 미만	80m^3 이상
흡수관 투입구의 수	1개 이상	2개 이상

5 가압송수장치의 설치기준

1) 소화수조 또는 저수조가 지표면으로부터의 깊이가 4.5m 이상인 지하에 있는 경우에는 다음 표에 따라 가압송수장치를 설치한다.

소화수조의 소요수량	20m³ 이상 40m³ 미만	40m³ 이상 100m³ 미만	100m³ 이상
양수량(토출량)	1,100ℓ/min 이상	2,200ℓ/min 이상	3,300ℓ/min 이상

2) 소화수조가 옥상 또는 옥탑의 부분에 설치된 경우에는 지상에 설치된 채수구에서의 압력이 0.15MPa 이상이 되도록 하여야 한다.

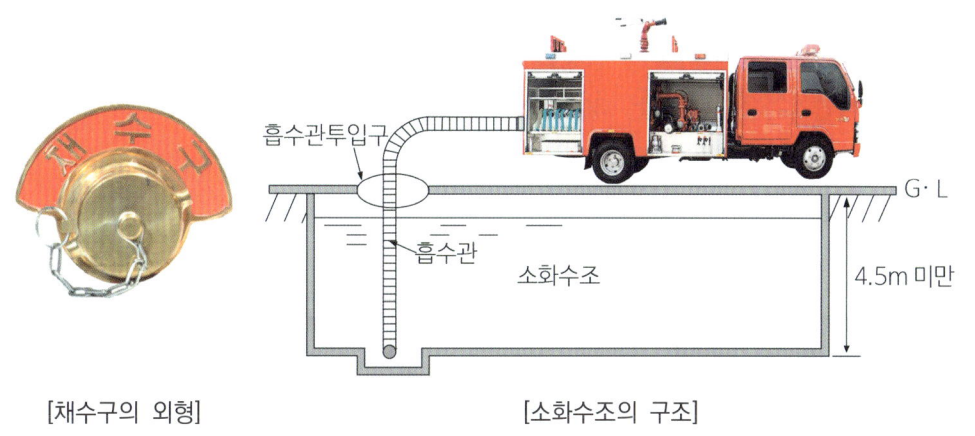

[채수구의 외형]　　　　　　　　[소화수조의 구조]

6 채수구 및 가압송수장치 점검

1) 가압송수장치 작동점검

성능시험 및 펌프주위배관 점검은 수계소화설비와 같다.

2) 채수구 점검

(1) 채수구를 모두 개방(캡을 제거한다)
(2) 채수구 인근에 설치된 가압송수장치의 수동기동장치를 작동
(3) 펌프기동 및 펌프 확인등의 점등을 확인
(4) 채수구에서 방수가 원활한지 확인
(5) 수동기동장치의 정지버튼을 누른다.
(6) 펌프 정지 및 기동등 소등을 확인한다.
(7) 채수구에 캡을 씌운다.

3) 펌프가 기동하나 채수구에서 물이 안 나오는 경우 원인
 (1) 제수변이 잠긴 경우
 (2) 펌프와 채수구 연결배관에 개폐밸브가 잠긴 경우
 (3) 펌프의 흡입 측에 공기고임이 있는 경우
 (4) 펌프 공동현상이 발생한 경우
 (5) **펌프 흡입 측 배관이 폐쇄된 경우**
 (6) 수조에 물이 없는 경우 등

4) 펌프가 기동하지 않는 경우 원인(수동기동방식)
 (1) 동력제어반이 트립되거나 전원이 차단된 경우
 (2) 동력제어반의 휴즈가 동작한 경우
 (3) 내연기관을 사용하는 경우에는 축전지가 방전된 경우
 (4) **펌프가 고착된 경우**
 (5) 수동기동스위치 고장인 경우
 (6) 수동기동장치와 제어반 사이의 전선이 단선된 경우 등

[채수구와 제수변]   [채수구 점검]   [펌프 기동스위치]

CHAPTER 07 소화활동설비 점검

01 거실제연설비 점검

1 개념도

1) 상호제연방식 개념도 **15설**

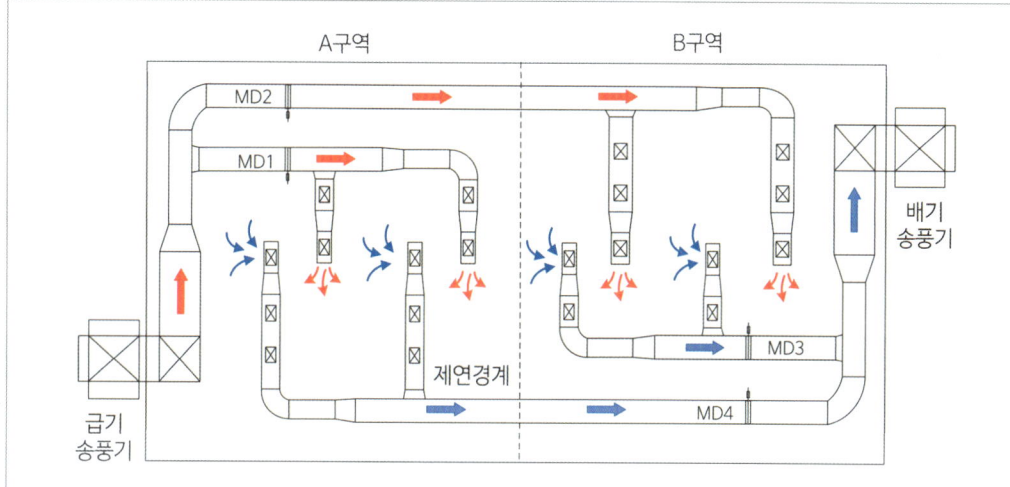

[인접구역 상호제연방식의 계통도]

■ 화재에 따른 Damper Schedule표

구 분	MD1	MD2	MD3	MD4
A실 화재 시 작동	Close	Open	Close	Open
B실 화재 시 작동	Open	Close	Open	Close

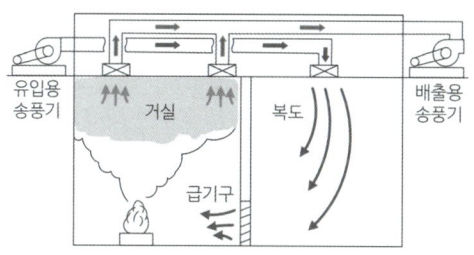

[거실배기·통로급기 방식]

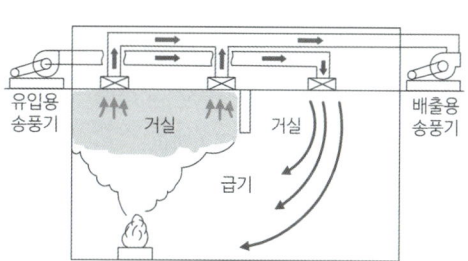

[거실배기·거실급기 방식]

2) 동일실제연방식 개념도

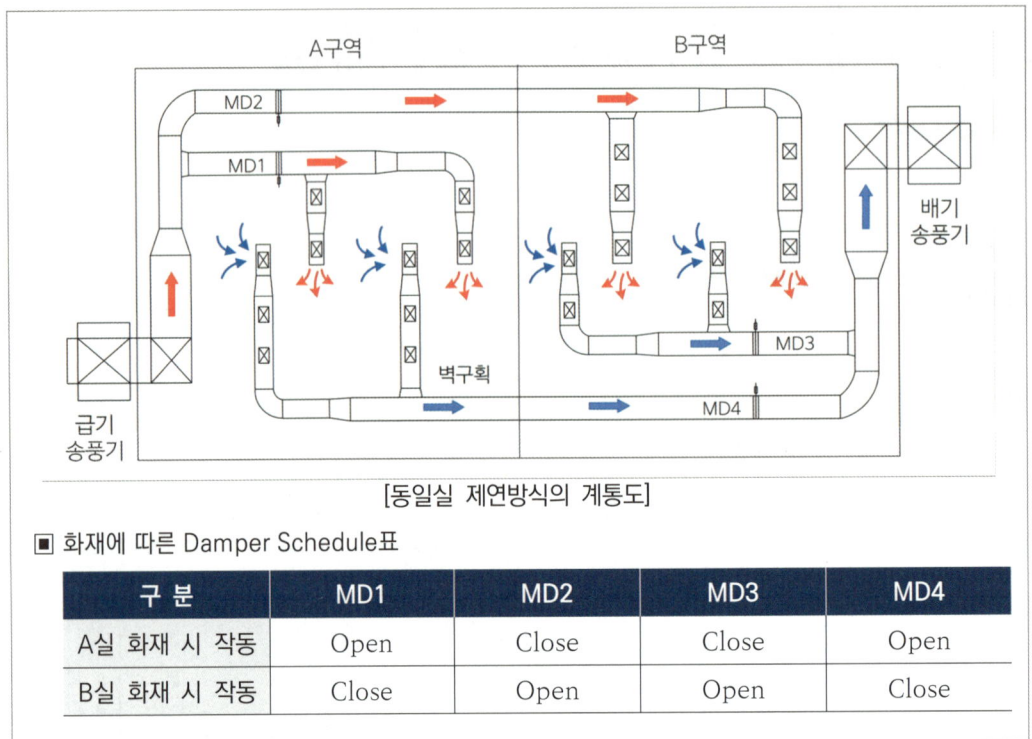

[동일실 제연방식의 계통도]

■ 화재에 따른 Damper Schedule표

구 분	MD1	MD2	MD3	MD4
A실 화재 시 작동	Open	Close	Close	Open
B실 화재 시 작동	Close	Open	Open	Close

3) 제연 관련 도시기호

분류		명칭	도시기호	분류	명칭	도시기호
제연		수동식 제어		경보설비 기기류	연기감지기	S
		천장용 배풍기			제어반	
		벽부착용 배풍기			수신기	
	배풍기	일반배풍기			중계기 **1점**	
		관로배풍기		기타	연기 방연벽	
		화재댐퍼 **15점**			화재방화벽	
	댐퍼	연기댐퍼			화재 및 연기방벽	
		화재/연기 댐퍼			전동기구동	M
					기압계 **17점**	
					배기구	

2 제연방식

1) 예상제연구역의 배출량에 따른 방식

   (1) **단독제연방식** : 하나의 예상제연구역에 대한 개별적인 유입 및 배출하는 방식
   (2) **공동제연방식** : 벽이나 제연경계로 구분된 2 이상의 예상제연구역에 대한 동시에 공기 유입 및 연기배출하는 방식

2) 예상제연구역의 장소에 따른 방식

   (1) **인접구역의 상호제연방식** : 예상제연구역에서 배출을 하고, 인접한 거실이나 통로에서 유입하는 방식
   (2) **동일실 제연방식** : 예상제연구역이 벽으로 구획된 소규모(바닥면적 $400m^2$ 미만)거실인 경우 화재실에서 급기 및 배기를 동시에 실시하는 방식
   (3) **통로배출방식** : 거실 바닥면적 $50m^2$ 미만으로 각 실이 구획되어 통로에 면한 경우 거실에서 제연하지 아니하고 통로에서 유입 및 배출하는 방식
   (4) **예상제연구역 제외** : 통로의 주요구조부가 내화구조이며 마감이 불연재료 또는 난연재료로 처리되고 통로 내부에 가연성 물질이 없는 경우에 그 통로는 예상제연구역으로 간주하지 않을 수 있다. 다만 화재 시 연기의 유입이 우려되는 통로는 그렇지 않다.

3) 예상제연구역의 면적에 따른 제연 개념

   (1) **희석의 개념** : 거실 바닥면적 $400m^2$ 미만으로서 벽으로 구획된 제연면적이 작고 출구까지의 거리가 짧아 화재실의 연기농도를 낮추는 제연하는 방식
   (2) **청결층 유지의 개념** : 화재실의 천장 또는 반자에서 배출을 실시하고 하부에서 유입하여 연기층(Smoke Layer)과 청결층(Clean Layer)으로 나누어 제연하는 방식

4) 공조겸용설비

   공기조화설비를 화재안전기준의 제연설비기준에 적합하게 설치하고 평상시 공기조화설비로 운영되다가 화재시 제연설비기능으로 자동전환되는 구조

3 제연설비의 구성

1) 구성요소

   (1) **제연구역** : 제연경계(제연경계가 면한 천장 또는 반자를 포함)에 의해 구획된 건물 내의 공간
   (2) **제연경계** : 연기를 예상제연구역 내에 가두거나 이동을 억제하기 위한 보 또는 제연경계벽 등
   (3) **제연경계벽** : 제연경계가 되는 가동형 또는 고정형의 벽
   (4) **제연경계의 폭** : 제연경계가 면한 천장 또는 반자로부터 그 제연경계의 수직하단 끝부분까지의 거리

(5) 수직거리 : 제연경계의 하단 끝으로부터 그 수직한 하부 바닥면까지의 거리

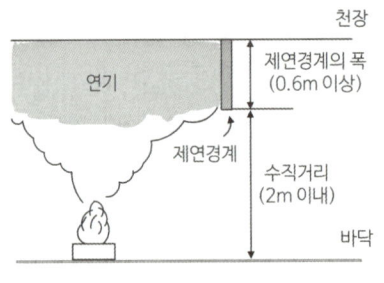

[수직거리의 개념]

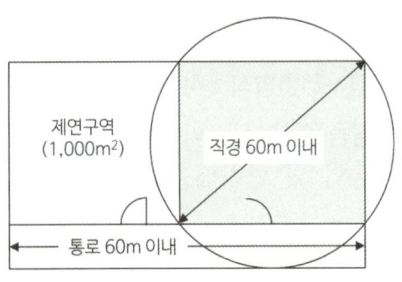

[제연구역의 구획기준]

[제연경계-Ⅰ]

[제연경계-Ⅱ]

(6) 수동기동장치

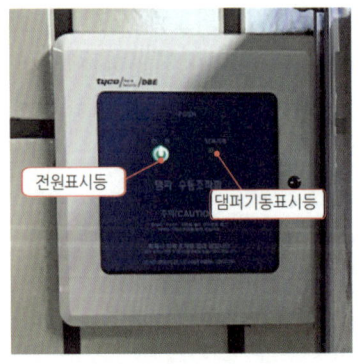

[수동조작함-Ⅰ]

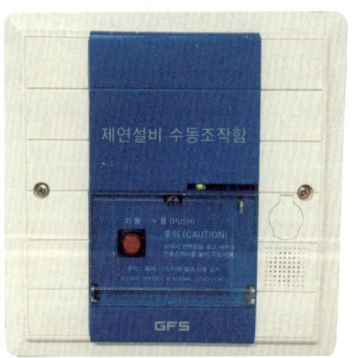

[수동조작함-Ⅱ]

(7) 제연휀(송풍기)과 덕트

[송풍기 1]

[송풍기2]

(8) 공기유입댐퍼와 배출댐퍼

[유입구-Ⅰ]

[유입구-Ⅱ]

4 거실제연설비 설치면제(「소방시설법」 시행령 별표5)

1) 공기조화설비

공기조화설비를 화재안전기준의 제연설비기준에 적합하게 설치하고 공기조화설비가 화재 시 제연설비기능으로 자동전환되는 구조로 설치되어 있는 경우

2) 배출구

직접 외부 공기와 통하는 배출구의 면적의 합계가 해당 제연구역 바닥면적의 1/100 이상이고, 배출구부터 각 부분까지의 수평거리가 30m 이내이며, 공기유입구가 화재안전기준에 적합(외부 공기를 직접 자연 유입할 경우에 유입구의 크기는 배출구의 크기 이상이어야 한다)하게 설치되어 있는 경우

5 점검방법 및 성능확인

1) 거실제연설비 점검방법

(1) 설계도서 검토하여 제연의 작동방식을 파악한다(상호제연방식, 공동제연구역 등).
(2) 제연구역별로 작동하는 급·배기덕트, 급·배기 송풍기, 댐퍼를 파악한다.
(3) 제연구역의 화재감지기 작동 또는 수동기동장치를 작동한다.
(4) 수신기 화재표시등, 지구표시등, 음향경보를 확인한다.
(5) 제연경계벽, 자동방화셔터, 방화문의 작동 및 수신기 작동확인등 점등을 확인한다.
(6) 급·배기 송풍기 기동과 수신기 작동확인등 점등을 확인한다.
(7) 제연구역별로 설계와 일치하는 댐퍼가 열리고 닫혀 급기와 배기가 되는지 확인한다.
(8) 제어반에서 복구한다.

> **참고** 공기조화설비와 겸용하는 경우 작동하는 댐퍼의 수량이 많고 복잡하므로 설계도서를 사전에 면밀히 분석하여야 한다.

2) 거실제연설비 성능확인(화재안전기술기준 개정 2024.10.1.)

  (1) 시험·측정 및 조정

    2.10.1 제연설비는 설계목적에 적합한지 검토하고 제연설비의 성능과 관련된 건물의 모든 부분(건축설비를 포함한다)이 완성되는 시점에 맞추어 시험·측정 및 조정(이하 "시험 등"이라 한다)을 해야 한다.

  (2) 제연설비의 시험 등

    2.10.2 제연설비의 시험 등은 다음 각 호의 기준에 따라 실시해야 한다.

    2.10.2.1 송풍기 풍량 및 송풍기 모터의 전류, 전압을 측정할 것

    2.10.2.2 제연설비 시험시에는 제연구역에 설치된 화재감지기(수동기동장치를 포함한다)를 동작시켜 해당 제연설비가 정상적으로 작동되는지 확인할 것

    2.10.2.3 제연구역의 공기유입량 및 유입풍속, 배출량은 모든 유입구 및 배출구에서 측정할 것

    2.10.2.4 제연구역의 출입문, 방화셔터, 공기조화설비 등이 제연설비와 연동된 상태에서 측정할 것

  (3) 제연설비 시험 등의 평가기준

    2.10.3 제연설비 시험 등의 평가는 이 기준에서 정하는 성능 및 다음의 기준에 따른다.

    2.10.3.1 배출구별 배출량은 배출구별 설계 배출량의 60 % 이상이어야 하며, 제연구역별 배출구의 배출량 합계는 2.3에 따른 설계배출량 이상일 것

    2.10.3.2 유입구별 공기유입량은 유입구별 설계 유입량의 60 % 이상이어야 하며, 제연구역별 유입구의 공기유입량 합계는 2.5.7에 따른 설계유입량을 충족할 것

    2.10.3.3 제연구역의 구획이 설계조건과 동일한 조건에서 2.10.3.1에 따라 측정한 배출량이 설계배출량 이상인 경우에는 2.10.3.2에 따라 측정한 공기유입량이 설계유입량에 일부 미달되더라도 적합한 성능으로 볼 것

기출문제

15설 아래 조건과 평면도를 참조하여 다음 각 물음에 답하시오.

〈조건〉

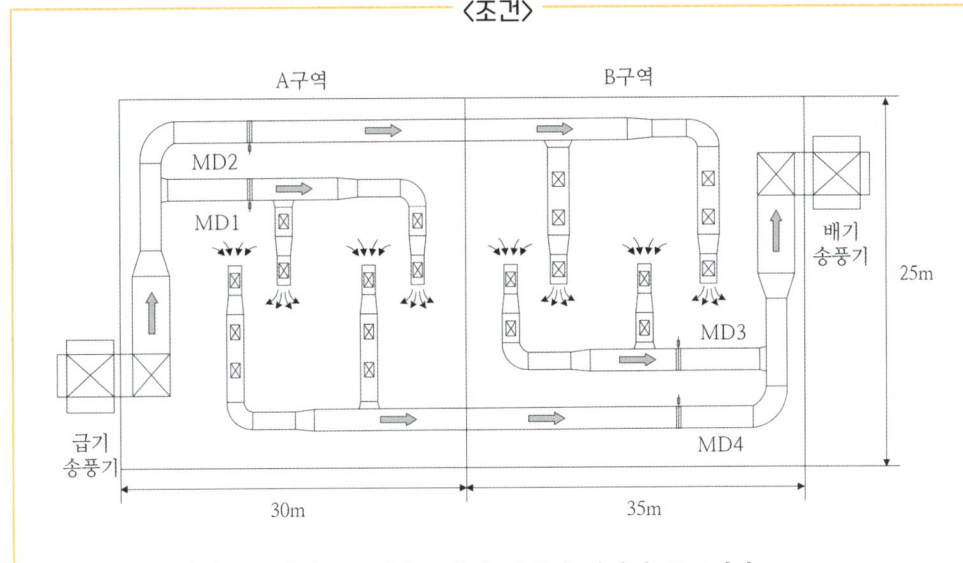

① 예상제연구역의 A구역과 B구역은 2개의 거실이 인접된 구조이다.
② 제연경계로 구획할 경우에는 인접구역 상호제연방식을 적용한다.
③ 최소 배출량 산출 시 송풍기 용량 산정은 고려하지 않는다.

(3) A구역과 B구역을 제연경계로 구획할 경우 예상제연구역의 급·배기 댐퍼별 동작상태(개방 또는 폐쇄)를 표시하시오.

제연구역	급기댐퍼	배기댐퍼
A구역 화재 시	MD_1 :	MD_3 :
	MD_2 :	MD_4 :
B구역 화재 시	MD_1 :	MD_3 :
	MD_2 :	MD_4 :

답 생략

02 특별피난계단의 계단실 및 부속실 제연설비 점검

1 특별피난계단의 계단실 및 부속실 제연설비의 이해

1) 제연 목적

　화재 시 제연구역(계단실 또는 부속실)의 공기압력을 화재실(거실)보다 높게 하여 수직 피난경로인 계단에 연기가 침투하는 것을 방지한다.

2) 제연 방식

　(1) **차압** : 제연구역(부속실 등)과 옥내의 차압유지를 위한 신선한 공기공급
　(2) **방연풍속** : 일시적으로 개방된 출입문의 방연풍속을 유지하기 위한 추가 공기공급
　(3) **과압방지** : 과압으로 출입문 개방 및 폐쇄에 지장이 없도록 과잉공기 차단 또는 배출

3) 계통도

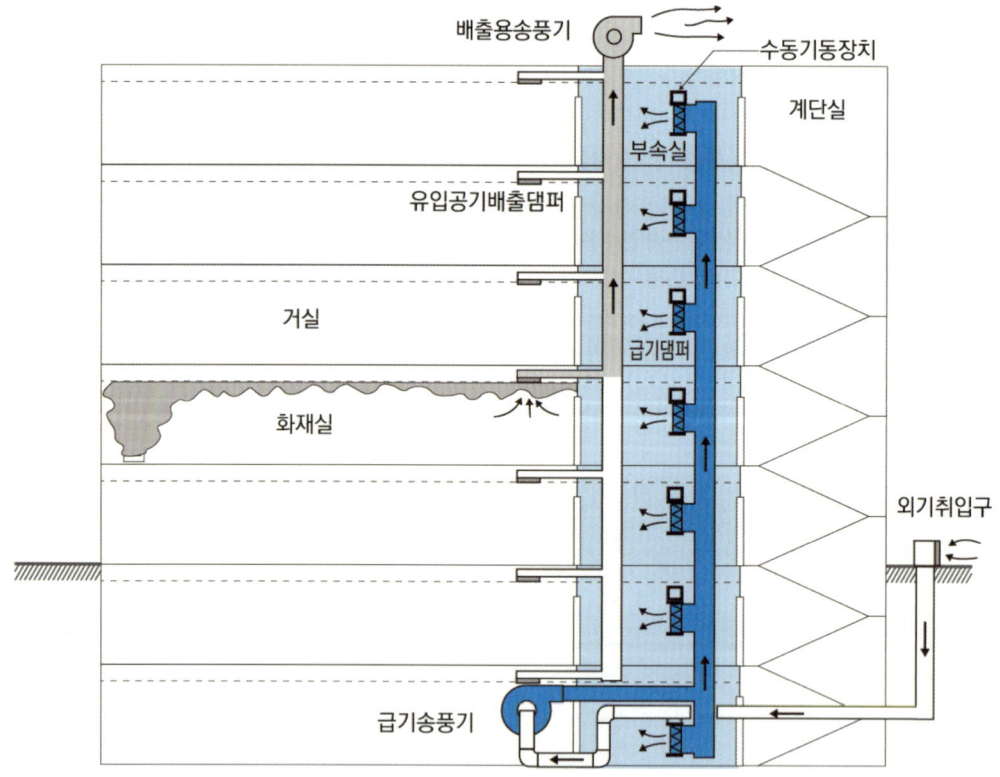

[화재 시 부속실 제연설비 작동모습]

4) 부속실 제연 개념도

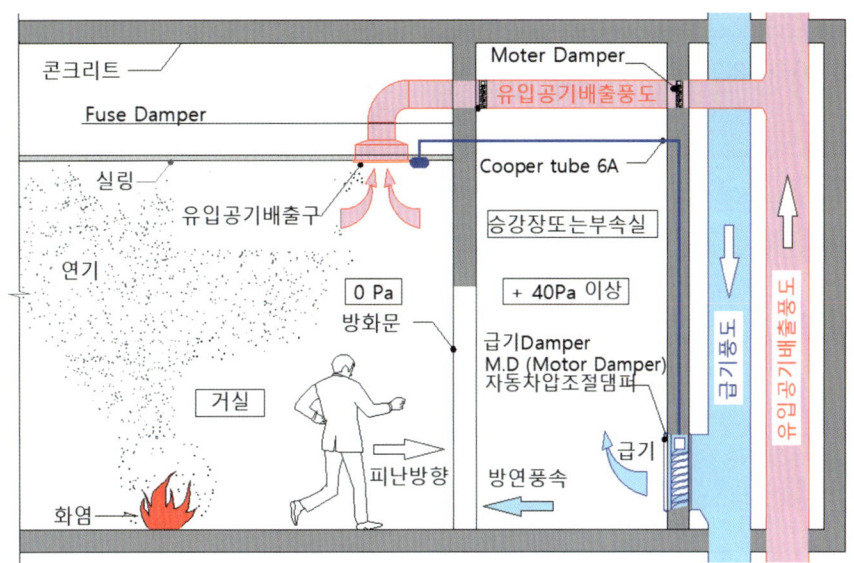

5) 차압과 방연풍속 개념도

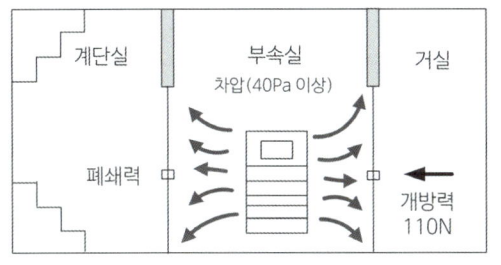

[부속실의 차압 형성]

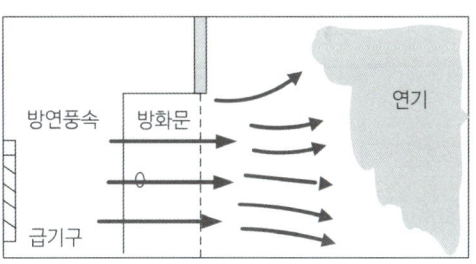

[출입문 개방 시 방연풍속]

6) 제연구역 출입문 방향 : 피난방향

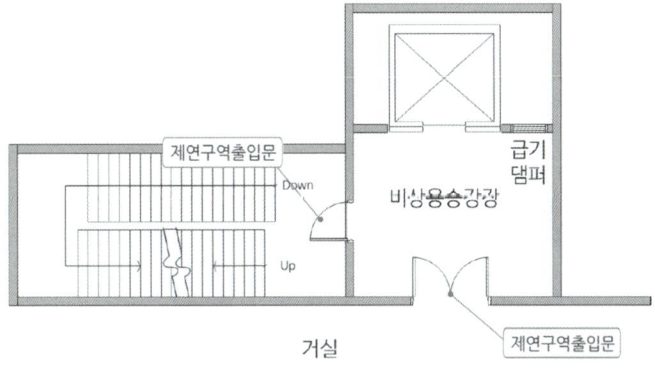

7) 유입공기

제연구역으로부터 옥내로 유입하는 공기로서 차압에 따라 누설하는 것과 출입문의 개방에 따라 유입하는 것 등을 말한다.

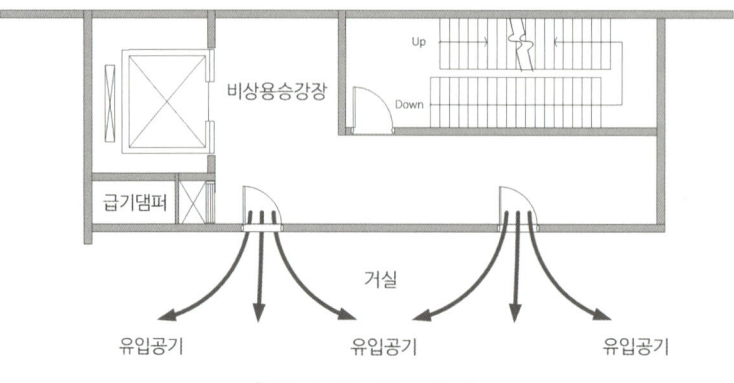

[거실유입공기의 개념]

8) 승강장의 급기 방식 2가지

(1) 일반적인 가압방식 : 수직덕트와 급기댐퍼를 설치하여 부속실을 가압하는 방식
(2) 승강로 가압방식 : 엘리베이터 승강로와 급기댐퍼를 통해 부속실을 가압하는 방식

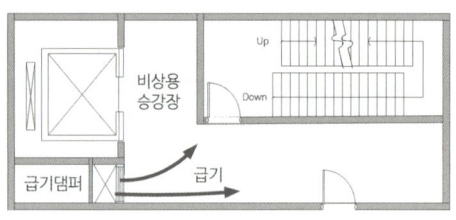

[덕트와 댐퍼 급기방식]

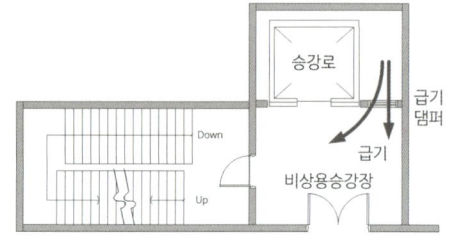

[승강로가압방식]

2 점검장비

[풍속풍압계]　　[폐쇄력 측정기]　　[차압계]

3 주요 구성요소

1) 송풍기

(1) "송풍기"란 공기의 흐름을 발생시키는 기기
(2) 급기송풍기, 유입공기 배출용 송풍기

[송풍기1]

[송풍기2]

2) 수동기동장치

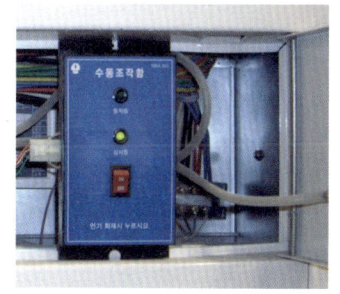

[수동기동장치 예]

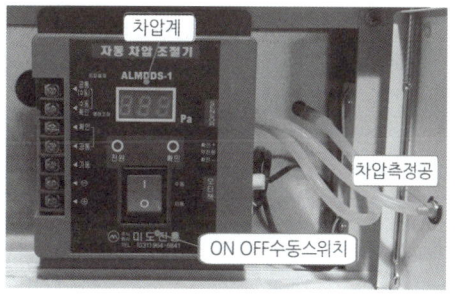

[수동기동장치 각부 명칭]

3) 제어반

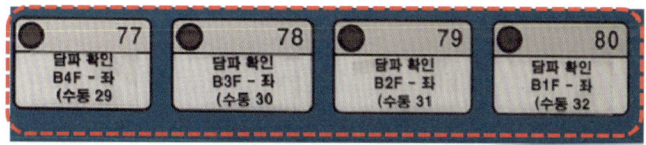

[P형 수신기 제연 댐파 기동확인등 예]

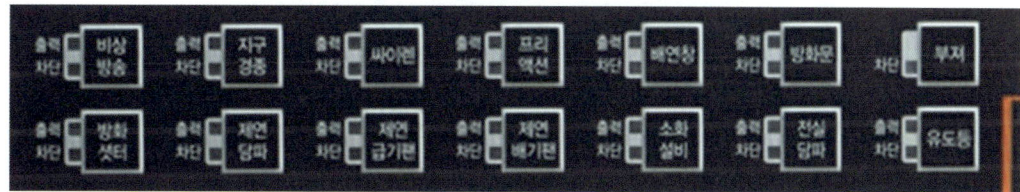

[R형 수신기 제연 기동확인 및 조작 스위치 예]

4) 자동차압급기댐퍼

[자동차압급기댐퍼]

[급기댐퍼-Ⅱ]

[급기댐퍼-Ⅲ]

5) 유입공기 배출댐퍼

[유입공기배출구의 예1]

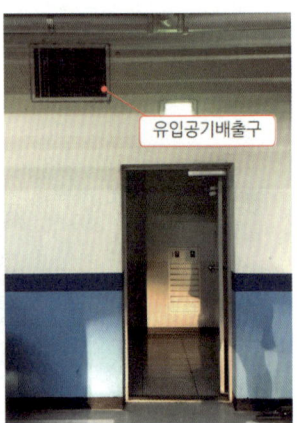
[유입공기배출구의 예2]

6) 플랩댐퍼

[플랩댐퍼 예]

※ 출처 : 소방방재신문, 이앤피아이(주)

4 작동순서

1) 부속실제연설비의 작동순서(Block Diagram)

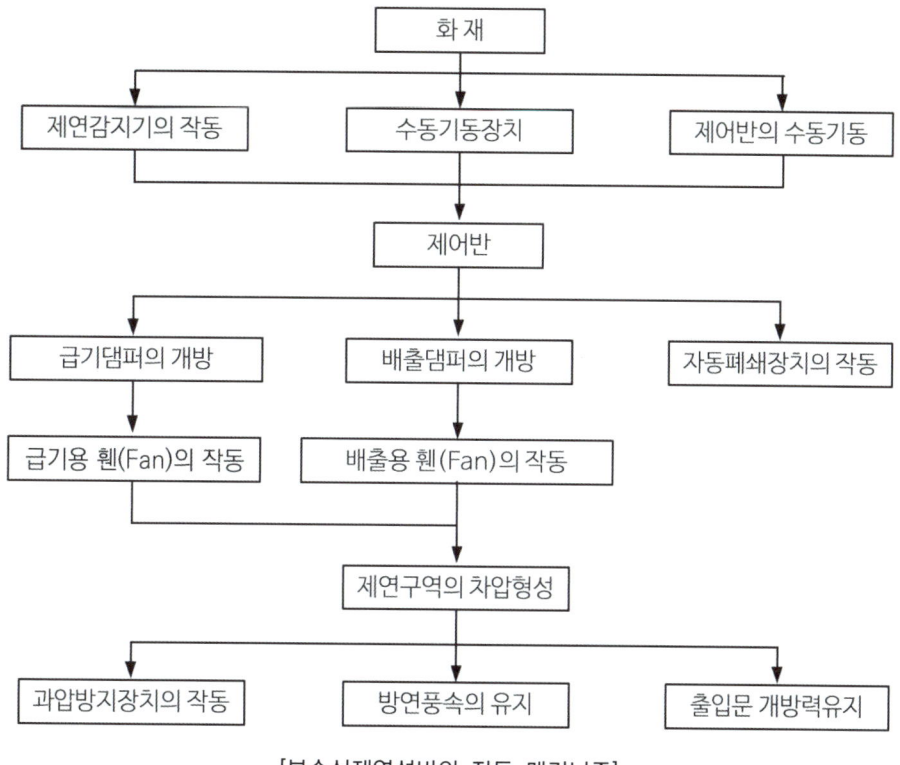

[부속실제연설비의 작동 메커니즘]

2) 부속실 제연설비 작동시험

  (1) 화재감지기 동작 또는 수동기동장치 작동
  (2) 댐퍼 및 폐쇄장치 작동 확인
   • 급기댐퍼 개방 확인(모든 층)
   • 유입공기 배출댐퍼 개방 확인(화재 층)
   • 모든 개구부 폐쇄 확인
  (3) 급기용송풍기 및 유입공기 배출용송풍기 작동 확인
  (4) 제어반에서 각 장치의 작동확인등 점등 및 음향경보 확인
  (5) 과압방지장치 작동상태 확인
  (6) 제어반 복구

5 방연풍속 측정방법(풍속·풍압계 사용방법)

1) 방연풍속 측정방법 16, 20점

(1) 풍속풍압계를 세팅하여 방연풍속 측정 준비

(2) 화재감지기 또는 댐퍼의 수동조작스위치 동작
   ① 급기댐퍼(전층)
   ② 유입공기배출댐퍼(화재층)의 기동
   ③ 급기송풍기의 기동

(3) 부속실과 면하는 옥내 및 계단실의 출입문 동시 개방
   ① 부속실 20개 이하 : 송풍기에서 가장 먼 층 기준으로 1개 층 이상 개방
   ② 부속실 20개 초과 : 송풍기에서 가장 먼 층 기준으로 연속 2개 층 이상 개방

(4) 제연구역과 옥내 사이의 출입문에서 출입문 개방에 따른 개구부를 대칭적으로 균등 분할하는 10 이상의 지점에 검출부의 점표시가 바람 방향과 직각이 되도록 검출부를 대고 풍속을 측정하여 평균치를 산출한다.

(5) 옥내가 공동주택의 세대인 경우 세대 내부의 외기문을 개방할 수 있다.

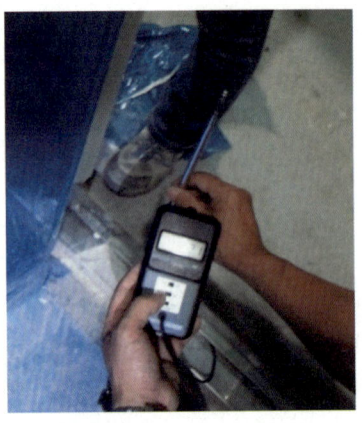

[방연풍속 측정 모습]

2) 판정방법

제연구역		방연풍속
계단실 및 그 부속실을 동시에 제연하는 것 또는 계단실만 단독으로 제연하는 것		0.5m/s 이상
부속실만 단독으로 제연하는 것 또는 비상용승강기의 승강장만 단독으로 제연하는 것	부속실 또는 승강장이 면하는 옥내가 거실인 경우	0.7m/s 이상
	부속실 또는 승강장이 면하는 옥내가 복도로서 그 구조가 방화구조(내화시간이 30분 이상인 구조를 포함)인 것	0.5m/s 이상

3) 방연풍속 부족원인 21점

(1) 급기댐퍼의 개구율이 부족한 경우
(2) 자동차압급기댐퍼의 차압조절기능이 불량인 경우
(3) 급기풍도 또는 출입문 틈새에서 누설이 과도한 경우
(4) 급기송풍기의 풍량이 부족할 경우
(5) 급기송풍기에 설치된 풍량조절댐퍼가 많이 닫힌 경우
(6) 화재 층 외의 다른 층 출입문을 개방한 경우

6 풍속·풍압계(SF C-01) 사용방법

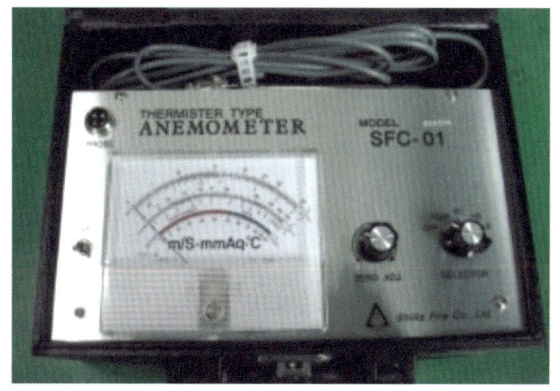 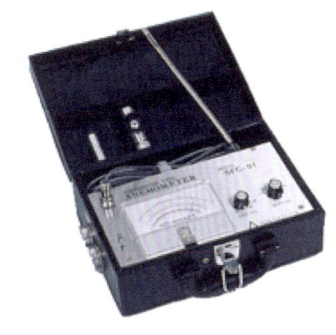

[풍속·풍압계(SF C-01)] ※ 출처 : 한국과학상사

1) 사용 전 준비
(1) 선택스위치는 OFF 위치에, SP-VEL 스위치는 VEL(풍속) 측으로 전환한다.
(2) Probe Cap을 본체의 Probe 커넥터에 꽂고, Probe Cap의 고정나사를 돌려 고정한다.

2) 배터리체크(Battery Check)
(1) 선택스위치를 VC의 위치로 전환한다.
(2) 미터가 Good의 위치로 오면 정상이다.
(3) 미터가 Poor 위치로 오면 건전기를 교체한다.

3) 온도측정
(1) 선택스위치를 TEMP 위치로 전환하고, Zero Cap을 벗긴다.
(2) 기류 중에 검출부 끝부분을 삽입하면 기류의 온도가 미터의 최하단에 표시된다.

4) 풍속·풍량 측정방법
(1) "0"점 조정
  ① 검출부의 끝부분에 Zero Cap을 씌우고 선택스위치를 LS위치로 전환한다.
  ② 본체의 Zero-ADJ 손잡이로 0점 조정을 한다.
  ③ 검출부의 Zero Cap을 벗긴다.
(2) 풍속측정
  ① 검출부의 점표시가 바람방향과 직각이 되도록 하여 풍속을 측정한다.
  ② 이때 풍속은 미터의 상단 2줄에 지시되며, 풍속의 강약에 따라서 LS레인지나 HS레인지를 선택하여 풍속을 측정한다.

(3) 풍량산출

측정한 풍속으로 평균풍속을 산출한 후 다음 식으로 실온에서의 풍량을 산출한다.

$$Q = 60 \cdot A \cdot V\left(\frac{293}{273+t}\right) \quad (20℃의 \; 풍량산출)$$

여기서, Q : 풍량(m^3/min)　　　　V : 평균풍속(m/sec)
　　　　A : 개구부의 유효면적(m^2)　　t : 실온 (℃)

(4) 풍속 측정 시 주의사항

① 측정기는 사용 전에 0점 조정과 배터리체크를 할 것
② 측정자가 바람의 흐름을 혼란시키지 않도록 주의할 것
③ 열선풍속계는 센서의 위치에 따라 오차가 발생할 수 있는 지향성이 강함으로 수감부(검출부)를 풍향에 직각으로 맞출 것
④ 면풍속의 평균치를 구하는 것이므로 수감부(검출부)는 배연구(개구부)면에 가까이 하여 측정할 것

5) 정압측정방법

(1) "0"점 조정

① SP-VEL스위치를 SP위치로 하고, 선택스위치를 LS위치로 전환한다.
② 검출부 끝부분에 Zero Cap을 씌운 후,
③ 본체의 Zero-ADJ 손잡이로 0점 조정을 한다.
④ 검출부의 Zero Cap을 벗긴다.

(2) 정압 캡 고정

① 검출부의 끝부분을 정압 캡에 완전히 꽂은 후,
② 검출부의 점표시와 정압 캡의 점표시가 일직선상에 오도록 한다.
③ 정압 캡의 고정나사를 골려 고정한다.

(3) 정압측정

① 덕트 등의 벽면에 정압 캡을 고정한 후,
② 이때 정압은 미터의 중간 2줄에 지시되며, 정압의 크기에 따라서 LS레인지나 HS레인지를 선택하여 정압을 측정한다.

(4) 정압 측정 시 주의사항

본체나 검출부에 심한 충격이나 고온을 피한다.

6) 측정 종료 후 보관

(1) 측정 종료 시에는 선택스위치를 OFF위치, SP-VEL스위치는 VEL의 위치로 한다.
(2) Probe Cap을 본체의 Probe 커넥터에서 분리하여 보관한다.

7 차압 측정방법(차압계 사용방법)

1) 차압 측정 전 조치사항
(1) 계단실 및 부속실의 모든 출입문 폐쇄
(2) 제어반 음향장치 연동정지
(3) 승강기 운행 중단

[자동차압급기댐퍼의 차압표시]

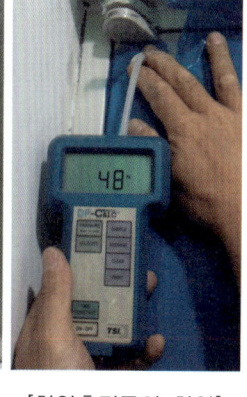
[차압측정공의 차압]

2) 차압측정방법
(1) 차압계의 전원스위치를 켠다.
(2) 차압계의 영점 버튼을 눌러 영점조정을 한다.
(3) 차압계에 호스의 (+)는 부속실 또는 승강장에, 호스의 (-)는 옥내에 위치시킨다(차압측정공이 설치된 경우 차압측정공 커버를 분리한 후 호스를 연결한다).
(4) 화재감지기 또는 수동기동스위치를 작동하여 제연설비를 작동한다.
(5) 측정버튼을 눌러 측정한다.

3) 판정방법
(1) 측정된 차압이 40Pa 이상(스프링클러설비 설치된 경우 12.5Pa 이상)이면 정상이다.
(2) 출입문을 개방한 경우 출입문을 미개방한 층의 차압은 기준차압의 70% 이상이어야 한다.

4) 차압이 부족한 경우 원인(전층 출입문이 닫힌 상태)
(1) 급기댐퍼의 개구율이 부족한 경우
(2) 자동차압급기댐퍼의 차압조절기능이 불량난 경우
(3) 급기풍도 또는 출입문 틈새에서 누설이 과도한 경우
(4) 급기송풍기의 풍량이 부족할 경우
(5) 급기송풍기에 설치된 풍량조절댐퍼가 많이 닫힌 경우
(6) 화재 층 외의 다른 층 출입문을 개방한 경우

5) 차압이 과도한 경우 원인(전층 출입문 닫힌 상태) 21점
(1) 급기댐퍼의 개구율이 과다한 경우
(2) 자동차압급기댐퍼의 차압조절기능 불량
(3) 급기풍도 또는 출입문 틈새가 설계치보다 작은 경우
(4) 급기송풍기의 풍량이 과다한 경우
(5) 급기송풍기에 설치된 풍량조절댐퍼가 많이 개방된 경우
(6) 플랩댐퍼 설치 누락 또는 작동불량인 경우

8 비 개방층의 차압 측정방법

1) 비개방층의 차압 측정방법

(1) 비개방층 차압은 "방연풍속"의 시험 조건에서 방화문이 열린 층의 직상 및 직하층을 기준층으로 하여 5개 층마다 1개소 측정을 원칙으로 하며 필요시 그 이상으로 할 수 있다.

(2) 20개 층까지는 1개 층만 개방하여 측정한다.

(3) 21개 층부터는 2개 층을 개방하여 측정하고, 1개 층만 개방하여 추가로 측정한다.

※ 부속실과 면하는 옥내의 출입문이 2개소 이상인 경우 그중 크기가 최대인 출입문 1개소를 개방하여 측정할 것

2) 판정방법

(1) 측정된 차압이 40Pa의 70%(28Pa) 이상이면 정상이다.

(2) 스프링클러설비가 설치된 경우 12.5Pa의 70%(8.75Pa) 이상이면 정상이다.

9 출입문 개방력 측정 측정방법(폐쇄력 측정기 사용방법)

1) 측정 전 조치사항

(1) 계단실 및 부속실의 모든 출입문 폐쇄

(2) 제어반 음향장치 연동정지

(3) 승강기 운행 중단

(4) 계단실 및 부속실 출입 금지

2) 출입문 개방력 측정방법

(1) 측정장치의 영점 버튼을 눌러 영점조정을 한다.

(2) 화재감지기 또는 수동기동스위치를 작동하여 제연설비를 작동한다.

(3) 제연구역과 옥내 사이의 출입문의 손잡이에 측정기를 대고 개방한다.

(4) 측정기의 측정값을 확인한다.

(5) NFSC501A 제5조 1호 및 3호에 해당하는 경우 옥내 및 계단 방화문의 개방력을 모두 측정하는 것을 원칙으로 한다.

제1호. 계단실 및 그 부속실을 동시에 제연하는 것

제3호. 계단실을 단독으로 제연하는 것

3) 판정방법

제연설비가 가동되었을 경우 출입문의 개방에 필요한 힘이 110N 이하이면 정상이다.

10 유입공기 배출량 측정(성능시험조사표) **16점**

1) 기계배출식은 송풍기에서 가장 먼 층의 유입공기배출댐퍼를 개방하여 측정하는 것을 원칙으로 한다.
2) 기타 방식은 설계조건에 따라 적정한 위치의 유입공기배출구를 개방하여 측정하는 것을 원칙으로 한다.

11 송풍기 풍량 측정방법(성능시험조사표) **20점**

1) 일반사항

   풍량 측정점은 덕트 내의 풍속, 시공상태, 현장 여건 등을 고려하여 송풍기의 흡입 측 또는 토출 측 덕트에서 정상류가 형성되는 위치를 선정한다. 일반적으로 엘보 등 방향전환 지점 기준 하류 쪽은 덕트직경(장방형 덕트의 경우 상당지름)의 7.5배 이상 상류쪽은 2.5배 이상 지점에서 측정해야 하며, 직관길이가 미달하는 경우 최적위치를 선정하여 측정하고 측정기록지에 기록한다.

   (1) 피토관 측정 시 풍속은 아래 공식으로 계산한다.

   $$v = 1.29\sqrt{P_v}$$

   여기서, v : 풍속 m/s, P_v : 동압 Pa

   (2) 풍량 계산은 아래 공식으로 계산한다.

   $$Q = 3,600\,VA$$

   여기서, Q : 풍량[m^3/h]
   V : 평균풍속[m/s]
   A : 덕트의 단면적[m^2]

2) 송풍기 풍량 측정위치

   송풍기 풍량 측정위치는 측정자가 쉽게 접근할 수 있고 안전하게 측정할 수 있도록 조치해야 한다.

3) 동일면적 분할법 사례

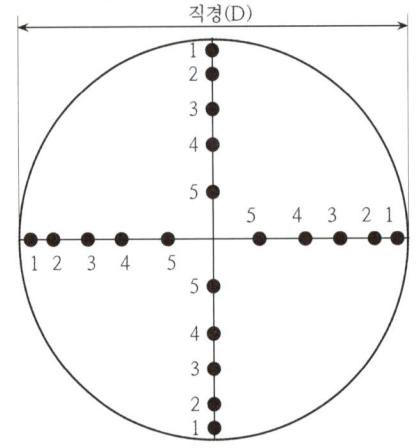

원형덕트 또는 송풍기 흡입구 피토관 이송 측정점(동일면적 분할법)

- 300mm 이상인 경우 총 20개 지점 측정
- 측정점 위치

측정점1	측정점2	측정점3	측정점4	측정점5
0.0257D	0.0817D	0.1465D	0.2262D	0.3419D

주) D : 원형 덕트의 직경

장방형 덕트 피토관 이송 측정점(동일면적 분할법)

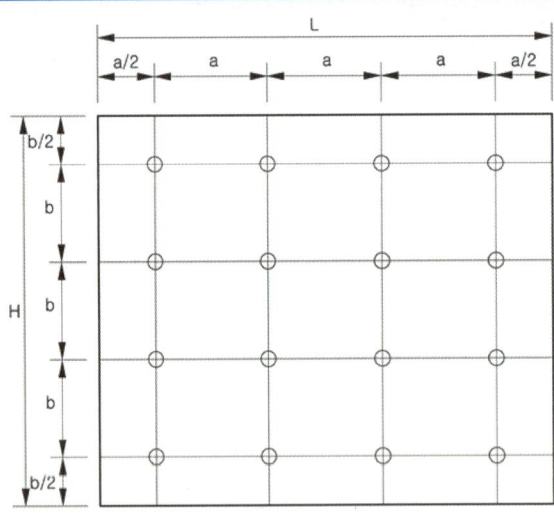

- 최소 16점이며 64점 이상을 넘지 않도록 한다.
- 64점 이하 측정 시 a, b의 간격은 150mm 이하일 것
- L = 1,100일 경우 1,100/150 = 7.33, 측정점은 8개소 a = 1,100/8 = 137.5mm

4) 차압 측정의 원리

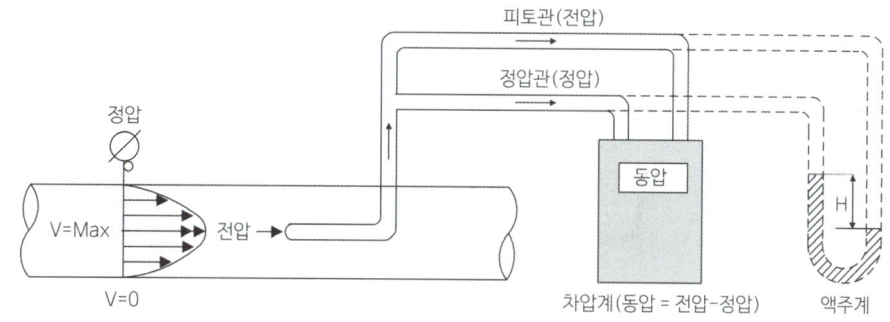

[차압 측정의 원리]

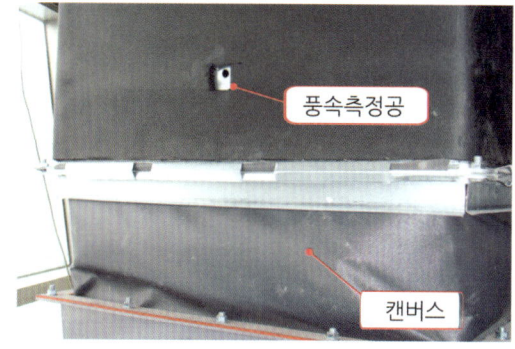

[덕트의 풍속측정공의 예]

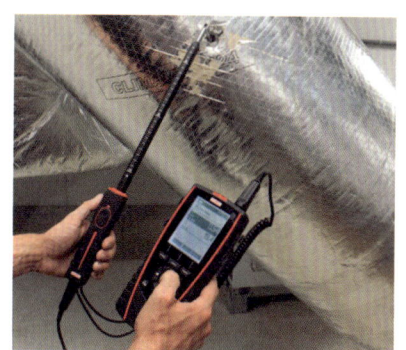

[덕트의 풍속측정 모습]

> **기출문제**

20점 특별피난계단의 계단실 및 부속실 제연설비의 성능시험조사표에서 송풍기풍량 측정의 일반사항 중 측정점에 대하여 쓰고 풍속·풍량 계산식을 각각 쓰시오.(8점) 답 생략

22설 다음 그림은 정상류가 형성되는 제연송풍기의 상류측 덕트 단면이다. 다음 조건에 따른 물음에 답하시오.(21점) 답 설계 및 시공 문제이므로 답은 생략한다.

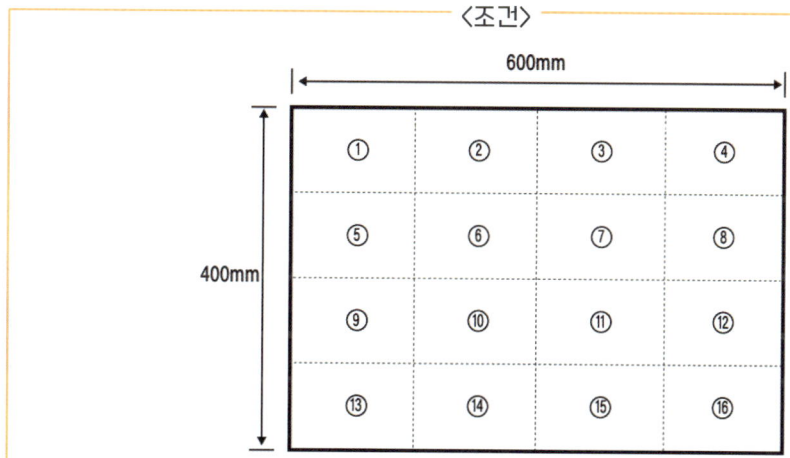

○ 덕트 단면의 크기는 600mm×400mm이며, 제연송풍기 풍량은 피토관을 이용하여 동일면적 분할법(폭방향 4점점, 높이방향 4점점으로 총 16개점)으로 측정한다.
○ 그림에 나타낼 ① ~ ⑯은 장방형 덕트 단면의 측정점 위치이다.
○ 측정위치 ⑥, ⑦, ⑩, ⑪에서 전압과 정압의 차이는 모두 86.4Pa이고 ②, ③, ⑤, ⑧, ⑨, ⑫, ⑭, ⑮에서 모두 38.4Pa이며 ①, ④, ⑬, ⑯에서 모두 21.6Pa이다.
○ 덕트마찰계수 $f = 0.01$, 유체밀도 $\rho = 1.2 kg/m^3$, 덕트지름은 수리지름(Hydraulic Diameter) 수식을 활용한다.
○ 계산값은 소수점 넷째자리에서 반올림하여 소수점 셋째자리까지 구한다.
○ 기타 조건은 무시한다.

(1) 제연송풍기의 풍량(m^3/hr)을 구하시오.(12점)

(2) 덕트 내 평균 풍속(m/s)을 구하시오.(3점)

(3) 달시 - 바이스바흐(Darcy-Weisbach)식을 이용하여 단위 길이당 덕트마찰손실(Pa/m)을 구하시오.(6점)

12 시험, 측정 및 조정 등[T.A.B(Testing, Adjusting, Balancing)]

1) 특별피난계단의 계단실 및 부속실 제연설비의 화재안전기술기준 [시행 2024.7.1.]

제25조(성능 확인)

① 제연설비는 설계목적에 적합한지 검토하고 **제연설비의 성능과 관련된** 건물의 모든 부분(건축설비를 포함한다)**이 완성되는 시점에 맞추어** 시험·측정 및 조정(이하 "시험 등"이라 한다)을 해야 한다. 〈개정 2024.3.18.〉.

② 제연설비의 시험 등은 다음 각 호의 기준에 따라 실시해야 한다.

1. 제연구역의 모든 출입문 등의 크기와 열리는 방향이 설계 시와 동일한지 여부를 확인할 것

2. 삭제 〈개정 2024.1.26.〉

3. 제연구역의 출입문 및 복도와 거실(옥내가 복도와 거실로 되어 있는 경우에 한한다) 사이의 출입문마다 제연설비가 작동하고 있지 아니한 상태에서 그 폐쇄력을 측정할 것

4. 층별로 화재감지기(수동기동장치를 포함한다)를 동작시켜 제연설비가 작동하는지 여부를 확인할 것. 다만, 둘 이상의 특정소방대상물이 지하에 설치된 주차장으로 연결되어 있는 경우에는 특정소방대상물의 화재감지기 및 주차장에서 하나의 특정소방대상물의 제연구역으로 들어가는 입구에 설치된 제연용 연기감지기의 작동에 따라 해당 특정소방대상물의 수직풍도에 연결된 모든 제연구역의 댐퍼가 개방되도록 하거나 해당 특정소방대상물을 포함한 둘 이상의 특정소방대상물의 모든 제연구역의 댐퍼가 개방되도록 하고 비상전원을 작동시켜 급기 및 배기용 송풍기의 성능이 정상인지 확인할 것 〈개정 2024.1.26.〉

5. 제4호의 기준에 따라 제연설비가 작동하는 경우 방연풍속, 차압, 및 출입문의 개방력과 자동 닫힘 등이 적합한지 여부를 확인하는 시험을 실시할 것

2) 특별피난계단의 계단실 및 부속실 제연설비의 화재안전기술기준 [시행 2024.4.1.]

2.22 성능확인

2.22.1 (성능기준과 동일)

2.22.2 제연설비의 시험 등은 다음의 기준에 따라 실시해야 한다.

2.22.2.1 제연구역의 모든 출입문 등의 크기와 열리는 방향이 설계 시와 동일한지 여부를 확인하고, 동일하지 아니한 경우 급기량과 보충량 등을 다시 산출하여 조정 가능여부 또는 재설계·개수의 여부를 결정할 것

2.22.2.2 〈삭제 2024.4.1.〉

2.22.2.3 (성능기준과 동일)

2.22.2.4 (성능기준과 동일)

2.22.2.5 2.22.2.4의 기준에 따라 제연설비가 작동하는 경우 다음의 기준에 따른 시험 등을 실시할 것

2.22.2.5.1 부속실과 면하는 옥내 및 계단실의 출입문을 동시에 개방할 경우, 유입공기의 풍속이 2.7의 규정에 따른 방연풍속에 적합한지 여부를 확인하고, 적합하지 아니한 경우에는 급기구의 개구율과 송풍기의 풍량조절댐퍼 등을 조정하여 적합하게 할 것. 이 경우 유입공기의 풍속은 출입문의 개방에 따른 개구부를 대칭적으로 균등 분할하는 10 이상의 지점에서 측정하는 풍속의 평균치로 할 것

2.22.2.5.2 2.22.2.5.1에 따른 시험 등의 과정에서 출입문을 개방하지 않은 제연구역의 실제 차압이 2.3.3의 기준에 적합한지 여부를 출입문 등에 차압측정공을 설치하고 이를 통하여 차압측정기구로 실측하여 확인·조정할 것

2.22.2.5.3 제연구역의 출입문이 모두 닫혀 있는 상태에서 제연설비를 가동시킨 후 출입문의 개방에 필요한 힘을 측정하여 2.3.2의 규정에 따른 개방력에 적합한지 여부를 확인하고, 적합하지 아니한 경우에는 급기구의 개구율 조정 및 플랩댐퍼(설치하는 경우에 한한다)와 풍량조절용댐퍼 등의 조정에 따라 적합하도록 조치할 것

2.22.2.5.4 2.22.2.5.1에 따른 시험 등의 과정에서 부속실의 개방된 출입문이 자동으로 완전히 닫히는지 여부를 확인하고, 닫힌 상태를 유지할 수 있도록 조정할 것

3) T.A.B 실시결과 방연풍속이 부적합 경우 조치방법 **20점**
   (1) 급기구(자동차압급기댐퍼)의 개구율 조정
   (2) 송풍기 측의 풍량조절댐퍼(Volume Damper)의 조정
   (3) 과압방지 장치인 플랩댐퍼(Flap Damper)의 조정
   (4) 송풍기의 풀리(Pulley)비율 조정 또는 송풍기의 회전수(RPM) 조정

4) T.A.B 실시결과 차압이 부적합한 경우 조치방법
   (1) 급기구(자동차압급기댐퍼)의 개구율 조정
   (2) 송풍기 측의 풍량조절댐퍼(Volume Damper)의 조정
   (3) 과압방지 장치인 플랩댐퍼(Flap Damper)의 조정
   (4) 송풍기의 풀리(Pulley)비율 조정 또는 송풍기의 회전수(RPM) 조정

5) T.A.B 실시결과 출입문 개방력이 110N 초과한 경우 조치방법
   (1) 급기구(자동차압급기댐퍼)의 개구율 조정
   (2) 송풍기 측의 풍량조절댐퍼(Volume Damper)의 조정
   (3) 과압방지 장치인 플랩댐퍼(Flap Damper)의 조정
   (4) 송풍기의 풀리(Pulley)비율 조정 또는 송풍기의 회전수(RPM) 조정

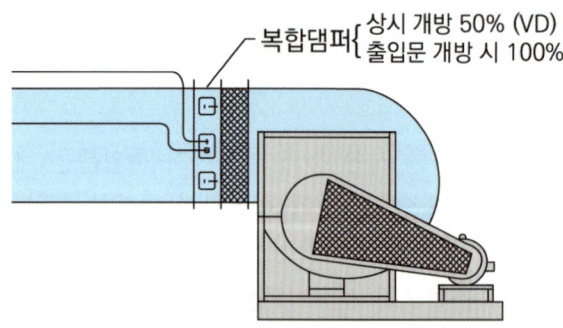

[송풍기 측 풍량조절댐퍼]

기출문제

16점 특별피난계단의 계단실 및 부속실의 제연설비 점검항목 중 방연풍속과 유입공기 배출량 측정방법을 각각 쓰시오.(12점) **답** 생략

20점 특별피난계단의 계단실 및 부속실 제연설비의 화재안전기준(NFSC 501A)상 방연풍속 측정방법, 측정결과 부적합 시 조치방법을 각각 쓰시오.(4점) **답** 생략

21점 특별피난계단의 부속실(전실)제연설비에 대하여 다음 물음에 답하시오.(9점)
(1) 소방시설 자체점검사항 등에 관한 고시의 소방시설 성능시험조사표에서 부속실 제연설비의 "차압 등" 점검항목 4가지를 쓰시오.(4점) **답** 생략
(2) 전 층이 닫힌 상태에서 차압이 과다한 원인 3가지를 쓰시오.(2점) **답** 생략
(3) 방연풍속이 부족한 원인 3가지를 쓰시오.(3점) **답** 생략

13 출입문개방에 필요한 힘 17점

$$F = F_{dc} + F_p$$

$$\left(F_p = \frac{K_d W \cdot A \cdot \Delta P}{2(W-d)} \right)$$

여기서, F : 문을 개방하는 데 필요한 전체 힘(N)
F_{dc} : 도어체크의 저항력(N)
F_p : 차압에 의해 방화문에 미치는 힘(N)
K_d : 상수값(=1.0)
W : 문의 폭(m)
A : 방화문의 면적(㎡)
ΔP : 비제연구역과의 차압(Pa)
d : 손잡이에서 문의 끝까지 거리(m)

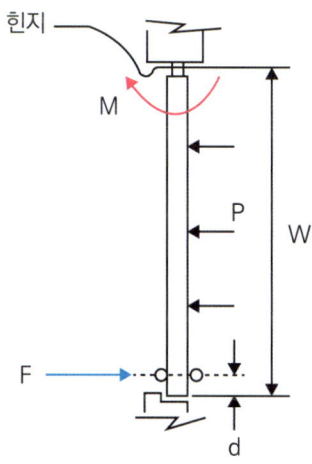

기출문제

17점 제연 TAB(Testing Adjusting Balancing) 과정에서 소방시설관리사가 제연설비 작동 중에 거실에서 부속실로 통하는 출입문 개방에 필요한 힘을 구하려고 한다. 다음 조건을 보고 물음에 답하시오. (단, 계산 과정을 쓰고, 답은 소수점 셋째자리에서 반올림하여 둘째자리까지 구하시오)(7점)

> 〈조건〉
> ○ 지하 2층, 지상 20층 공동주택
> ○ 부속실과 거실 사이의 차압은 50Pa
> ○ 제연설비 작동 전 거실에서 부속실로 통하는 출입문 개방에 필요한 힘은 60N
> ○ 출입문 높이 2.1m, 폭은 1.1m
> ○ 문의 손잡이에서 문의 모서리까지의 거리 0.1m
> ○ Kd = 상수(1.0)

① 제연설비 작동 중에 거실에서 부속실로 통하는 출입문 개방에 필요한 힘[N]을 구하시오.(5점)

② 국가화재안전기준(NFSC 501A)의 제연설비가 작동되었을 경우 출입문의 개방에 필요한 최대 힘[N]과 ①에서 구한 거실에서 부속실로 통하는 출입문 개방에 필요한 힘[N]의 차이를 구하시오.(2점)

답 ① $\dfrac{P \times A}{2} \times \dfrac{W}{W-d} = \dfrac{50N/m^2 \times 2.1m \times 1.1m}{2} \times \dfrac{1.1m}{1.1m - 0.1m} = 63.525N$

$F_t = F_{dc} + F_p = 63.525N + 60N = 123.525N \rightarrow 123.53N$

② $125.53 - 110 = 13.52N$

※ 출입문을 개방하는 데 필요한 힘(F_t)

$F_t = F_{dc} + F_p = F_{dc} + \dfrac{P \times A}{2} \times \dfrac{W}{W-d}$

여기서 F_p : 차압에 의한 힘성분, F_{dc} : 자동폐쇄장치, 출입문 경첩 등을 극복하기 위한 힘

> **참고** 특별피난계단의 계단실 및 부속실 제연설비의 성능시험 세부조사표

가. 제연구역과 옥내사이차압, 방화문개방력, 비개방층차압, 평균방연풍속, 유입공기배출량

제연구역	차압/개방력		비개방층 차압 Pa -방화문 1개 층 개방	비개방층 차압 Pa -방화문 2개 층 개방	평균방연 풍속 m/s	유입공기 배출구배출량 m³/h (기계배출식 등)	비고
	차압 Pa	개방력 N					
	~	~	~	~	/		
	~	~	~	~	/		
	~	~	~	~	/		
	~	~	~	~	/		

* 측정값은 최젓값과 최곳값, 평균값 등을 기록한다.
* 계측기 및 측정오차의 최대허용범위는 측정값의 ±10%로 한다.

나. 송풍기 검사

송풍기번호 또는 제연구역	송풍기 규격	송풍기 검사			비고 (송풍기 설치층)
		풍량 m³/h	전류 A	전압 V	
	m³/h × Pa × kW				
	m³/h × Pa × kW				
	m³/h × Pa × kW				
	m³/h × Pa × kW				

다. 계측기

계측기명	형식(MODEL) 및 기기 번호	교정일과 성적서 유효기간	기기편차 또는 평균측정편차 % 등	비고
			~	
			~	
			~	
			~	

※ 첨부 : 국가 공인기관의 계측기 교정성적서 사본
  * 계측기명 : 측정 계측기명 기록
  * 형식(MODEL) 및 기기 번호 : 교정성적서에 있는 형식(MODEL) 및 기기번호 기록
  * 교정일과 성적서 유효기간 : 교정성적서에 있는 교정날짜와 유효기간을 기록한다.
* 교정성적서 2면 기기편차 또는 평균측정편차의 최소 및 최댓값, 평균값 등은 필요시 백분율로 환산하여 기록할 수 있다.
* 국내 교정기관에서 교정검사가 불가능 한 경우 공인검사기관의 확인서를 첨부하고 제조사의 교정성적서를 첨부할 수 있다.
* 사용 계측기의 최대허용오차는 교정성적서의 측정범위 내 표준 입력값의 ±5% 범위 이내여야 한다.

성능시험실시자	업체명 :	인증번호 :	책임기술자:
* 제연설비의 성능시험을 별도의 업체에서 실시한 경우 성능시험 조사결과를 첨부한다.			

210mm×297mm [백상지(80g/㎡) 또는 중질지(80g/㎡)]

〈을지〉

제연구역	시험일시	외부 대기온도	실내평균온도
	20. .	℃	℃

가. 제연구역과 옥내사이차압, 방화문개방력, 비개방층차압, 방연풍속, 유입공기배출구배출량

☐ **최종검사**

층	차압/개방력		비개방층차압 Pa -방화문 1개 층 개방	비개방층차압 Pa -방화문 2개 층 개방	비 고 (송풍기설치 위치표시)	방연풍속 m/s 배출(+),유입(-)			
	차압Pa	개방력N				측정층 : 평균 : m/s			
							1	2	3	4
						1				
						2				
						3				
						4				
						5				
						6				
						7				
						8				
						측정층 : 평균 : m/s			
							1	2	3	4
						1				
						2				
						3				
						4				
						5				
						6				
						7				
						8				
						측정층 : 평균 : m/s			
							1	2	3	4
						1				
						2				
						3				
						4				
						5				
						6				
						7				
						8				
						측정층 : 평균 : m/s			
							1	2	3	4
						1				
						2				
						3				
						4				
						5				
						6				
						7				
						8				
						유입공기배출 풍량			
						층 : m³/hr			
						층 : m³/hr			
						층 : m³/hr			
						층 : m³/hr			

〈을지〉

나. 송풍기 검사

송풍기 번호 또는 제연구역	실측풍량(m³/hr)	전류(A)	전압(V)	비고

※ 첨부 : 송풍기 풍량 측정 기록지
※ 도면 또는 측정기록지에는 측정위치를 표기한다.

비고

1. 제연구역과 옥내 간의 차압은 전 층 측정을 원칙으로 한다. 단, 계단실 가압을 하는 경우 급기댐퍼가 설치된 층만 측정할 수 있다.
2. 제연구역의 방화문이 모두 닫힌 상태에서 전 층 제연구역의 옥내 방화문 개방력 측정을 원칙으로 한다. 단, NFSC501A 제5조 1호 및 3호에 해당하는 경우 옥내 및 계단 방화문의 개방력을 모두 측정하는 것을 원칙으로 한다.
3. 방연풍속
   - 송풍기에서 가장 먼 층을 기준으로 제연구역 1개 층 (20층 초과시 연속되는 2개 층) 제연구역과 옥내 간의 측정을 원칙으로 하며 필요시 그 이상으로 할 수 있다.
   - 방연풍속은 최소 10점 이상 균등 분할하여 측정하며, 측정 시 각 측정점에 대해 제연구역을 기준으로 기류가 유입(-) 또는 배출(+) 상태를 측정지에 기록한다.
   - 유입공기배출장치(있는 경우)는 방연풍속을 측정하는 층만 개방한다.
   - 직통계단식 공동주택은 방화문 개방층의 제연구역과 연결된 세대와 면하는 외기문을 개방할 수 있다.
4. 비개방층 차압
   - 비개방층 차압은 "3호 방연풍속"의 시험 조건에서 방화문이 열린층의 직상 및 직하층을 기준층으로 하여 5개 층마다 1개소 측정을 원칙으로 하며 필요시 그 이상으로 할 수 있다.
   - 20개 층까지는 1개소만 개방하여 측정한다.
   - 21개 층부터는 2개 층을 개방하여 측정하고, 1개 층만 개방하여 추가로 측정한다.
   ※ 부속실과 면하는 옥내의 출입문이 2개소 이상인 경우 그중 크기가 최대인 출입문 1개소를 개방하여 측정할 것
5. 유입공기 배출량
   - 기계배출식은 송풍기에서 가장 먼 층의 유입공기배출댐퍼를 개방하여 측정하는 것을 원칙으로 한다.
   - 기타 방식은 설계조건에 따라 적정한 위치의 유입공기배출구를 개방하여 측정하는 것을 원칙으로 한다.
6. 송풍기 풍량 측정
   - "3호 방연풍속"의 시험 조건에서 송풍기 풍량은 피토관 또는 기타 풍량측정 장치를 사용하고, 송풍기 모터의 전류, 전압을 측정한다.
   - 이때 전류 및 전압 측정값은 동력제어반에 표시되는 수치를 기록할 수 있다.

210mm×297mm [백상지(80g/㎡) 또는 중질지(80g/㎡)]

송풍기 풍량 측정 기록지

제연구역 및 송풍기:　　　　　　　　　　　　　　　　　회 측정의 평균풍속:　　　m/s
풍량(㎥/h) = 속도(m/s) × 단면적(m²) × 3,600:　　　　m³/hr　　풍도크기:

세로\가로	1	2	3	4	5	6	7	8	9	10
1										
2										
3										
4										
5										
6										
7										
8										
9										
10										

비고

1. 일반사항
   - 풍량 측정점은 덕트 내의 풍속, 시공상태, 현장 여건 등을 고려하여 송풍기의 흡입 측 또는 토출 측 덕트에서 정상류가 형성되는 위치를 선정한다. 일반적으로 엘보 등 방향전환 지점 기준 하류 쪽 덕트직경(장방형 덕트의 경우 상당지름)의 7.5배 이상 상류쪽은 2.5배 이상 지점에서 측정해야 하며, 직관길이가 미달하는 경우 최적위치를 선정하여 측정하고 측정기록지에 기록한다.
   - 피토관 측정 시 풍속은 아래공식으로 계산한다.
     $v = 1.29\sqrt{P_v}$ (v : 풍속 m/s, P_v : 동압 Pa)-관점20
   - 풍량 계산은 아래공식으로 계산한다.
     $Q = 3,600 VA$ (Q : 풍량[m³/h], V : 평균풍속[m/s], A : 덕트의 단면적[m²])-관점20
2. 송풍기 풍량 측정위치는 측정자가 쉽게 접근할 수 있고 안전하게 측정할 수 있도록 조치해야 한다.
3. 동일면적 분할법 사례-관점20

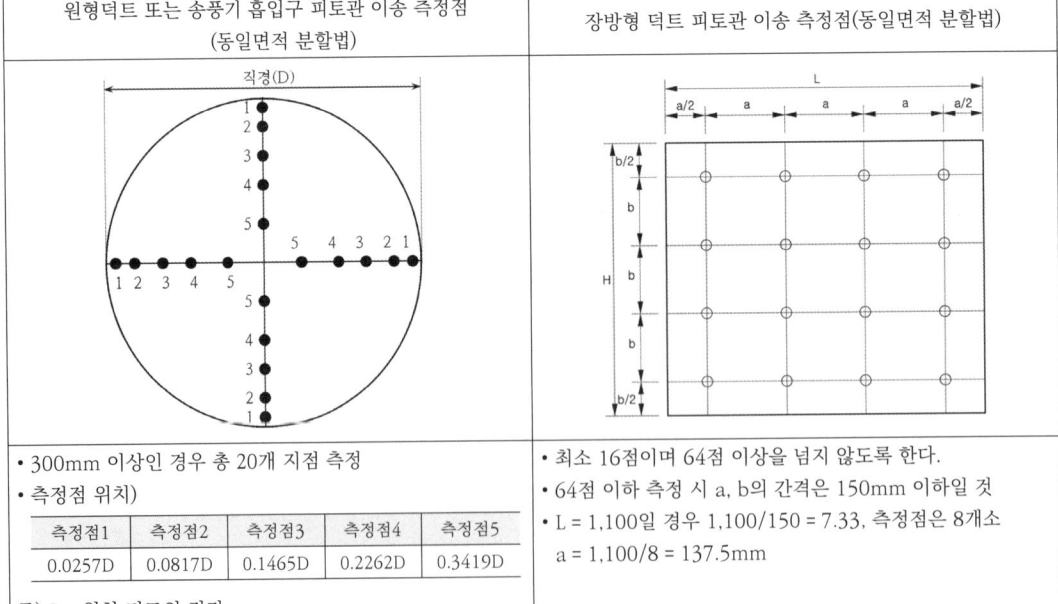

- 300mm 이상인 경우 총 20개 지점 측정
- 측정점 위치)

측정점1	측정점2	측정점3	측정점4	측정점5
0.0257D	0.0817D	0.1465D	0.2262D	0.3419D

주) D : 원형 덕트의 직경

- 최소 16점이며 64점 이상을 넘지 않도록 한다.
- 64점 이하 측정 시 a, b의 간격은 150mm 이하일 것
- L = 1,100일 경우 1,100/150 = 7.33, 측정점은 8개소
  a = 1,100/8 = 137.5mm

210mm × 297mm [백상지(80g/㎡) 또는 중질지(80g/㎡)]

03 연결송수관설비 점검

1 연결송수관설비

1) 설치목적

연결송수관설비는 화재가 본격화재로 성장되어 초기소화설비로는 소화하기 어려운 경우 송수구로부터 물을 공급받아 원활한 소화활동을 수행하기 위해서 사용되는 소화활동 설비이다.

2) 종류

구 분	건 식	습 식
정 의	배관이 비어 있어 화재 시 외부로부터 수원을 공급받아 소화	고가수조의 자연낙차압을 이용해 배관 내 항상 물이 충만되어 있도록 설치
설치대상	높이가 31m 미만, 11층 미만의 건축물	높이가 31m 이상 또는 11층 이상의 건축물

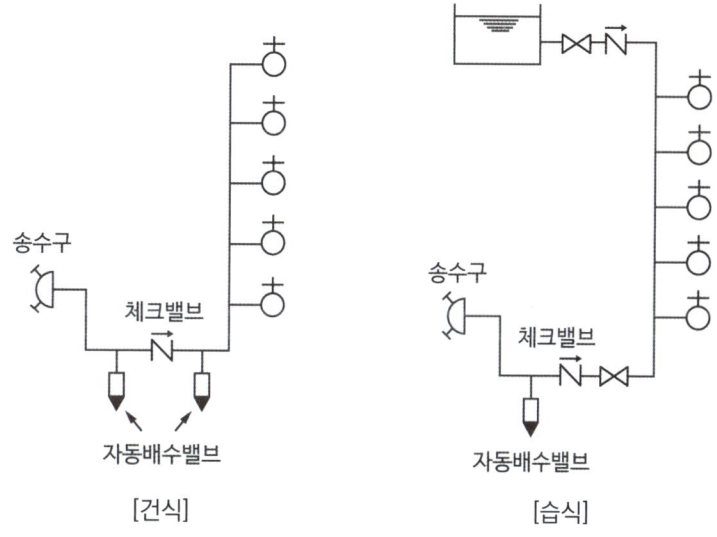

[건식] [습식]

3) 배관 및 송수구 겸용

(1) 주배관은 구경 100밀리미터 이상의 전용배관으로 할 것. 다만, 주배관의 구경이 100 밀리미터 이상인 옥내소화전설비의 배관과는 겸용할 수 있다.

(2) 연결송수관설비의 송수구를 옥내소화전설비와 겸용으로 설치하는 경우에는 연결송수관설비의 송수구 설치기준에 따르되 각각의 소화설비의 기능에 지장이 없도록 해야 한다

✅ **참고** 2024년 7월 1일부터 연결송수관설비의 배관 및 송수구는 옥내소화전설비와 겸용할 수 있고 다른 설비와는 겸용할 수 없도록 개정되었다. .

2 연결송수관설비의 구성요소

1) 구성
송수구, 배관, 방수구, 소방용 호스, 방사용 관창, 방수기구함, 가압송수장치, 템퍼스위치

2) 송수구
연결송수관설비에는 65mm의 쌍구형 송수구를 사용한다.

[쌍구형송수구]　　　[단구형송수구]　　　[쌍구형송수구]

3) 수직배관
연결송수관설비의 수직배관은 내화구조로 구획된 계단실(부속실을 포함한다) 또는 파이프덕트 등 화재의 우려가 없는 장소에 설치해야 한다. 다만, 학교 또는 공장이거나 배관 주위를 1시간 이상의 내화성능이 있는 재료로 보호하는 경우에는 그렇지 않다.

4) 방수구와 방수기구함

  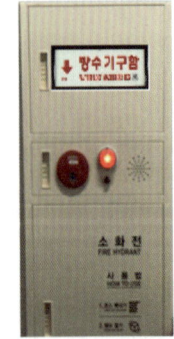

[방수구와 방수기구함 예]　　　[방수기구함 예]　　　[방수기구함 표지]

5) 가압송수장치
(1) 지표면에서 최상층 방수구의 높이가 70m 이상인 경우 설치

구 분	일반건축물	계단식아파트
토출량	2,400ℓ/min 이상 방수구가 3개를 초과 시 1개마다 800ℓ/min를 가산한 양 : 최대 5개	1,200ℓ/min 이상 방수구가 3개를 초과 시 1개마다 400ℓ/min를 가산한 양
펌프양정	최상층에 설치된 노즐선단의 압력이 0.35MPa 이상의 압력	

(2) 가압송수장치의 토출량

구 분	층당 방수구 1~3개 이하	4개	5개 이상
일반건축물	2,400ℓ/min 이상	3,200ℓ/min 이상	4,000/min 이상
계단식 아파트	1,200ℓ/min 이상	1,600ℓ/min 이상	2,000ℓ/min 이상

(3) 가압송수장치의 수동기동스위치

수동스위치는 2개 이상을 설치하되, 그중 1개는 다음의 기준에 따라 송수구의 부근에 설치해야 한다.

[수동기동스위치 설치 모습]

(4) 가압송수장치의 성능시험을 위한 전용의 수조

① 펌프의 성능시험을 위한 전용의 수조를 설치할 것. 다만, 성능시험에 지장을 주지 않는 경우 다른 설비의 수조와 겸용할 수 있다.

② 수조의 유효수량은 펌프 정격토출량의 150%로 5분 이상 방수할 수 있는 양 이상이 되도록 해야 한다.

③ 펌프의 성능시험 시 방수되는 물로 침수피해가 발생하지 않도록 배수설비가 되어 있을 것

3 연결송수관설비 점검방법

1) 송수구, 방수구, 습식, 건식 등 구성이 화재안전기준에 적합하게 설치되어 있는지 확인한다.
2) 방수기구함에 비치된 소방호스와 관창의 수량이 적정한지 확인한다.
3) 송수구 연결배관에 설치된 개폐밸브를 조작하여 템퍼스위치의 정상작동을 확인한다.
4) 가압송수장치를 수계소화설비의 가압송수장치와 같은 방법으로 점검한다.
5) 송수구 위치에서 수동스위치를 조작하여 가압송수장치가 정상적으로 동작하고 기동확인등이 점등되는지 확인한다.

> **참고** 점검방법은 실무에서 확인하는 사항으로 간략하게 기술한 것입니다. 관리사시험 출제 시 문제에서 요구하는 대로 구체적으로 기술하시기 바랍니다.

04 연결살수설비 점검

1 연결살수설비 구분

1) 개방형 헤드를 사용하는 경우

송수구로부터 헤드까지 배관이 대기압상태로 있다가 소방자동차 등에 의해서 송수구로부터 수원을 공급받아 개방형살수헤드로 물을 살수하는 방식이다.

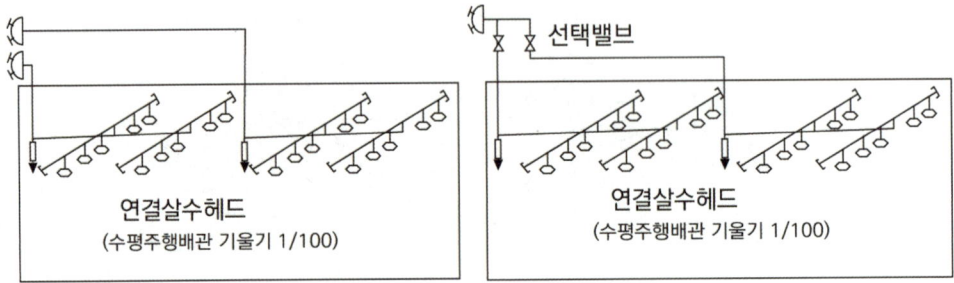

[연결살수설비 개방형 설치 예]

2) 폐쇄형 헤드를 사용하는 경우

연결살수설비용 주배관에 옥내소화전설비의 주배관 및 수도배관 또는 옥상에 설치된 수조에 접속하여 설치하는 방식(접속부분 : 체크밸브를 설치)으로 송수구에서 가장 먼 거리에 위치한 가지배관의 끝으로부터 연결된 시험배관을 설치한다.

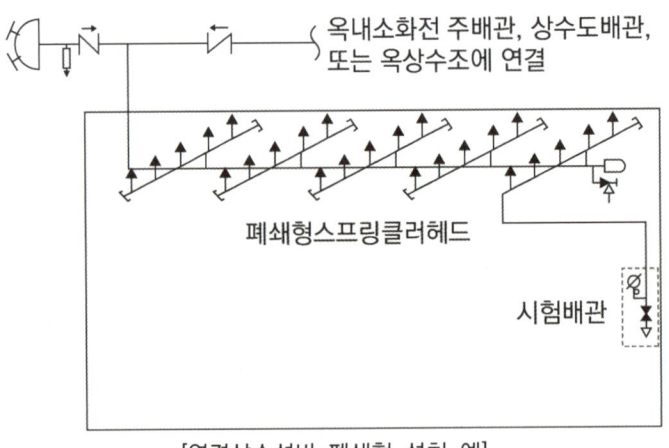

[연결살수설비 폐쇄형 설치 예]

3) 도시기호

| 연결살수헤드 | | 자동배수밸브 | | 송수구 | |

2 연결살수설비 구성요소

1) 송수구와 선택밸브

   (1) 개방형 헤드를 사용하는 경우

   하나의 송수구역(송수구 또는 선택밸브)에 설치하는 살수헤드의 수는 10개 이하가 되도록 해야 한다.

   (2) 폐쇄형 헤드를 사용하는 경우

   살수헤드의 수량과 관계없이 송수구를 설치한다.

[자동배수밸브]

[송수구의 선택밸브]

   (3) 송수구역 일람표

   송수구 또는 선택밸브에는 송수구역을 알 수 있도록 송수구역일람표를 부착하여야 한다.

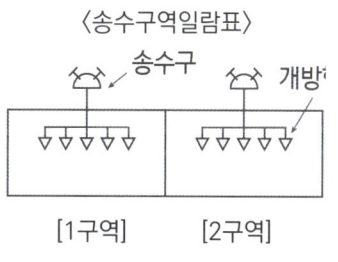
[송수구역 일람표의 예]

〈송수구역일람표〉	
1구역	지하 1층 식당
2구역	지하 1층 복도

2) 살수헤드

   (1) 개방형 헤드를 사용하는 경우

   연결살수설비 전용헤드(하향형) 또는 개방형 스프링클러헤드 사용

   (2) 폐쇄형 헤드를 사용하는 경우

   폐쇄형 스프링클러헤드 사용

   > **참고** 연결살수설비 전용헤드는 개방형으로 하향식만 생산되고 있으며 스프링클러헤드를 사용하는 경우에는 스프링클러설비의 화재안전기준을 준용하여 설치한다.

[연결살수헤드]

3) 시험배관(시험장치)

폐쇄형 스프링클러헤드를 사용하는 경우 송수구로부터 가장 먼 거리에 위치한 가지배관의 끝으로부터 배관을 연장하여 스프링클러설비에 설치되는 시험장치와 같은 시험장치를 설치한다.

[연결살수설비의 시험밸브 점검모습]

3 연결살수설비 점검방법

1) 송수구의 설치수량(개방형 헤드)을 확인한다.
2) 송수구, 헤드 등 구성요소가 화재안전기준에 적합하게 설치되어 있는지 확인한다.
3) 헤드의 형식(상향형, 하향형)에 맞게 설치되어 있는지 확인한다.
4) 폐쇄형 헤드를 사용하는 경우 시험밸브에 압력계를 확인하여 가압되어 있는지 확인하고 시험밸브를 개방하여 원활하게 방수가 되는지 확인한다.

> **참고** 점검방법은 실무에서 확인하는 사항으로 간략하게 기술한 것입니다. 관리사시험 출제 시 문제에서 요구하는 대로 구체적으로 기술하시기 바랍니다.

05 비상콘센트설비 점검

1 비상콘센트설비

1) 비상콘센트설비

    화재 시 소방대의 조명등 또는 소화활동상 필요한 장비의 전원으로 사용하기 위한 설비로 소방대가 사용하는 소화활동설비

2) 비상콘센트설비 계통도

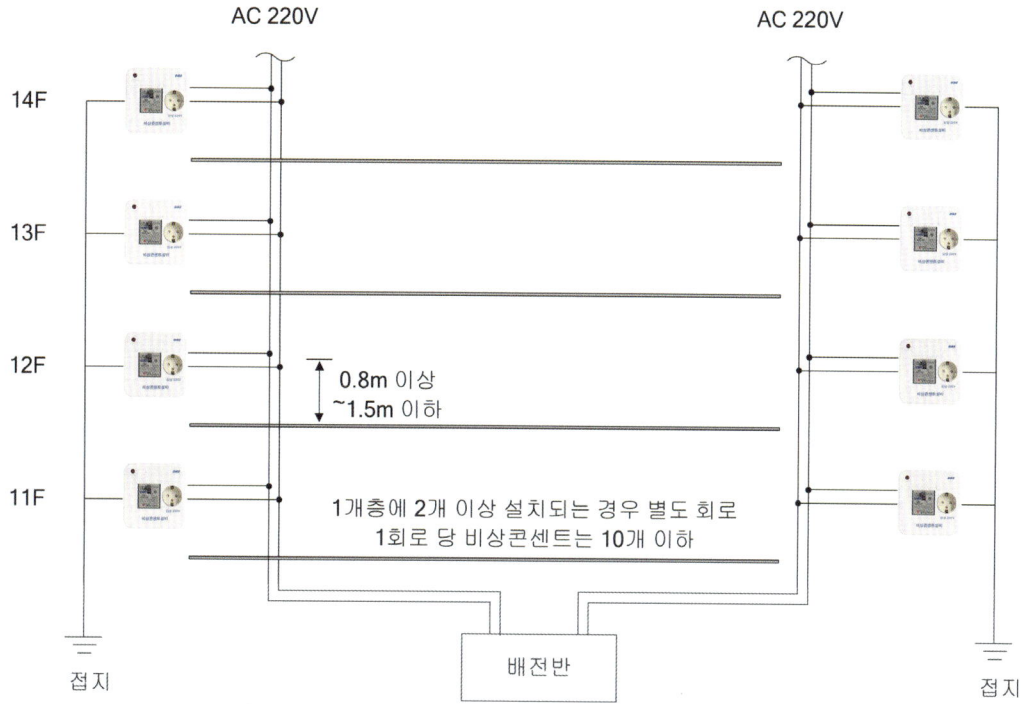

3) 도시기호

4) 상용전원 배선
    (1) 저압수전인 경우 : 인입개폐기의 직후 전용배선으로 분기

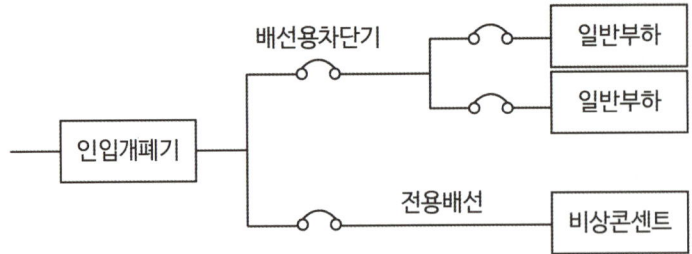

    (2) 특별고압 또는 고압수전인 경우
        ① 전력용 변압기 2차 측의 주차단기 1차 측에서 전용배선으로 분기

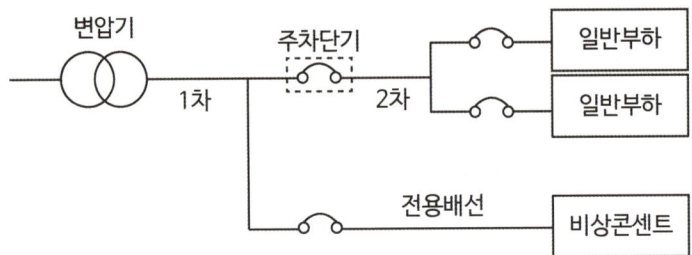

        ② 변압기 2차 측 주차단기 2차 측에서 전용배선으로 분기

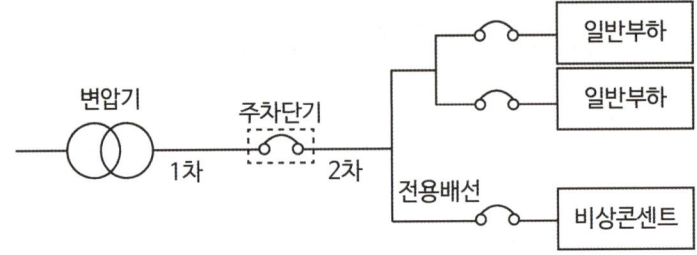

참고 전압의 구분

구 분	직 류	교 류
저 압	1,500V 이하	1,000V 이하
고 압	1,500V 초과 ~ 7kV 이하	1,000V 초과 ~ 7kV 이하
특별고압	7kV 초과	7kV 초과

※ 2021년 1월 1일 전압구분 변경(750V ⇒ 1500V, 600V ⇒ 1000V)

5) 실제 시공

(1) 대부분 겸용배선 시공

(2) 근거 : NFSC 504 제4조 제2항 제3호의 단서조항(다만 다른 설비의 회로의 사고에 따른 영향을 받지 않도록 되어 있는 것에는 해당하지 않음)

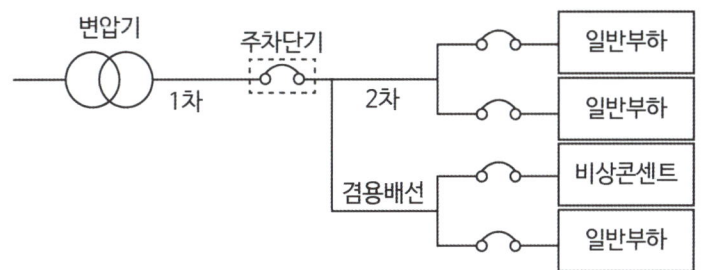

2 비상콘센트 설치위치

1) 바닥으로부터 높이 0.8m 이상 1.5m 이하의 위치에 설치

2) 비상콘센트의 배치

구 분	배 치
• 아파트 • 바닥면적이 1,000m² 미만인 층	계단(2개 이상 시 1개) 출입구로부터 5m 이내
• 바닥면적이 1,000m² 이상인 층	각 계단(3개 이상 시 2개)의 출입구 또는 계단부속실의 출입구로부터 5m 이내

3) 비상콘센트 설치 수평거리

구 분	수평거리
• 지하상가 • 지하층 바닥면적의 합계가 3,000m² 이상	수평거리 25m 이내마다 설치
• 기타	수평거리 50m 이내마다 설치

3 비상콘센트 보호함

1) 쉽게 개폐 가능한 문 설치
2) 표면에 "비상콘센트"라고 표시한 표지 설치
3) 함상부에 적색의 표시등 설치
   (옥내소화전함 등과 접속하여 설치하는 경우 옥내소화전함의 표시등과 겸용 가능)

[비상콘센트의 보호함]

[배선용차단기와 비상콘센트]

[비상콘센트 정격전압점검]

참고 절연저항계의 사용방법

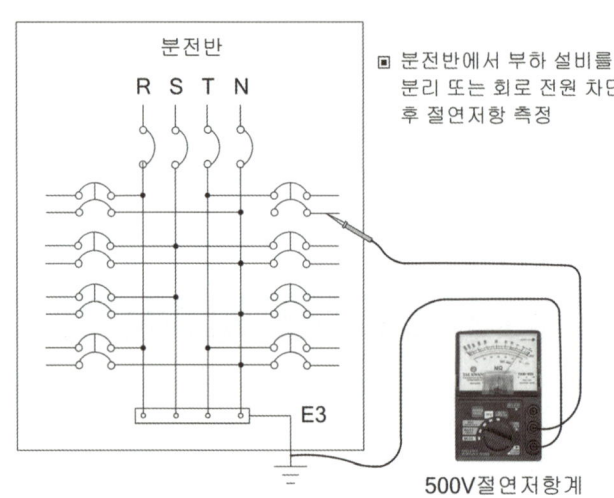

[절연저항의 측정 개념도]

① 측정 전 측정간선 등의 전원 차단(차단기 OFF)
② 절연저항계의 사용 전 계측기의 이상유무 확인(눈금판의 지침이 ∞눈금에 위치하고 있는지 확인하며, 만약 ∞눈금에서 지침이 벗어나 있으면 영위 조정기를 돌려 ∞눈금을 지시하도록 조정한다)
③ 리드봉(빨간색)라인단자에 연결하고 클립리드(검정색)는 어스단자(Earth)에 연결한다.
④ 리드봉(빨간색)을 피측정물에 연결한다.
⑤ 스위치(Push Button)를 누른 후 표시창의 눈금이 안정됐을 때의 값을 읽는다.
⑥ 전원 OFF된 차단기 정상복구

06 무선통신보조설비 점검

1 무선통신보조설비

1) 무선통신보조설비
화재 시 무전기 통신이 안 되는 지하나 16층 이상의 층의 통신을 위한 설비

2) 계통도

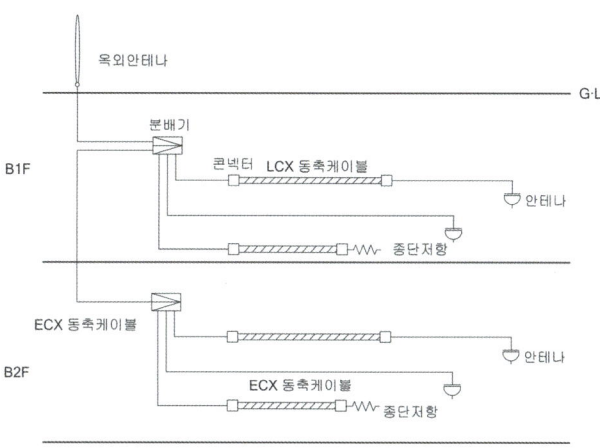

[무선통신보조설비의 계통도 1]

3) 점검장비 사용법(점검방법)

⑴ 무선기의 전원을 켜고, 채널을 조정한다(일치시킨다).

⑵ 무선기 측면의 PTT버튼을 누른 상태가 송신 상태이다.

⑶ PTT버튼을 누르지 않으면 수신상태가 된다.

⑷ 무선통신보조설비 점검

[무선기]

① 옥외안테나 방식

무선기의 전원을 켜고 채널을 맞춘 다음 옥외의 점검자와 지하 또는 16층 이상 위치한 점검자 간에 무선기를 이용하여 상호통신이 원활한지 확인한다.

② 무선기 접속단자함이 설치된 방식

- 무선기의 로드안테나를 돌려서 분리한다.
- 무선기 접속단자함의 문을 열고 접속케이블의 한쪽 커넥터를 접속단자함의 접속단자에 연결하고 다른 한쪽의 커넥터를 무선기의 로드안테나 접속단자에 연결한다.
- 무선기의 전원을 켜고 채널을 맞춘다.
- 옥외의 점검자와 지하 또는 16층 이상 위치한 점검자 간에 무선기를 이용하여 상호통신이 원활한지 확인한다.

2 무선통신 보조설비의 구성

1) 동축케이블(ECX)

(1) 전기신호를 전송할 수 있는 데이터통신에 사용되는 전송선로의 일종
(2) 전기적으로 차폐되어 외부 도체 및 외부 잡음에 거의 영향을 받지 않는 고주파 전송용 회로의 도체
(3) 신호 전송 시 전송거리에 따라 약해지며, 외부로의 누설전계도 동시에 약해짐
(4) 따라서 이의 손실보상이 필요하며, 이를 위하여 중계기나 증폭기를 설치 또는 전선 굵기 증가

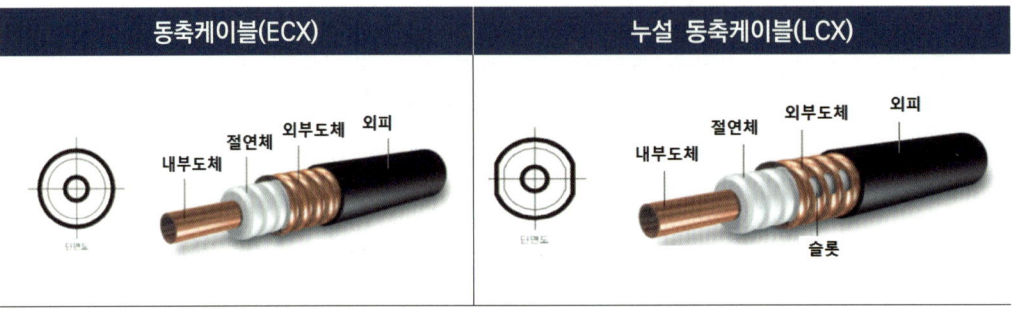

2) 누설 동축케이블(LCX)

(1) 동축케이블의 외부도체에 슬롯(Slot)을 만들어서 전파가 외부로 새어나갈 수 있도록 한 케이블
(2) Slot의 기울기와 길이에 따라 주파수를 선택할 수 있으며 고주파 전송용 회로의 도체로서 균일한 전계를 케이블에 따라 광범위하게 방사
(3) 케이블의 오염이나 경년 변화에 대해 열화가 적음
(4) Grading을 통해 전송거리를 조절
(5) LCX 케이블(LCX-FR-SS-42D-146) 표시사항 **18점**

표시	설명
LCX	누설동축케이블
FR	난연성(내열성)
SS	자기지지(Self Supporting)
42	절연체의 외경
D	특성임피던스 50Ω
14	사용주파수(150MHz 또는 450MHz)
6	결합손실(6dB)

3) 안테나(Antenna)

동축케이블의 말단에 설치, 전파를 효율적으로 송신하거나 수신하기 위하여 사용하는 공중 도체

구 분	Dome안테나	Whip안테나
외 형		
설치장소	16층 이상 세대 내부 또는 계단실	외관에 신경쓰지 않아도 되는 지하주차장 등

4) 옥외안테나

감시제어반 등에 설치된 무선중계기의 입력과 출력포트에 연결되어 송수신 신호를 원활하게 방사·수신하기 위해 옥외에 설치하는 장치

[옥외접속단자]　　　　[옥외안테나-Ⅰ]　　　　[옥외안테나-Ⅱ]

5) 분배기, 혼합기, 분파기

(1) **분배기** : 분배기는 신호의 전송로가 분기되는 장소에 설치하는 것으로 Impedance Matching과 신호의 균등분배를 위해서 사용
(2) **혼합기** : 두 개 이상의 입력신호를 원하는 비율로 비례적으로 조합하는 회로
(3) **분파기** : 서로 다른 주파수의 합성된 신호를 주파수에 따라서 분리 장치(혼합기와 반대 기능)

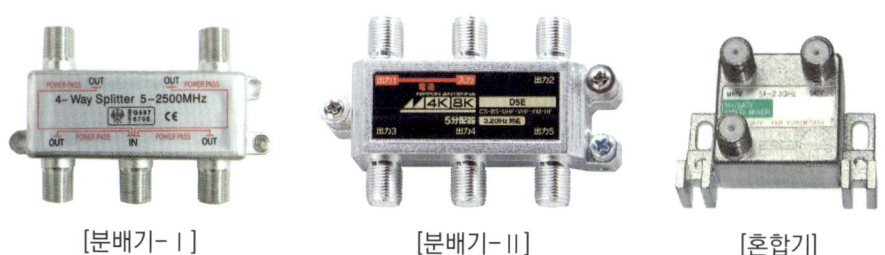

[분배기-Ⅰ]　　　　[분배기-Ⅱ]　　　　[혼합기]

6) 무반사 종단저항

송신부로 되돌아오는 전자파의 반사를 방지하기 위하여 케이블 말단에 설치

[무반사종단저항-Ⅰ]

[무반사종단저항-Ⅱ]

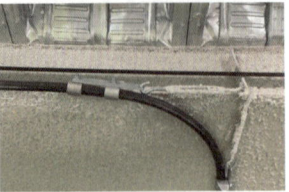

[누설 동축케이블의 지지금구]

7) 증폭기

전송거리에 따라 전송신호가 약해지는 경우 증폭하는 장비

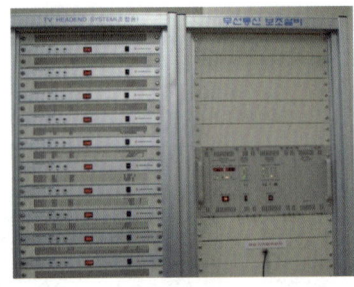

[증폭기-Ⅰ]

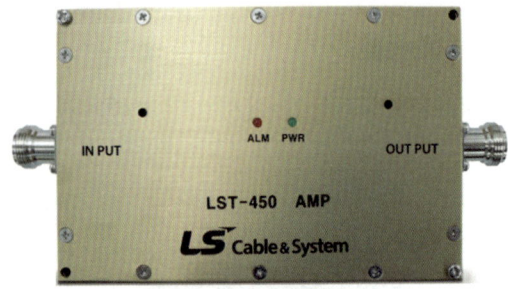

[증폭기-Ⅱ(LS전선)]

8) 무선중계기

안테나를 통하여 수신된 무전기 신호를 증폭한 후 음영지역에 재방사하여 무전기 상호 간 송수신이 가능하도록 하는 장치

기출문제

18점 LCX 케이블(LCX-FR-SS-42D-146)의 표시사항을 빈칸에 각각 쓰시오.(5점)

표 시	설 명
LCX	누설동축케이블
FR	난연성(내열성)
SS	(ㄱ)
42	(ㄴ)
D	(ㄷ)
14	(ㄹ)
6	(ㅁ)

답 생략

CHAPTER 08 기타설비 점검

01 방화문 점검

1 방화문의 구분(「건축법」 시행령 제64조)

1) 60분+ 방화문 : 연기 및 불꽃을 차단할 수 있는 시간이 60분 이상이고, 열을 차단할 수 있는 시간이 30분 이상인 방화문
2) 60분 방화문 : 연기 및 불꽃을 차단할 수 있는 시간이 60분 이상인 방화문
3) 30분 방화문 : 연기 및 불꽃을 차단할 수 있는 시간이 30분 이상 60분 미만인 방화문

2 방화문 성능기준 및 구성(「건축자재등 품질인정 및 관리기준」 제33조)

1) 건축물 방화구획을 위해 설치하는 방화문은 건축물의 용도 등 구분에 따라 화재 시의 가열에 규칙 제14조 제3항 또는 제26조에서 정하는 시간 이상을 견딜 수 있어야 한다. 화재감지기가 설치되는 경우에는 「자동화재탐지설비 및 시각경보장치의 화재안전기준(NFSC 203)」 제7조의 기준에 적합하여야 한다.
2) 차연성능, 개폐성능 등 방화문이 갖추어야 하는 세부 성능에 대해서는 제39조에 따라 국토교통부장관이 승인한 세부운영지침에서 정한다.
3) 방화문은 항상 닫혀 있는 구조 또는 화재발생 시 불꽃, 연기 및 열에 의하여 자동으로 닫힐 수 있는 구조이어야 한다.

3 방화문의 자동폐쇄장치(도어클로져)

[방화문이 열린 경우]   [방화문이 닫힌 경우]

4 상시 개방 고정된 방화문의 도어릴리즈

상시 개방시켜 놓는 방화문은 화재 시 수신기의 화재신호에 의해 자동으로 닫히도록 도어릴리즈를 설치한다.

1) 고리식의 도어릴리즈

[벽에 설치하는 고정장치]

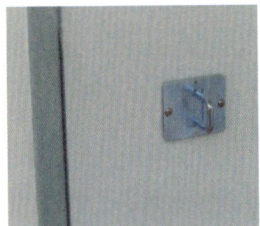
[방화문에 설치된 고리]

[도어릴리즈 설치 예]

2) 자석식의 도어릴리즈

[벽에 설치하는 고정장치]

[방화문에 설치하는 금속판]

3) 도어릴리즈의 결선방법

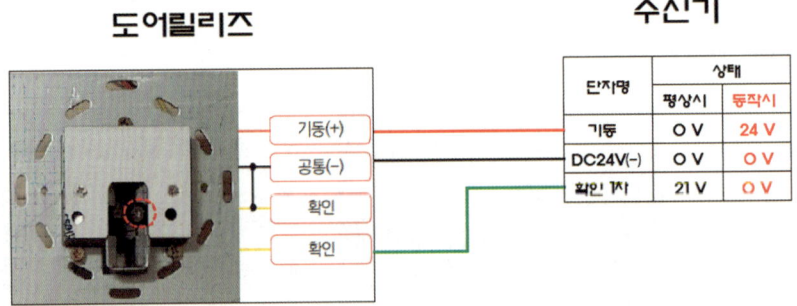

제조사 별로 다소 상이합니다

4) 방화문 순위조절기

양문용 방화문이 닫힐 경우 양쪽 문이 순서대로 닫혀 밀폐될 수 있도록 방화문이 닫히는 순서를 조절하는 장치

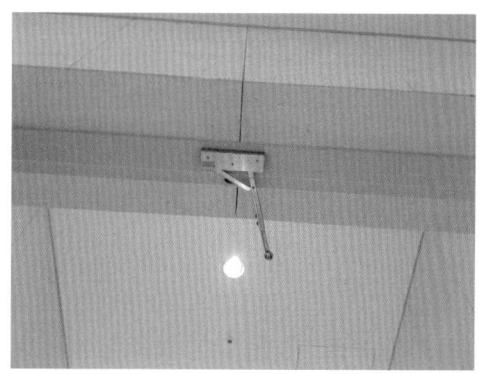

[방화문틀에 설치된 순위조절기]

5 방화문 점검방법

1) 상시 닫혀 있는 방화문의 경우 개방되었을 때 도어클로저에 의해 자동으로 닫히는지 점검한다.
2) 상시 개방되어 있는 방화문의 경우 화재 시 자동으로 닫힐 수 있는 구조인지 점검한다.
3) 수신기와 연동되는 방화문의 경우 화재감지기를 작동시켜 수신기의 신호로 자동으로 닫히는지 점검한다.
4) 방화문이 닫힌 경우 연기가 새어나올 수 있는 틈이 있는지 확인한다.
5) 설계도면(방화구획도, 창호도)을 확인하여 방화문이 교체되거나 철거되지 않았는지 확인한다.

02 자동방화셔터 점검

1 자동방화셔터 관련 규정

1) 건축물의 피난·방화구조 등의 기준에 관한 규칙 제14조 제2항 제4호

영 제46조 제1항 제2호(방화구획 등의 설치) 및 제81조 제5항 제5호(맞벽건축 및 연결복도)에 따라 설치되는 자동방화셔터는 다음 각 목의 요건을 모두 갖출 것. 이 경우 자동방화셔터의 구조 및 성능기준 등에 관한 세부사항은 국토교통부장관이 정하여 고시한다.

가. 피난이 가능한 60분+ 방화문 또는 60분 방화문으로부터 3미터 이내에 별도로 설치할 것
나. 전동방식이나 수동방식으로 개폐할 수 있을 것
다. 불꽃감지기 또는 연기감지기 중 하나와 열감지기를 설치할 것
라. 불꽃이나 연기를 감지한 경우 일부 폐쇄되는 구조일 것
마. 열을 감지한 경우 완전 폐쇄되는 구조일 것

2) 건축자재등 품질인정 및 관리기준

(1) 정의

"자동방화셔터"란 내화구조로 된 벽을 설치하지 못하는 경우 화재 시 연기 및 열을 감지하여 자동 폐쇄되는 셔터로서 건축자재등 품질인정기관이 이 기준에 적합하다고 인정한 제품을 말한다.

(2) 제34조(자동방화셔터 성능기준 및 구성)

① 건축물 방화구획을 위해 설치하는 자동방화셔터는 건축물의 용도 등 구분에 따라 화재 시의 가열에 규칙 제14조 제3항에서 정하는 성능 이상을 견딜 수 있어야 한다.
② 차연성능, 개폐성능 등 자동방화셔터가 갖추어야 하는 세부 성능에 대해서는 제39조에 따라 국토교통부장관이 승인한 세부운영지침에서 정한다.
③ 자동방화셔터는 규칙 제14조 제2항 제4호에 따른 구조를 가진 것이어야 하나, 수직방향으로 폐쇄되는 구조가 아닌 경우는 불꽃, 연기 및 열감지에 의해 완전폐쇄가 될 수 있는 구조여야 한다. 이 경우 화재감지기는 「자동화재탐지설비 및 시각경보장치의 화재안전기준(NFSC 203)」 제7조의 기준에 적합하여야 한다.
④ 자동방화셔터의 상부는 상층 바닥에 직접 닿도록 하여야 하며, 그렇지 않은 경우 방화구획 처리를 하여 연기와 화염의 이동통로가 되지 않도록 하여야 한다.

2 자동방화셔터 주요 구성요소

자동방화셔터는 방화구획의 구성요소로서 평상시 천장에 올려져 있다가 화재 시 자동으로 하강하여 방화구획 시간 동안 불꽃과 연기를 차단하는 설비이다. 방화셔터를 감아올리는 전동기가 설치되며 화재 시 자동 하강을 위한 장치로서 화재감지기, 연동제어기, 수동조작 스위치, 폐쇄기, 모터 등이 설치된다.

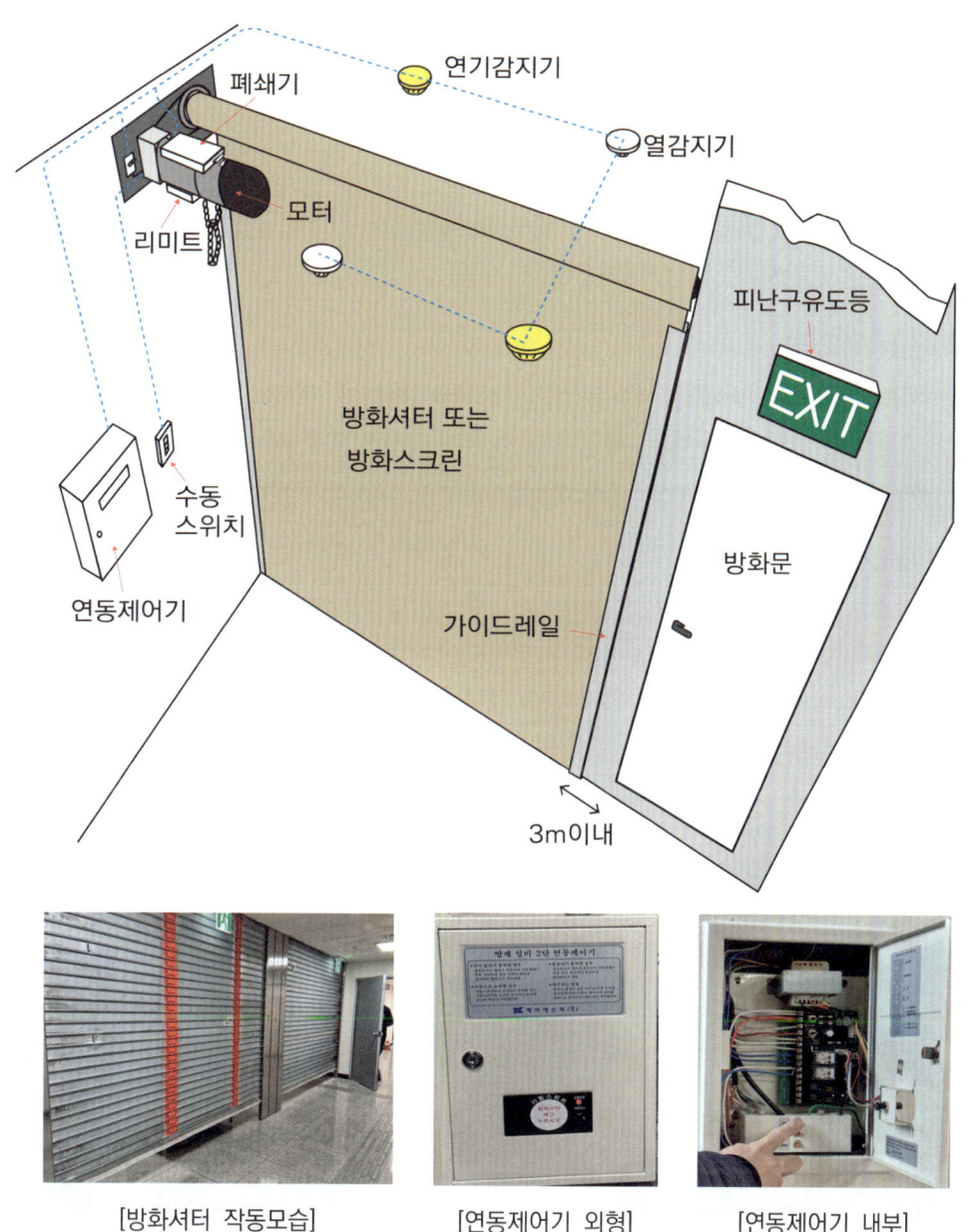

[방화셔터 작동모습] [연동제어기 외형] [연동제어기 내부]

> **참고** 사진상 방화셔터에 출입구가 표시된 것은 일체형 방화셔터로서 2022년부터 설치가 금지되었다. 방화셔터의 기준은 소급 적용하지 않으므로 2022년 이전에 설치된 일체형 방화셔터는 사용할 수 있다.

1) 연동제어기

화재감지기의 화재신호를 직접 받거나 화재수신기를 통하여 받아 방화셔터를 자동 폐쇄, 음향경보 및 확인신호 수신기로 송출하는 기능을 하는 장치이다. 내장된 수동스위치에 의해서도 같은 기능을 한다. 예비전원, 복구스위치, 음향정지스위치, 예비전원점검스위치를 내장하며 전면에 전원표시등, 예비전원감시등, 작동확인등, 음향표시등이 있다.

2) 수동스위치

방화셔터를 수동으로 상승, 하강, 정지할 수 있는 스위치이다. 별도로 설치되거나 연동제어기 내부에 설치되는 경우도 있다.

3) 감지기

  (1) **불꽃감지기 또는 연기감지기** : 일부 폐쇄용(1차 기동)
  (2) **정온식 감지기** : 완전 폐쇄용(2차 기동)

[수동스위치]

4) 전동기(모터)

셔터를 올리고 내리는 기능을 하는 장치로 전기가 흐르지 않을 때는 브레이크에 의해 고정되어 있다. 모터에는 체인이 달려 있어 모터 고장 시 수동으로 셔터를 올리고 내릴 수 있다.

5) 폐쇄기

화재 시 모터의 브레이크를 해제하는 장치이다. 브레이크가 해제되면 셔터는 자중에 의해 무동력으로 하강한다. 셔터가 정지되어야 하는 위치에서 폐쇄기가 복구되면서 브레이크가 작동하여 셔터가 정지하게 된다. 연동제어기에 연결되어 DC 24V를 사용하며 폐쇄기 불량으로 자동복구되지 않을 경우 수동으로도 복구가 가능하다.

> **참고** 셔터가 1차 정지(일부 폐쇄)되는 위치는 연동제어기에서 조절 및 세팅이 가능하다. 제조사마다 방법이 다르므로 설명서를 참조하며 주로 타이머를 조절하거나 버튼을 눌러 세팅하는 방법을 사용한다. 구형의 경우 연동제어기가 아닌 폐쇄기에 셔터 1차 세팅 타이머가 부착된 경우도 있다.

  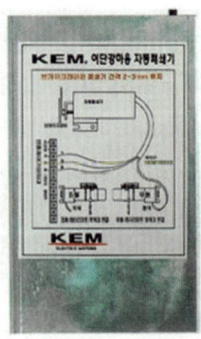 

[모터(출처 : KEM)]   [리미트]   [폐쇄기]   [폐쇄기 내부]

※출처 : 파이어폭스

6) 리미트

셔터가 지정된 위치(높이)에서 자동으로 정지할 수 있도록 하는 장치이다. 셔터의 상한 및 하한 정지 위치를 설정할 수 있다.

7) 수신기

(1) 방화셔터가 동작하면 수신기에서 확인만 받도록 구성하는 방법

화재감지기는 연동제어기에 직접 연결한다. 셔터가 동작하면 수신기에서는 해당 방화셔터 작동확인등만 표시된다.

(2) 수신기에서 자동/수동 제어가 가능하도록 구성하는 방법

방화셔터의 화재감지기를 수신기에 연결하여 화재감지기가 동작하면 수신기에서 확인하여 셔터 기동신호를 연동제어기에 보낸다. 셔터가 작동하면 연동제어기는 수신기에 작동 확인 신호를 보내게 된다.

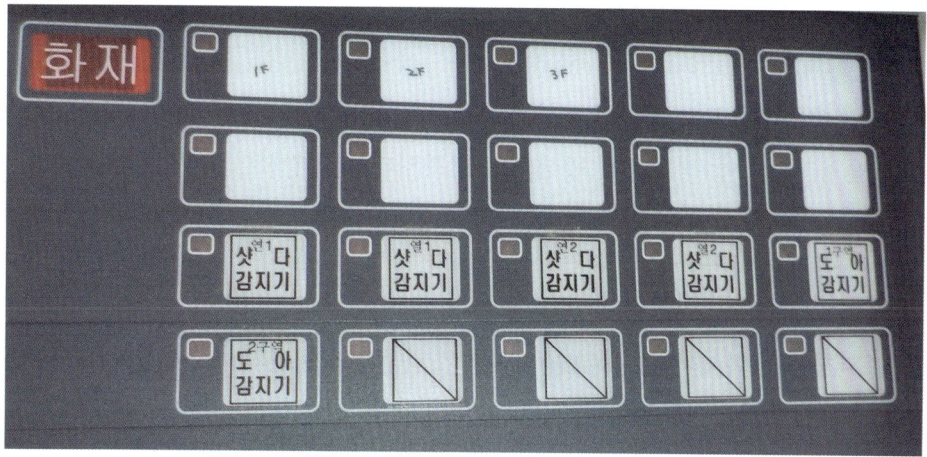

[수신기에서 방화셔터감지기 작동 확인]

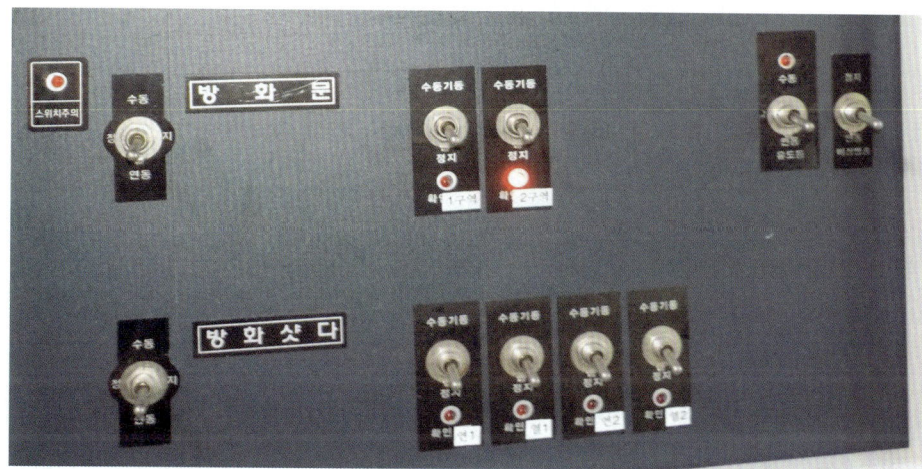

[수신기에서 방화셔터 자동/수동 제어]

3 자동방화셔터 작동점검

1) 점검 전 준비

(1) 방화셔터의 수동조작스위치의 "하강(DOWN)"버튼을 눌러 방화셔터가 하강하면 "정지"버튼을 눌러 정지가 되는지 확인한다.

(2) 방화셔터의 "UP"버튼을 눌러 방화셔터를 원위치로 올리고 자동 정지되는지 확인한다.

(3) 연동제어기의 교류전원등이 점등되어 있고 예비전원이 정상인지 확인한다(이상이 있을 경우 예비전원감시등 점등).

> **참고** 방화셔터의 수동기동스위치에 의한 상승, 하강과 정지가 되지 않으면 이상이 있는 것이므로 보수 후 점검하여야 한다. 방화셔터를 올릴 때 상단에서 멈추지 않고 셔터가 말려 들어가는 경우가 종종 있으므로 셔터를 조작할 때는 항상 정지버튼을 누를 준비를 하고 있어야 한다.

2) 수신기에서 기동 확인만 받는 경우 점검 및 확인사항 `11점`

감지기 회로를 연동제어기에 직접 연결하고 수신기에서는 작동 확인만 받는 경우로서 다음과 같이 점검한다.

(1) 연기감지기(또는 불꽃감지기)를 작동시킨다(연기감지기 시험기 사용).

(2) 연동제어기에 경보음이 발생되며 방화셔터가 하강하다가 중간위치에서 자동으로 멈추는지 확인한다(1단 강하).

(3) 정온식 감지기를 작동시킨다(열감지기 시험기 사용).

(4) 방화셔터가 완전히 하강하여 바닥이 밀폐가 되는지 확인한다(2단 강하).

(5) 일체형 방화셔터의 경우 방화셔터 가운데에 설치된 출입문이 쉽게 개방되고 닫히면 밀폐가 되는지 확인한다.

(6) 수신기에서 해당 방화셔터 작동 확인등이 점등되는지 확인한다.

(7) 연동제어기의 복구 스위치를 누른다.

(8) 수동조작스위치의 "UP"버튼을 눌러 방화셔터를 원위치로 올려놓는다.

> **참고** 방화셔터가 올라가면 중간에 수동조작스위치의 정지버튼을 눌러서 정지하는지 확인한다. 폐쇄기가 복구되지 않으면 정지하지 않고 계속 하강한다. 이럴 경우 다시 복구를 수행하거나 점검구를 열어 폐쇄기를 수동으로 복구하여야 한다.

3) 수신기에서 수동제어가 가능한 경우 점검 및 확인사항

감지기 회로를 수신기에 연결하고 연동제어기에서는 수신기로부터 연동신호를 받아 방화셔터가 동작되는 경우로서 다음과 같이 점검한다.

(1) 연기감지기(또는 불꽃감지기)를 작동시킨다(연기감지기 시험기 사용).

(2) 수신기에서 해당 방화셔터의 연기(불꽃)감지기 작동표시와 음향경보 작동을 확인한다.

(3) 연동제어기에 경보음이 발생되며 방화셔터가 하강하다가 중간위치에서 자동으로 멈추는지 확인한다(1단 강하).

⑷ 정온식 감지기를 작동시킨다(열감지기 시험기 사용).
⑸ 수신기에서 해당 방화셔터의 열감지기 작동표시와 음향경보 작동을 확인한다.
⑹ 방화셔터가 완전히 하강하여 바닥이 밀폐가 되는지 확인한다(2단 강하).
⑺ 일체형 방화셔터의 경우 방화셔터 가운데에 설치된 출입문이 쉽게 개방되고 닫히면 밀폐가 되는지 확인한다.
⑻ 수신기에서 해당 방화셔터 작동 확인등이 점등되는지 확인한다.
⑼ 수신기를 복구하고 연동제어기의 복구스위치를 누른다(순서주의).
⑽ 수동조작스위치의 "UP" 버튼을 눌러 방화셔터를 원위치로 올려놓는다.

4) 방화셔터 작동방법

⑴ 감지기를 작동시킨다.
⑵ 연동제어기의 수동기동 버튼을 누른다.
⑶ 수신기에서 수동제어가 가능한 경우 수신기에서 수동기동스위치를 작동한다.
⑷ 수신기에 감지기가 연결된 경우 해당감지기의 회로를 선택하고 화재작동시험 버튼을 누른다.

5) 방화셔터 작동점검 시 주의사항

⑴ 점검 전 주위에 사람이 접근하지 못하도록 안내하고, 통제한다(안전사고 방지).
⑵ 방화셔터를 동작시키기 전 수동조작스위치에 의한 정상작동을 확인한다.
⑶ 하강에 지장이 없는지 레일의 상태와 하단 장애물 적치 여부를 점검한다.
⑷ 하나의 연동제어기로 동작되는 방화셔터를 파악한다(연동제어기의 수동스위치 숫자로 확인 가능하다).
⑸ 방화셔터의 수동조작스위치에 의한 작동을 연속적으로 하지 않는다. 전동기에 과전류가 흘러 소손될 수 있다.
⑹ 방화셔터 하강 시 하강하는 힘이 매우 크므로 사람이 무리하게 아래로 통과하거나 물건을 놓지 않는다.

기출문제

11점 다음은 방화구획선상에 설치되는 자동방화셔터(국토해양부 고시)에 관한 내용이다. 각 물음에 답하시오
1) 자동방화셔터의 작동기능점검을 하고자 한다. 셔터 작동 시 확인사항 4가지를 쓰시오.(8점)   답 생략

4 자동방화셔터 이상현상과 대책

1) 점검종료 후 방화셔터를 올려도 계속 하강하는 경우

   (1) 수신기에서 감지기가 복구되었는지 확인한다. 연기감지기의 경우 잔류 연기에 의해 재 동작 할 수 있다.
   (2) 수신기를 복구시킨 후 연동제어기의 복구버튼을 누른다(폐쇄기 복구).
   (3) 연동제어기 마다 복구하는 방법을 다를 수 있으므로 해당 연동제어기에 맞게 복구한다.
   (4) 복구가 되지 않을 경우 점검구를 열고 폐쇄기를 직접 복구한다.
   (5) 폐쇄기가 불량인 경우 교체한다.

2) 수동스위치를 조작하였을 때 방화셔터가 올라가지 않는 경우

   (1) 모터의 차단기가 작동하여 전원이 공급되지 않는 경우 점검구를 열고 모터 인근에 있는 차단기를 복구한다.
   (2) 모터가 불량인 경우 모터를 수리하거나 교체한다.
   (3) 수동스위치 배선에 문제가 있는 경우 배선을 보수한다.

CHAPTER 09 용도별 소방시설 점검

01 도로터널 점검

1 도로터널

1) 도로터널 정의

「도로법」에 따른 도로의 일부로서 자동차의 통행을 위해 지붕이 있는 구조물

2) 터널 점검

(1) 작동점검대상 : 길이가 1,000m 이상인 터널(자동화재탐지설비 및 옥내소화전 설치)

(2) 종합점검대상 : 제연설비가 설치된 터널

[4차로 일방향 도로터널]

2 도로터널 소방시설

터널 길이	소방설비
전체	소화기
500m 이상	비상경보설비, 비상조명등, 무선통신보조설비, 비상콘센트설비
1,000m 이상	옥내소화전, 자동화재탐지설비, 연결송수관설비
행정안전부령으로 정하는 터널	물분무소화설비, 제연설비
설치제외(소방시설법)	비상방송설비, 유도등설비, 시각경보기

3 도로터널 소방시설의 특징

1) 광센서형 정온식 감지기 설치

터널에는 화재 발생장소의 거리와 온도를 알 수 있는 광센서형 정온식 감지기가 설치되며 R형 수신기를 통해 실시간으로 터널 전체길이에 대한 온도를 확인할 수 있다.

2) 제연설비

터널의 제연설비는 터널의 환기방식에 따라 종류식과 횡류식(대배기구식)이 있다.

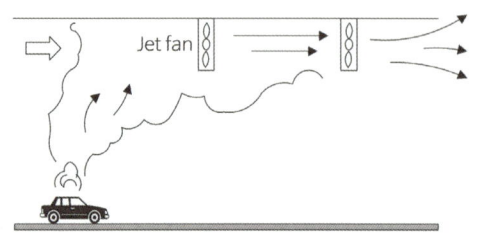

[종류식(Jet Fan)]　　　　　[도로터널의 제연팬]

(1) **횡류환기방식** : 터널 안의 배기가스와 연기 등을 배출하는 환기방식으로서 기류를 횡방향(바닥에서 천장)으로 흐르게 하여 환기하는 방식

(2) **대배기구방식** : 횡류환기방식의 일종으로 배기구에 개방/폐쇄가 가능한 전동댐퍼를 설치하여 화재 시 화재지점 부근의 배기구를 개방하여 집중적으로 배연할 수 있는 제연방식

(3) **종류환기방식** : 터널 안의 배기가스와 연기 등을 배출하는 환기방식으로서 기류를 종방향(출입구 방향)으로 흐르게 하여 환기하는 방식

(4) **반횡류환기방식** : 터널 안의 배기가스와 연기 등을 배출하는 환기방식으로서 터널에 수직배기구를 설치해서 횡방향과 종방향으로 기류를 흐르게 하여 환기하는 방식

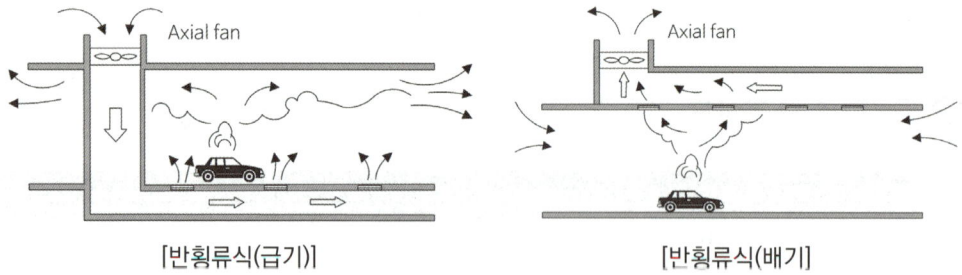

[반횡류식(급기)]　　　　　[반횡류식(배기)]

> **참고** 소방점검은 개별 소방시설의 점검방법에 따라 시행한다.

02 고층건축물 점검

1 고층건축물

1) 고층건축물

   층수가 30층 이상이거나 높이가 120m 이상인 건축물

2) 초고층건축물

   층수가 50층 이상 또는 높이가 200m 이상인 건축물

2 소방시설 특징

1) 피난안전구역 설치

[피난안전구역]

[계단실의 피난유도선]

2) 아날로그감지기와 이중배선(50층 이상인 건축물)

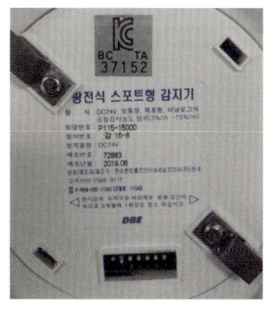
[아날로그감지기]

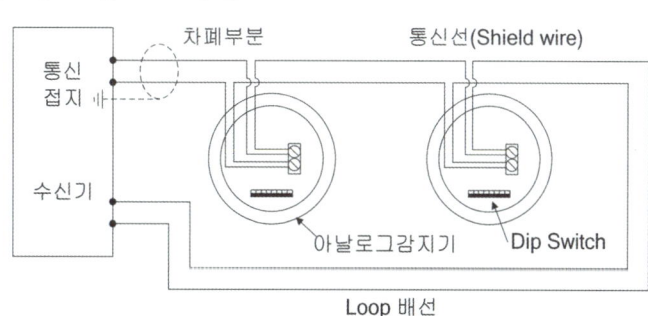
[아날로그감지기의 이중배선]

3) 소화설비 이중배관(50층 이상인 건축물)

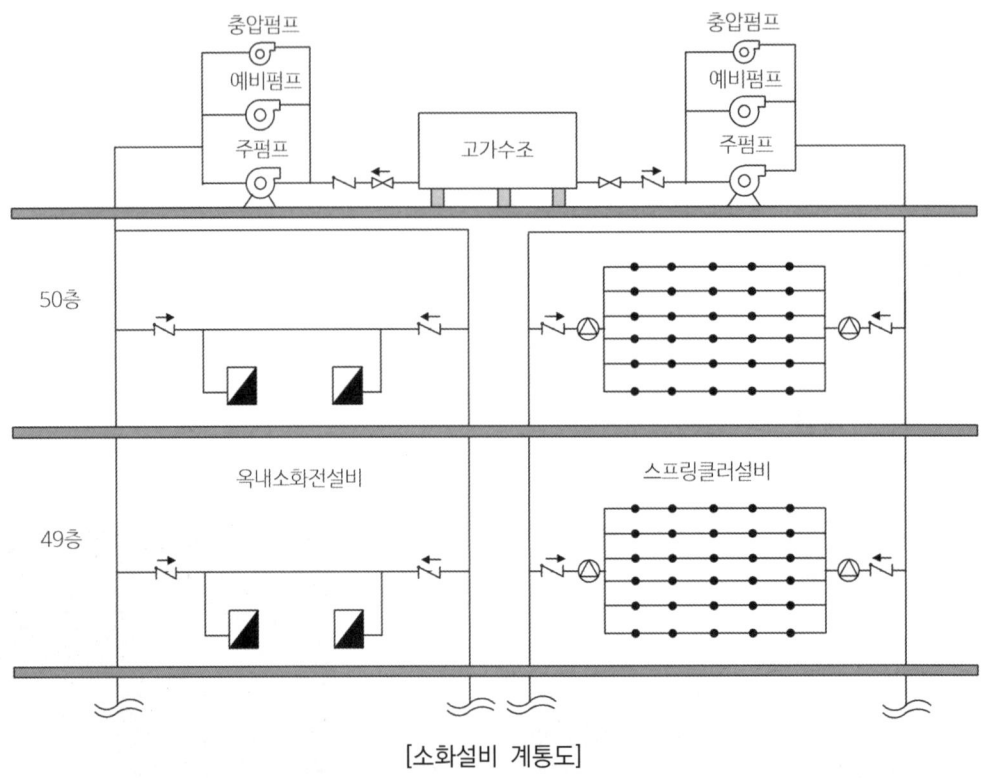

[소화설비 계통도]

PART 03

기타

CHAPTER 01　도시기호
CHAPTER 02　전기회로
　　　　　　（가닥수·결선도·시퀀스）

CHAPTER 01 도시기호

분류	명칭		도시기호	분류	명칭	도시기호
배관	일반배관		───	헤드류	스프링클러헤드폐쇄형 상향식(평면도)	─●─
	옥내·외소화전		─H─		스프링클러헤드폐쇄형 하향식(평면도) **12점**	─●─ (하향)
	스프링클러		─SP─		스프링클러헤드개방형 상향식(평면도)	─○─
	물분무		─WS─		스프링클러헤드개방형 하향식(평면도) **12점**	─○─ (하향)
	포소화		─F─		스프링클러헤드폐쇄형 상향식(계통도)	▲
	배수관		─D─		스프링클러헤드폐쇄형 하향식(입면도)	▼
	전선관	입상	↗		스프링클러헤드폐쇄형 상·하향식(입면도)	▲▼
		입하	↙		스프링클러헤드 상향형(입면도)	↑
		통과	↗		스프링클러헤드 하향형(입면도)	↓
관이음쇠	후렌지		─┤├─		분말·탄산가스·할로겐헤드 **21설**	⊕ △
	유니온		─┤│├─		연결살수헤드 **15점**	─◇─
	플러그		←┤		물분무헤드(평면도) **1점**	⊗
	90°엘보 **18점**		┐		물분무헤드(입면도)	▽

분류	명칭	도시기호	분류	명칭	도시기호
관이음쇠	45°엘보		헤드류	드랜쳐헤드(평면도)	
	티 **18점**			드랜쳐헤드(입면도)	
	크로스			포헤드(평면도) **21설**	
				포헤드(입면도) **17점**	
	맹후렌지			감지헤드(평면도)	
	캡				
헤드류	감지헤드(입면도)		밸브류	릴리프밸브(이산화탄소용)	
	청정소화약제 방출헤드(평면도)			릴리프밸브(일반) **15, 19, 24점**	
	청정소화약제 방출헤드(입면도)			동체크밸브	
	체크밸브 **18, 19점**			앵글밸브 **16, 18점**	
	가스체크밸브 **16점**			FOOT밸브 **16, 24점**	
	게이트밸브(상시개방) **18, 24점**			볼밸브 **18점**	
	게이트밸브(상시폐쇄) **24점**			배수밸브 **24점**	
	선택밸브			자동배수밸브 **16점**	

분류	명칭	도시기호	분류	명칭	도시기호
밸브류	조작밸브(일반)		밸브류	여과망	
	조작밸브(전자식)			자동밸브	
	조작밸브(가스식)			감압밸브 **16점**	
	경보밸브(습식)			공기조절밸브	
	경보밸브(건식)		계기류	압력계 **24점**	
	프리액션밸브 **12점**			연성계	
	경보델류지밸브 **12점**	D		유량계 **24점**	
	프리액션밸브 수동조작함	SVP	소화전	옥내소화전함	
	플렉시블조인트 **24점**			옥내소화전 방수용기구병설	
	솔레노이드밸브 **12점**	S		옥외소화전	H
	모터밸브	M		포말소화전 **1점**	F
소화전	송수구		경보설비기기류	차동식 스포트형 감지기	
	방수구 **21설**			보상식 스포트형 감지기	

분류	명칭	도시기호	분류	명칭	도시기호
스트레이너	Y형 **24점**		경보설비기기류	정온식 스포트형 감지기	
	U형			연기감지기	S
저장탱크류	고가수조 (물올림장치)			감지선	
	압력챔버 **24점**			공기관	
	포말원액탱크	(수직) (수평)		열전대	
레듀셔	편심레듀셔			열반도체	
	원심레듀셔			차동식 분포형 감지기의 검출기	
혼합장치류	프레져프로포셔너			발신기세트 단독형	PBL
	라인프로포셔너			발신기세트 옥내소화전내장형	PBL
	프레져사이드 프로포셔너			경계구역번호	△
				비상용누름버튼	F
	기타	P		비상전화기	ET

분류	명 칭	도시기호	분류	명 칭	도시기호
펌프류	일반펌프		경보설비기기류	비상벨	B
	펌프모터(수평)	M		사이렌	
	펌프모토(수직)	M		모터사이렌	M
				전자사이렌	S
저장용기류	분말약제 저장용기	P.D		조작장치	E P
				증폭기	AMP
	저장용기 **1점**			종단저항	
경보설비기기류	기동누름버튼	E	제연설비	수동식 제어	
	이온화식 감지기 (스포트형) **21설**	S I		천장용 배풍기	
	광전식 연기감지기 (아날로그)	S A		벽부착용 배풍기	
	광전식 연기감지기 (스포트형)	S P		배풍기	일반배풍기
	감지기간선, HIV1.2mm×4 (22C)	—F—///—			
	감지기간선, HIV1.2mm×8 (22C)	—F—///—///—			관로배풍기

분류	명칭	도시기호	분류	명칭	도시기호
경보설비기기류	유도등간선 HIV2.0mm×3 (22C)	—— EX ——	제연설비	화재댐퍼 **15점**	
	경보부저	BZ		연기댐퍼	
	제어반		댐퍼	화재/연기 댐퍼	
	표시반				
	회로시험기 **15점**		스위치류	압력스위치 **24점**	PS
	화재경보벨	B		탬퍼스위치	TS
	시각경보기 (스트로브) **17점, 21설**		방연·방화문	연기감지기(전용)	S
	수신기			열감지기(전용)	
	부수신기			자동폐쇄장치 **1점**	ER
	중계기 **1점**			연동제어기 **17점**	
	표시등			배연창기동 모터	M
	피난구유도등			배연창수동조작함	
	통로유도등	→	피뢰침	피뢰부(평면도)	
	표시판			피뢰부(입면도)	
	보조전원	T R		피뢰도선 및 지붕 위 도체	——

분류	명칭	도시기호	분류	명칭	도시기호
제연설비	접지		기타	비상콘센트	
	접지저항 측정용단자			비상분전반	
소화기류	ABC소화기	소		가스계소화설비의 수동조작함	RM
	자동확산 소화기	자		전동기구동	M
	자동식 소화기	소		엔진구동	E
	이산화탄소 소화기	C		배관행거	
	할로겐화합물 소화기			기압계 **17점**	
기타	안테나			배기구	
	스피커			바닥은폐선	— — — —
	연기 방연벽			노출배선	———
	화재방화벽	———		소화가스 패키지	PAC
	화재 및 연기방벽				

CHAPTER 02 전기회로(가닥수 · 결선도 · 시퀀스)

01 전기회로 이해

1 전기회로 구성

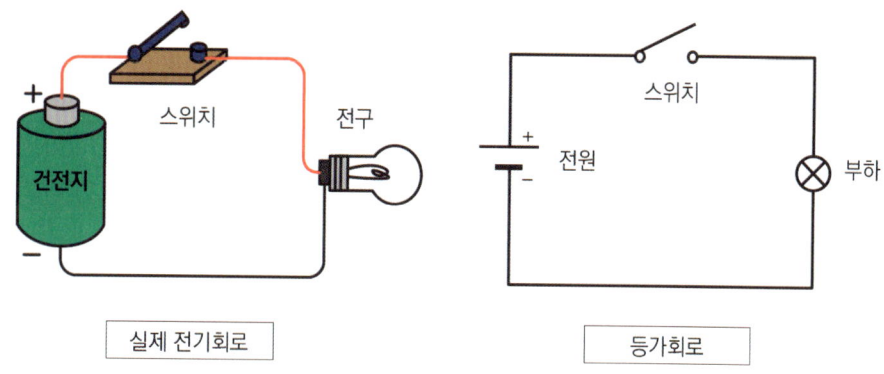

실제 전기회로 / 등가회로

2 입력장치와 출력장치

1) 소방전기회로의 주요 입력장치(스위치류)

각종 스위치(기동스위치), 각종 감지기, 압력스위치, 발신기, 템퍼스위치, 저수위감시장치 등

2) 소방전기회로의 주요 출력장치(부하)

각종 램프(위치표시등, 기동램프, 화재표시등, 지구표시등, 기동확인등, 발신기응답등 등), 경종, 사이렌, 시각경보기, 솔레노이드밸브, 전동밸브 등

3) 출력과 입력이 모두 있는 것

릴레이

4) 수신기와 중계기의 단자 구분

수신기와 중계기에 전선을 접속하는 단자는 크게 세 가지로 구분한다. 입력단자, 출력단자, 무전압이보단자이다.

(1) **입력단자** : 입력장치 회로를 연결하는 단자. 회로가 연결 안 된 상태의 단자의 전압은 24V이다. 입력장치(스위치)가 동작하면 0V에 가까운 전압이 측정된다.

(2) **출력단자** : 출력장치 회로를 연결하는 단자. 단자의 전압은 평상시 0V이고 출력신호가 나갈 때는 24V이다.

(3) **무전압이보** : 릴레이에 의해 동작하는 스위치 단자이다. 다른 설비와 연동시킬 때 사용하며 전원이 연결되어 있지 않고 스위치 기능만 하는 단자이다(a접점).

3 공통선의 이해

전기회로를 구성할 때 전기장치의 회로를 병렬로 설치한다. 이때 +, -선을 모두 공통으로 설치하면 수신기에서 전기장치를 각각 구분하여 제어(출력)하거나 확인(입력)할 수 없다. 연결된 장치를 각각 구분하여 제어 및 확인하기 위하여 장치마다 두 가닥의 전선을 별도로 설치하는 방법도 있지만 두 가닥의 전선 중 한 가닥만 구분하여 설치하여도 가능하다. 이렇게 전기장치마다 한 가닥만 각각 설치하고 다른 한 가닥은 구분하지 않고 공통으로 연결하게 되는데 이 전선을 공통선이라고 한다. "COM"이라고도 표현한다.

공통선을 사용할 경우 주의할 점은 하나의 공통선에 연결되는 각 부하의 소요전류를 고려하여야 한다는 점이다. 한 가닥의 전선이 보낼 수 있는 전류의 양이 제한되기 때문이다.

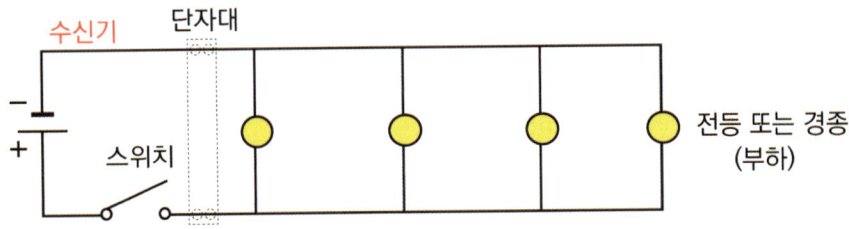

전선은 절약되나 수신기에서 부하를 1개씩 켜고 끌 수 없다.
[+선을 구분하지 않은 경우]

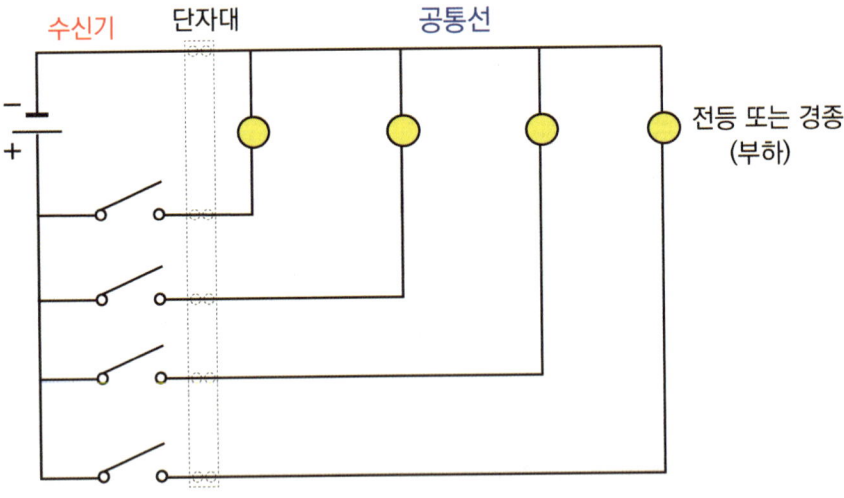

부하마다 +선만 구분하여 설치하여도 수신기에서 부하를 1개씩 켜고 끌 수 있다.
[+선을 구분한 경우]

4 시퀀스회로의 이해

1) 시퀀스제어의 구성

(1) **시퀀스제어** : 미리 정해진 순서나 일정한 논리에 의해 순차적으로 제어를 진행하는 방식을 말하며 이를 등가회로로 표현한 것이 시퀀스회로이다.

(2) **a접점** : 평상시 개방 상태에서 수동 또는 자동으로 동작 시 폐로상태가 되는 접점

(3) **b접점** : 평상시 폐로 상태에서 수동 또는 자동으로 동작 시 개방되는 접점

(4) **PB(Push Botton, 누름버튼)** : 버튼을 눌렀다가 손을 떼면 원상태로 돌아오는 자동복귀형 푸시버튼을 주로 사용한다.

(5) ○는 부하를 의미한다. 릴레이, 전자접촉기, 모터, 램프, 부저 등이 있고 전류가 흐를 때 동작한다.

(6) **R(Relay)** : 철심에 코일이 감겨져 있어 코일에 전류가 흐르면 철심이 전자석이 되어 가동철편(접점)을 흡인하여 스위치 기능을 가지는 제어장치. 전자접촉기에 비해 용량은 작지만 많은 보조회로에 사용하는 계전기로서 다수의 a, b접점을 가지고 있다.

(7) **MC(Magnetic contractor)** : 전자접촉기

(8) **MCCB(Molded Case Circuit Breaker)** : 과부하 및 단락보호를 겸한 배선용 차단기. 저압 옥내전압 보호

(9) **열동계전기(THR, Thermal Relay)** : 바이메탈의 원리를 이용하여 전류의 열을 감지하여 동작하는 방식의 계전기. EOCR에 비해 주위의 온도에 영향을 받기 때문에 정확도가 다소 떨어지지만 구조가 간단하며 기계적인 구조로 저렴하다.

(10) **과전류계전기(EOCR, Electronic Over Current Relay)** : 모터의 과부하 외에도 결상, 지락 등의 보호 기능이 존재한다. CT로 직접 전류를 측정하여 THR보다 정확하다. THR에 비해 구조가 복잡하고 전기적인 구조로 비싼 편이다.

(11) **IM(Induction Motor)** : 유도전동기

(12) **타이머** : 일정 시간 후 동작하는 계전기(보통 한시동작 순시복귀 사용)
  ① 한시동작 순시복귀 : 타이머에 전기가 흐르면 t시간 후 작동, 타이머에 전기 공급이 중단되면 즉시 복귀
  ② 순시동작 한시복귀 : 타이머에 전기가 흐르면 즉시 작동, 타이머에 전기 공급이 중단되면 t시간 후 복귀

(13) 전기회로 기호

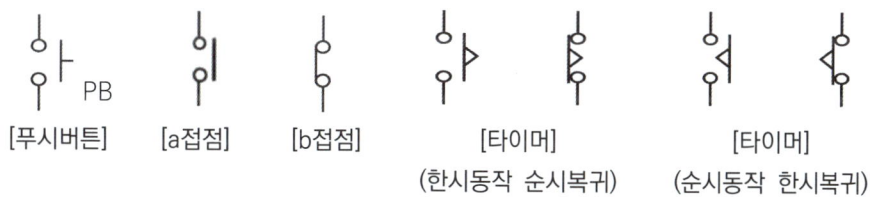

[푸시버튼]   [a접점]   [b접점]   [타이머]   [타이머]
(한시동작 순시복귀)   (순시동작 한시복귀)

2) 유접점시퀀스회로와 무접점논리회로

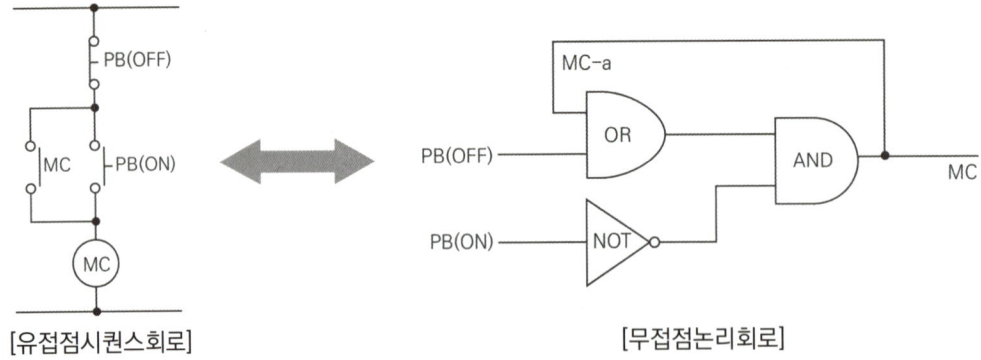

[유접점시퀀스회로]　　　　　　[무접점논리회로]

3) 타임차트

시간이 지남에 따라 신호나 장치의 작동이 어떻게 달라지는지를 나타내는 도표. 스위치, 계전기 또는 부하의 작동 순서와 설정된 접점이 작동하는 시간의 상호관계를 나타낸다.

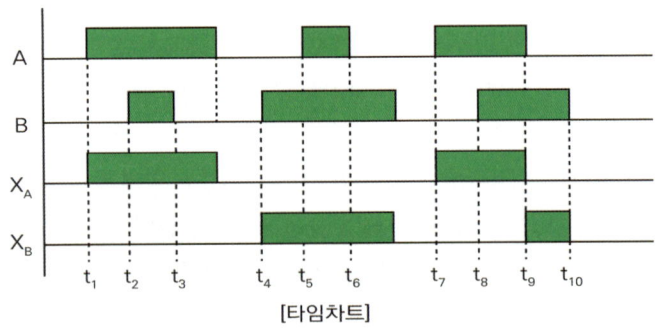

[타임차트]

4) 시퀀스회로 작성방법

시퀀스회로도는 전기기기의 기호나 부호를 사용하여 표현하며 몇 가지 규칙이 있다.

(1) 전원 모선을 평행하게 2줄을 그린다(좌우로 그릴 때는 수직으로 2줄을 그린다).

(2) 스위치, 검출기 및 접점은 위쪽에 그리고, 릴레이, 솔레노이드, 표시등 등의 부하는 아래에 원안에 그린다(좌우로 그릴 때는 스위치는 좌측에 부하는 우측에 그린다).

(3) 회로의 전개 순서는 기계의 동작 순서에 따라 좌측에서 우측으로 그린다(좌우로 그릴 때는 위에서 아래로 그린다).

(4) 회로도의 기호들은 동작 전의 상태 또는 조작하는 힘이 가해지지 않은 상태로 표시한다.

(5) 모터제어의 경우 전력회로는 좌측에, 제어회로는 우측에 그린다(좌우로 그릴 때는 전력회로는 위에 제어회로는 아래에 그린다).

(6) 회로도를 보기 쉽게 하기 위하여 추가로 스위치 번호나 릴레이 접점 번호 등을 표시하기도 한다.

5) AND회로

출력단자를 가지며 모든 입력단자에 입력 "1"이 가해진 경우에만 출력 "1"이 나타나는 회로

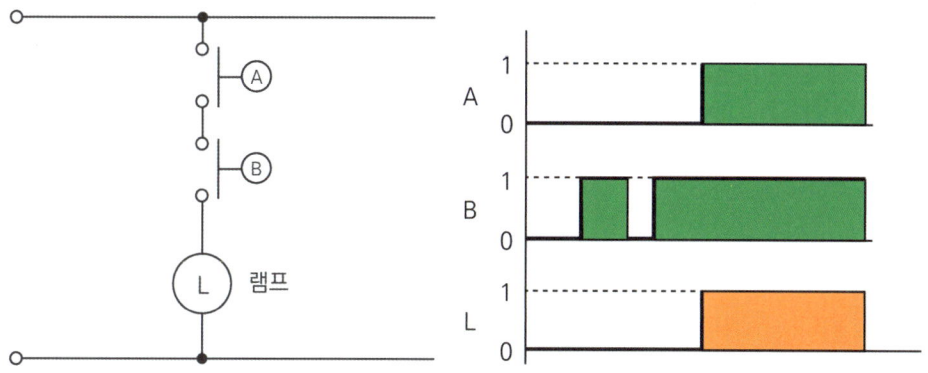

6) OR회로

출력단자를 가지며 어느 하나의 입력단자에 입력 "1"이 가해져도 출력 "1"이 나타나는 회로

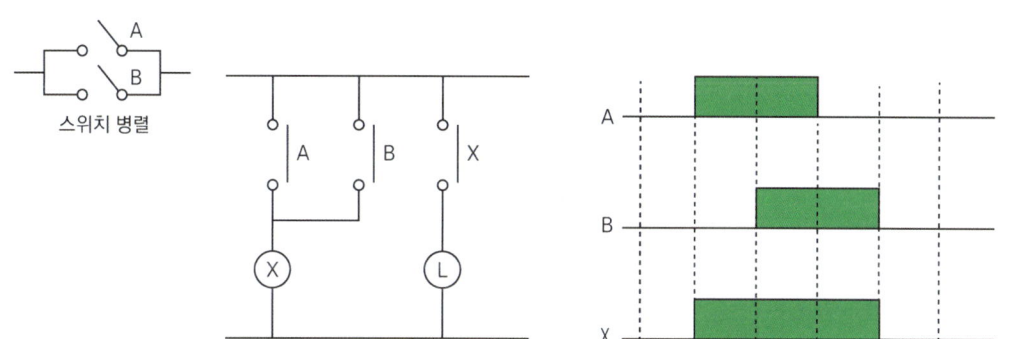

7) NOT회로

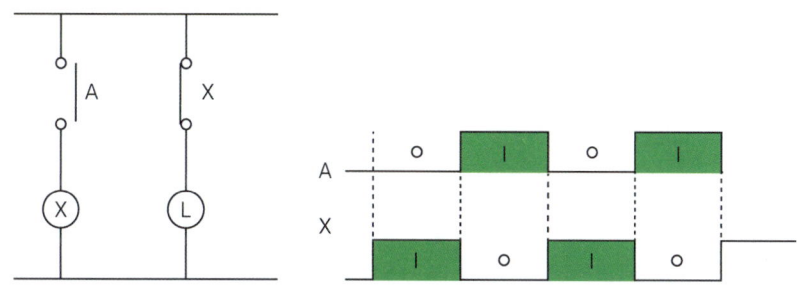

8) 자기유지회로

시동신호 및 정지신호 등의 제어명령에 의해서 접점이 작동하고 그 상태를 계속 유지하는 기능

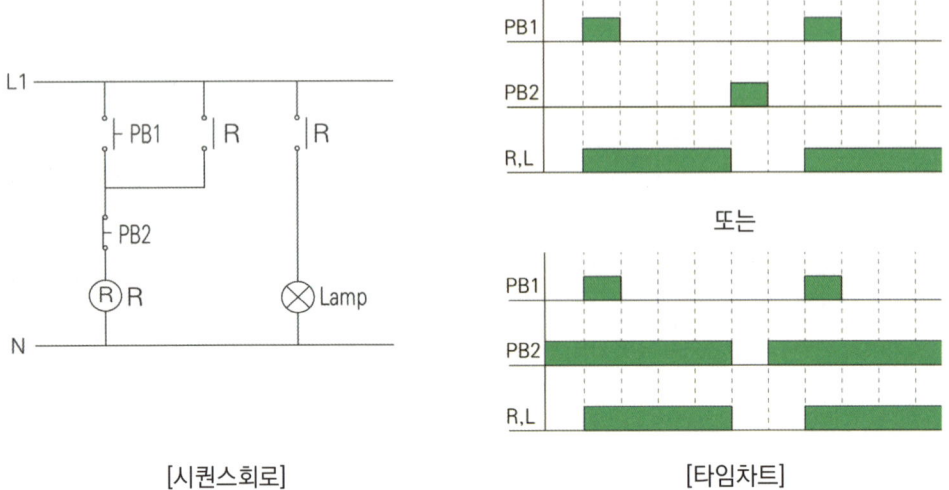

[시퀀스회로]　　　　　　　　[타임차트]

> **참고** b접점의 경우 타임차트의 표시방법은 두 가지가 있다. 작동 여부를 표시하는 방법과 전류의 흐름을 표시하는 방법이다. 서로 상반되는 표시방법이나 문제에서는 별도의 설명 없이 표시되므로 전체상황으로 판단하여야 하는 어려움이 있다.

9) 인터록(Interlock)회로 **21설**

인터록은 서로 맞물린다는 뜻으로 회로에서 어떤 두 동작이 동시에 일어나지 않게 할 때 사용한다.

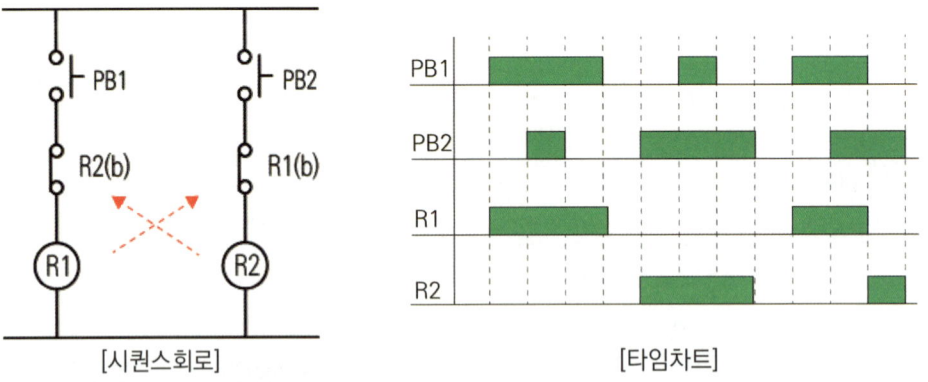

[시퀀스회로]　　　　　　　　[타임차트]

02 자동화재탐지설비

1 P형 수신기 결선

1) 발신기 SET함 단자 결선

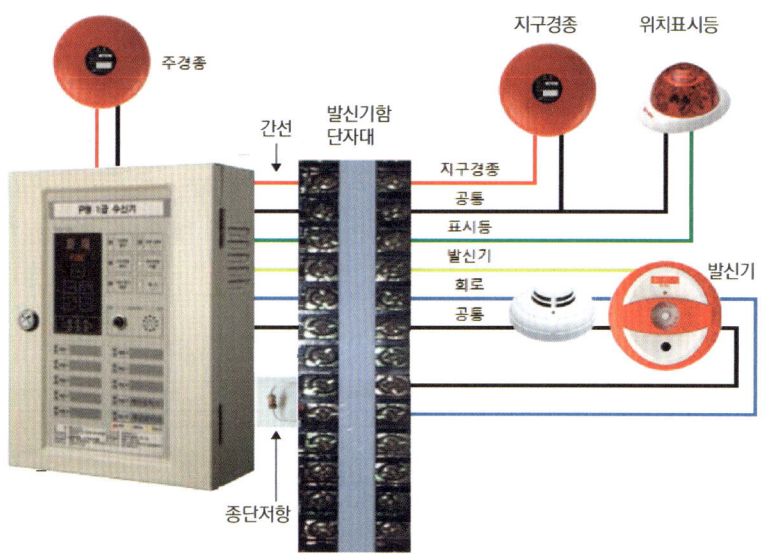

[수신기와 발신기SET함 결선]

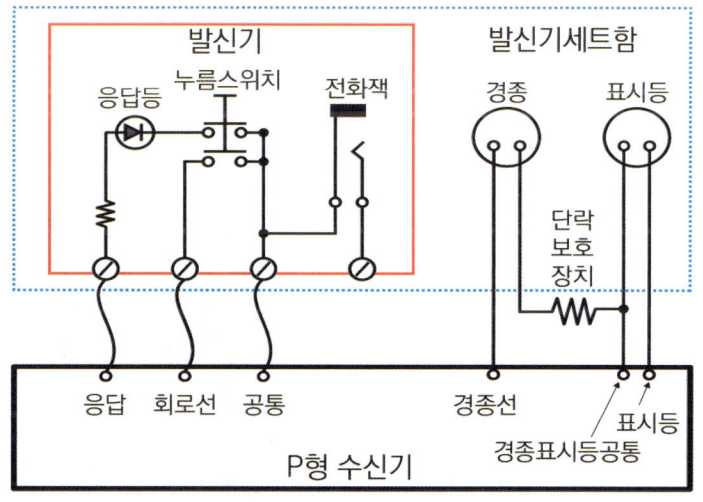

[수신기와 발신기SET함 결선도]

> **참고** 전화선은 선택사항이다.

2) 감지기회로와 종단저항 결선

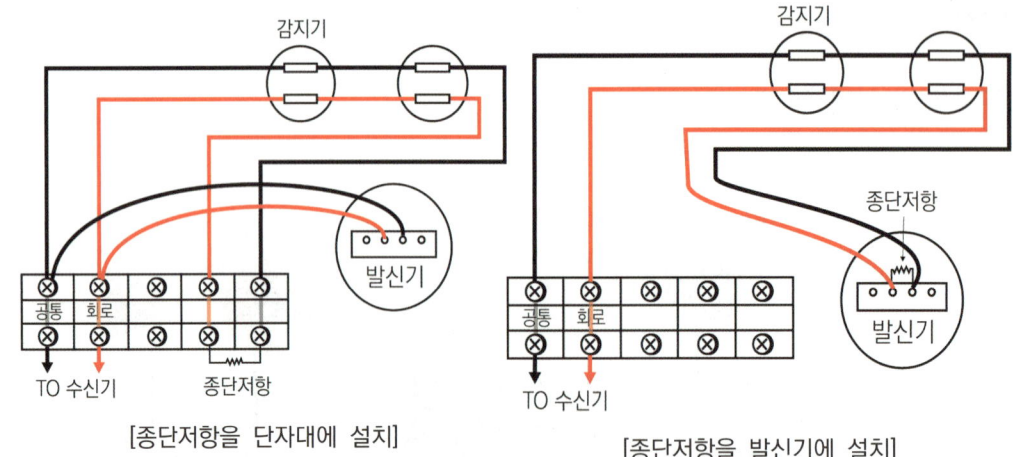

3) 교차회로방식의 감지기회로와 종단저항 결선

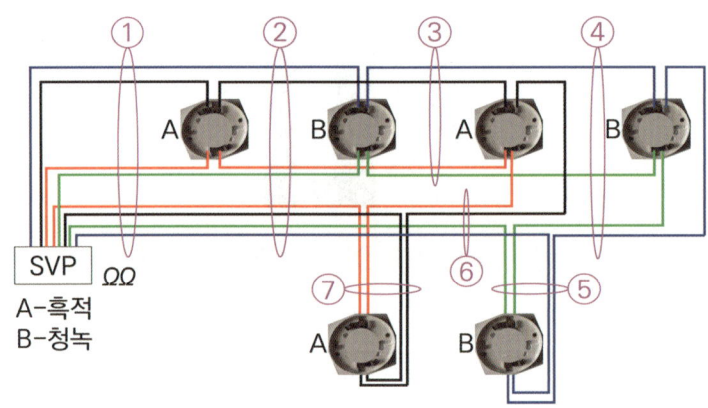

4) 수신기와 시각경보기 전원반 결선도

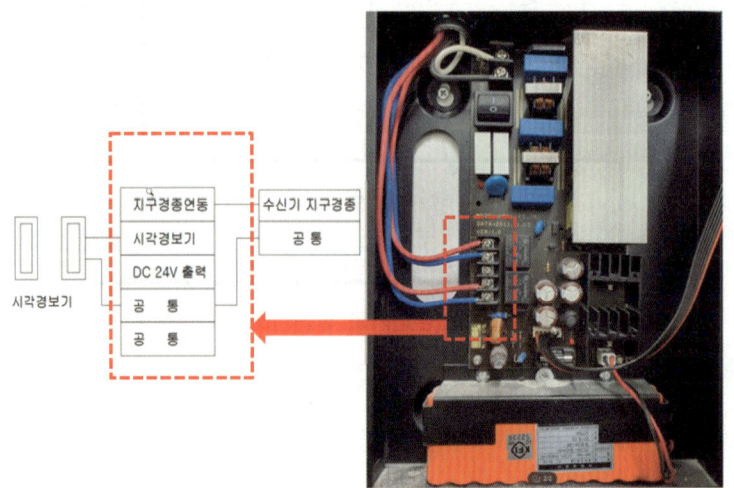

2 P형 수신기와 발신기 간선 가닥수

1) 경보방식에 따른 간선의 가닥수 산정(경종·표시등 공통선을 사용한 경우)
   (1) **일제경보방식** : 경계구역마다 회로선 추가 및 회로선 7가닥마다 회로공통선 추가
   (2) **우선경보방식** : 일제경보방식과 같이 회로선과 회로공통선 추가 및 층별 경종선 추가
   ※ 경종선에는 화재로 인하여 하나의 층의 지구음향장치 또는 배선이 단락되어도 다른 층의 화재통보에 지장이 없도록 각 층 배선상에 유효한 조치를 하였다.

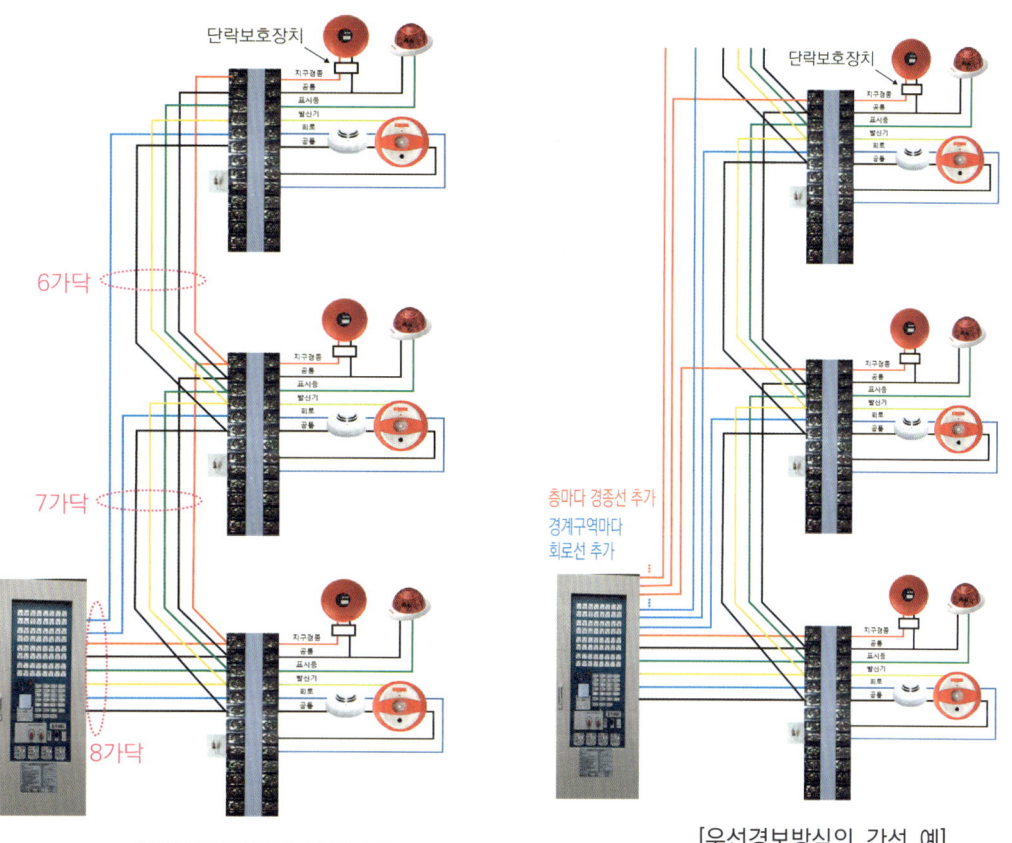

[일제경보방식의 간선 예]   [우선경보방식의 간선 예]

✅ **참고** 지구경종선은 최소가닥수로 산정한 것이며 시험에서 조건이 주어지면 조건에 맞추어 경종선을 추가한다.

2) 배선수와 회로명칭

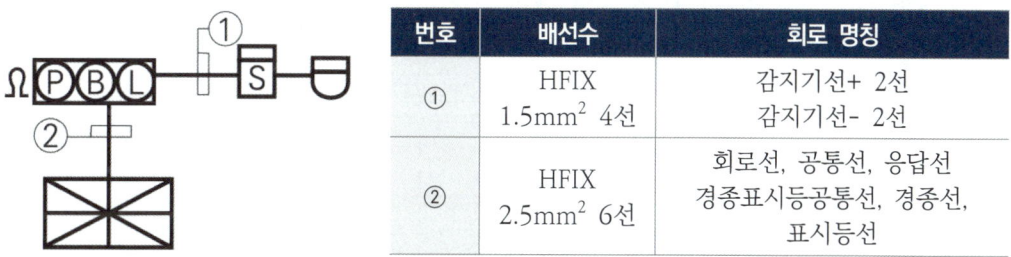

번호	배선수	회로 명칭
①	HFIX 1.5mm² 4선	감지기선+ 2선 감지기선- 2선
②	HFIX 2.5mm² 6선	회로선, 공통선, 응답선 경종표시등공통선, 경종선, 표시등선

✅ **참고** HFIX : (H) halogen free (F) flame-retardant (X) crosslinked polyolefin (I) insulation wire 450/750V 저독성 난연 가교폴리올레핀 절연전선

3) 우선경보방식의 경우 층별 간선의 종류와 가닥수의 예(전화선이 있는 경우)

다음 지하2층 지상6층에 설치된 자동화재탐지설비를 우선경보방식으로 구성할 경우 각 층별 전선의 종류와 가닥수를 쓰시오(다만, 단락보호장치는 각 층 경종선에 설치하였고 경종표시등 공통선은 경종선 5가닥마다 추가하였다).

> **참고** 11층 이상의 건물은 아니지만 우선경보방식으로 하는 경우를 가정하였다. 전화선을 설치하지 않는 경우는 전화선 1선만 빼면 된다.

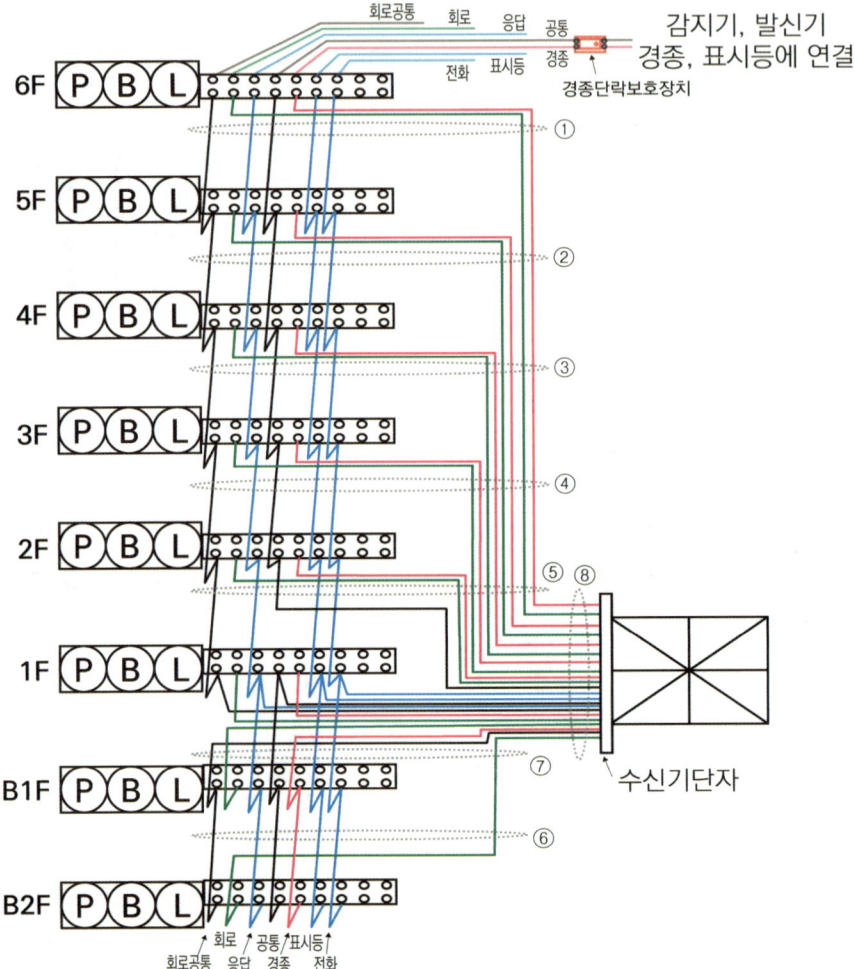

층 구분	회로 공통선	회로선	응답선 (발신기)	전화선	표시등경종 공통선	표시등선	경종선	합 계
6F ①	1	1	1	1	1	1	1	① 7
5F ②	1	2	1	1	1	1	2	② 9
4F ③	1	3	1	1	1	1	3	③ 11
3F ④	1	4	1	1	1	1	4	④ 13
2F ⑤	1	5	1	1	1	1	5	⑤ 15
1F ⑧	2	8	1	1	2	1	7	⑧ 22
B1F ⑦	1	2	1	1	1	1	1	⑦ 8
B2F ⑥	1	1	1	1	1	1	1	⑥ 7

3 R형 수신기와 중계기 결선

1) R형 수신기 계통도

P형 수신기 간선에서 경계구역 별로 추가되는 회로선과 층별로 추가되는 경종선을 R형 수신기에서는 통신선 2가닥으로 처리할 수 있어 간선의 수가 줄어들게 된다. 기타 발신기선, 표시등선, 전화선과 공통선은 P형 수신기 간선과 같다. 아날로그감지기는 통신선 2가닥으로 통신신호와 전원을 모두 공급 받는다.

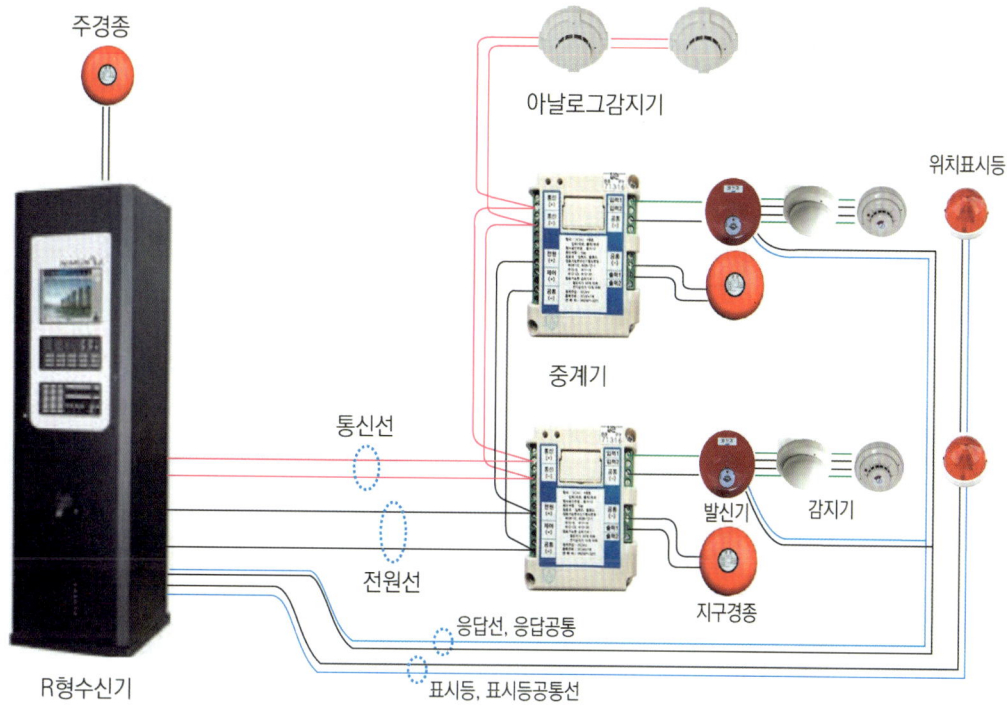

[R형 수신기와 발신기함 결선]

2) 배선수와 회로명칭

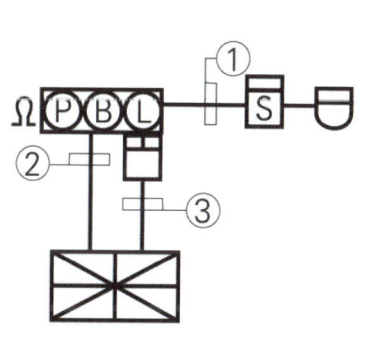

번호	배선수	회로 명칭
①	HFIX 1.5mm² 4선	감지기선+ 2선 감지기선- 2선
②	HFIX 2.5mm² 3선	응답선, 공통선, 표시등선 (응답선공통과 표시등공통선을 같이 사용하는 경우)
③	FR-CVV-SB 1.5mm² 1pr	신호 전송선 2선
③	HFIX 2.5mm² 2선	중계기 전원선 2선

✅ **참고** 통신선의 종류로는 FR-CVV-SB(= F-CVV-SB), H-CVV-SB 등을 사용한다.

4 수신기 상호연동 결선방법

1) 릴레이를 사용하는 경우(무전압 이보 단자가 없는 경우)

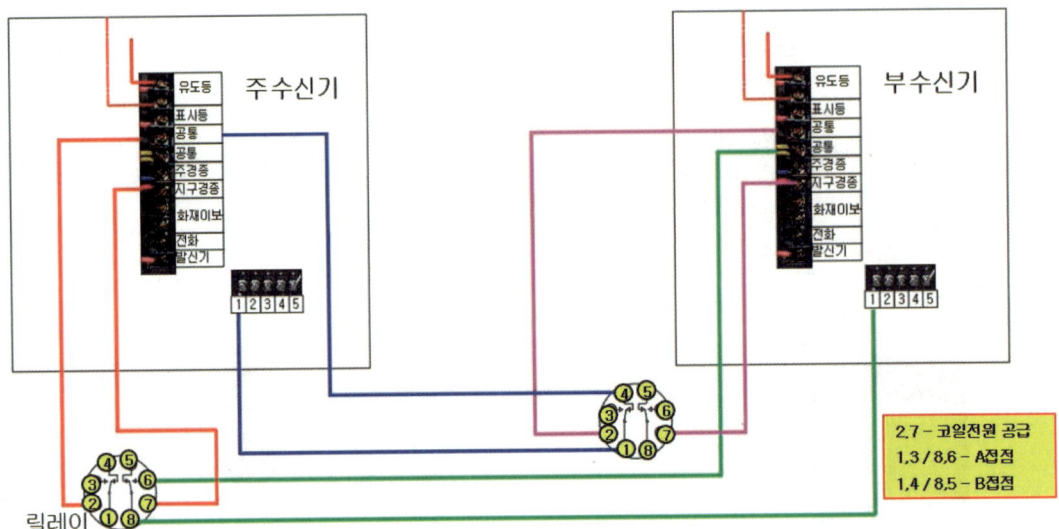

2) 무전압 이보 단자를 사용하는 경우

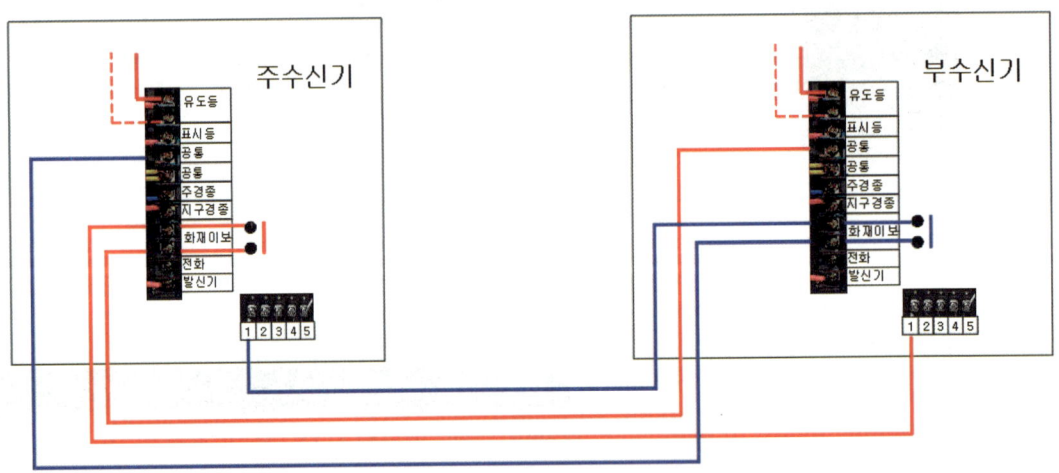

5 옥내소화전설비 결선

1) P형 수신기, 발신기, 옥내소화전(자동)의 단자 결선

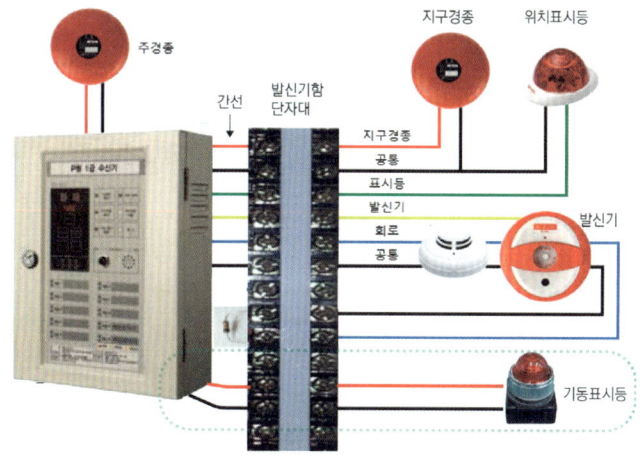

2) R형 수신기, 중계기, 발신기, 옥내소화전(자동)의 단자 결선

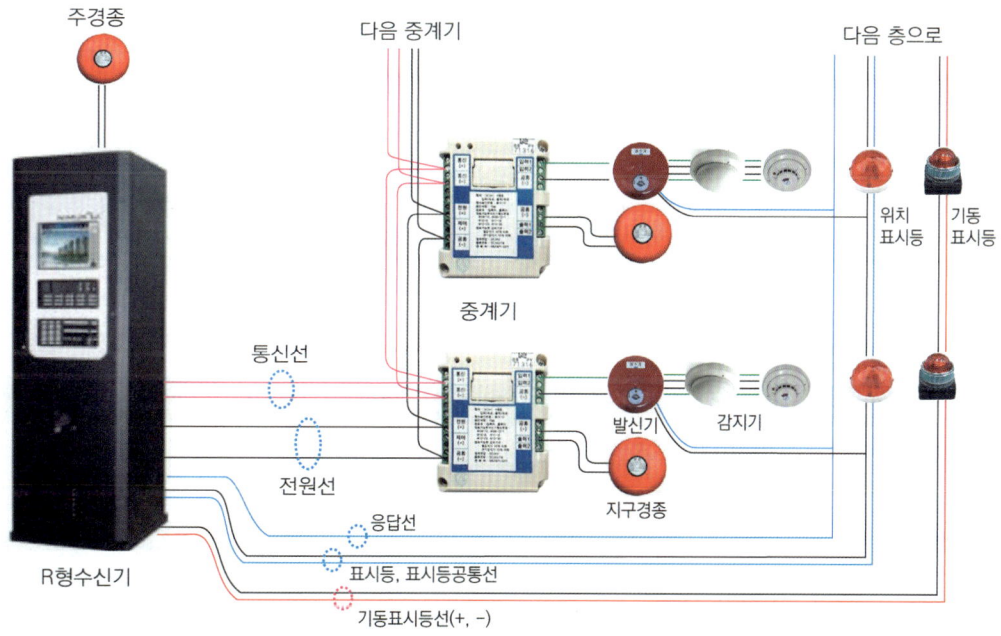

> **참고** 소화펌프 기동표시등은 P/L (Pilot Lamp:기기가 작동되는 것을 표시하는 램프)라고 한다. 공통선은 상황에 따라 다르게 적용할 수 있다. 그림의 기동표시등선 2가닥은 DC24V를 사용하는 경우이며 AC 220V를 사용하는 경우도 있다.

3) 소화펌프 기동표시등 배선의 종류

배선수	회로 명칭
HFIX 2.5mm² 2선	기동표시등+ 1선, 기동표시등- 1선

4) 옥내소화전(ON, OFF방식) 전선 종류와 가닥수

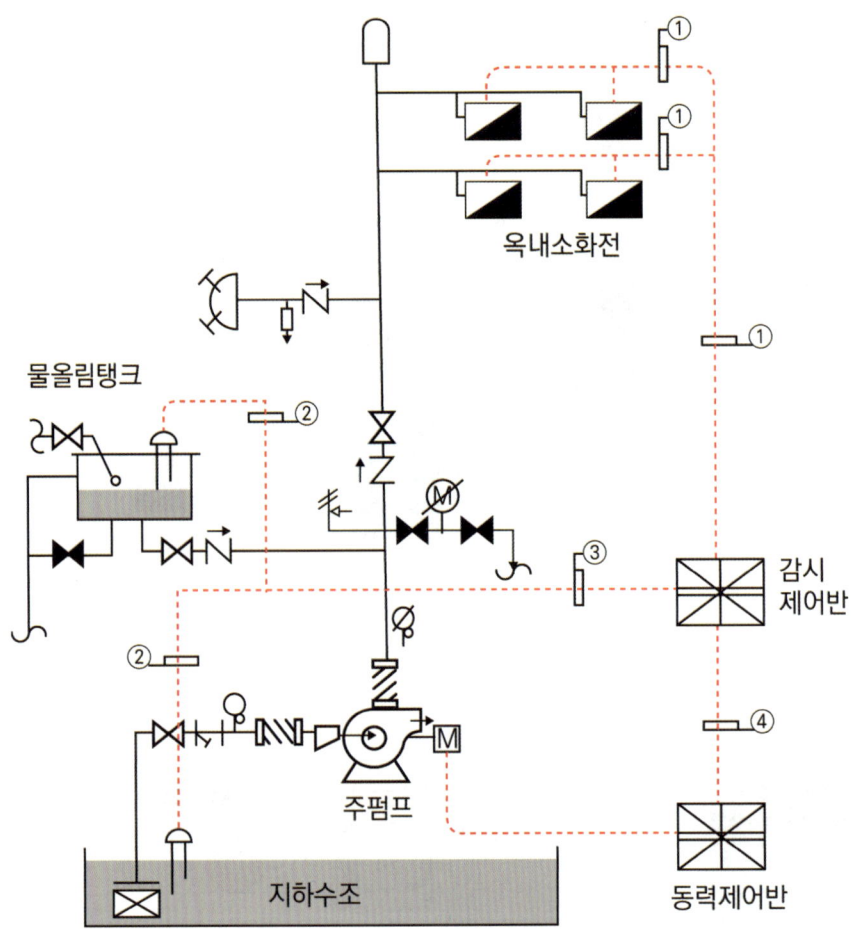

번호	배선수	회로 명칭
①	HFIX 2.5mm² 5선	기동선, 정지선, 공통선, 기동표시등(+, -)
②	HFIX 2.5mm² 2선	저수위 감시스위치, 공통선
③	HFIX 2.5mm² 3선	지하수조 저수위 감시스위치, 물올림탱크 저수위 감시스위치, 공통선
④	HFIX 2.5mm² 5선	기동선, 정지선, 기동표시등(기동등), 선원감시표시등(정지등), 공통선

03 스프링클러설비

1 알람밸브 및 건식밸브의 결선

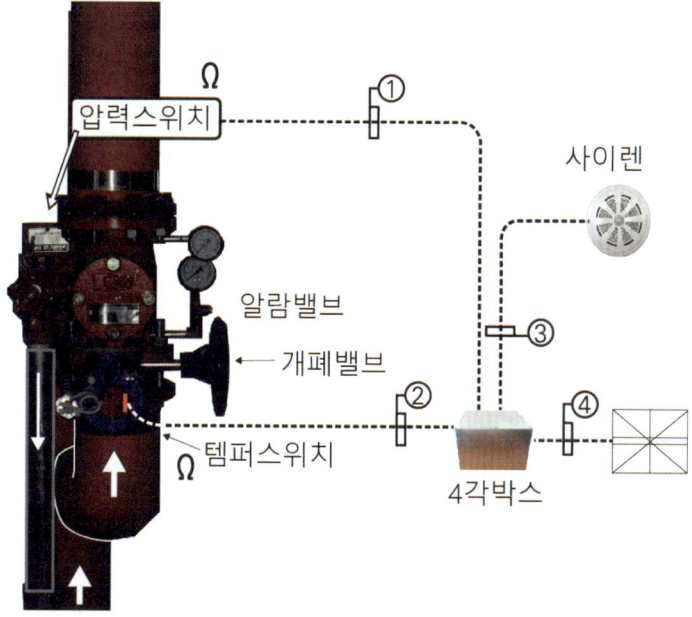

번호	배선수	회로 명칭
①	HFIX 2.5mm² 2선	압력스위치선, 공통선
②	HFIX 2.5mm² 2선	템퍼스위치선, 공통선
③	HFIX 2.5mm² 2선	사이렌선, 공통선
④	HFIX 2.5mm² 4선	압력스위치, 템퍼스위치, 공통선, 사이렌,

2 준비작동밸브 및 일제개방밸브의 결선

1) 배선의 수와 명칭 **21점**

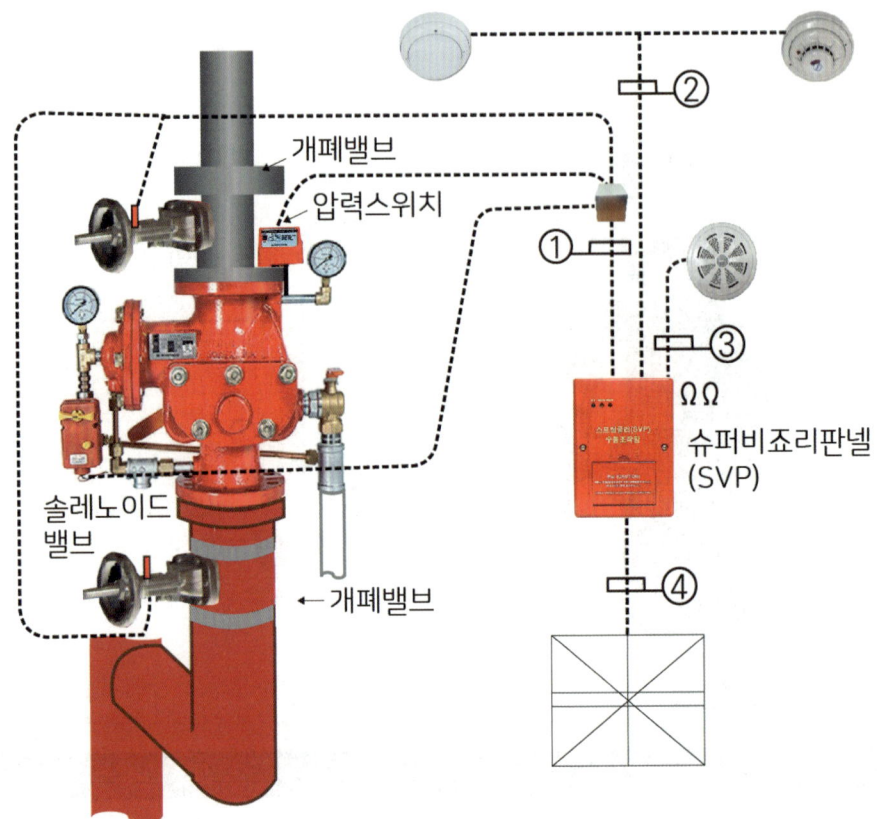

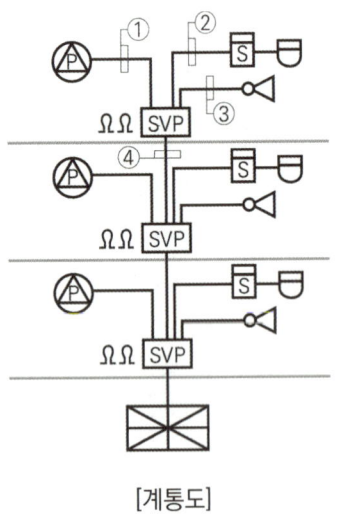

[계통도]

번호	최소 배선수	회로 명칭
①	HFIX 2.5mm² 4선	압력스위치, 템퍼스위치, 솔레노이드밸브, 공통선
②	HFIX 1.5mm² 8선	감지기A회로 2선, 감지기B회로 2선, 공통선 4선
③	HFIX 2.5mm² 2선	사이렌선, 공통선
④	HFIX 2.5mm² 9선	전원(+), 전원(-), 압력스위치, 템퍼스위치, 솔레노이드밸브, 사이렌, 감지기A, 감지기B, 전화

☑ **참고** ④번 9가닥 암기법 : 전전 앞에서 템솔 사감, 전화해야 돼!

2) 준비작동밸브 결선 예

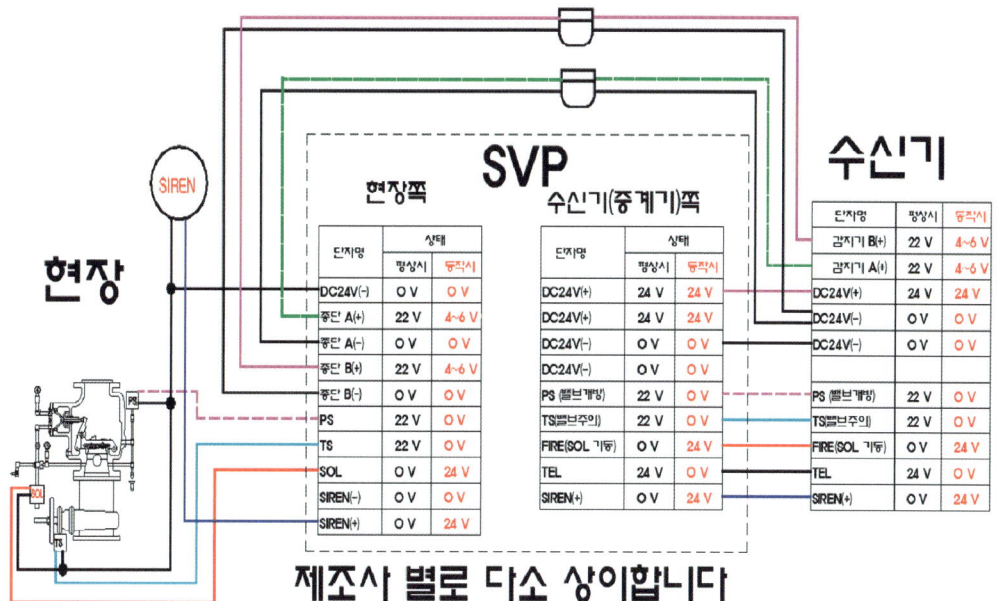

3) 슈퍼비조리판넬(수동조작함) 시퀀스회로

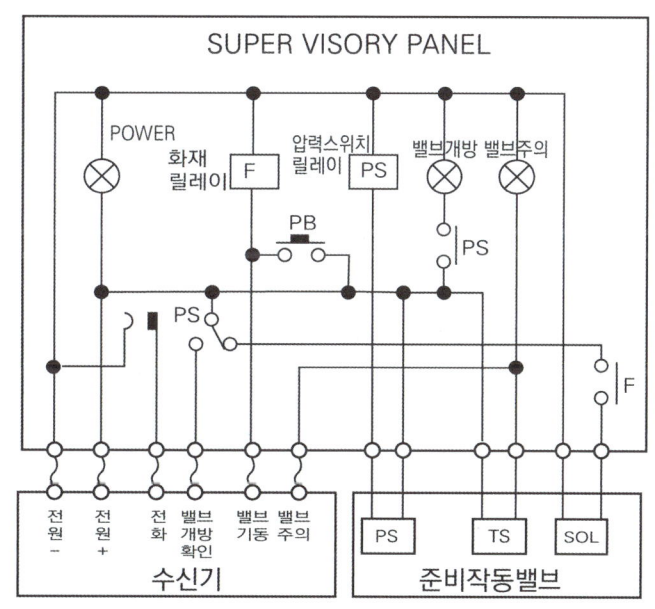

[슈퍼비죠리판넬 회로도와 결선]

기출문제

21점 준비작동식 스프링클러설비 전기 계통도(R형 수신기)이다. 최소 배선 수 및 회로 명칭을 각각 쓰시오.(4점)

구 분	전선의 굵기	최소 배선 수 및 회로 명칭
①	1.5mm²	(ㄱ)
②	2.5mm²	(ㄴ)
③	2.5mm²	(ㄷ)
④	2.5mm²	(ㄹ)

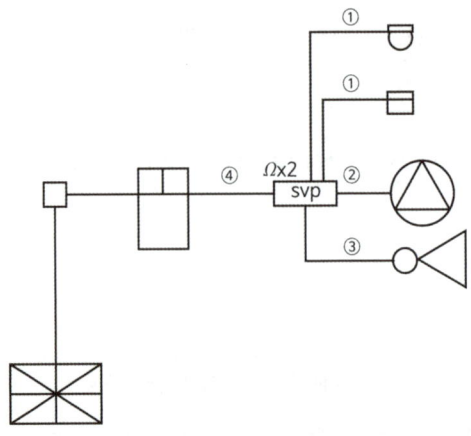

답

구 분	전선의 굵기	최소 배선 수 및 회로 명칭
①	1.5mm²	(ㄱ) 4선 : 감지기회로A, 감지기회로B, 공통선2
②	2.5mm²	(ㄴ) 4선 : 템퍼스위치, 압력스위치, 솔레노이드밸브, 공통선
③	2.5mm²	(ㄷ) 2선 : 사이렌선, 공통선
④	2.5mm²	(ㄹ) 9선 : 전원(+, -), 전화, 사이렌, 템퍼스위치, 압력스위치, 솔레노이드밸브, 감지기회로A, 감지기회로B

04 가스계소화설비

1 가스계소화설비 결선 예

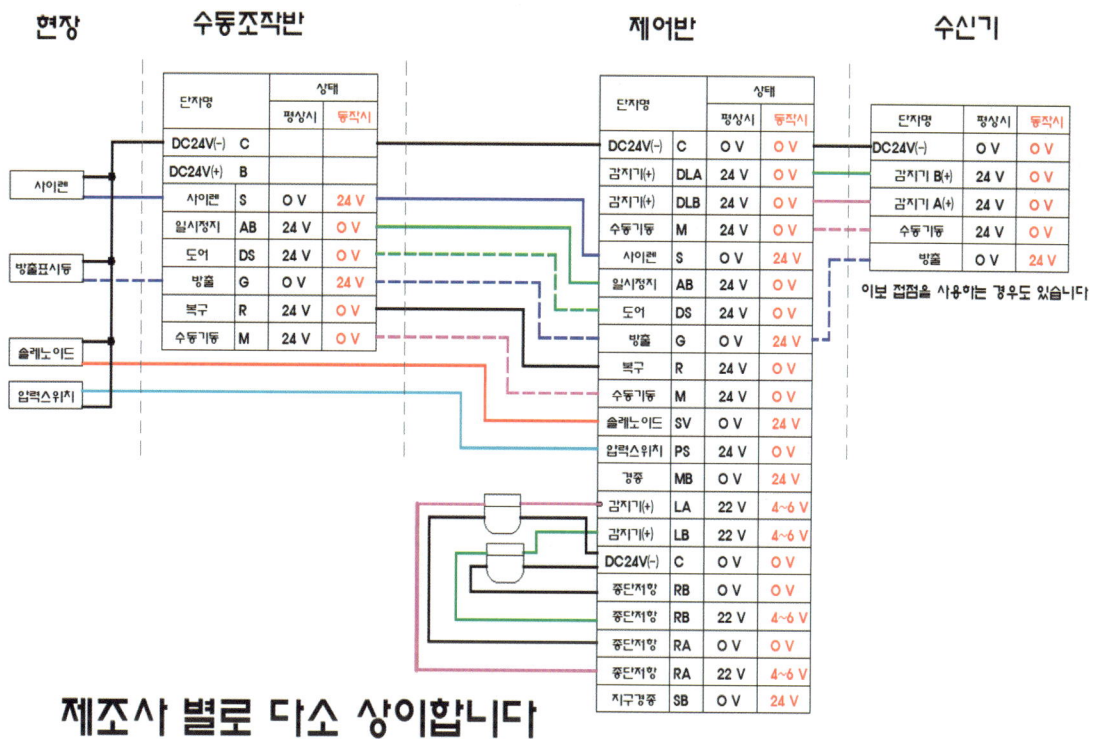

제조사 별로 다소 상이합니다

2 배선과 회로명칭

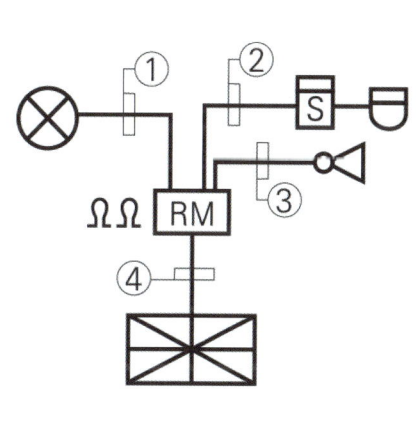

번호	최소 배선수	회로 명칭
①	HFIX 2.5mm² 2선	방출표시등(+,-)
②	HFIX 1.5mm² 8선	감지기A회로 2선, 감지기B회로 2선, 공통선 4선
③	HFIX 2.5mm² 2선	사이렌선(+, -)
④	HFIX 2.5mm² 9선	전원(+),전원(-), 전화, 방출표시등 기동, 사이렌, 감지기A, 감지기B, 방출지연스위치,

✅ 참고 ④번 9가닥 암기법 : 전전에 전화한 사람은 감방의 기사다. 방출하자.

05 제연설비

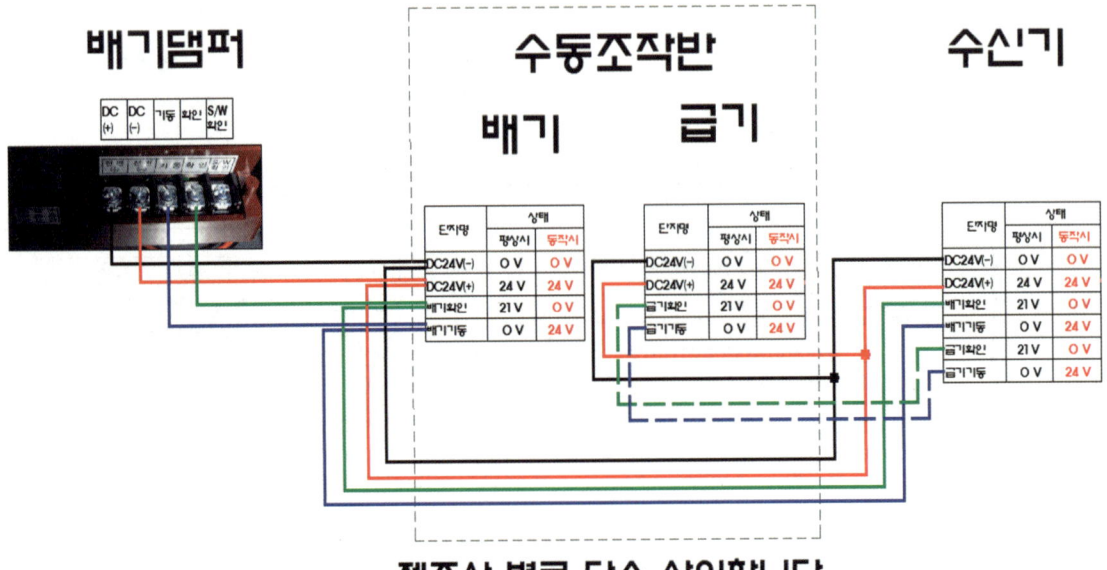

06 유도전동기 시퀀스회로

1 주펌프 및 예비펌프 자기유지회로

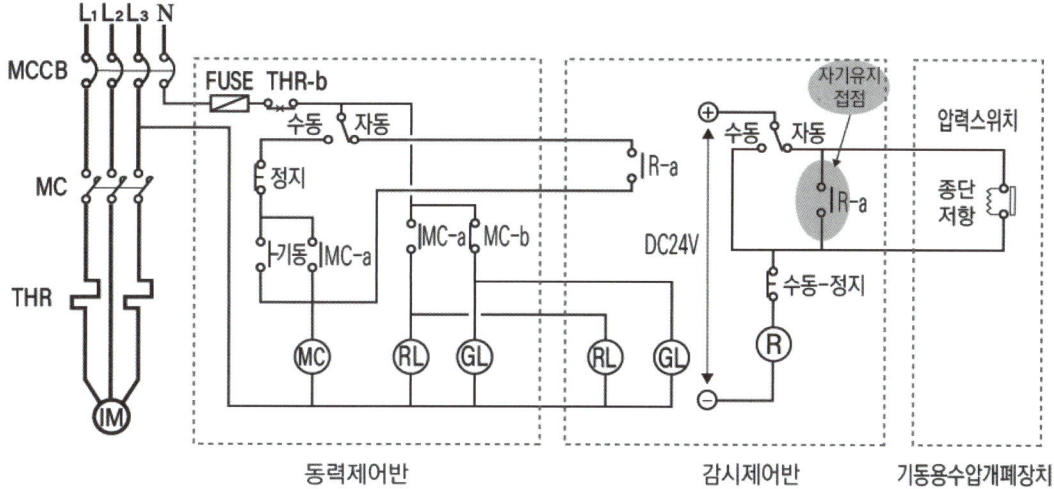

[자기유지회로 구성 예(감시제어반에 설치된 경우)]

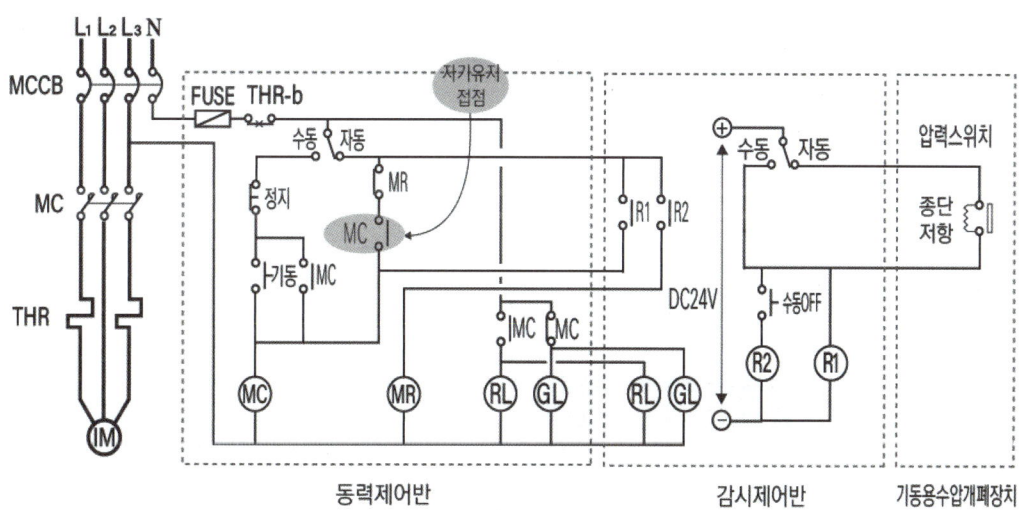

[자기유지회로 구성 예(동력제어반에 설치된 경우)]

2 옥내소화전펌프 수동방식

1) 수동기동스위치 시퀀스회로

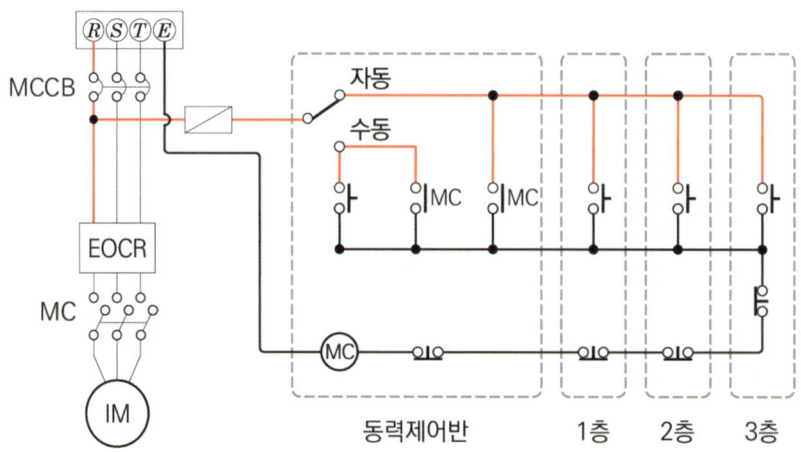

2) 옥내소화전 수동기동스위치

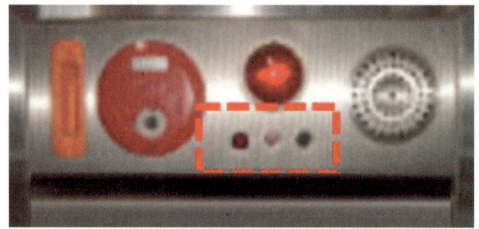

[옥내소화전함의 수동기동스위치]

[수동기동스위치]

3) 기동표시등 결선 예

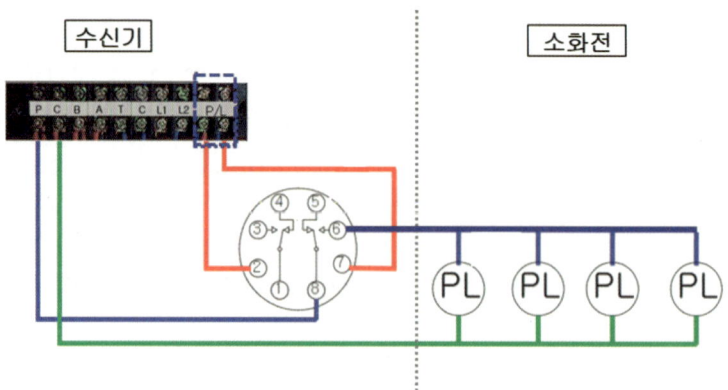

3 농형유도전동기의 Y-△ 기동제어회로

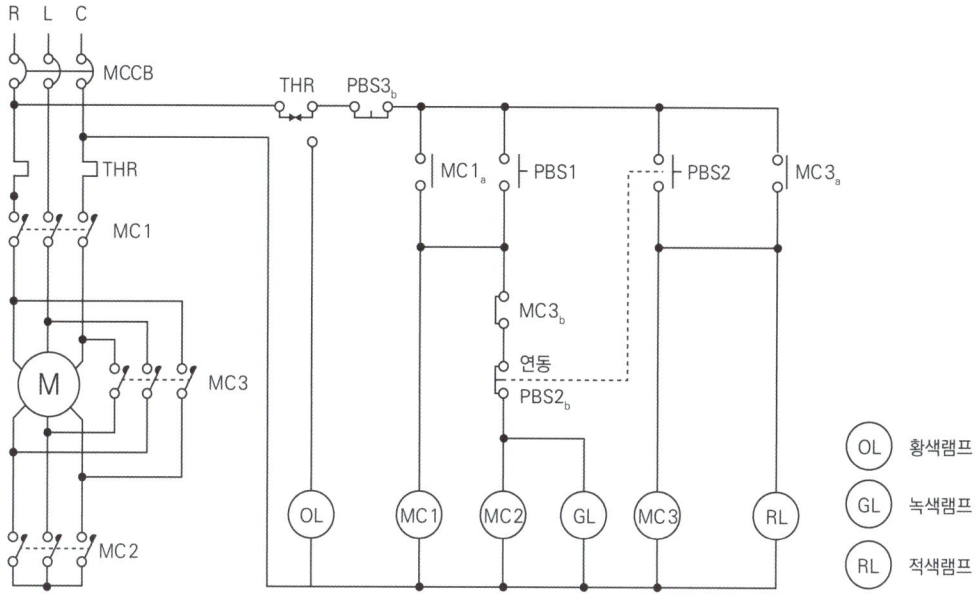

21설 아래 그림은 전동기 시퀀스제어회로 중 일부 회로의 타임차트이다. 이에 맞는 회로의 명칭을 쓰고, 그림의 스위치 소자를 이용하여 시퀀스제어회로를 완성하시오.(8점)

[스위치 소자 및 회로기호]

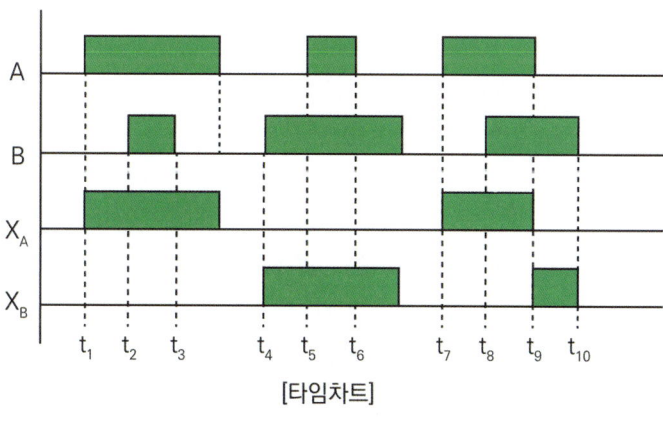

[타임차트]

(1) 회로의 명칭 :

(2) 회로의 완성 :

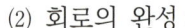
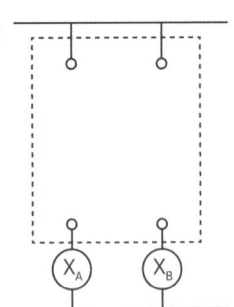

🟨 회로의 명칭 : 인터록 회로

🟧
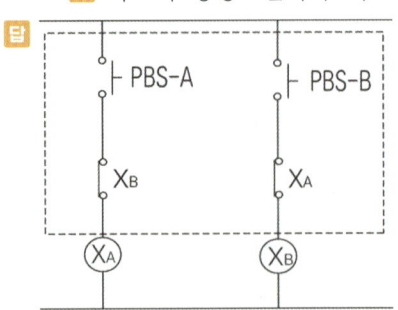

23설 도로터널의 제연설비 중 제트 팬의 시퀀스 제어회로이다. 물음에 답하시오.(19점)

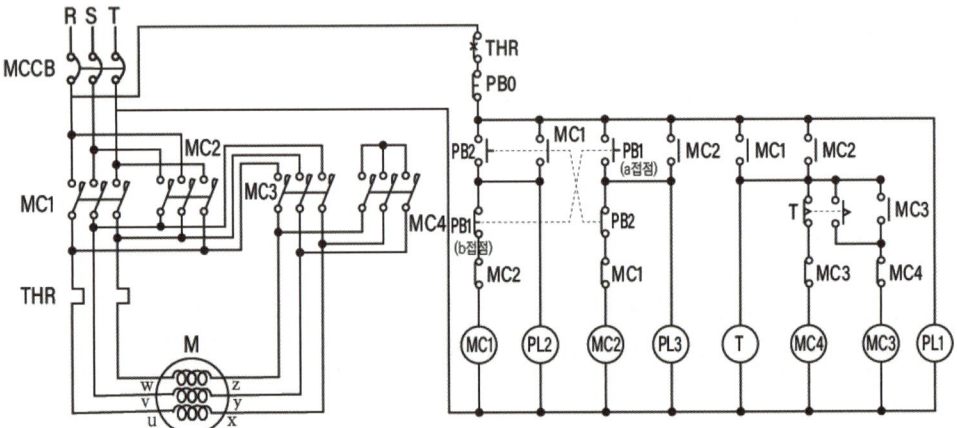

(1) MCCB를 ON시키고 PB2를 눌렀다 떼었을 때 동작 시퀀스를 쓰시오. (단, 타이머 설정시간은 3초이다)

🟨 ① MC1 여자되어 자기유지
② PL2 램프점등, 타이머(한시동작 순시복귀)작동, MC4 여자되어 전동기(모터) Y기동
③ 3초 후에 접점 T가 소자되어 MC4가 소자고
④ T접점과 인터락된 접점은 여자되어 MC3 여자 및 자기유지, 전동기(모터)는 △기동

(2) 유도전동기에 정격전압 3상 380V를 공급할 때, 전자개폐기 MC3 및 MC4 동작 시 전동기 각 상의 권선에 인가되는 전압[V]을 각각 쓰시오.(2점)

🟨 MC3동작 시 △기동 : 각상 전압 380V
MC4동작 시 Y기동 : 각상 전압 $380 \div \sqrt{3} = 219.393... \Rightarrow 219.39V$

(3) 제어회로의 입력신호가 다음과 같을 때 타임차트 ①~⑥을 완성하시오. (단, MC1~MC4는 전자코일, PL1과 PL2는 램프, 타이머 설정시간은 3조, 타임차트 1칸은 3초로 한다)(12점)

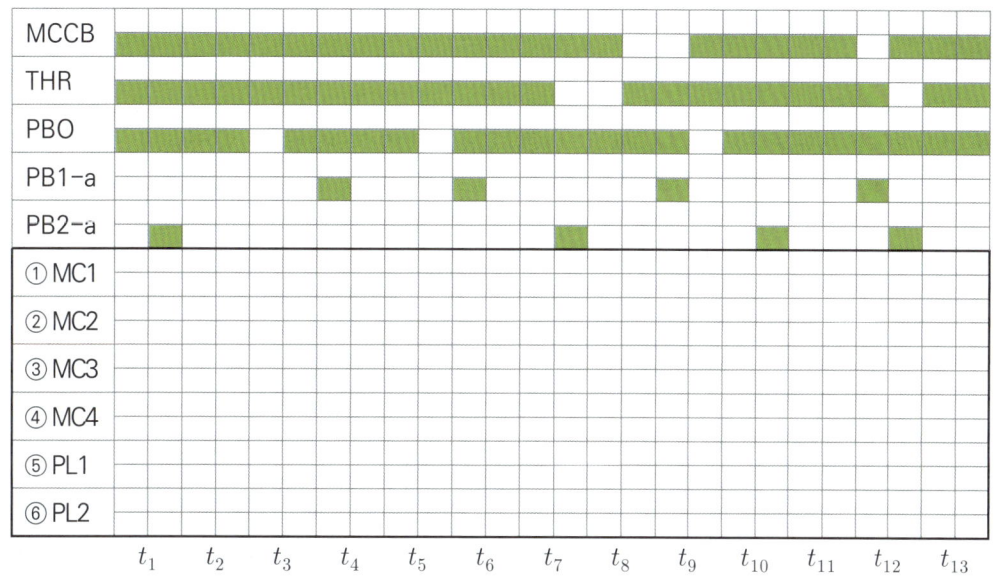

답

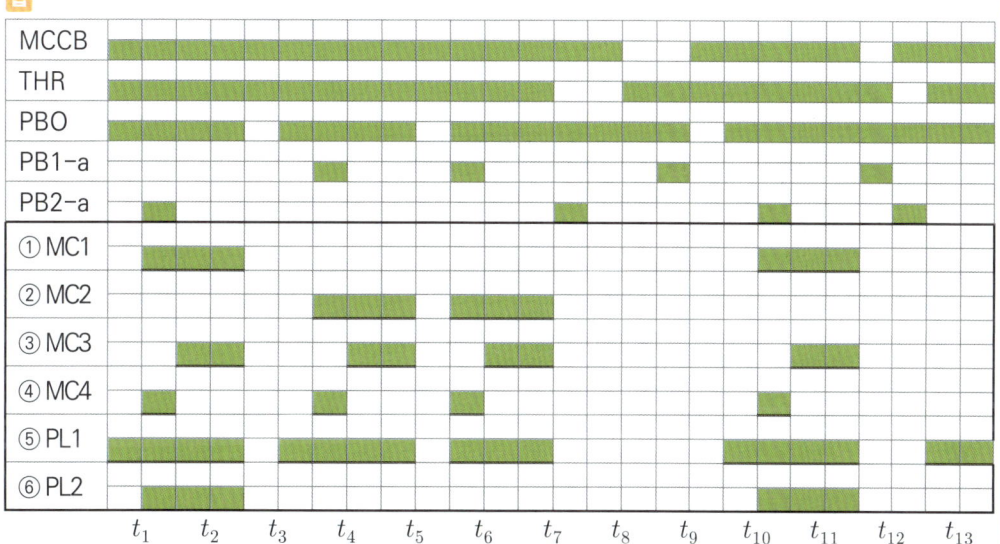

(4) 순시동작 한시복귀 타이머를 사용할 경우 입력신호가 다음과 같을 때 b접점의 타임 차트를 완성하시오.(2점)

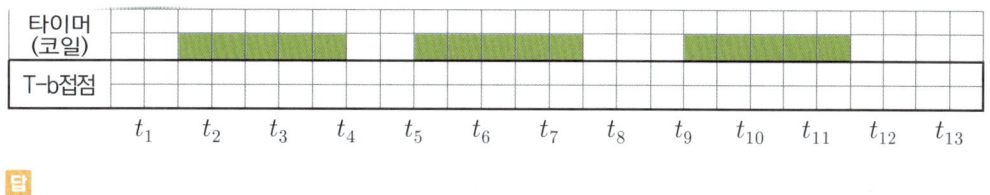

답

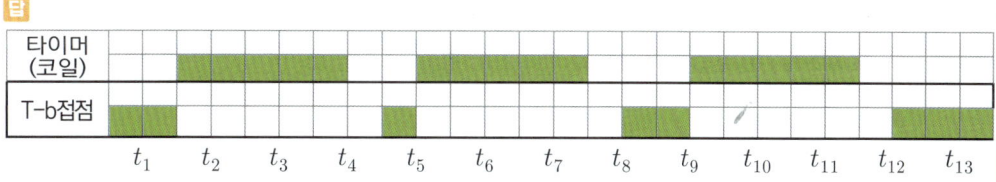

07 방화셔터 결선

1 2단 강하 방화셔터(수신기에서 기동/정지 제어가 가능한 경우)

1) P형 수신기와 방화셔터 결선

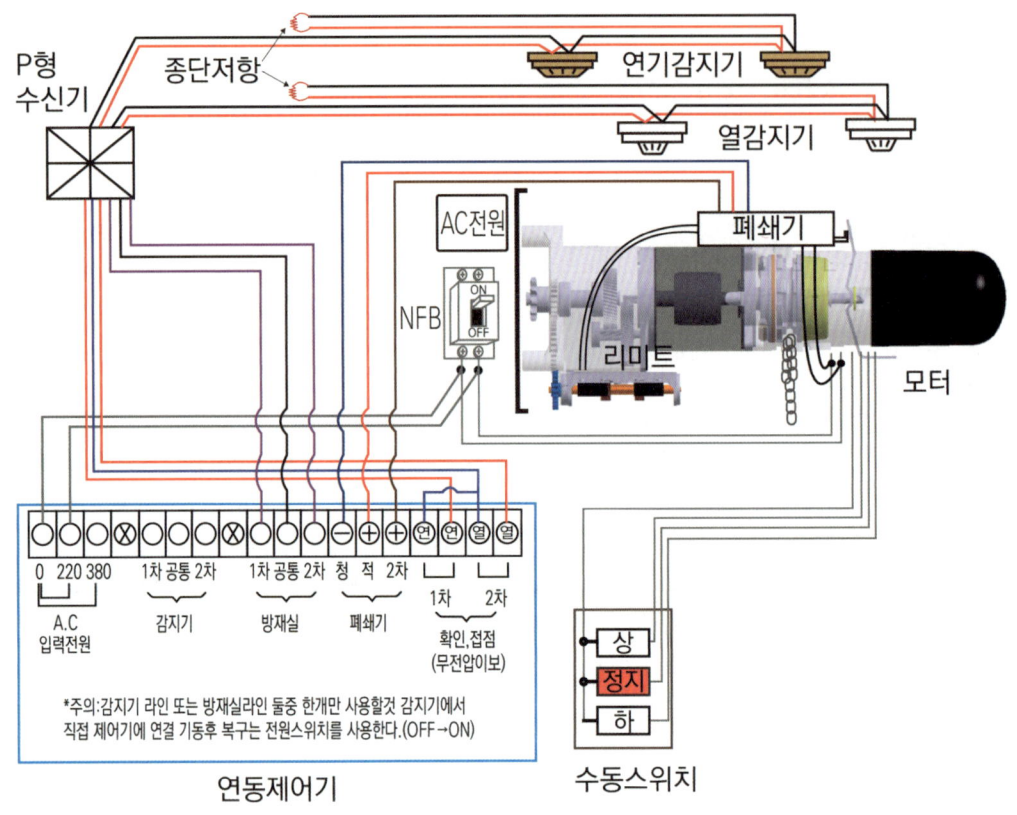

2) P형 수신기와 방화셔터 배선과 회로명칭

구분	최소 배선수	회로 명칭
감지기 배선	HFIX 1.5mm² 8선	연기감지기2선, 열감지기2선, 공통선 4선
수신기와 연동제어기 배선	HFIX 2.5mm² 6선	1차기동, 2차기동, 공통선 1차확인, 2차확인, 공통선
연동제어기와 폐쇄기 배선	HFIX 2.5mm² 3선	1차기동, 2차기동, 공통선

☑ 참고 연동제어기, 모터는 사용하는 교류전압이 제품 모델마다 다르므로 AC 220V, AC 380V를 확인하고 결선하여야 한다. 그림에서 회색으로 표현된 배선은 셔터 시공업자 작업부분이다.

3) R형 수신기와 방화셔터 결선

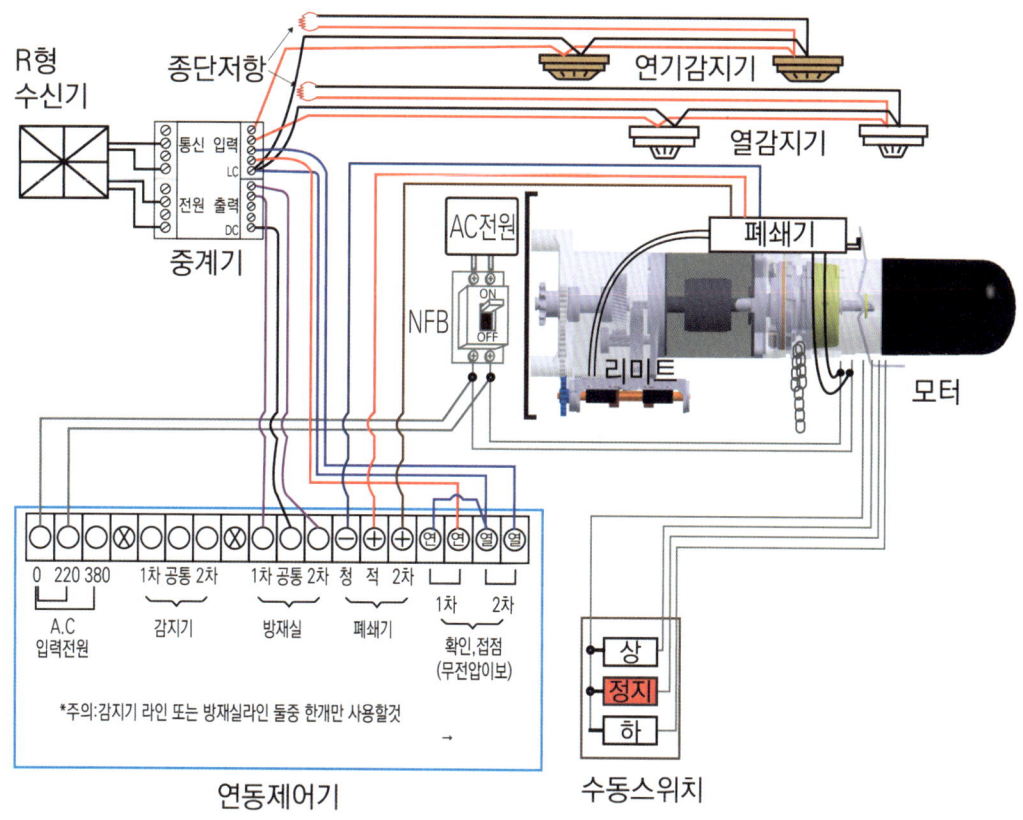

4) R형 수신기와 방화셔터 배선과 회로명칭

구 분	최소 배선수	회로 명칭
감지기 배선	HFIX 1.5mm^2 8선	연기감지기 2선, 열감지기 2선, 공통선 4선
중계기와 연동제어기 배선	HFIX 2.5mm^2 6선	1차기동, 2차기동, 공통선 1차확인, 2차확인, 공통선
연동제어기와 폐쇄기 배선	HFIX 2.5mm^2 3선	1차기동, 2차기동, 공통선
수신기와 중계기 배선	FR-CVV-SB 1.5mm^2 1pr	신호 전송선 2선
	HFIX 2.5mm^2 2선	중계기 전원선 2선

2 2단 강하 방화셔터(수신기에서 기동 확인만 받는 경우)

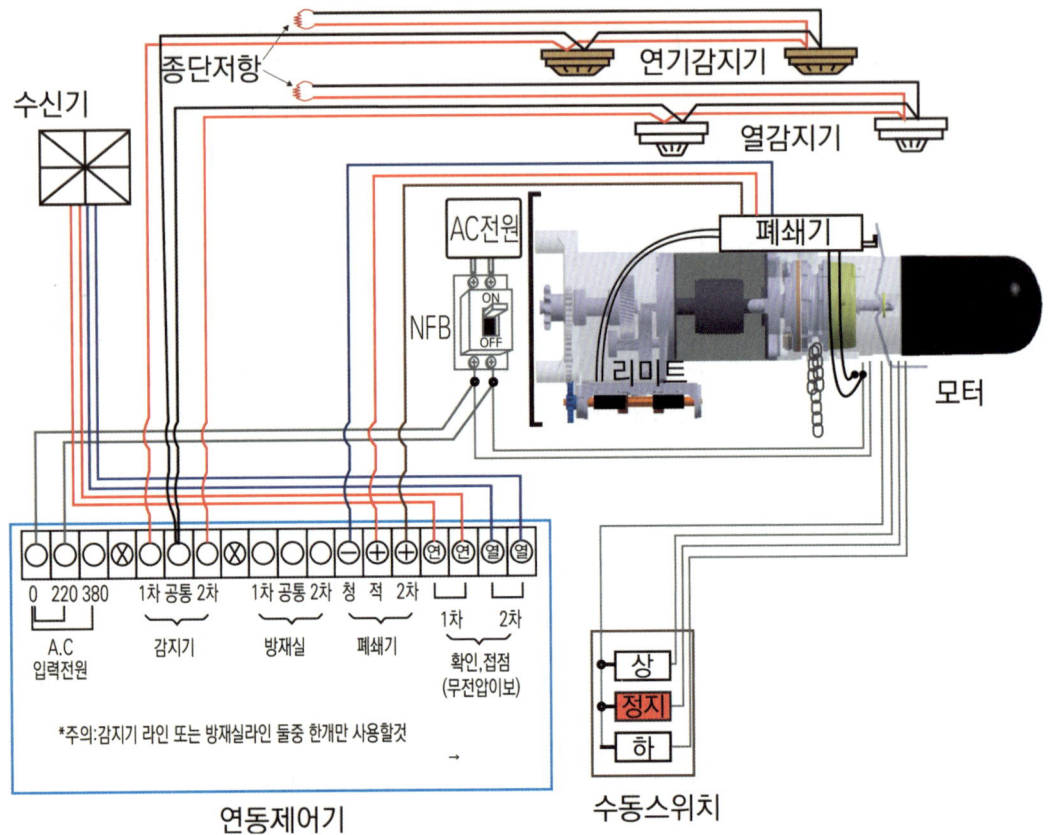

- P형 수신기와 방화셔터 배선과 회로명칭

구 분	최소 배선수	회로 명칭
감지기 배선	HFIX 1.5mm² 8선	연기감지기 2선, 열감지기 2선, 공통선 4선
수신기와 연동제어기 배선	HFIX 2.5mm² 3선	1차확인, 2차확인, 공통선 (공통선을 겸용한 경우)
연동제어기와 개폐기 배선	HFIX 2.5mm² 3선	1차기동, 2차기동, 공통선

뇌박힘 소방시설관리사 점검실무행정

발행일	2025년 1월 10일 초판 1쇄
지은이	김정희
발행인	황모아
발행처	(주)모아교육그룹
주 소	서울특별시 영등포구 영신로 32길 29 세화빌딩 2층
전 화	02-2068-2393(출판, 주문)
등 록	제2015-000006호 (2015.1.16.)
이메일	moagbooks@naver.com
ISBN	979-11-6804-387-9 (13500)

이 책의 가격은 뒤표지에 있습니다.

Copyright ⓒ (주)모아교육그룹 Co., Ltd. All Rights Reserved.

이 책은 저작권법에 의해 보호를 받는 저작물이므로 저자와 출판사의 서면 허락 없이 내용의 전부 또는 일부를 이용하는 것을 금합니다.

소방시설관리사 합격!
여러분의 합격은 모아의 보람입니다.

끊임없이 변화를 추구하는 교육기업
 모아교육그룹

모아를 선택해주신 여러분께 감사드립니다.

- ✔ 모아는 혁신적인 교육을 통해 인간의 사고(思考)를 확장 및 변화시킬 수 있다고 믿고 있습니다.

- ✔ 모아는 미래를 교육으로 변화시킬 수 있다고 믿고 있습니다.

- ✔ 모아는 청년부터 장년, 중년, 노년까지의 성인교육에 중점을 두고 사업을 진행하고 있습니다.

초고령화, 불확실성의 시대

모아는 당신의 미래를 함께 하는 혁신적인 교육 플랫폼이 되겠습니다.